# 審計學

張麗 著

財經錢線

# 前　言

　　審計學是研究審計產生和發展規律的學科。審計學是對審計實踐活動在理論上的概括、反應和科學總結，同時被用來指導審計實踐活動，促進經濟發展。本書以註冊會計師審計為主線，圍繞風險導向審計的基本要求，系統地介紹了審計的基本理論、基本方法和基本技能，為學生建立審計的整體概念和基本框架，將註冊會計師審計理論和實務的理解融入整個審計框架。通過本書的學習，學生可以對現代風險導向審計理論和實務有全面的瞭解與認識，熟悉審計的基本理論和方法，熟悉審計的業務流程和基本程序，掌握審計的基本方法和實務操作技巧，並為今後瞭解或從事審計實務工作奠定較為堅實的基礎。

　　本書順應學科發展的趨勢，滿足人才培養的需要，符合審計學課程設置的要求，全面闡述了審計的基本原理、基本理論和基本方法，深入解析了審計的業務循環、主要程序與工作成果，系統介紹了審計的職業道德、準則規範與相關業務。本書的主要特點如下：

　　（1）前沿性。本書根據國內外審計和會計最新的發展態勢、研究成果、業務實踐與準則規範編寫，既闡述了審計的理論知識和工作流程，也介紹了審計的歷史沿革與新近動態，從而有利於學生把握審計工作的內在機理、基本規律以及變化趨勢。本書還新增了內部控制審計的相關內容，並吸收了國際審計準則變化的一些新知識。

　　（2）實用性。本書每章開篇明確了學習目標，便於教師對教學內容和計劃的安排，也便於學生加強對重點與難點的把握。學習目標之後，各章通過案例導入啓迪學生思考，使學生對所學內容產生興趣，有助於培養學生的分析能力、判斷能力和創新能力。每章主要內容之後還附有本章小結和思維導圖，有助於學生歸納總結和復習思考。

　　（3）針對性。本書以學生學習審計知識為依據，適合應用型院校人才培養的使用。本書緊跟信息化社會審計知識不斷更新和變化的需要，針對培養具有紮實理論基礎和較強實踐能力的高素質應用型審計人才而編寫。

　　本書具體編寫分工如下：第一章、第三章由張麗、劉彩蘭共同編寫；第二章、第十四章由何小濤編寫；第四章、第七章由周群編寫；第五章、第六章、第八章、第十五章、第十六章由張麗編寫；第九章、第十章、第十二章、第十三章、第十七

章由馬玉娟編寫；第十一章由劉彩蘭編寫，最後由張麗統稿和安排校對。特別感謝陳美華教授、巴雅爾副教授和張陽教授對本書編寫的幫助和支持。同時，很多任課教師和學界同仁為本書的不斷完善提出了建設性的意見和建議，對此我們表示由衷的感謝！由於時間緊張，加之編者能力有限，書中難免存在不足，請讀者指正，以便我們在修訂時改正和完善。

編者

# 目　錄

## 第一章　審計概述 …………………………………………………… (1)

　　第一節　審計的產生與發展 ………………………………………… (1)
　　第二節　審計的定義與分類 ………………………………………… (3)
　　第三節　審計的基本要素、流程、基本要求以及相關業務概述 …… (6)
　　第四節　審計理論框架 ……………………………………………… (11)

## 第二章　中國審計職業規範 ………………………………………… (14)

　　第一節　註冊會計師執業準則概述 ………………………………… (15)
　　第二節　會計師事務所質量控制準則 ……………………………… (21)

## 第三章　審計人員職業道德及法律規範 …………………………… (29)

　　第一節　職業道德基本原則 ………………………………………… (30)
　　第二節　職業道德概念框架 ………………………………………… (31)
　　第三節　註冊會計師審計業務對獨立性的要求 …………………… (32)
　　第四節　註冊會計師的法律責任 …………………………………… (40)

## 第四章　審計目標 …………………………………………………… (46)

　　第一節　審計目標概述 ……………………………………………… (47)
　　第二節　管理層、治理層和註冊會計師對財務報表的責任 ……… (53)
　　第三節　管理層認定及具體審計目標 ……………………………… (57)

## 第五章　審計證據和審計工作底稿 ………………………………… (63)

　　第一節　審計證據 …………………………………………………… (64)
　　第二節　審計程序 …………………………………………………… (71)
　　第三節　審計工作底稿 ……………………………………………… (78)

## 第六章 審計風險和審計重要性 ……………………………………… (88)

第一節 審計風險 ……………………………………………… (89)

第二節 審計重要性 …………………………………………… (92)

## 第七章 審計抽樣 ……………………………………………………… (99)

第一節 審計抽樣的相關概念 ………………………………… (100)

第二節 審計抽樣在控制測試中的應用 ……………………… (105)

第三節 審計抽樣在細節測試中的運用 ……………………… (119)

## 第八章 審計計劃 ……………………………………………………… (135)

第一節 初步業務活動 ………………………………………… (136)

第二節 總體審計策略和具體審計計劃 ……………………… (140)

## 第九章 風險評估 ……………………………………………………… (150)

第一節 風險識別和評估概述 ………………………………… (152)

第二節 風險評估程序和信息來源 …………………………… (153)

第三節 瞭解被審計單位及其環境 …………………………… (157)

第四節 評估重大錯報風險 …………………………………… (173)

## 第十章 風險應對 ……………………………………………………… (180)

第一節 針對財務報表層次重大錯報風險的總體應對措施 … (182)

第二節 針對認定層次重大錯報風險的進一步審計程序 …… (185)

第三節 控制測試 ……………………………………………… (186)

第四節 實質性程序 …………………………………………… (192)

## 第十一章 採購與付款循環審計 ……………………………………… (197)

第一節 採購與付款循環概述 ………………………………… (197)

第二節 採購與付款循環的重大錯報風險 …………………… (203)

第三節 採購與付款循環內部控制測試 ……………………… (205)

第四節 採購與付款循環的實質性程序 ……………………… (209)

## 第十二章　生產與存貨循環審計 …………………………………（214）

第一節　生產與存貨循環概述 ……………………………………（214）
第二節　生產與存貨循環的重大錯報風險 ………………………（219）
第三節　生產與存貨循環內部控制測試 …………………………（221）
第四節　生產與存貨循環的實質性程序 …………………………（222）

## 第十三章　銷售與收款循環審計 …………………………………（231）

第一節　瞭解銷售與收款業務流程及風險評估 …………………（232）
第二節　銷售與收款循環的審計測試 ……………………………（235）

## 第十四章　貨幣資金審計 …………………………………………（242）

第一節　貨幣資金審計概述 ………………………………………（243）
第二節　貨幣資金內部控制及控制測試 …………………………（244）
第三節　庫存現金審計 ……………………………………………（247）
第四節　銀行存款審計 ……………………………………………（249）
第五節　其他貨幣資金審計 ………………………………………（256）

## 第十五章　完成審計工作 …………………………………………（258）

第一節　完成審計工作概述 ………………………………………（260）
第二節　期後事項 …………………………………………………（266）
第三節　與治理層的溝通 …………………………………………（268）

## 第十六章　審計報告 ………………………………………………（271）

第一節　審計報告概述 ……………………………………………（274）
第二節　審計報告的基本內容 ……………………………………（275）
第三節　溝通關鍵審計事項 ………………………………………（280）
第四節　其他信息 …………………………………………………（284）
第五節　審計意見的形成與審計報告的分類 ……………………（287）
第六節　非無保留意見的審計報告 ………………………………（290）
第七節　審計報告中的強調事項段和其他事項段 ………………（299）
第八節　公司持續經營能力對審計報告的影響 …………………（302）

第十七章　內部控制審計 …………………………………………（307）

　　第一節　內部控制審計概述 ……………………………………（308）
　　第二節　計劃審計工作 …………………………………………（316）
　　第三節　實施審計工作 …………………………………………（319）
　　第四節　評價內部控制缺陷 ……………………………………（329）
　　第五節　內部控制審計報告 ……………………………………（334）

# 第一章
# 審計概述

## 學習目標

1. 瞭解註冊會計師審計的起源與發展。
2. 掌握註冊會計師審計的定義、基本要素以及審計流程。
3. 瞭解審計的基本要求。
4. 瞭解審計的基本理論框架。

## 案例導入

張山開了一家農產品加工企業,企業剛起步的幾年,業務規模較小,張山親自經營管理,對企業的經營情況了如指掌。隨著市場需求的逐漸增長,張山感覺到生產規模限制了企業的發展,他需要更多的資金來擴大生產規模,於是他邀請朋友李肆投資。李肆也看到了張山的企業的發展潛力,決定投資,但是他不想管理企業,他也不想為企業倒閉承擔最終債務,因此他建議張山成立有限責任公司,李肆擁有新公司的控股權,以獲取股利的形式分享企業的利潤,張山則作為執行總裁管理公司,獲取薪酬。該公司營運滿一年,年末,李肆收到了公司提供的財務報表,利潤表上顯示的利潤額比他預期的低,因此他分得的股利也未達到期望的數額。李肆很清楚張山是拿固定薪酬的,因此不會像自己一樣那麼在意公司本年的低利潤。李肆非常關注本年的盈利水準,甚至懷疑財務報表上的數字是否真實地反應了公司的財務狀況和經營成果,他希望有人能給他鑒證一下財務報表。這時,一支獨立的專業會計師團隊願意提供這樣的服務,他們接受李肆的委託,對張山編製的年度財務報表進行了審計,並給李肆提供了專業的鑒證意見。

問題:(1)審計業務需求產生的根本原因是什麼?
(2)審計業務涉及哪幾方關係?分別是誰?各方之間的關係是什麼?

## 第一節　審計的產生與發展

審計起源於企業所有權和經營權的分離,是市場經濟發展到一定階段的產物。從註冊會計師審計發展的歷程來看,註冊會計師審計最早起源於16世紀的義大利。威尼斯是地中海沿岸航海貿易最為發達的地區,是東西方貿易的樞紐之一,合夥制企業隨著商業經營規模不斷擴大應運而生。在這種環境下,會計主體概念的提出、

複式簿記的產生與發展，逐漸催生了註冊會計師審計業務需求的產生。從合夥制企業的部分合夥人不參與經營管理開始，所有權與經營權出現了分離，那些不參與經營管理的合夥人需要得知其他合夥人履行契約的情況以及利潤分配是否正確，以保障作為合作人應有的權益，這既需要熟悉會計專業知識，又需要具備足夠的查帳能力，並且查帳結果要具備客觀公正的說服力。由此，一批具備會計專業知識、專門從事查帳和公證業務的人員就應運而生了。隨著這樣的從業人員隊伍規模的擴大，逐漸形成了相關組織。1581年，威尼斯會計師協會在威尼斯成立了。隨後，米蘭等城市的職業會計師也成立了類似的組織。

英國在註冊會計師職業的形成和發展過程中發揮了重要作用。18世紀，英國的資本主義經濟得到了迅速發展，生產的社會化程度大大提高。伴隨著股份有限公司的興起，絕大多數股東不再直接參與經營管理，企業的所有權與經營權進一步分離。在這種情況下，除了不直接參與經營管理的股東非常關心公司的經營情況和成果外，還有包括債權人在內的其他利益相關者，出於自身利益的考慮，也非常重視公司的財務狀況和經營成果。公司的經營管理者有責任向公司的利益相關者報告其關心的信息，財務報表就是必要的溝通形式。那麼誰來查證財務報表的真實可靠性呢？客觀獨立的註冊會計師審計順應了這種需求。

1844年到20世紀初是註冊會計師審計的形成時期，當時審計的目的是「查錯防弊」，保護企業資產的安全和完整。審計的方法是對會計帳目進行詳細審計。審計報告使用人主要是企業股東等。從20世紀初開始，全球經濟發展重心逐步由歐洲轉向美國，美國註冊會計師行業伴隨著美國資本市場的發展而逐步完善起來，這對促進註冊會計師審計在全球的迅速發展發揮了重要作用。第二次世界大戰以後，經濟發達國家通過各種渠道推動本國的企業向海外擴張，跨國公司得到空前發展。國際資本的流動帶動了註冊會計師職業的跨國界發展，形成了一批國際會計師事務所。

註冊會計師審計在中國的發展始於1918年9月，北洋政府農商部頒布了中國第一部註冊會計師審計法規——《會計師暫行章程》，並批准著名會計學者謝霖先生為中國的第一位註冊會計師，謝霖先生創辦的中國第一家會計師事務所——正則會計師事務所也獲准成立。之後，政府又逐步批准了一批註冊會計師，批准建立了一批會計師事務所。在中華人民共和國成立初期，註冊會計師審計在經濟恢復工作中發揮了積極作用，如對工商企業查帳，為平抑物價、保證國家稅收、爭取國家財政經濟狀況好轉做出了突出貢獻。在高度集中的計劃經濟時代，註冊會計師審計失去了服務對象，曾一度悄然退出了歷史舞臺。改革開放以後，中國的商品經濟得到迅速發展，一系列支持性法規的實施使得註冊會計師審計的復甦有了法律保障，並使註冊會計師審計行業得到了快速發展。註冊會計師審計業務領域從最初主要為「三資」企業提供查帳、資本驗證等服務，發展到為所有企業提供財務報表審計業務，執業範圍得到進一步擴展。國家愈發重視註冊會計師人才培養問題。自1991年國家設立註冊會計師全國統一考試制度以來，每年都有大批考生為爭取這個資格證書努力奮鬥，註冊會計師人才隊伍也逐漸壯大。截至2018年12月31日，中國註冊會計師協會（以下簡稱中註協）有執業會員（註冊會計師）106,798人，非執業會員143,812人，個人會員250,610人。

中註協不斷完善監管制度，推動會計師事務所健康發展，於 2004 年實施了《會計師事務所執業質量檢查制度（試行）》，督促會計師事務所形成以質量為導向的執業氛圍。同時，中註協不斷深化加強執業標準的建立和完善，根據國際審計準則的發展趨勢和審計環境的巨大變化，大力推行審計準則國際趨同戰略。1996 年，中註協加入亞太會計師聯合會（CAPA）。1997 年，中註協加入國際會計師聯合會（IFAC）。2005 年，中註協啓動人才戰略和準則國際趨同戰略。2006 年，中註協發布新審計準則體系，準則國際趨同戰略取得重大成果。同年，財政部發布了企業會計準則，企業會計準則與國際會計準則基本一致，實現了中國會計準則的國際趨同，這對會計師事務所的執業標準、人才培養提出了更高的要求，也標誌著中國註冊會計師行業的國際化發展又邁出了堅實的一步。

為突破限制會計師事務所做大做強的體制和組織形式瓶頸，2010 年，財政部、國家工商行政管理總局聯合發布《關於推動大中型會計師事務所採用特殊普通合夥組織形式的暫行規定》，推動大中型會計師事務所轉制為特殊普通合夥形式。2012 年，財政部會同相關部門發布了《中外合作會計師事務所本土化轉制方案》（財會〔2012〕8 號），為在特殊歷史時期應運而生的中外合作會計師事務所的本土化轉制做出指引，進一步適應了中國註冊會計師行業可持續發展的需要。隨著註冊會計師行業規模、結構佈局和執業質量進一步優化，國際影響力持續增強，註冊會計師審計已經成為中國社會監督體系的重要制度安排、現代高端服務業的重要組成部分和促進中國經濟社會健康發展不可或缺的中堅力量。

當前信息技術逐漸深入人類活動的方方面面，大數據分析、人工智能等科技手段在提高審計效率、審計質量等方面發揮著重要作用，這些科技手段的利用也是審計創新的主要方向。

## 第二節　審計的定義與分類

### 一、審計的定義

關於審計的定義，比較具有代表性的是美國會計學會（AAA）審計基本概念委員會於 1973 年在發表的《基本審計概念說明》(*A Statement of Basic Auditing Concepts*) 中對審計的定義：「審計是一個系統化過程，即通過客觀地獲取和評價有關經濟活動與經濟事項認定的證據，以證實這些認定與既定標準的符合程度，並將結果傳達給有關使用者。」

註冊會計師財務報表審計是指註冊會計師遵循執業準則開展審計工作，收集充分、適當的審計證據，對財務報表不存在重大錯報提供合理保證，以積極方式提出意見，出具審計報告，增強除管理層之外的預期使用者對財務報表信賴的程度（註冊會計師財務報表審計下文統一簡稱審計）。

理解審計定義的幾個要點如下：

（1）審計對象是財務報表。財務報表通常包括資產負債表、利潤表、現金流量

表、所有者權益（或股東權益）變動表以及財務報表附註。

(2) 審計的最終成果是發表審計意見和出具審計報告。

(3) 發表審計意見的前提是按照執業準則的規定執行了必要的審計程序。

(4) 審計的用途是增強除管理層之外的預期使用者對財務報表的信賴程度。雖然管理層也會使用審定的財務報表，但是管理層是財務報表的責任人，因此增強對財務報表的信賴程度主要是針對其他預期使用者而言的。

(5) 審計的基礎是獨立性和專業性。獨立性是對註冊會計師的職業道德要求，專業性是對註冊會計師的專業勝任能力要求。

(6) 審計對財務報表提供的保證程度是合理保證。合理保證是一種高水準的保證，但不是絕對保證。合理保證介於絕對保證和有限保證之間（絕對保證>合理保證>有限保證）。合理保證高於有限保證（如審閱業務），有限保證是一種提供有意義水準的保證。有限保證在對審計程序和審計證據等方面的要求都低於合理保證。審計業務需要註冊會計師設計與執行充分的審計程序將檢查風險降至可接受的低水準，而審閱業務主要採用詢問和分析程序獲取證據將檢查風險降至可接受的低水準。

(7) 審計意見的表達方式是積極式的，如「我們認為，××公司的財務報表在所有重大方面按照企業會計準則的規定編製，公允地反應了××公司2019年12月31日的財務狀況及2019年度的經營成果和現金流量」。審閱意見的表達是消極式的，如「根據我們的審閱，我們沒有注意到任何事項使我們相信，××公司的財務報表沒有按照企業會計準則的規定編製，未能在所有重大方面公允地反應××公司的財務狀況、經營成果和現金流量」。

(8) 審計有審計風險，即發表錯誤意見的可能性，且註冊會計師不可能將審計風險降至零，因此不能對財務報表不存在由於舞弊或錯誤導致的重大錯報獲取絕對保證。這是由於審計存在固有限制，導致註冊會計師據以得出結論和形成審計意見的大多數審計證據是說服性的而非結論性的。審計的固有限制源於以下幾個方面：

①財務報告的性質。管理層編製財務報表，需要根據被審計單位的事實和情況運用適用的財務報告編製基礎，在這一過程中做出判斷。此外，許多財務報表項目涉及主觀決策、評估或具有一定程度的不確定性，並且可能存在一系列可接受的解釋或判斷。因此，某些財務報表項目的金額本身就存在一定的變動幅度，這種變動幅度不能通過實施追加的審計程序來消除。

②審計程序的性質。註冊會計師獲取審計證據的能力受到實務和法律上的限制。例如，管理層或其他人員可能有意或無意地不提供與財務報表編製相關的信息或註冊會計師要求的全部信息；舞弊可能涉及精心策劃和蓄意實施以進行隱瞞，因此用來收集審計證據的審計程序可能對發現舞弊是無效的；審計不是對涉嫌違法行為的官方調查，因此註冊會計師沒有被授予特定的法律權力（如搜查權），而這種權力對調查是必要的。

③在合理的時間內以合理的成本完成審計的需要。審計中的困難、時間或成本等事項本身，不能作為註冊會計師省略不可替代的審計程序或滿足於說服力不足的審計證據的正當理由。制訂適當的審計計劃有助於保證審計執行工作需要的充分的時間和資源。儘管如此，信息的相關性及其價值會隨著時間的推移而降低，因此註

冊會計師需在信息的可靠性和成本之間進行權衡。

由於審計的固有限制，註冊會計師即使按照審計準則的規定適當地計劃和執行審計工作，也不可避免地未發現財務報表的某些重大錯報。相應地，完成審計工作後發現由於舞弊或錯誤導致的財務報表重大錯報，其本身並不表明註冊會計師沒有按照審計準則的規定執行審計工作。儘管如此，審計的固有限制並不能作為註冊會計師滿足於說服力不足的審計證據的理由。註冊會計師能否按照審計準則的規定執行審計工作，取決於註冊會計師在具體情況下實施的審計程序如何，由此獲取的審計證據的充分性和適當性如何以及根據總體目標和對審計證據的評價結果而出具審計報告的恰當性如何。

**二、審計的分類**

（一）按審計主體分類

審計主體是指執行審計的專職機構或專職人員，即審計活動的執行者。按審計主體的不同，審計可以分為國家審計、內部審計和社會審計。

1. 國家審計

國家審計也稱政府審計，是指由國家審計機關實施的審計。國家審計的主要特點是法定性和強制性、獨立性、綜合性和宏觀性。

2. 內部審計

內部審計是指由部門和單位內部設置的審計機構或配備的專職審計人員對本部門、本單位及其下屬單位進行的審計。內部審計包括部門內部審計和單位內部審計。內部審計的主要特點是內向性、廣泛性、及時性。

3. 社會審計

社會審計也稱民間審計，是指由依法成立的社會審計組織接受委託人的委託實施的審計。社會審計組織主要是經政府有關主管部門審核批准成立的會計師事務所。社會審計的主要特點是獨立性、委託性和有償性。

（二）按審計內容分類

按審計內容的不同，審計可以分為財政財務審計、經濟效益審計和財經法紀審計。

（1）財政財務審計。財政財務審計是指審計機構對國家機關、企事業單位的財政和財務收支活動及反應其經濟活動的會計資料進行的審計。其目的主要是判斷被審計單位的經濟活動（包括財政和財務收支活動）的真實性、合法性以及會計處理方法的一貫性。其中，財政審計是指國家機關對本級財政預算執行情況和下級財政預算執行情況等進行監督；財務審計是指國家機關對會計資料及其反應的經濟活動發表意見。

（2）經濟效益審計。經濟效益審計是指審計機構對被審單位或項目的經濟活動（包括財政和財務收支活動）的效益性進行審查。其目的主要是評價被審單位或項目的經濟效益的高低，以利於其不斷提高經濟效益。經濟效益審計又可以根據審查內容的不同分為業務經營審計和管理審計兩個分支。

（3）財經法紀審計。財經法紀審計是指國家審計機關和內部審計部門對嚴重違

反財經法紀的行為進行的專項審計。其目的主要是維護財經法紀，保護國家和人民財產的安全與完整。

(三) 按審計範圍分類

按審計範圍的不同，審計可以分為全部審計和局部審計。

(四) 按審計時間分類

按審計時間的不同，審計可以分為事前審計、事中審計和事後審計。

(1) 事前審計。事前審計是指經濟業務發生以前進行的審計，即對計劃、預算的編製以及對基本建設項目和固定資產投資決策的可行性研究等進行的審計。其目的主要是審查計劃、預算、投資決策等是否切實可行。

(2) 事中審計。事中審計是指在計劃、預算或投資項目執行過程中對其發生的經濟活動進行的審計。這種審計的優點是隨時進行審查，隨時發現錯誤和問題。

(3) 事後審計。事後審計是指經濟業務發生以後進行的審計。其目的主要是根據有關的審計證據審查已經發生的經濟業務的真實性、合法性和效益性。

(五) 按執行審計的地點分類

按執行審計的地點的不同，審計可以分為報送審計和就地審計。

(1) 報送審計。報送審計或稱送達審計，是指被審計單位將各項預算、計劃、會計決算報表和其他有關資料等，按照規定的日期（月、季、年）送達審計機構進行審計。

(2) 就地審計。就地審計是指由審計機構派出審計人員到被審計單位進行的現場審計。就地審計按照不同的情況又可以分為駐在審計、巡迴審計、專程審計。

(六) 按審計工作是否受法律的約束分類

按審計工作受法律的約束不同，審計可以分為法定審計和非法定審計。

(1) 法定審計。法定審計是指根據國家法律的規定，被審計單位不論是否願意，都必須進行的審計。例如，對財政收支、上市公司年報的審計。

(2) 非法定審計。非法定審計是指法律未予以明確規定必須實施的審計。例如，企業為取得銀行貸款，委託註冊會計師對其財務報表進行的鑒證審計等。

## 第三節　審計的基本要素、流程、基本要求以及相關業務概述

### 一、審計的基本要素

鑒證業務包含五大要素：「三方」[鑒證業務執行方（註冊會計師）、鑒證對象責任方（管理層）、業務成果的預期使用方（股東等預期使用者）]關係，鑒證對象（財務報表），標準（財務報告編製基礎），支持性證據（審計證據），鑒證報告（審計報告）。

相應地，註冊會計師財務報表審計業務的五要素（見圖1-1）如下：

(1)「三方」關係見圖1-2。「三方」包括註冊會計師（審計業務執行方）、管理層（審計對象責任方）、股東（業務成果使用的預期使用方）。是否存在「三方」

關係是判斷某項業務是否屬於鑒證業務的重要標準之一。
(2) 財務報表（審計對象）。
(3) 財務報告編製基礎（用於評價或計量審計對象的基準）。
(4) 審計證據（發表審計結論的依據）。
(5) 審計報告（審計的最終成果）。

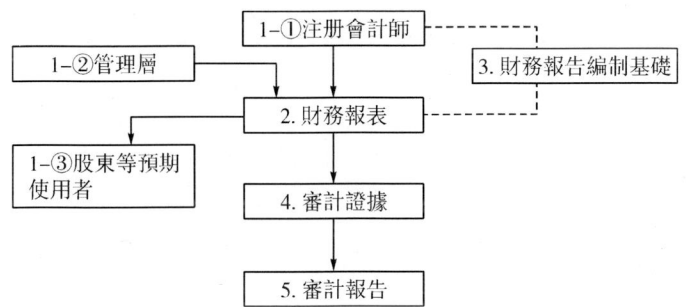

圖 1-1　註冊會計師財務報表審計業務的五要素

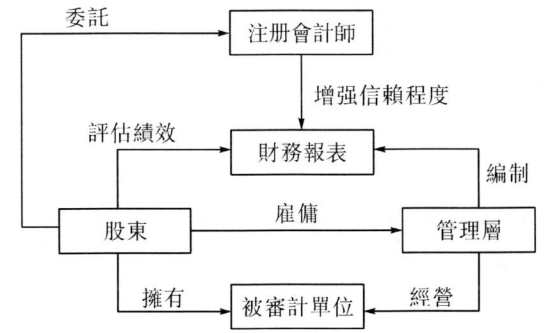

圖 1-2　註冊會計師審計業務涉及的「三方」關係

## 二、審計的流程

管理層用會計語言表現被審計單位的經營情況，註冊會計師的任務就是評價被審計單位財務報表上的信息是否真實準確地反應了企業的財務狀況、經營成果、現金流量等。財務報表在審計之前已經編製好。註冊會計師未參與被審計單位的經營過程，要評價會計報表和附註信息是否如實反應了被審計單位的真實經營情況，就需要運用科學合理的審計模式。

當今普遍採用的審計模式是風險導向審計，這個模式以重大錯報風險的識別、評估以及應對為主線，審計的流程大致經過以下幾個環節：接受業務委託；計劃審計工作；風險評估；風險應對；完成審計工作，出具審計報告。具體的審計流程如圖 1-3 所示。

(一) 接受業務委託

會計師事務所應當按照《中國註冊會計師執業準則》的規定，謹慎決策是否接

受某具體審計業務或保持某客戶關係。在接受新客戶的業務前或決定是否保持現有業務及考慮接受現有客戶的新業務時，會計師事務所應當執行有關客戶接受與保持的程序，以獲取如下信息：

（1）考慮客戶的誠信，沒有信息表明客戶缺乏誠信。
（2）具有執行業務必要的素質、專業勝任能力、時間和資源。
（3）能夠遵守相關職業道德要求。

一旦決定接受業務委託，註冊會計師應當與客戶就審計約定條款達成一致意見。

（二）計劃審計工作

為了合理分配審計資源，提高審計效率，對任何一項審計業務，註冊會計師在執行具體審計程序之前，都必須根據具體情況制訂科學、合理的計劃，使審計業務以有效的方式得到執行。一般來說，計劃審計工作主要包括在本期審計業務開始時開展的初步業務活動、制定總體審計策略、制訂具體審計計劃等。需要指出的是，計劃審計工作不是審計業務的一個孤立階段，而是一個持續的、不斷修正的過程，貫穿於整個審計過程的始終。

（三）風險評估

審計準則規定，註冊會計師必須實施風險評估程序，以此作為評估財務報表層次和認定層次重大錯報風險的基礎。風險評估程序是指註冊會計師為瞭解被審計單位及其環境（包括內部控制），以識別與評估財務報表層次和認定層次的重大錯報風險（無論該錯報是舞弊導致還是錯誤導致）而實施的審計程序。瞭解被審計單位及其環境為註冊會計師在許多關鍵環節做出職業判斷提供了重要基礎。瞭解被審計單位及其環境實際上是一個連續和動態地收集、更新與分析信息的過程，貫穿於整個審計過程的始終。

（四）風險應對

註冊會計師實施風險評估程序本身並不足以為發表審計意見提供充分、適當的審計證據，應當實施進一步的審計程序，包括實施控制測試（必要時或決定測試時）和實質性程序。因此，註冊會計師在評估財務報表重大錯報風險後，應當運用職業判斷，針對評估的財務報表層次重大錯報風險確定總體應對措施，並針對評估的認定層次重大錯報風險設計和實施進一步審計程序，以將審計風險降至可接受的低水準。

（五）完成審計工作，出具審計報告

註冊會計師在完成進一步審計程序後，還應當按照有關審計準則的規定做好審計完成階段的工作，並根據獲取的審計證據，合理運用職業判斷，形成適當的審計意見。

這個流程中，審計基本邏輯（見圖1-4）是：註冊會計師審計的目標任務是對財務報表是否在所有重大方面按照適用的財務報告編製基礎編製，發表審計意見、出具審計報告，審計意見的發表需基於充分、適當的審計證據，審計證據的收集來自執行審計測試。審計的整個過程主要是在收集和評價審計證據。

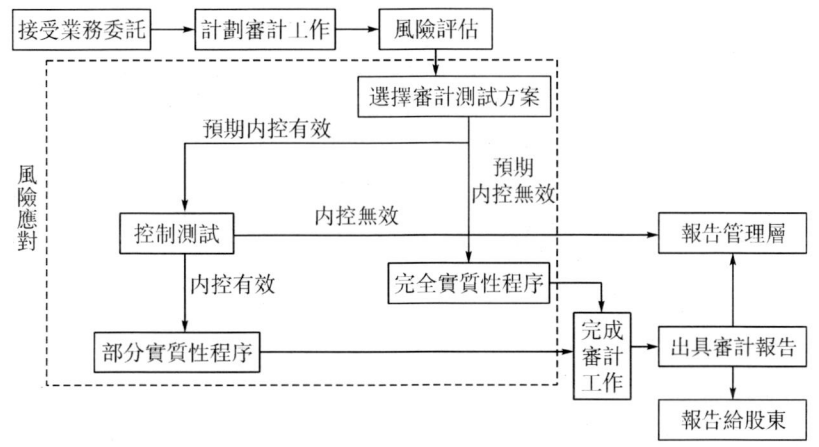

圖 1-3　具體的審計的流程

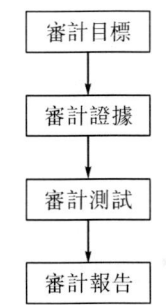

圖 1-4　審計基本邏輯

### 三、審計的基本要求

（一）遵守註冊會計師執業準則

中國註冊會計師執業準則指註冊會計師在執行業務過程中遵守的執業規範，包括註冊會計師業務準則和會計師事務所質量控制準則。

（二）遵守職業道德守則

註冊會計師受到與財務報表審計相關的職業道德要求（包括與獨立性相關的要求）的約束。相關的職業道德要求通常是指中國註冊會計師職業道德守則（以下簡稱職業道德守則）中與財務報表審計相關的規定。

《中國註冊會計師職業道德守則第 1 號——職業道德基本原則》和《中國註冊會計師職業道德守則第 2 號——職業道德概念框架》規定了與註冊會計師執行財務報表審計相關的職業道德基本原則，並提供了應用這些原則的概念框架。《中國註冊會計師職業道德守則第 3 號——提供專業服務的具體要求》和《中國註冊會計師職業道德守則第 4 號——審計和審閱業務對獨立性的要求》說明了註冊會計師執行審計和審閱業務時如何在具體情形下應用概念框架。

### (三) 合理運用職業懷疑和職業判斷

在計劃和實施審計工作時，註冊會計師應當保持職業懷疑，認識到可能存在導致財務報表發生重大錯報的情形。職業懷疑是指註冊會計師執行審計業務的一種態度，包括採取質疑的思維方式，對可能表明由於舞弊或錯誤導致錯報的情況保持警覺以及對審計證據進行審慎評價。職業懷疑應當從以下方面理解：

(1) 職業懷疑在本質上要求秉持一種質疑的理念。

(2) 職業懷疑要求對引起疑慮的情形保持警覺。

(3) 職業懷疑要求審慎評價審計證據。

(4) 職業懷疑要求客觀評價管理層和治理層。

職業懷疑是註冊會計師綜合技能不可或缺的一部分，是合理保證審計質量的關鍵要素。保持職業懷疑有助於註冊會計師恰當運用職業判斷，提高審計程序設計及執行的有效性，降低審計風險。

職業判斷是指在審計準則、財務報告編製基礎和職業道德要求的框架下，註冊會計師綜合運用相關知識、技能和經驗，做出適合審計業務具體情況、有根據的行動決策。職業判斷對於適當地執行審計工作是必不可少的。其理由是如果沒有將相關的知識和經驗運用於具體的事實與情況，就不可能理解相關職業道德要求和審計準則的規定，並在整個審計過程中做出有依據的決策。

職業判斷對於做出下列決策尤為必要：

(1) 確定重要性和評估審計風險。

(2) 為滿足審計準則的要求和收集審計證據的需要，確定所需實施的審計程序的性質、時間安排和範圍。

(3) 為實現審計準則規定的目標和註冊會計師的總體目標，評價是否已獲取充分、適當的審計證據以及是否還需執行更多的工作。

(4) 評價管理層在應用適用的財務報告編製基礎時做出的判斷。

(5) 根據已獲取的審計證據得出結論，如評估管理層在編製財務報表時做出的估計的合理性。

評價職業判斷是否適當可以基於以下兩個方面：

(1) 做出的判斷是否反應了對審計和會計原則的適當運用。

(2) 根據截至審計報告日註冊會計師知悉的事實和情況，做出的判斷是否適當、是否與這些事實和情況相一致。註冊會計師需要在整個審計過程中運用職業判斷，並做出適當記錄。對此，審計準則要求註冊會計師編製的審計工作底稿應當使未曾接觸該項審計工作的有經驗的專業人士瞭解在對重大事項得出結論時做出的重大職業判斷。如果有關決策不被該業務的具體事實和情況所支持或缺乏充分、適當的審計證據，職業判斷並不能成為做出決策的正當理由。

### 四、審計的相關業務概述

審計是一個大類，目前國內外對審計類別主流的劃分方法是根據審計主體的不同劃分為三類：政府審計、內部審計、註冊會計師審計。註冊會計師審計是由註冊會計師提供的專業鑒證服務。隨著經濟發展對註冊會計師業務的需求，註冊會計師

提供的服務領域越來越廣，註冊會計師執行的業務（見圖1-5）可以大致分為兩大類：鑒證業務和相關服務。鑒證業務是指註冊會計師對鑒證對象信息提出結論，以增強除責任方以外的預期使用者對鑒證對象信息信任程度的業務，包括審計、審閱和其他鑒證業務。其他業務屬於相關服務，包括稅務代理、對財務信息執行商定程序、代編財務信息等。就註冊會計師審計而言，根據審計對象的不同可以分為財務報表審計、經營審計以及合規性審計等。

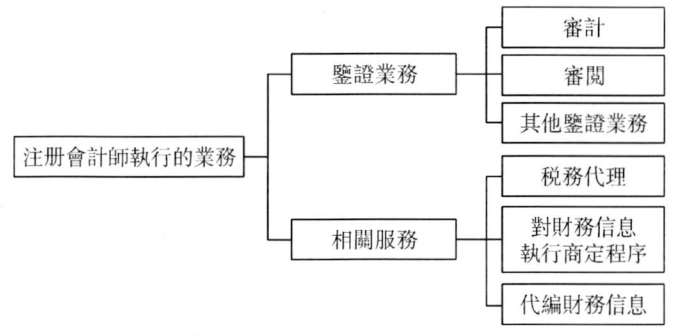

圖1-5　註冊會計師執行的業務

## 第四節　審計理論框架

　　審計是一門獨立的學科，運用審計理論一方面可以解釋現有審計實務問題，另一方面能夠預測和指導未來的審計實務。因此，開展審計實務必須對審計理論有深入的瞭解和認識。審計理論是一套系統化的知識體系，按照系統論的觀點，在系統內應當有一個內在結構。審計理論結構也叫審計理論框架，是指審計理論各要素及其相互聯繫的組合。在審計理論中，審計理論框架是用來支撐整個體系的，它是不可或缺的重要組成部分。審計理論框架可以分為審計假設導向型、審計目標導向型、審計本質導向型和兩元或多元導向型四種。

### 一、審計假設導向型

　　這種觀點是從審計假設出發，在審計假設的基礎上推導出審計原則，然後用它們來指導審計準則，審計假設和審計準則共同構成了審計理論結構的理論基礎與概念體系。持這種觀點的學者認為，審計假設是構造系統的審計理論結構的基礎，也是審計科學發展的前提。審計假設是建立審計理論結構的基石、理論研究的基本要素、推理論證的原始命題。以「審計假設」為邏輯起點來構建審計理論結構，其缺陷主要表現在兩個方面：一是審計理論與社會經濟環境失去相關性，二是審計理論結構內部離散。

## 二、審計目標導向型

這種觀點是從審計目標出發，根據審計目標規定審計信息的質量特徵，然後研究作為信息傳遞手段的審計報告的構成要素等問題。其流程圖可大致表示為：審計目標→審計對象性質→審計原則→審計準則。

目標是一切工作的出發點。審計目標是整個審計監督系統的定向機制。這一觀點也有其固有的局限性，主要表現在兩個方面：一是審計目標受審計目的與審計職能的雙重制約，只反應兩者耦合的部分因素，結果既未能全面包括審計目的因素，也未能全面反應審計職能的因素，不能全面揭示審計對象的因素；二是從審計實踐活動看，審計目的是主觀的、外在的。

## 三、審計本質導向型

這種觀點是從審計本質出發，根據審計對象、審計職能、演繹、歸納出審計原則和審計準則。其流程圖可大致表示為：審計本質→審計對象→審計職能→審計原則→審計準則。

只有準確地揭示事物的本質，才能把握審計理論的發展方向。只要正確地確立了審計的本質，也就順理成章地確立了審計理論結構。離開具體的對象，客觀的職能就無法產生。但是，由於「審計本質」純理論性太強，因此造成按「審計本質」為邏輯起點構建的審計理論結構與審計實務相脫節，即基礎的審計理論研究在時空上遠遠超越實踐，而應用性審計理論研究又在時空上遠遠落後於審計實務。其具體表現在三個方面：第一，審計理論與社會經濟環境相脫離；第二，審計理論結構內部邏輯性不強；第三，不能正確反應審計理論對實踐的指導作用。

## 四、兩元或多元導向型

審計理論結構的邏輯起點如果僅為審計本質、審計環境、審計目標、審計假設中的一種，對於正確、全面研究審計理論是不完善的，因此，研究者提出了審計理論結構邏輯起點的二元論。其主要觀點有四種：第一，主張以審計目標和審計假設共同作為審計理論結構研究的邏輯起點；第二，主張以審計本質及審計假設作為審計理論結構研究的邏輯起點；第三，主張以審計環境和審計目標共同構成審計理論結構的邏輯起點；第四，主張以審計本質、審計目標和審計假設三個因素作為審計理論結構的研究起點。

## 本章小結

本章主要討論了註冊會計師審計業務的由來及其發展歷程。審計是經濟活動產生的一種現象，按照不同的標準可以做多種不同的劃分。此外，本章還重點討論了審計的基本要素、審計的流程和審計的基本要求，並對註冊會計師審計業務進行了介紹，審計業務包括鑒證業務和相關服務兩個大類。最後，本章介紹了審計的四種理論框架。

**本章思維導圖**

本章思維導圖如圖 1-6 所示。

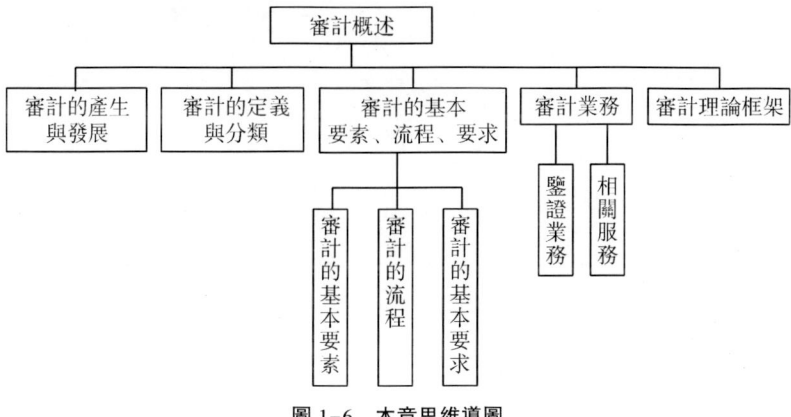

圖 1-6　本章思維導圖

# 第二章
# 中國審計職業規範

## 學習目標

1. 瞭解中國審計職業規範體系的框架及內容。
2. 熟悉鑒證業務基本準則和業務質量控制準則的基本內容。

## 案例導入

甲公司擬申請首次公開發行股票（IPO）並上市，ABC 會計師事務所負責審計甲公司 2017—2019 年的比較財務報表。A 註冊會計師是審計項目合夥人。相關事項如下：

（1）ABC 會計師事務所通過詢問金融機構、法律顧問和甲公司所在行業的同行等第三方，對甲公司主要股東、關鍵管理人員及治理層的身分和商業信譽等進行了瞭解，從相關數據庫中搜索了甲公司的背景信息（包括甲公司的年度報告、中期財務報表、向監管機構提交的報告等），詢問了管理層對於遵守法律法規要求的態度，沒有發現甲公司管理層不誠信的情況。A 註冊會計師認為承接甲公司 2017—2019 年的比較財務報表審計業務的條件完全滿足。

（2）ABC 會計師事務所在接受委託後，A 註冊會計師向甲公司前任註冊會計師詢問甲公司變更會計師事務所的原因，得知甲公司在某一重大會計估計事項問題上與前任註冊會計師存在嚴重分歧。

（3）A 註冊會計師擬在審計完成階段實施針對包括會計估計、關聯方、持續經營、法律法規、期初餘額等特定項目的必要審計程序。

（4）在正式簽署審計報告前，A 註冊會計師提請 ABC 會計師事務所指派合夥人 C 註冊會計師作為項目質量控制復核人，復核甲公司 2017—2019 年的比較財務報表的每一張審計工作底稿。

（5）由於甲公司 2017—2019 年比較財務報表的審計業務具有一定的審計風險，A 註冊會計師確定了審計項目組內部復核的原則，即由審計項目組內經驗較豐富的人員復核經驗不足的人員執行的工作。在復核項目組成員已執行的工作時，復核人員主要考慮已獲取的審計證據是否充分、適當，是否支持審計結論。

問題：針對上述第（1）至（5）項，逐項指出 ABC 會計師事務所或其註冊會計師的做法是否恰當。如不恰當，簡要說明理由。

# 第一節　註冊會計師執業準則概述

註冊會計師執業準則（practising standards，以下簡稱執業準則）是指註冊會計師在執行業務的過程中所應遵守的職業規範，包括業務準則和質量控制準則。

## 一、註冊會計師執業準則的作用

執業準則的根本作用在於保證註冊會計師的執業質量，維護社會經濟秩序。此外，執業準則的制定、頒布和實施，對於增強社會公眾對註冊會計師職業的信任、合理區分客戶管理層的責任和註冊會計師責任、客觀評價註冊會計師執業質量、保護責任方及各利害關係人的合法權益以及推動審計理論的發展都有一定的作用。具體來說，執業準則的作用主要表現在以下幾個方面：

（一）制定、實施執業準則，為衡量和評價註冊會計師執業質量提供了依據，從而有助於註冊會計師執業質量的提高

在市場經濟社會中，一種商品能否取信於社會的關鍵在於它的質量，一項服務能否取信於社會同樣取決於它的質量。審計和鑒證工作能否滿足社會的需求和取信於社會，關鍵也是質量。由於審計和鑒證業務質量對維護責任方、社會公眾的利益以及提高註冊會計師職業的社會地位都有直接的聯繫，因此無論是被審計單位、社會公眾還是註冊會計師職業界本身都需要一個衡量和評價註冊會計師執業質量的標準，即執業準則。註冊會計師執業準則對註冊會計師執行業務應遵循的規範做了全面規定，既涵蓋了鑒證業務和相關服務等業務領域，又為質量控制提供了標準。其中的審計準則對財務報表審計的目標和一般原則、審計工作的基本程序和方法以及審計報告的基本內容、格式和類型等都做了詳細規定。只要註冊會計師遵照執業準則的規定執行業務，執業質量就有保證。執業準則是註冊會計師實踐經驗的總結和昇華，它的實施有助於註冊會計師理論和實務水準的提高。

（二）制定、實施執業準則，有助於規範審計工作，維護社會經濟秩序

市場經濟的要素之一是平等，一切市場經濟參與者都不能因權力、地位不同而形成差異，行政權力如果與經濟交易結合在一起，就會破壞市場經濟秩序，無法實現經濟資源的合理配置。從一定意義上說，審計工作作為一種經濟監督，其經濟後果或多或少總是會使一部分人受益，使另一部分人受損，這種受益和受損的幅度需要加以限制，限制的手段便是執業準則。建立了註冊會計師執業準則，就確立了註冊會計師的執業規範，使註冊會計師在執行業務的過程中有章可循。例如，執業準則規範了在審計業務中註冊會計師如何簽訂審計業務約定書、如何編製審計計劃、如何實施審計程序、如何記錄審計工作底稿、如何與治理層進行溝通、如何利用其他實體的工作、如何出具審計報告以及如何控制審計質量等，執業準則也對註冊會計師從事財務報表審閱、其他鑒證業務和相關服務進行了規範。這就使註冊會計師在執行業務的每一個環節都有了相應的依據和標準，從而規範了註冊會計師的行為，可以減少註冊會計師選擇政策、程序和方法的自由度，避免註冊會計師隨意發表審計意見。

(三) 制定、實施執業準則，有助於增強社會公眾對註冊會計師職業的信任

執業準則的制定和實施反應了註冊會計師職業的成熟度。過去幾十年中，當許多國家正式頒布執業準則後，註冊會計師職業的聲望都大大提高了。這表明審計界有信心公開明確它的標準，並使從業人員遵循這些標準。註冊會計師行業擔負著對會計信息質量進行鑒證的重要職能，客觀上起著維護社會公眾利益的作用。中國註冊會計師執業準則體系立足於維護公眾利益的宗旨，充分研究、分析了新形勢下資本市場發展和註冊會計師執業實踐面臨的挑戰與困難，強化了註冊會計師的執業責任，細化了對註冊會計師揭示和防範市場風險的指導。其中，審計準則要求註冊會計師強化審計的獨立性，保持應有的職業謹慎態度，遵守職業道德規範，切實貫徹風險導向審計理念，提高識別和應對市場風險的能力，更加積極地承擔對財務報表舞弊的發現責任，始終把對公眾利益的維護作為審計準則的衡量標尺。中國註冊會計師執業準則體系的實施，必將提升註冊會計師的執業質量，加強會計師事務所的質量控制和風險防範，為提高財務信息質量、降低投資者的決策風險、維護社會公眾利益、實現更有效的資源配置、推動經濟發展和保持金融穩定發揮重要作用。

另外，由於執業準則為衡量和評價註冊會計師執業質量提供了依據，這就使社會公眾可以通過對註冊會計師的某項審計工作結果進行評價，看其是否符合執業準則，是否達到令人滿意的程度，只有註冊會計師執業質量令人滿意，註冊會計師的工作才能令人信任。

(四) 制定、實施執業準則，有助於維護會計師事務所和註冊會計師的正當權益，使其免受不公正的指責和控告

註冊會計師的責任並非毫無限制，工作結果也不可能在任何條件下都絕對正確。執業準則規定了註冊會計師的工作範圍，註冊會計師只要能嚴格按照執業準則的要求執業，就算是盡到了職責。當審計委託人與註冊會計師發生糾紛並訴諸法律時，執業準則就成為法庭判明是非、劃清責任界限的重要依據。

(五) 制定、實施執業準則，有助於推動審計與鑒證理論的研究和現代審計人才的培養

執業準則是註冊會計師實踐經驗的總結和昇華，已成為審計與鑒證理論的一個重要組成部分。執業準則在制定過程中，必然會激發各種理論的爭論、探討，從而推動理論研究。隨著執業準則的制定、修訂和實施，一些理論方面的爭論就會消除，認識上和實踐上的分歧就會趨於統一。執業準則實施以後，審計學界仍然要圍繞著如何實施準則和怎樣達到準則的要求展開細緻的工作和研究，不斷改進和完善這些準則。因此，審計理論水準會隨著執業準則的制定、實施不斷得以提高。註冊會計師執業質量和理論水準的提高，無疑會帶動審計教育水準的提高，這樣必然會有助於培養現代化的審計人才，推動審計事業的進一步發展。

應當指出的是，大多數人只注意到了執業準則的種種作用和優點，很少有人分析執業準則可能帶來的負面作用。其實，任何事物都是矛盾的統一體，執業準則也不例外，執業準則具有積極作用，也有消極作用。在充分認識執業準則積極作用的同時，探討其可能帶來的負面效應，對於正確理解和認識準則、合理運用準則是大有裨益的。

執業準則的負面效應主要表現在以下幾個方面：
第一，執業準則可能導致僵化，人為縮小註冊會計師職業判斷的範圍。
第二，報告使用者往往認為依據執業準則審定的財務報表是確實可靠的。
第三，執業準則可能源於社會或政治壓力，致使會計師職業受到操縱。
第四，執業準則可能抑制批評性思想、建設性思想的發展。
第五，準則越多，註冊會計師的執業成本越高。

### 二、中國註冊會計師執業準則體系

2001年以來，針對國際資本市場一系列上市公司財務舞弊事件，國際審計準則制定機構改進了國際審計準則的制定機制和程序，強調以社會公眾利益為宗旨，全面引入了風險導向審計的概念，全面提升了國際審計準則質量。在充分借鑑國際審計準則的基礎上，中國註冊會計師協會根據中國實際情況和國際趨同的需要，將「中國註冊會計師獨立審計準則體系」改進為「中國註冊會計師執業準則體系」，以適應註冊會計師業務多元化的需要。原審計準則體系包含了部分非審計業務準則，如《獨立審計實務公告第9號——對財務信息執行商定程序》《獨立審計實務公告第4號——盈利預測審核》《獨立審計實務公告第10號——會計報表審閱》等，導致以審計準則的名義規範其他業務類型。因此，新的註冊會計師執業準則體系借鑑國際通行做法，將非審計業務準則從獨立審計準則體系中分離出來，按照其業務性質冠以適當的名稱。

中國註冊會計師執業準則體系包括註冊會計師業務準則（鑒證業務準則、相關服務準則）和會計師事務所質量控制準則（簡稱質量控制準則）。為了便於社會公眾理解，有時將中國註冊會計師執業準則簡稱為審計準則。中國註冊會計師執業準則體系和業務準則體系的構成如圖2-1和圖2-2所示。

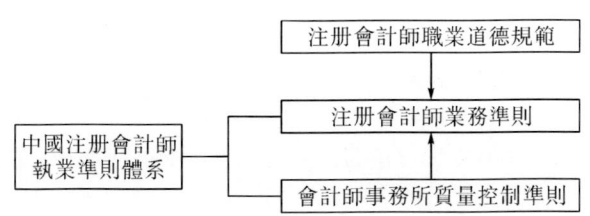

圖2-1　中國註冊會計師執業準則體系

鑒證業務準則（general assurance standards）是指註冊會計師在執行鑒證業務的過程中應遵守的職業規範。鑒證業務準則由鑒證業務基本準則統領，按照鑒證業務提供的保證程度和鑒證對象的不同，分為中國註冊會計師審計準則、中國註冊會計師審閱準則和中國註冊會計師其他鑒證業務準則（以下分別簡稱審計準則、審閱準則和其他鑒證業務準則）。其中，審計準則是整個執業準則體系的核心。

審計準則（auditing standards）是註冊會計師執行歷史財務信息審計業務所應遵守的職業規範。在提供審計服務時，註冊會計師對所審計信息是否不存在重大錯報提供合理保證，並以積極方式得出結論。

審閱準則（review standards）是註冊會計師執行歷史財務信息審閱業務所應遵守的職業規範。在提供審閱服務時，註冊會計師對所審閱信息是否不存在重大錯報提供有限保證，並以消極方式得出結論。

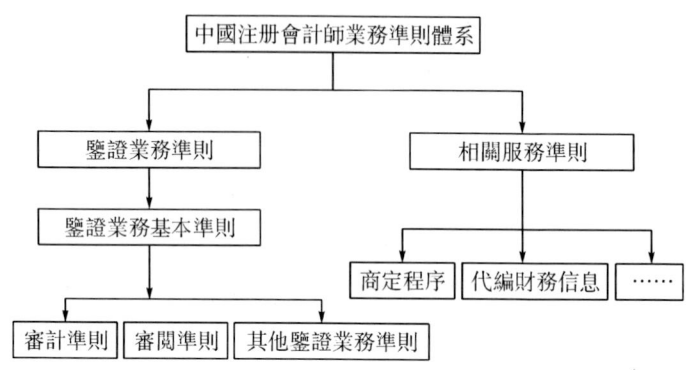

圖 2-2　中國註冊會計師業務準則體系

其他鑒證業務準則（other assurance standards）是註冊會計師執行歷史財務信息審計或審閱以外的其他鑒證業務所應遵守的職業規範。註冊會計師執行其他鑒證業務，根據鑒證業務的性質和業務約定的要求，提供有限保證或合理保證。

相關服務準則（related services standards）是註冊會計師代編財務信息、執行商定程序，提供管理諮詢等其他服務所應遵守的職業規範。在提供相關服務時，註冊會計師不提供任何程度的保證。

質量控制準則（quality control standards）是會計師事務所在執行各類業務時應當遵守的質量控制政策和程序，是對會計師事務所質量控制提出的制度要求。

目前，中國註冊會計師執業準則體系共包括 52 項準則，其具體構成如下：

（1）中國註冊會計師鑒證業務基本準則（1項）。

中國註冊會計師鑒證業務基本準則的目的在於規範註冊會計師執行鑒證業務，明確鑒證業務的目標和要素，確定中國註冊會計師審計準則、中國註冊會計師審閱準則、中國註冊會計師其他鑒證業務準則適用的鑒證業務類型。該準則共 9 章 60 條，主要對鑒證業務的定義與目標、業務承接以及鑒證業務的三方關係、鑒證對象、標準、證據、鑒證報告等鑒證業務的要素等方面進行了闡述。註冊會計師執行歷史財務信息審計業務、歷史財務信息審閱業務和其他鑒證業務時，應當遵守該準則，遵守依據該準則制定的審計準則、審閱準則和其他鑒證業務準則。如果一項鑒證業務只是某項綜合業務的構成部分，該準則僅適用於該業務中與鑒證業務相關的部分。如果某項業務不存在除責任方之外的其他預期使用者，但在其他所有方面符合審計準則、審閱準則或其他鑒證業務準則的要求，註冊會計師和責任方可以協商運用該準則的原則。但在這種情況下，註冊會計師的報告中應註明該報告僅供責任方使用。

註冊會計師執行司法訴訟中涉及會計、審計、稅務或其他事項的鑒定業務時，除有特定要求者外，應當參照該準則辦理。

某些業務可能符合鑒證業務的定義，使用者可能從業務報告的意見、觀點或措

辭中推測出某種程度的保證，但如果滿足下列所有條件，註冊會計師執行這些業務不必遵守該準則：

①註冊會計師的意見、觀點或措辭對整個業務而言僅是附帶性的。

②註冊會計師出具的書面報告被明確限定為僅供報告中提及的使用者使用。

③與特定預期使用者達成的書面協議中，該業務未被確認為鑒證業務。

④在註冊會計師出具的報告中，該業務未被稱為鑒證業務。

（2）中國註冊會計師審計準則第1101號至第1633號（45項）。

中國註冊會計師審計準則用以規範註冊會計師執行歷史財務信息的審計業務。審計準則涉及審計業務的一般原則與責任、風險評估與應對、審計證據、利用其他主體的工作、審計結論與報告、特殊領域審計6個方面。

規範審計業務的一般原則與責任的準則具體包括《中國註冊會計師審計準則第1101號——註冊會計師的總體目標和審計工作的基本要求》《中國註冊會計師審計準則第1111號——就審計業務約定條款達成一致意見》《中國註冊會計師審計準則第1121號——對財務報表審計實施的質量控制》《中國註冊會計師審計準則第1131號——審計工作底稿》《中國註冊會計師審計準則第1141號——財務報表審計中與舞弊相關的責任》《中國註冊會計師審計準則第1142號——財務報表審計中對法律法規的考慮》《中國註冊會計師審計準則第1151號——與治理層的溝通》《中國註冊會計師審計準則第1152號——向治理層和管理層通報內部控制缺陷》《中國註冊會計師審計準則第1153號——前任註冊會計師和後任註冊會計師的溝通》共9項。

對風險評估與應對進行規範的審計準則共6項，包括《中國註冊會計師審計準則第1201號——計劃審計工作》《中國註冊會計師審計準則第1211號——通過瞭解被審計單位及其環境識別和評估重大錯報風險》《中國註冊會計師審計準則第1221號——計劃和執行審計工作時的重要性》《中國註冊會計師審計準則第1231號——針對評估的重大錯報風險採取的應對措施》《中國註冊會計師審計準則第1241號——對被審計單位使用服務機構的考慮》《中國註冊會計師審計準則第1251號——評價審計過程中識別出的錯報》。

審計證據是註冊會計師發表審計意見的基礎。與審計證據有關的審計準則共有11項，包括《中國註冊會計師審計準則第1301號——審計證據》《中國註冊會計師審計準則第1311號——對存貨、訴訟和索賠、分部信息等特定項目獲取審計證據的具體考慮》《中國註冊會計師審計準則第1312號——函證》《中國註冊會計師審計準則第1313號——分析程序》《中國註冊會計師審計準則第1314號——審計抽樣》《中國註冊會計師審計準則第1321號——審計會計估計（包括公允價值會計估計）和相關披露》《中國註冊會計師審計準則第1323號——關聯方》《中國註冊會計師審計準則第1324號——持續經營》《中國註冊會計師審計準則第1331號——首次審計業務涉及的期初餘額》《中國註冊會計師審計準則第1332號——期後事項》《中國註冊會計師審計準則第1341號——書面聲明》。

涉及利用其他主體的工作的審計準則共有3項，包括《中國註冊會計師審計準則第1401號——對集團財務報表審計的特殊考慮》《中國註冊會計師審計準則第1411號——利用內部審計人員的工作》《中國註冊會計師審計準則第1421號——利用專

家的工作》。

涉及審計結論與報告的審計準則共有6項，包括《中國註冊會計師審計準則第1501號——對財務報表形成審計意見和出具審計報告》《中國註冊會計師審計準則第1502號——在審計報告中發表非無保留意見》《中國註冊會計師審計準則第1503號——在審計報告中增加強調事項段和其他事項段》《中國註冊會計師審計準則第1504號——在審計報告中溝通關鍵審計事項》《中國註冊會計師審計準則第1511號——比較信息：對應數據和比較財務報表》和《中國註冊會計師審計準則第1521號——註冊會計師對含有已審計財務報表的文件中的其他信息的責任》。

與特殊領域審計有關的審計準則共有10項，包括《中國註冊會計師審計準則第1601號——對按照特殊目的編製基礎編製的財務報表審計的特殊考慮》《中國註冊會計師審計準則第1602號——驗資》《中國註冊會計師審計準則第1603號——對單一財務報表和財務報表特定要素審計的特殊考慮》《中國註冊會計師審計準則第1604號——對簡要財務報表出具報告的業務》《中國註冊會計師審計準則第1611號——商業銀行財務報表審計》《中國註冊會計師審計準則第1612號——銀行間函證程序》《中國註冊會計師審計準則第1613號——與銀行監管機構的關係》《中國註冊會計師審計準則第1631號——財務報表審計中對環境事項的考慮》《中國註冊會計師審計準則第1632號——衍生金融工具的審計》《中國註冊會計師審計準則第1633號——電子商務對財務報表審計的影響》。這些審計準則涵蓋了對特殊行業、特殊性質的企業和企業特殊業務、特殊事項的審計。

（3）中國註冊會計師審閱準則第2101號（1項）。

執業體系中只有一項審閱準則，即《中國註冊會計師審閱準則第2101號——財務報表審閱》。該準則共7章31條，對審閱範圍和保證程度、業務約定書、審閱計劃、審閱程序和審閱證據、結論和報告等進行了重點說明，以規範註冊會計師執行財務報表審閱業務。

（4）中國註冊會計師其他鑒證業務準則第3101號和3111號（2項）。

其他鑒證業務準則共有2項，包括《中國註冊會計師其他鑒證業務第3101號——歷史財務信息審計或審閱以外的鑒證業務》和《中國註冊會計師其他鑒證業務準則第3111號——預測性財務信息的審核》。

（5）中國註冊會計師相關服務準則第4101號和4111號（2項）。

中國註冊會計師執業準則體系中的相關服務準則共有2項，包括《中國註冊會計師相關服務準則第4101號——對財務信息執行商定程序》和《中國註冊會計師相關服務準則第4111號——代編財務信息》，分別為註冊會計師執行商定程序和代編信息這兩項服務提供指引。這兩項準則分別從業務約定書、計劃、程序與記錄、報告等方面對註冊會計師執行商定程序和代編財務信息業務進行了規範。註冊會計師執行這兩種相關服務都沒有獨立性要求，且出具的報告不發表任何鑒證意見。

（6）會計師事務所質量控制準則第5101號（1項）。

《質量控制準則第5101號——會計師事務所對執行財務報表審計和審閱、其他簽證和相關服務業務實施的質量控制》系統地總結了近些年審計失敗的經驗教訓，旨在規範會計師事務所建立並保持有關財務報表審計和審閱、其他鑒證和相關服務

業務的質量控制制度。

在註冊會計師執業準則體系中，準則編號由 4 位數組成。其中，千位數代表不同類別的準則：「1」代表審計準則；「2」代表審閱準則；「3」代表其他鑒證業務準則；「4」代表相關服務準則；「5」代表質量控制準則。百位數代表某一類別準則中的大類。以審計準則為例，我們將審計準則分為 6 大類，分別用 1~6 表示，「1」代表一般原則與責任；「2」代表風險評估與應對；「3」代表審計證據；「4」代表利用其他主體的工作；「5」代表審計結論與報告；「6」代表特殊領域審計。十位數代表大類中的小類。個位數代表小類中的順序號。例如，第 1311 號，千位數的「1」表示審計準則，百位數的「3」表示審計證據大類，十位數的「1」表示獲取審計證據的某一小類，個位數的「1」表示某類審計程序的序號。

## 第二節　會計師事務所質量控制準則

健全完善的質量控制制度是保證會計師事務所及其人員遵守法律法規的規定、中國註冊會計師職業道德規範以及中國註冊會計師執業技術準則的基礎。中國註冊會計師執業準則體系中包括兩項質量控制準則，即《質量控制準則第 5101 號——會計師事務所對執行財務報表審計和審閱、其他鑒證和相關服務業務實施的質量控制》和《中國註冊會計師審計準則第 1121 號——對財務報表審計實施的質量控制》。前者從會計師事務所層面上進行規範，適用於包括財務報表審計和審閱、其他鑒證業務和相關服務業務；後者從執行審計項目的負責人層面上進行規範，僅適用於財務報表審計業務。這兩項準則聯繫緊密，前者是後者的制定依據。《質量控制準則第 5101 號——會計師事務所對執行財務報表審計和審閱、其他鑒證和相關服務業務實施的質量控制》共 5 章 75 條，包括定義、目標和要求（運用和遵守相關要求、質量控制制度的要素、對業務質量承擔的領導責任、相關職業道德要求、客戶關係和具體業務的接受與保持、人力資源、業務執行、監控、對質量控制制度的記錄）。

### 一、相關術語定義

在《質量控制準則第 5101 號——會計師事務所對執行財務報表審計和審閱、其他鑒證和相關服務業務實施的質量控制》準則中，涉及以下相關術語：

（1）職業準則。職業準則是指中國註冊會計師鑒證業務基本準則、中國註冊會計師審計準則、中國註冊會計師審閱準則、中國註冊會計師其他鑒證業務準則、中國註冊會計師相關服務準則、質量控制準則和相關職業道德要求。

（2）相關職業道德要求。相關職業道德要求是指項目組和項目質量控制復核人員應當遵守的職業道德規範，通常是指中國註冊會計師職業道德守則。

（3）人員。人員是指會計師事務所的合夥人和員工。

（4）合夥人。合夥人是指在執行專業服務業務方面有權代表會計師事務所的個人。

（5）員工。員工是指合夥人以外的專業人員，包括會計師事務所的內部專家。

（6）項目合夥人。項目合夥人是指會計師事務所中負責某項業務及其執行，並代表會計師事務所在出具的報告上簽字的合夥人。如果項目合夥人以外的其他註冊會計師在報告上簽字，本準則對項目合夥人做出的規定也適用於該簽字註冊會計師。

（7）項目組。項目組是指執行業務的所有合夥人和員工以及會計師事務所或網絡事務所聘請的為該項業務實施程序的所有人員，但不包括會計師事務所或網絡事務所聘請的外部專家。

（8）網絡事務所。網絡事務所是指屬於某一網絡的會計師事務所或實體。

（9）網絡。網絡是指由多個實體組成，旨在通過合作實現下列一個或多個目的的聯合體：

①共享收益或分擔成本。
②共享所有權、控制權或管理權。
③共享統一的質量控制政策和程序。
④共享同一經營戰略。
⑤使用同一品牌。
⑥共享重要的專業資源。

（10）項目質量控制復核。項目質量控制復核是指在報告日或報告日之前，項目質量控制復核人員對項目組做出的重大判斷和在編製報告時得出的結論進行客觀評價的過程。項目質量控制復核適用於上市實體財務報表審計以及會計師事務所確定需要實施項目質量控制復核的其他業務。

（11）上市實體。上市實體是指其股份、股票或債券在法律法規認可的證券交易所報價或掛牌，或者在法律法規認可的證券交易所或其他類似機構的監管下進行交易的實體。

（12）項目質量控制復核人員。項目質量控制復核人員是指項目組成員以外的、具有足夠、適當的經驗和權限，對項目組做出的重大判斷和在編製報告時得出的結論進行客觀評價的合夥人、會計師事務所的其他人員、具有適當資格的外部人員或由這類人員組成的小組。

（13）具有適當資格的外部人員。具有適當資格的外部人員是指會計師事務所以外的具有擔任項目合夥人的勝任能力和必要素質的個人，如其他會計師事務所的合夥人、註冊會計師協會或提供相關質量控制服務的組織中具有適當經驗的人員。

（14）業務工作底稿。業務工作底稿是指註冊會計師對執行的工作、獲取的結果和得出的結論做出的記錄。

（15）報告日。報告日是指註冊會計師在出具的報告上簽署的日期。

（16）監控。監控是指對會計師事務所質量控制制度進行持續考慮和評價的過程，包括定期選取已完成的業務進行檢查，以使會計師事務所能夠合理保證其質量控制制度正在有效運行。

（17）檢查。檢查是指實施程序以獲取證據，確定項目組在已完成的業務中是否遵守會計師事務所質量控制政策和程序。

（18）合理保證。合理保證是指一種高度但非絕對的保證水準。

## 二、業務質量控制的目標和要求

（一）業務質量控制的目標

會計師事務所的目標是建立並保持質量控制制度，以合理保證：第一，會計師事務所及其人員遵守職業準則和適用的法律法規的規定；第二，會計師事務所和項目合夥人出具適合具體情況的報告。

（二）業務質量控制的要求

質量控制準則的要求旨在使會計師事務所能夠實現該準則的目標。正確運用這些要求被人們預期可以為實現目標提供充分的依據，但由於實際情況變化很大，且無法預料，會計師事務所應當考慮是否存在特殊事項或情況，要求其建立除準則要求外的政策和程序，以實現質量控制的目標。會計師事務所應當遵守質量控制的所有要求，除非在某些情況下，準則中的某項要求與會計師事務所執行的財務報表審計和審閱、其他鑒證和相關服務業務不相關。

會計師事務所內部負責建立並保持質量控制制度的人員應當瞭解會計師事務所質量控制準則的全部內容以及應用指南，以理解其目標並恰當遵守其要求。

## 三、業務質量控制的要素

會計師事務所應當建立並保持質量控制制度，質量控制制度包括針對下列要素而制定的政策和程序，其應當形成書面文件，並傳達至全體人員：

（1）對業務質量承擔的領導責任。
（2）相關職業道德要求。
（3）客戶關係和具體業務的接受與保持。
（4）人力資源。
（5）業務執行。
（6）監控。

## 四、對業務質量承擔的領導責任

會計師事務所應當制定政策和程序，培育以質量為導向的內部文化。這些政策和程序應當要求會計師事務所主任會計師或同等職位的人員對質量控制制度承擔最終責任，並使受會計師事務所主任會計師或同等職位的人員委派，具有充分、適當的經驗和能力的人員負責質量控制制度運作以及給予其必要的權限，以履行其責任。

## 五、相關職業道德要求

會計師事務所應當制定政策和程序，以合理保證會計師事務所及其人員遵守相關職業道德要求以及合理保證會計師事務所及其人員和其他受獨立性要求約束的人員（包括網絡事務所的人員）保持相關職業道德要求規定的獨立性。

這些政策和程序應當使會計師事務所能夠：

（1）向會計師事務所人員以及其他受獨立性要求約束的人員傳達獨立性要求。
（2）識別和評價對獨立性產生不利影響的情形，並採取適當的行動消除這些不

利影響；或者通過採取防範措施將其降至可接受的水準；或者如果認為適當，在法律法規允許的情況下解除業務約定。

（3）項目合夥人向會計師事務所提供與客戶委託業務相關的信息（包括服務範圍），以使會計師事務所能夠評價這些信息對保持獨立性的總體影響。

（4）會計師事務所人員立即向會計師事務所報告對獨立性產生不利影響的情形，以便會計師事務所採取適當行動。

（5）會計師事務所收集相關信息，並向適當人員傳達，以便會計師事務所及其人員能夠容易確定是否滿足獨立性要求，會計師事務所能夠保持和更新與獨立性相關的記錄，會計師事務所能夠針對識別出的、超出可接受水準的對獨立性產生的不利影響採取適當的行動。

會計師事務所應當制定政策和程序，以合理保證能夠獲知違反獨立性要求的情況，並能夠採取適當行動予以解決。這些政策和程序應當包括：

（1）會計師事務所人員將注意到的、違反獨立性要求的情況立即報告會計師事務所。

（2）會計師事務所將識別出的違反這些政策和程序的情況，立即傳達給需要與會計師事務所共同處理這些情況的項目合夥人、需要採取適當行動的會計師事務所和網絡內部的其他相關人員以及受獨立性要求約束的人員。

（3）項目合夥人、會計師事務所和網絡內部的其他相關人員以及受獨立性要求約束的其他人員，在必要時立即向會計師事務所告知他們為解決有關問題而採取的行動，以便會計師事務所能夠決定是否應當採取進一步的行動。

會計師事務所應當每年至少一次向所有需要按照相關職業道德要求保持獨立性的人員，獲取其遵守獨立性政策和程序的書面確認函。

會計師事務所應當制定下列政策和程序：

（1）明確標準，以確定長期委派同一名合夥人或高級員工執行某項鑒證業務時是否需要採取防範措施，將因密切關係產生的不利影響降至可接受的水準。

（2）對所有上市實體財務報表審計業務，按照相關職業道德要求和法律法規的規定，在規定期間屆滿後輪換項目合夥人、項目質量控制復核人員以及受輪換要求約束的其他人員。

**六、客戶關係和具體業務的接受與保持**

會計師事務所應當制定有關客戶關係和具體業務接受與保持的政策和程序，以合理保證只有在下列情況下，才能接受或保持客戶關係和具體業務：

（1）能夠勝任該項業務，並具有執行該項業務必要的素質、時間和資源。

（2）能夠遵守相關職業道德要求。

（3）已考慮客戶的誠信，沒有信息表明客戶缺乏誠信。

如果在接受業務後獲知某項信息，而該信息若在接受業務前獲知，可能導致會計師事務所拒絕該項業務，會計師事務所應當針對這種情況制定保持具體業務和客戶關係的政策和程序。這些政策和程序應當考慮：

（1）適用於這種情況的職業責任和法律責任，包括是否要求會計師事務所向委

託人報告或在某些情況下向監管機構報告。
（2）解除業務約定或同時解除業務約定和客戶關係的可能性。

## 七、人力資源

　　會計師事務所應當制定政策和程序，以合理保證擁有足夠的具有勝任能力和必要素質並承諾遵循道德基本原則的人員，以使會計師事務所按照職業準則和適用的法律法規的規定執行業務，會計師事務所和項目合夥人能夠出具適合具體情況的報告。

　　關於業務委派，會計師事務所應當採取以下措施：
（1）會計師事務所應當對每項業務委派至少一名項目合夥人，並制定政策和程序，明確下列要求：
①將項目合夥人的身分和作用告知客戶管理層和治理層的關鍵成員。
②項目合夥人具有履行職責所要求的適當的勝任能力、必要素質和權限。
③清楚界定項目合夥人的職責，並告知該項目合夥人。
（2）會計師事務所應當制定政策和程序，委派具有必要勝任能力和素質的適當人員，以便按照職業準則和適用的法律法規的規定執行業務，會計師事務所和項目合夥人能夠出具適合具體情況的報告。

## 八、業務執行

　　會計師事務所應當制定政策和程序，以合理保證按照職業準則和適用的法律法規的規定執行業務，使會計師事務所和項目合夥人能夠出具適合具體情況的報告。這些政策和程序應當包括與保持業務執行質量一致性相關的事項、監督責任、復核責任。

　　會計師事務所在安排復核工作時，應當由項目組內經驗較豐富的人員復核經驗不足的人員的工作。會計師事務所應當根據這一原則，確定有關復核責任的政策和程序。

### （一）諮詢

　　會計師事務所應當制定政策和程序，以合理保證就疑難問題或爭議事項進行適當諮詢；能夠獲取充分的資源進行適當諮詢；諮詢的性質和範圍以及諮詢形成的結論得以記錄，並經過諮詢者和被諮詢者的認可；諮詢形成的結論得到執行。

### （二）項目質量控制復核

　　會計師事務所應當制定政策和程序，要求對特定業務實施項目質量控制復核，以客觀評價項目組做出的重大判斷以及在準備報告時得出的結論。

　　這些政策和程序應當有下列要求：對所有上市實體財務報表審計實施項目質量控制復核；制定標準，據此評價所有其他的歷史財務信息審計和審閱、其他鑒證和相關服務業務，以確定是否應當實施項目質量控制復核；對所有符合（前述）「制定標準」的業務實施項目質量控制復核。

　　會計師事務所應當制定政策和程序，以明確項目質量控制復核的性質、時間和範圍。這些政策和程序應當要求只有完成項目質量控制復核，才能簽署業務報告。

這些政策和程序要求項目質量控制復核包括下列工作：就重大事項與項目合夥人進行討論；復核財務報表或其他業務對象信息及擬出具報告；復核選取的與項目組做出的重大判斷和得出的結論相關的業務工作底稿；評價在準備報告時得出的結論，並考慮擬出具報告的恰當性。

針對上市實體財務報表審計，會計師事務所應當制定政策和程序，要求實施的項目質量控制復核包括對下列事項的考慮：項目組就具體業務對會計師事務所獨立性做出的評價；項目組是否已涉及意見分歧的事項，或者其他疑難問題或爭議事項進行適當諮詢以及諮詢得出的結論；選取的用於復核的業務工作底稿是否反應項目組針對重大判斷執行的工作以及是否支持得出的結論。

會計師事務所應當制定政策和程序，以滿足下列要求：安全保管業務工作底稿並對業務工作底稿保密，保證業務工作底稿的完整性，便於使用和檢索業務工作底稿。

會計師事務所應當制定政策和程序，以使業務工作底稿的保存期限滿足會計師事務所的需要和法律法規的規定。對歷史財務信息審計和審閱業務、其他鑒證業務，會計師事務所應當自業務報告日起對業務工作底稿至少保存10年。如果組成部分業務報告日早於集團業務報告日，會計師事務所應當自集團報告日起對組成部分業務工作底稿至少保存10年。

## 九、監控

會計師事務所應當制定監控政策和程序，以合理保證與質量控制制度相關的政策和程序具有相關性與適當性，並正在有效運行。監控過程應當包括：持續考慮和評價會計師事務所質量控制制度；要求委派一個或多個合夥人，或者會計師事務所內部具有充分、適當的經驗和權限的其他人員負責監控過程；要求執行業務或實施項目質量控制復核的人員不參與該項業務的檢查工作。

持續考慮和評價會計師事務所質量控制制度應當包括：週期性地選取已完成的業務進行檢查，週期最長不得超過3年；在每個週期內，對每個項目合夥人至少檢查一項已完成的業務。

會計師事務所應當評價在監控過程中注意到的缺陷的影響，並確定缺陷是否屬於下列情況之一：該缺陷並不必然表明會計師事務所的質量控制制度不足以合理保證會計師事務所遵守職業準則和適用的法律法規的規定以及會計師事務所和項目合夥人出具適合具體情況的報告；該缺陷是系統性的、反覆出現的或其他需要及時糾正的重大缺陷。

會計師事務所應當將實施監控程序注意到的缺陷以及建議採取適當的補救措施，告知相關項目合夥人及其他適當人員。

針對注意到的缺陷，建議採取的適當補救措施應當包括：採取與某項業務或某個人員相關的適當補救措施；將發現的缺陷告知負責培訓和職業發展的人員；改進質量控制政策和程序；對違反會計師事務所政策和程序的人員，尤其是對反覆違規的人員實施懲戒。

會計師事務所應當制定政策和程序，以應對下列兩種情況：實施監控程序的結

果表明出具的報告可能不適當；在執行業務過程中遺漏了應實施的程序。這些政策和程序應當要求會計師事務所確定採取哪些進一步的行動以遵守職業準則和適用的法律法規的規定，並考慮是否徵詢法律意見。

會計師事務所應當每年至少一次將質量控制制度的監控結果，向項目合夥人及會計師事務所內部的其他適當人員通報。這種通報應當足以使會計師事務所及其相關人員能夠在其職責範圍內及時採取適當的行動。通報的信息應當包括：對已實施的監控程序的描述；實施監控程序得出的結論；如果相關，對系統性的、反覆出現的缺陷或其他需要及時糾正的重大缺陷的描述。

如果會計師事務所是網絡事務所的一部分，可能實施以網絡為基礎的某些監控程序，以保持在同一網絡內實施的監控程序的一致性。

如果網絡內部的會計師事務所在符合質量控制準則要求的共同的監控政策和程序下運行，並且這些會計師事務所信賴該監控制度，為了網絡內部的項目合夥人信賴網絡內實施監控程序的結果，會計師事務所的政策和程序應當要求：每年至少一次就監控過程的總體範圍、程度和結果，向網絡事務所的適當人員通報；立即將識別出的質量控制制度缺陷，向網絡事務所的適當人員通報，以便使其採取必要的行動。

關於投訴和指控，會計師事務所應當制定政策和程序，以合理保證能夠適當處理下列事項：投訴和指控會計師事務所執行的工作未能遵守職業準則和適用的法律法規的規定；指控未能遵守會計師事務所質量控制制度。

作為處理投訴和指控過程的一部分，會計師事務所應當建立清晰的投訴和指控渠道，以使會計師事務所人員能夠沒有顧慮地提出關心的問題。

如果在調查投訴和指控的過程中識別出會計師事務所質量控制政策和程序在設計或運行方面存在缺陷，或者存在違反質量控制制度的情況，會計師事務所應當按照準則中有關應對注意到的缺陷的相關規定採取適當行動。

關於質量控制制度的記錄，會計師事務所應當制定政策和程序，要求形成適當工作記錄，以對質量控制制度的每項要素的運行情況提供證據；要求對工作記錄保管足夠的期限，以使執行監控程序的人員能夠評價會計師事務所遵守質量控制制度的情況；要求記錄投訴、指控以及應對情況。

## 本章小結

執業準則的根本作用在於保證註冊會計師執業質量、維護社會經濟秩序。

中國註冊會計師執業準則體系包括鑒證業務準則、相關服務準則和會計師事務所質量控制準則。

鑒證業務準則是指註冊會計師在執行鑒證業務的過程中所應遵守的職業規範。由鑒證業務基本準則統領，按照鑒證業務提供的保證程度和鑒證對象的不同，分為中國註冊會計師審計準則、中國註冊會計師審閱準則和中國註冊會計師其他鑒證業務準則。其中，審計準則是整個執業準則體系的核心。

會計師事務所的目標是建立並保持質量控制制度，以合理保證會計師事務所及其人員遵守職業準則和適用的法律法規的規定，會計師事務所和項目合夥人出具適

合具體情況的報告。

會計師事務所的質量控制制度包含以下六個方面的要素：對業務質量承擔的領導責任、相關職業道德要求、客戶關係和具體業務的接受與保持、人力資源、業務執行、監控。

## 本章思維導圖

本章思維導圖如圖 2-3 所示。

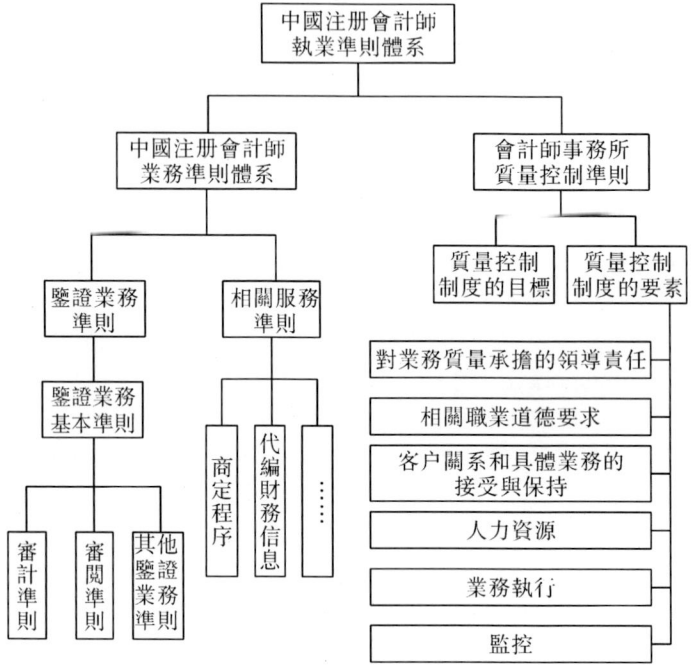

圖 2-3　本章思維導圖

# 第三章
# 審計人員職業道德及法律規範

## 學習目標

1. 掌握註冊會計師職業道德基本原則。
2. 熟悉註冊會計師職業道德概念框架。
3. 掌握對註冊會計師職業道德構成不利影響的五個因素。
4. 熟悉對註冊會計師職業道德構成不利影響的情形。
5. 掌握對註冊會計師審計獨立性構成不利影響的具體情形和相應的防範措施。
6. 掌握註冊會計師的相關法律規範。

## 案例導入

　　ABC 會計師事務所為甲公司提供年度財務報表審計服務。甲公司是一家提供豪華度假服務的上市公司。2018 年是 ABC 會計師事務所的王註冊會計師擔任甲公司年度財務報表審計項目合夥人的第七年，在臨近本期審計結束時，甲公司的財務總監給項目組的每個成員提供一項度假服務，項目組成員可以享受內部員工的優惠價格。在審計業務完成之後，按照慣例，為表示對每個人努力工作的一種感謝，財務總監向其財務團隊的每位員工以及審計項目組的每位成員贈送了一小盒巧克力。

　　問題：（1）分別討論財務總監給審計項目組成員提供的優惠度假服務和巧克力小禮品是否適當？為什麼？

　　（2）王註冊會計師連續擔任甲公司年度財務報表審計項目合夥人七年是否會對審計項目組的職業道德構成不利影響？請解釋原因。

　　道德是一種社會意識形態，是調整人與人之間、個人與社會之間關係的行為規範的總和。各個行業都需要一定的職業道德規範，使執業人員在社會輿論力量的約束下，形成符合職業需求的信念和習慣，提高執業質量。註冊會計師行業需要更高的道德水準，尤其是對以客觀公正身分執行的鑒證業務，註冊會計師需要滿足獨立性的要求，其鑒證意見才能取信於社會公眾。為了規範中國註冊會計師職業行為，提高職業道德水準，維護職業形象，中國註冊會計師協會制定了《中國註冊會計師職業道德守則》和《中國註冊會計師協會非執業會員職業道德守則》。中國註冊會計師協會會員包括註冊會計師和非執業會員。非執業會員是指加入中國註冊會計師協會但未取得中國註冊會計師證書的人員，通常在工業、商業、服務業、公共部門、教育部門、非營利組織、監管機構或職業團體從事專業工作。

## 第一節　職業道德基本原則

註冊會計師必須遵守的職業道德基本原則包括誠信、獨立性、客觀和公正、專業勝任能力和應有的關注、保密、良好職業行為。

### 一、誠信

誠信要求註冊會計師誠實、守信，言行一致，在所有職業關係和商業關係中保持正直、誠實、秉公處事、實事求是，不得弄虛作假，也不能與弄虛作假的情況發生牽連，如果註冊會計師注意到自己與有問題的信息發生牽連，應當採取措施消除牽連。例如，在審計過程中，註冊會計師發現被審計單位的財務信息存在重大錯報卻沒有出具適合具體情況的非標準的審計報告，則違反了這一原則。誠信原則是對所有註冊會計師和非執業會員的要求。

### 二、獨立性

獨立性是指註冊會計師在做決策和判斷時不得因任何利害關係影響其客觀性。註冊會計師審計是以第三方的立場對被審計單位的財務報表發表鑒證意見。如果註冊會計師在下結論時受到利害關係的左右，就很難取信於財務報表的預期使用者乃至社會公眾。獨立性原則通常是對註冊會計師而不是非執業會員提出的要求。註冊會計師要從實質上和形式上保持獨立性。

### 三、客觀和公正

客觀和公正是指按照事物的本來面貌去看待問題，不得添加個人偏見，要公平、正直、不偏袒。這個原則要求註冊會計師在執業過程中實事求是，處事公正，不得因偏見、利益衝突或他人的不當影響而損害職業判斷。

### 四、專業勝任能力和應有的關注

專業勝任能力是指註冊會計師應當持續瞭解並掌握當前的法律、技術和實務的發展變化，將專業知識和技能始終保持在應有的水準，確保為客戶提供具有專業水準的服務。註冊會計師不應承接不能勝任的業務，在提供服務時，為保證應有的專業水準，必要時可以利用專家的工作。

應有的關注要求註冊會計師遵守執業準則和職業道德規範的要求，勤勉盡責，認真、全面、及時地完成工作任務。在審計過程中，註冊會計師應當保持職業懷疑態度，運用專業知識、技能和經驗，獲取和評價審計證據。保持職業懷疑態度要求註冊會計師以質疑的思維方式評價證據的有效性。

### 五、保密

保密要求註冊會計師應當對在職業活動中獲知的涉密信息予以保密，未經客戶

授權或法律法規允許，不得向會計師事務所以外的第三方披露其獲知的涉密信息，不得利用獲知的涉密信息為自己或第三方謀取利益。註冊會計師在社會交往中應當履行保密義務，特別是警惕無意中向近親屬或關係密切的人員洩密的可能性。另外，註冊會計師還應當對擬接受的客戶或擬受雇的工作單位向其披露的涉密信息保密。在終止與客戶或工作單位的關係之後，註冊會計師仍然應當對在職業關係和商業關係中獲知的信息保密。但是，在某些特殊情況下，保密義務可以豁免，如在法律法規允許下或取得客戶授權；為法律訴訟、仲裁準備文件或提供證據；向有關監管機構報告發現的違法行為；接受監管機構的執業質量檢查等。

### 六、良好職業行為

註冊會計師應當遵守相關法律法規，避免發生任何損害職業聲譽的行為，在向公眾傳遞信息以及推介自身和工作時，應當客觀、真實、得體、不得損害職業形象。

註冊會計師應當誠實、實事求是，不應有誇大宣傳提供的服務、擁有的資質和獲得的經驗、貶低或無根據地比較其他註冊會計師的工作的行為。

## 第二節　職業道德概念框架

### 一、職業道德概念框架的內涵

職業道德概念框架是指解決職業道德問題的思路和方法，如圖 3-1 所示。

```
┌─────────────────────────────┐
│ 識別對職業道德基本原則的不利影響 │
└──────────────┬──────────────┘
               ↓
┌─────────────────────────────┐
│      評價不利影響的嚴重程度      │
└──────────────┬──────────────┘
               ↓
┌─────────────────────────────┐
│ 必要時采取防範措施消除不利影響    │
│   或將其降低至可接受的水平       │
└─────────────────────────────┘
```

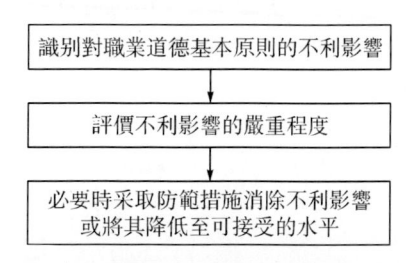

圖 3-1　解決職業道德問題的思路和方法

職業道德概念框架適用於註冊會計師處理對職業道德基本原則產生不利影響的各種情形，其目的在於防止註冊會計師認為只要守則未明確禁止的情形就是允許的。在運用職業道德概念框架時，註冊會計師應當運用職業判斷，識別對職業道德產生不利影響的情形，從性質和數量兩個方面予以考慮，評價不利影響的嚴重程度，確定是否能夠採取防範措施消除不利影響或將其降低至可接受的水準。

### 二、可能對職業道德基本原則產生不利影響的因素

可能對職業道德基本原則生產不利影響的因素包括自身利益、自我評價、過度推介、密切關係和外在壓力。

自身利益導致的不利影響是指因經濟利益或其他利益對註冊會計師的職業判斷

或行為產生不當影響。自身利益可能源於項目組成員或其近親屬的經濟利益或其他利益。

自我評價導致的不利影響是指註冊會計師對其（或者其所在會計師事務所或工作單位的其他人員）以前的判斷或服務結果做出不恰當的評價，並且將據此形成的判斷作為當前服務的組成部分。

過度推介導致的不利影響是指註冊會計師過度推介客戶或工作單位的某種立場或意見使其客觀性受到損害。

密切關係導致的不利影響是指註冊會計師與客戶或工作單位存在長期或親密的關係，而過於傾向客戶或工作單位的利益、認可客戶或工作單位的工作，從而對註冊會計師的職業判斷或行為產生不利影響。

外在壓力導致的不利影響是指註冊會計師受到實際的壓力或感受到壓力（包括對註冊會計師實施不當影響的意圖）而無法客觀行事。

### 三、應對不利影響的防範措施

防範措施是指可以消除不利影響或將其降至可接受水準的行動或其他措施。

在法律法規和職業規範層面，應對不利影響的防範措施包括：執業準則和職業道德規範的規定；監管機構或註冊會計師協會的監控和懲戒程序；公司治理方面的規定；取得會員資格必需的教育、培訓和經驗要求；持續的職業發展要求；等等。

在實際工作中，在會計師事務所層面，領導層強調遵守職業道德的重要性，制定有關政策和程序，識別與防範對職業道德基本原則的不利影響，建立懲戒機制，保障相關政策和程序得到遵守，並指定高級管理人員負責監督質量控制系統是否有效運行。在具體業務層面，應對不利影響的防範措施包括但不限於以下防範措施：對已執行的非鑒證業務，由未參與該業務的註冊會計師進行復核，或者在必要時提供建議；對已執行的鑒證業務，由鑒證業務項目組以外的註冊會計師進行復核，或者在必要時提供建議；向客戶審計委員會、監管機構或註冊會計師協會諮詢；與客戶治理層討論有關的職業道德問題；由其他會計師事務所執行或重新執行部分業務；輪換鑒證業務項目組合夥人和高級員工；等等。

註冊會計師應當運用判斷，確定如何應對超出可接受水準的不利影響，包括採取防範措施消除不利影響或將其降低至可接受的水準，或者終止業務約定，或者拒絕接受業務委託。

## 第三節　註冊會計師審計業務對獨立性的要求

### 一、獨立性的內涵

註冊會計師審計業務對獨立性的要求是指註冊會計師在審計過程中不受利害關係影響其職業判斷的客觀性。獨立性包括實質上的獨立性和形式上的獨立性。

實質上的獨立性是一種內心狀態，要求註冊會計師在提出結論時不受有損於職

業判斷的因素影響，能夠誠實公正行事，並保持客觀和職業懷疑態度。

形式上的獨立性是一種外在表現，要求註冊會計師避免出現重大的事實和情況，使得一個理性且掌握充分信息的第三方在權衡這些事實和情況後，很可能推定會計師事務所或項目組成員的誠信、客觀或職業懷疑態度已經受到損害。

### 二、相關重要概念

（一）網絡事務所

網絡事務所屬於某一網絡的會計師事務所或實體。如果某一會計師事務所被視為網絡事務所，應當與網絡中其他會計師事務所的審計客戶保持獨立。

在判斷一個聯合體是否形成網絡時，不取決於會計師事務所或實體是否在法律上各自獨立，而是從以下幾個要點判斷，滿足以下一條及以上則通常視為形成網絡：

（1）一個聯合體旨在通過合作，在各實體之間共享收益或分擔重要成本。

（2）一個聯合體旨在通過合作，在各實體之間共享所有權、控制權或管理權。

（3）一個聯合體旨在通過合作，在各實體之間共享統一的質量控制政策和程序。

（4）一個聯合體旨在通過合作，在各實體之間共享同一經營戰略。

（5）一個聯合體旨在通過合作，在各實體之間使用同一品牌。

（6）一個聯合體旨在通過合作，在各實體之間共享專業資源。

（二）關聯實體

在評價會計師事務所面臨的獨立性不利影響時，審計項目組在識別、評價對獨立性的不利影響以及採取防範措施時，應當將關聯實體包括在內。

所謂關聯實體，是指與被審計單位存在以下一種關係的實體：

（1）能夠對被審計單位施加直接或間接控制的實體，且被審計單位對該實體重要。

（2）受到被審計單位直接或間接控制的實體。

（3）在被審計單位內擁有直接經濟利益，能夠對被審計單位施加重大影響的實體，且在被審計單位內的利益對該實體重要。

（4）被審計單位擁有其直接經濟利益且能夠對其施加重大影響的實體，並且在該實體的經濟利益對被審計單位重要。

（5）與被審計單位處於同一控制下的實體，且該實體與被審計單位對控制方均重要。

（三）公眾利益實體

公眾利益實體擁有數量眾多且分佈廣泛的利益相關者，當被審計單位屬於公眾利益實體時，在評價對獨立性產生不利影響的重要程度及為消除不利影響或將其降低至可接受水準採取的必要防範措施時，註冊會計師應採取更加謹慎的態度。

公眾利益實體包括上市公司和下列實體：

（1）法律法規界定的公眾利益實體。

（2）法律法規規定按照上市公司審計獨立性的要求接受審計的實體。

如果公眾利益實體以外的其他實體擁有數量眾多且分佈廣泛的利益相關者（如

金融業務、保險業務等），註冊會計師應當根據實體業務的性質、規模等要素考慮將其作為公眾利益實體對待。

（四）治理層

治理層是指對實體的戰略方向及管理層履行經營管理責任負有監督責任的人員或組織，治理層的責任包括對財務報告過程的監督。註冊會計師在運用職業判斷識別、評價獨立性不利影響以及確定防範措施時，應當就這些事宜適當與治理層進行溝通。

（五）業務期間

註冊會計師應當在業務期間和財務報表涵蓋的期間獨立於審計客戶。業務期間自審計項目組開始執行審計業務之日起，至出具審計報告之日止。如果審計業務具有連續性，業務期間結束日應以其中一方通知解除業務關係或出具最終審計報告兩者時間孰晚為準。

### 三、可能對獨立性構成不利影響的情形

（一）因自身利益對獨立性構成不利影響的情形

因自身利益對獨立性構成不利影響的情形如表 3-1 所示。

表 3-1　因自身利益對獨立性構成不利影響的情形

| 不利影響因素 | 情形 |
| --- | --- |
| 自身利益 | ①審計項目組成員在審計客戶中擁有直接或重大間接經濟利益；<br>②會計師事務所的收入過分依賴某一客戶；<br>③審計項目組成員與審計客戶存在重要且密切的商業關係；<br>④會計師事務所擔心可能失去某一重要客戶；<br>⑤審計項目組成員正與審計客戶協商受雇於該客戶；<br>⑥會計師事務所與客戶就審計業務達成或有收費的協議；<br>⑦註冊會計師在評價所在會計師事務所以往提供專業服務的結果時，發現了重大錯誤等 |

（二）因自我評價對獨立性構成不利影響的情形

因自我評價對獨立性構成不利影響的情形如表 3-2 所示。

表 3-2　因自我評價對獨立性構成不利影響的情形

| 不利影響因素 | 情形 |
| --- | --- |
| 自我評價 | ①會計師事務所在對客戶提供財務系統的設計或操作服務後，又對系統的運行有效性出具鑒證報告；<br>②會計師事務所為審計客戶編製原始數據，這些數據構成審計業務的對象；<br>③審計業務項目組成員擔任或最近曾經擔任審計客戶的董事或高級管理人員；<br>④審計項目組成員目前或最近曾受雇於審計客戶，並且所處職位能夠對審計對象施加重大影響；<br>⑤會計師事務所為審計客戶提供直接影響審計對象信息的其他服務等 |

（三）因過度推介對獨立性構成不利影響的情形

因過度推介對獨立性構成不利影響的情形如表 3-3 所示。

表 3-3　因過度推介對獨立性構成不利影響的情形

| 不利影響因素 | 情　形 |
| --- | --- |
| 過度推介 | ①會計師事務所推介審計客戶的股份；<br>②在審計客戶與第三方發生訴訟或糾紛時，註冊會計師擔任該客戶的辯護人等 |

（四）因密切關係對獨立性構成不利影響的情形

因密切關係對獨立性構成不利影響的情形如表 3-4 所示。

表 3-4　因密切關係對獨立性構成不利影響的情形

| 不利影響因素 | 情　形 |
| --- | --- |
| 密切關係 | ①審計項目組成員的近親屬擔任審計客戶的董事或高級管理人員；<br>②項目組成員的近親屬是審計客戶的員工，其所處職位能夠對審計對象施加重大影響；<br>③客戶的董事、高級管理人員或所處職位能夠對審計業務對象施加重大影響的員工，最近曾擔任會計師事務所的項目合夥人；<br>④註冊會計師接受審計客戶的禮品或款待；<br>⑤會計師事務所的合夥人或高級員工與審計客戶存在長期業務關係等 |

（五）因外在壓力對獨立性構成不利影響的情形

因外在壓力對獨立性構成不利影響的情形如表 3-5 所示。

表 3-5　因外在壓力對獨立性構成不利影響的情形

| 不利影響因素 | 情　形 |
| --- | --- |
| 外在壓力 | ①會計師事務所受到審計客戶解除業務關係的威脅；<br>②審計客戶表示，如果會計師事務所不同意對某項交易的會計處理，則不再委託其承辦擬議中的非鑒證業務；<br>③客戶威脅將起訴會計師事務所；<br>④會計師事務所受到降低收費的影響而不恰當地縮小工作範圍；<br>⑤由於客戶員工對所討論的事項更具有專長，註冊會計師面臨服從其判斷的壓力等 |

**四、可能對審計獨立性構成不利影響的具體闡述**

（一）經濟利益

註冊會計師在被審計單位中擁有經濟利益可能因自身利益對審計獨立性產生不利影響。

1. 經濟利益的含義

經濟利益是指因持有某一實體的股權、債券和其他證券以及其他債務性的工具而擁有的利益，包括為取得這種利益享有的權利和承擔的義務。經濟利益包括直接經濟利益和間接經濟利益。

直接經濟利益是指下列經濟利益：

(1) 個人或實體直接擁有並控制的經濟利益。

(2) 個人或實體通過投資工具擁有的經濟利益，並且有能力控制這些投資工具或影響其投資決策。例如，股票、債券、認沽權、認購權、期權、權證和賣空權等。

間接經濟利益是指個人或實體通過投資工具擁有的經濟利益，但沒有能力控制這些投資工具或影響其投資決策。例如，通過共同基金投資的一攬子基礎金融產品。

2. 對獨立性構成不利影響的情形及防範措施

註冊會計師在審計客戶中擁有經濟利益，可能會因自身利益對獨立性構成不利影響。註冊會計師主要通過以下三個因素評價不利影響是否存在以及嚴重程度：

(1) 擁有經濟利益人員的角色。如果會計師事務所、審計項目組成員及其主要近親屬（父母、配偶、子女）擁有經濟利益的影響嚴重程度甚於其他角色。

(2) 經濟利益是直接的還是間接的。直接經濟利益的影響的嚴重程度甚於間接經濟利益的影響。

(3) 經濟利益的重要性。如果是同類型的經濟利益，經濟利益越重要（以金額和性質兩方面判斷），其影響程度越嚴重。

以下幾種情形屬於不得擁有的經濟利益，否則將會導致非常嚴重的不利影響，且沒有防範措施：

(1) 會計師事務所、審計項目組成員及其主要近親屬不得在被審計單位中擁有直接經濟利益或重大間接經濟利益。

(2) 當一個實體在被審計單位中擁有控制性權益，且被審計單位對該實體重要時，會計師事務所、審計項目組成員及其主要近親屬不得在該實體中擁有直接經濟利益或重大間接經濟利益。

(3) 當其他合夥人與審計項目組的合夥人同處一個分部（審計業務所處分部），其他合夥人及其主要近親屬不得在被審計單位中擁有直接經濟利益或重大間接經濟利益。

(4) 為被審計單位提供非審計服務的其他合夥人、管理人員及其主要近親屬不得在被審計單位中擁有直接經濟利益或重大間接經濟利益。

對於不被允許擁有的經濟利益，會計師事務所、審計項目組成員及其主要近親屬應當立即處置全部經濟利益或處置全部直接經濟利益和足夠數量的間接經濟利益。

除上述不擁有的經濟利益的情形外，其他擁有經濟利益的情形，根據前面所述三個因素評價不利影響是否存在以及嚴重程度，如果存在不利影響，應根據具體情形採取適當的防範措施，消除不利影響或將不利影響降至可接受範圍。防範措施通常如下：

(1) 在合理期限內處置全部經濟利益或處置全部直接經濟利益和足夠數量的間接經濟利益。

(2) 由審計項目組以外的註冊會計師復核該成員已執行的工作。

(3) 將該成員調離審計項目組。

(二) 貸款和擔保

註冊會計師與被審計單位發生貸款或擔保關係可能因自身利益對獨立性產生不利影響。

1. 禁止存在的情形
（1）會計師事務所、審計項目組成員或其主要近親屬從不屬於銀行或類似金融機構等被審計單位取得貸款或由其提供擔保。
（2）會計師事務所、審計項目組成員或其主要近親屬從屬於銀行或類似金融機構等被審計單位取得貸款或由其提供擔保，但不是按照正常的程序、條款和條件取得。
（3）會計師事務所、審計項目組成員或其主要近親屬向被審計單位提供貸款或為其提供擔保。
（4）會計師事務所、審計項目組成員或其主要近親屬在不屬於銀行或類似金融機構等被審計單位開立存款或交易帳戶。
（5）會計師事務所、審計項目組成員或其主要近親屬在銀行或類似金融機構等被審計單位開立存款或交易帳戶，但是沒有按照正常的商業條件開立。
2. 允許存在但需採取防範措施的情形
會計師事務所按照正常的程序、條款和條件從屬於銀行或類似金融機構等被審計單位取得貸款，且該貸款對被審計單位或會計師事務所影響重大。
3. 允許存在的情形
（1）審計項目組成員或其主要近親屬按照正常的程序、條款和條件從屬於銀行或類似金融機構等被審計單位取得貸款或擔保。
（2）會計師事務所、審計項目組成員或其主要近親屬按照正常的商業條件在銀行或類似金融機構等被審計單位開立存款或交易帳戶。
（三）商業關係
會計師事務所、審計項目組成員或其主要近親屬與被審計單位或其高級管理人員之間，由於商務關係或共同的經濟利益而存在諸如共同開辦企業、產品和服務捆綁銷售，或者彼此銷售或推廣對方的產品和服務之類的密切的商業關係，可能因自身利益或外在壓力對審計獨立性產生嚴重的不利影響。

會計師事務所不得介入此類商業關係。如果存在此類商業關係，會計師事務所應當予以終止。如果審計項目組成員涉及此類商業關係，會計師事務所應當將該成員調離審計項目組。如果審計項目組成員的主要近親屬涉及此類商業關係，註冊會計師應當評價不利影響的嚴重程度，必要時採取防範措施消除不利影響或將其降低至可接受的水準。

會計師事務所、審計項目組成員或其主要近親屬從審計客戶購買商品或服務，如果按照正常的商業程序公平交易，通常不會對獨立性產生不利影響。
（四）家庭和私人關係
審計項目組成員與審計客戶的董事、高級管理人員，或者所處職位能夠對被審計單位會計記錄或被審計財務報表的編製施加重大影響的員工存在家庭和私人關係，可能因自身利益、密切關係或外在壓力產生不利影響。不利影響的嚴重程度主要取決於下列因素：
（1）客戶員工與審計項目組成員的關係。
（2）客戶員工在客戶中的職位。

（3）審計項目組成員在審計項目組中的角色。

會計師事務所應當評價不利影響的嚴重程度，並在必要時採取防範措施消除不利影響或將其降低至可接受的水準。

防範措施主要包括：

（1）將該成員調離審計項目組。

（2）合理安排該成員的職責，使其工作不涉及與之存在密切關係的員工的職責範圍。

（五）與被審計單位發生人員交流

被審計單位的董事、高級管理人員或能對鑒證對象施加重大影響的員工，曾經是審計項目組的成員或會計師事務所的合夥人，可能因密切關係或外在壓力產生不利影響。

（1）關鍵審計合夥人加入屬於公眾利益實體的被審計單位擔任重要職位需滿足冷卻期的要求，即該合夥人不再擔任關鍵審計合夥人後，該公眾利益實體發布了已審計財務報表，其涵蓋期間不少於12個月，並且該合夥人不是該財務報表的審計項目組成員，否則獨立性將視為受到損害。關鍵審計合夥人是指項目合夥人、實施項目質量控制復核的負責人以及審計項目組中負責對財務報表審計涉及的重大事項做出關鍵決策或判斷的其他審計合夥人。

（2）會計師事務所前任高級合夥人（管理合夥人或同等職位的人員）加入屬於公眾利益實體的被審計單位，擔任董事、高級管理人員或能對鑒證對象施加重大影響的員工，也需滿足冷卻期的要求，即離職已超過12個月。

（3）最近曾任被審計單位的董事、高級管理人員或能對鑒證對象施加重大影響的員工在被審計財務報表涵蓋的期間加入審計項目組，將產生非常嚴重的不利影響，會計師事務所不得將此類人員分派到審計項目組。如果在被審計財務報表涵蓋的期間之前加入，會計師事務所應當評價不利影響的嚴重程度，並在必要時採取防範措施將其降低至可接受的水準。

（4）會計師事務所的合夥人或員工兼任被審計單位的董事或高級管理人員，將因自我評價和自身利益產生非常嚴重的不利影響，會計師事務所的合夥人或員工不得兼任審計客戶的董事或高級管理人員。

（六）與被審計單位長期存在業務關係

會計師事務所長期委派同一名合夥人或高級員工執行某一客戶的審計業務，將因密切關係和自身利益產生不利影響。

同一關鍵審計合夥人擔任屬於公眾利益實體的被審計單位審計業務不得超過五年，在任期結束後的兩年內，該關鍵審計合夥人不得再次成為該客戶的審計項目組成員或關鍵審計合夥人。

在被審計單位成為公眾利益實體之前，如果關鍵審計合夥人已為該客戶服務的時間不超過三年，則還可以為該客戶繼續提供服務的年限為五年減去已經服務的年限；如果已為該客戶服務了四年或更長的時間，在該客戶成為公眾利益實體之後，還可以繼續服務兩年；如果被審計單位是首次公開發行證券的公司，關鍵審計合夥人在該公司上市後連續提供審計服務的期限，不得超過兩個完整會計年度。

（七）為被審計單位提供非鑒證服務

會計師事務所給被審計單位提供非鑒證服務，可能因自我評價、自身利益或過度推介等對獨立性產生不利影響。

判斷某一特定非鑒證服務是否對審計項目組的獨立性產生不利影響，主要看是否承擔了管理層職責或執行的非鑒證服務是否對鑒證對象有重大影響。例如，以下情形將會對獨立性構成非常嚴重的不利影響：

（1）向屬於公眾利益實體的被審計單位提供編製會計記錄和財務報表的服務。

（2）為被審計單位提供評估的結果對財務報表產生重大影響的評估服務。

（3）為屬於公眾利益實體的被審計單位計算當期所得稅或遞延所得稅負債（或資產），以用於編製對被審計財務報表具有重大影響的會計分錄。

（4）為被審計單位提供有效性取決於某項特定會計處理或財務報表列報的稅務諮詢服務。

（5）向被審計單位提供內部審計服務，並在執行財務報表審計時利用內部審計的工作。

（6）為被審計單位提供構成財務報告內部控制的重要組成部分，或者對會計記錄或被審計財務報表影響重大的信息技術系統的設計或操作服務。

（7）為被審計單位提供訴訟支持服務涉及對損失或其他金額的估計，並且這些損失或其他金額影響被審計財務報表。

（8）會計師事務所的合夥人或員工擔任審計客戶的首席法律顧問。

（9）為屬於公眾利益實體的被審計單位招聘董事、高級管理人員，或者所處職位能夠對鑒證對象施加重大影響的員工過程中尋找候選人，或者從候選人中挑選出適合相應職位的人員或對可能錄用的候選人的證明文件進行核查。

（10）為被審計單位提供能夠對鑒證對象產生重大影響的公司理財服務等。

（八）收費

不適當的收費可能因自身利益或外在壓力對註冊會計師的審計獨立性產生不利影響。例如，具體情形如下：

（1）收入過分依賴某一客戶，則對該客戶的依賴及對可能失去該客戶的擔心將因自身利益或外在壓力對獨立性產生不利影響。如果會計師事務所連續兩年從某一屬於公眾利益實體的被審計單位及其關聯實體收取的全部費用，佔其從所有客戶收取的全部費用的比重超過15%，會計師事務所應當向被審計單位治理層披露這一事實，並討論選擇適當的防範措施。

（2）逾期收費，尤其是相當部分的審計費用在出具下一年度審計報告前仍未支付，可能因自身利益對審計獨立性產生不利影響。

（3）或有收費，即收費與否或收費多少取決於交易的結果或所執行工作的結果。會計師事務所在提供審計服務時，以直接或間接形式取得或有收費，將因自身利益產生非常嚴重的不利影響，導致沒有防範措施能夠將其降低至可接受的水準。

（4）註冊會計師收取與客戶相關的介紹費或佣金，可能因自身利益對客觀和公正原則、獨立性原則等產生非常嚴重的不利影響，導致沒有防範措施能夠消除不利影響或將其降低至可接受的水準。註冊會計師不得收取與客戶相關的介紹費或佣金。

（九）薪酬和業績評價政策

審計項目組成員的薪酬或業績評價與其向被審計單位推銷的非鑒證服務掛勾，將因自身利益產生不利影響。關鍵審計合夥人的薪酬或業績評價不得與其向被審計單位推銷的非鑒證服務直接掛勾。

（十）禮品和招待

會計師事務所或審計項目組成員接受被審計單位的禮品或款待，可能因自身利益和密切關係對審計獨立性產生不利影響。會計師事務所或審計項目組成員不得接受禮品和超出業務活動中正常往來的款待。

## 第四節　註冊會計師的法律責任

### 一、註冊會計師法律責任的概念

註冊會計師法律責任是指註冊會計師在承辦業務的過程中，未能履行合同條款，或者未能保持應有的職業謹慎，或者出於故意未按專業標準出具合格報告，致使審計報告使用者遭受損失，依照有關法律法規，註冊會計師或會計師事務所應承擔的法律責任。按照應該承擔責任的內容不同，註冊會計師的法律責任可分為行政責任、民事責任和刑事責任三種。三種責任可以同時追究，也可以單獨追究。

### 二、對註冊會計師責任的認定

引起註冊會計師法律責任的原因主要源自註冊會計師的違約、過失和詐欺。

（一）違約

違約指合同的一方或幾方未能達到合同條款的要求。當審計業務違約給他人造成損失時，註冊會計師應承擔違約責任。例如，會計師事務所在商定的時期內，未能提交審計報告，或者違反了與被審計單位訂立的保密協議等。

（二）過失

過失指在一定條件下缺少應有的合理謹慎。評價註冊會計師的過失，是以其他合格註冊會計師在相同條件下可做到的謹慎為標準的。當過失給他人造成損害時，註冊會計師應負過失責任。例如，註冊會計師粗心大意（缺乏職業謹慎），導致未發現某公司會計報表存在重大錯報，出具無保留審計意見。

過失按其程度不同分為普通過失和重大過失兩種。

（1）普通過失（一般過失）。普通過失指沒有保持職業上應有的合理的謹慎。

對註冊會計師而言，普通過失是指註冊會計師沒有完全遵循專業準則的要求。

例如，未按特定審計項目取得必要和充分的審計證據就出具審計報告的情況，可視為一般過失。

（2）重大過失。重大過失是指連起碼的職業謹慎都不保持，對重要的業務或事務不加考慮，滿不在乎。對註冊會計師而言，重大過失是指註冊會計師根本沒有遵循專業準則或沒有按專業準則的基本要求執行審計。

例如，註冊會計師委派不具有註冊會計師資格的助理人員負責重要財務報表項目審計（子公司審計）。

（三）詐欺

詐欺又稱舞弊，是以欺騙或坑害他人為目的的一種故意的錯誤行為。對註冊會計師而言，詐欺就是為了達到欺騙他人的目的，明知委託單位的財務報表有重大錯報，卻加以虛偽的陳述，出具無保留意見的審計報告。

推定詐欺又稱涉嫌詐欺，是指雖無故意詐欺或坑害他人的動機，但存在極端或異常的過失。推定詐欺和重大過失這兩個概念的界限往往很難界定。在美國，許多法院曾經將註冊會計師的重大過失解釋為推定詐欺。

### 三、影響法律責任的幾個概念

（一）經營失敗

經營失敗指企業由於經濟或經營條件的變化，如經濟衰退、不當的管理決策或出現意料之外的行業競爭等，無法滿足投資者的預期。經營失敗的極端情況是申請破產。

（二）審計失敗

審計失敗指註冊會計師由於沒有遵守審計準則的要求而發表了錯誤的審計意見。例如，註冊會計師可能指派了不合格的助理人員去執行審計任務，未能發現應當發現的財務報表中存在的重大錯報。

（三）審計風險

審計風險指財務報表中存在重大錯報，而註冊會計師發表不恰當審計意見的可能性（可能遵守或未遵守審計準則）。

在絕大多數情況下，當註冊會計師未能發現重大錯報並出具了錯誤的審計意見時，就可能產生註冊會計師是否恪守應有的職業謹慎的法律問題。如果註冊會計師在審計過程中沒有盡到應有的職業謹慎，就屬於審計失敗。

審計風險不為零的原因如下：由於審計中的固有限制影響註冊會計師發現重大錯報的能力，註冊會計師不能對財務報表整體不存在重大錯報獲取絕對保證。特別是如果被審計單位管理層精心策劃和掩蓋舞弊行為，註冊會計師儘管完全按照審計準則執業，有時還是不能發現某項重大舞弊行為。

（四）審慎人

希望註冊會計師審計對財務報表的公允表述做合理的保證，就是審慎人的概念。現實中，公眾的「期望差距」往往使註冊會計師陷入訴訟泥潭。

### 四、註冊會計師承擔法律責任的種類

根據《中華人民共和國註冊會計師法》《中華人民共和國公司法》《中華人民共和國證券法》《中華人民共和國刑法》等主要法律法規和相關司法解釋，註冊會計師需要承擔的法律責任種類包括民事責任、行政責任和刑事責任三種。

（一）民事責任

民事責任是指註冊會計師及其所在的會計師事務所接受委託人的委託，在為委

託人提供職業服務過程中違法執業，或者因為自身的過錯給委託人或其他利害關係人造成損失，而應承擔民事賠償的法律責任。違約和過失使註冊會計師負行政責任和民事責任。

民事責任的承擔形式有賠償損失、支付違約金等。

民事責任按性質分類可以分為契約責任和侵權責任。

《中華人民共和國註冊會計師法》第四十二條規定：「會計師事務所違反本法規定，給委託人、其他利害關係人造成損失的，應當依法承擔賠償責任。」

《中華人民共和國公司法》第二百零七條規定：「承擔資產評估、驗資或者驗證的機構因其出具的評估結果、驗資或者驗證證明不實，給公司債權人造成損失的，除能夠證明自己沒有過錯的外，在其評估或者證明不實的金額範圍內承擔賠償責任。」

《中華人民共和國證券法》第一百七十三條規定：「證券服務機構為證券的發行、上市、交易等證券業務活動製作、出具審計報告、資產評估報告、財務顧問報告、資信評級報告或者法律意見書等文件，應當勤勉盡責，對所依據的文件資料內容的真實性、準確性、完整性進行核查和驗證。其製作、出具的文件有虛假記載、誤導性陳述或者重大遺漏，給他人造成損失的，應當與發行人、上市公司承擔連帶賠償責任，但是能夠證明自己沒有過錯的除外。」

（二）行政責任

行政責任是指國家行政機關或國家授權的有關單位對違法的註冊會計師或會計師事務所採取的行政制裁。

1. 執行人

行政責任執行人是國家財政部門、審計部門、證券監管部門以及註冊會計師協會。

2. 制裁方式

對註冊會計師而言，制裁方式包括警告、暫停執業、罰款、吊銷註冊會計師證書等。

對會計師事務所而言，制裁方式包括警告、沒收違法所得、罰款、暫停執業、撤銷等。

《中華人民共和國證券法》第二百零一條規定：「為股票的發行、上市、交易出具審計報告、資產評估報告或者法律意見書等文件的證券服務機構和人員，違反本法第四十五條的規定買賣股票的，責令依法處理非法持有的股票，沒收違法所得，並處以買賣股票等值以下的罰款。」

《中華人民共和國證券法》第二百零七條規定：「違反本法第七十八條第二款的規定，在證券交易活動中作出虛假陳述或者信息誤導的，責令改正，處以三萬元以上二十萬元以下的罰款；屬於國家工作人員的，還應當依法給予行政處分。」

《中華人民共和國公司法》第二百零七條規定：「承擔資產評估、驗資或者驗證的機構提供虛假材料的，由公司登記機關沒收違法所得，處以違法所得一倍以上五倍以下的罰款，並可以由有關主管部門依法責令該機構停業、吊銷直接責任人員的資格證書，吊銷營業執照。承擔資產評估、驗資或者驗證的機構因過失提供有重大

遺漏的報告的，由公司登記機關責令改正，情節較重的，處以所得收入一倍以上五倍以下的罰款，並可以由有關主管部門依法責令該機構停業、吊銷直接責任人員的資格證書，吊銷營業執照。」

（三）刑事責任

刑事責任是指觸犯刑法所必須承擔的法律後果，其種類包括罰金、有期徒刑以及其他限制人身自由的刑罰等。

1. 刑事責任的承擔形式

刑事責任的承擔形式主要有拘役、罰金、有期徒刑等。

2. 註冊會計師刑事責任的構成要件

註冊會計師刑事責任的構成要件包括犯罪主體、犯罪客體、犯罪主觀意願和犯罪客觀事實（見表 3-6）。

表 3-6　註冊會計師刑事責任的構成要件

| 構成要件 | 說明 |
| --- | --- |
| 犯罪主體 | 實施犯罪行為的註冊會計師 |
| 犯罪客體 | 犯罪行為侵害了受刑法保護的一定社會關係 |
| 犯罪主觀意願 | 犯罪主體對其實施的犯罪行為及其結果所具有的心理狀態 |
| 犯罪客觀事實 | 存在著違法行為 |

犯罪主觀意願包括：重大過失和故意。

（1）重大過失。註冊會計師只有存在重大過失時才需承擔過失犯罪的刑事責任。

（2）故意。故意，即明知自己的行為會產生危害社會的結果，卻希望或放任這一結果的發生。

《中華人民共和國刑法》第二百二十九條規定：「承擔資產評估、驗資、驗證、會計、審計、法律服務等職責的仲介組織的人員故意提供虛假證明文件，情節嚴重的，處五年以下有期徒刑或者拘役，並處罰金。」

註冊會計師法律責任種類、責任承擔方式和法律責任的認定如表 3-7 所示。

表 3-7　註冊會計師法律責任種類、責任承擔方式和法律責任的認定

| 法律責任種類 | 責任承擔方式 | 法律責任的認定 |
| --- | --- | --- |
| 行政責任 | ①對註冊會計師而言，包括警告、暫停執業、罰款、吊銷註冊會計師證書等；②對會計師事務所而言，包括警告、沒收違法所得、罰款、暫停執業、撤銷等 | 一般由違約、過失引起 |
| 民事責任 | 主要賠償受害人損失 | 一般由違約、過失、詐欺引起 |
| 刑事責任 | 主要按有關法律程序判處一定的徒刑 | 一般由詐欺引起 |

### 五、註冊會計師法律責任的規避與抗辯

（一）註冊會計師減少過失和防止詐欺的措施

註冊會計師可以採取執業獨立性、保持執業謹慎、強化執業監督等措施減少過失和防止詐欺。

（二）註冊會計師避免法律訴訟的具體措施

（1）嚴格遵循職業道德和專業標準的要求。判別註冊會計師是否具有過失的關鍵在於註冊會計師是否遵照專業標準的要求執行。

（2）建立、健全會計師事務所質量控制制度。質量管理是會計師事務所各項管理工作的核心。如果一個會計師事務所質量管理不嚴，很有可能因為一個人或一個部門的原因導致整個會計師事務所遭受滅頂之災。

（3）與委託人簽訂業務約定書。

（4）審慎選擇被審計單位。

①評價被審計單位的品格，弄清委託的真正目的。

②對陷入財務和法律困境的被審計單位要尤為注意。

（5）深入瞭解被審計單位的業務。

（6）提取風險基金或購買責任保險。

（7）聘請熟悉註冊會計師法律責任的律師。

（三）註冊會計師法律責任的抗辯

1. 不存在審計失敗

註冊會計師本身並無過失，即其執業時嚴格遵循了執業準則的要求，保持了職業謹慎。

2. 報告不存在重大的虛假陳述

註冊會計師保持了應有的職業謹慎，沒有重大的虛假陳述，應予免責，以防止「深口袋」責任的無限擴展。

3. 委託單位涉及共同過失

共同過失指原告受到的損失是由於其本身同樣具有過失造成的，如註冊會計師未能查出委託單位的現金短缺而具有過失，但委託單位由於沒有設置適當的現金內部控制制度就具有共同過失。共同過失的抗辯表示註冊會計師的過失並非委託單位受損的直接原因。

4. 不存在因果關係

註冊會計師雖然有過失，但這種過失並不是委託單位受到損失的直接原因。

5. 不符合「第三者」的界定

例如，提出賠償的人不是「第三者」，註冊會計師應免責。

## 本章小結

本章討論了註冊會計師必須遵守誠信、獨立性、客觀和公正、專業勝任能力和應有的關注、保密、良好職業行為六項職業道德基本原則，並提出瞭解決職業道德問題的概念框架；詳細分析了對職業道德基本原則產生不利影響的自身利益、自我

評價、過度推介、密切關係、外在壓力五個因素並列舉了對審計獨立性構成不利影響的具體情形；重點闡述了註冊會計師審計業務對獨立性的要求，從經濟利益、貸款和擔保、商業關係、家庭和私人關係、與被審計單位發生人員交流、與被審計單位長期存在業務關係、為被審計單位提供非鑒證服務、收費、薪酬和業績評價政策、禮品和招待等方面詳細闡述了對審計獨立性構成不利影響的情形。最後本章介紹了註冊會計師承擔相關的法律責任。

## 本章思維導圖

本章思維導圖如圖 3-2 所示。

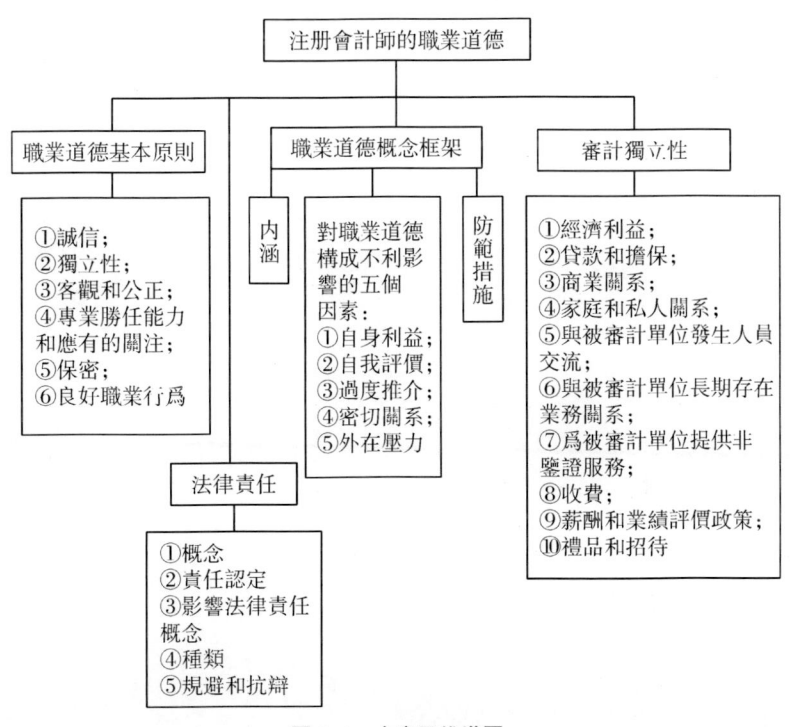

```
                        注册會計師的職業道德
        ┌───────────────────┼───────────────────┐
   職業道德基本原則      職業道德概念框架         審計獨立性
        │                   │                    │
   ①誠信；              內涵    對職業道德   防範   ①經濟利益；
   ②獨立性；                    構成不利影   措施   ②貸款和擔保；
   ③客觀和公正；                響的五個因          ③商業關係；
   ④專業勝任能力                素：                 ④家庭和私人關係；
     和應有的關注；             ①自身利益；         ⑤與被審計單位發生人員
   ⑤保密；                      ②自我評價；          交流；
   ⑥良好職業行為                ③過度推介；         ⑥與被審計單位長期存在
                                ④密切關係；          業務關係；
                                ⑤外在壓力           ⑦為被審計單位提供非
              法律責任                                鑒證服務；
                │                                  ⑧收費；
           ①概念                                   ⑨薪酬和業績評價政策；
           ②責任認定                                ⑩禮品和招待
           ③影響法律責任
             概念
           ④種類
           ⑤規避和抗辯
```

圖 3-2　本章思維導圖

# 第四章
# 審計目標

## 學習目標

1. 瞭解審計目標的含義與影響因素。
2. 掌握現階段中國註冊會計師的總體目標。
3. 掌握被審計單位管理層認定的相關內容。
4. 掌握具體審計目標。

## 案例導入

甲公司是一家集生產和零售為一體的股份有限公司。A會計師事務所在接受其審計委託後,委派註冊會計師張華擔任項目負責人。經審計預備調查,註冊會計師張華確定存貨項目為重點審計風險領域,同時決定根據管理層的認定確定存貨項目的具體審計目標,並選擇相應的具體審計程序以保證審計目標的實現。

問題:假定表4-1中的具體審計目標已經被註冊會計師張華選定,張華應當確定的與各具體審計目標最相關的管理層的認定(根據交易或事項、帳戶餘額和列報分類)和最恰當的審計程序(根據提供的審計程序,分別選擇一項,並將選擇結果的編號填入給定的表格中。對每項審計程序,可以選擇一次、多次或不選)分別是什麼?

(1) 檢查現行銷售價目表。
(2) 審閱財務報表。
(3) 在監盤存貨時,選擇一定樣本,確定其是否包括在盤點表內。
(4) 選擇一定樣本量的存貨會計記錄,檢查支持記錄的購貨合同和發票。
(5) 在監盤存貨時,選擇盤點表內一定樣本量的存貨記錄,確定存貨是否在庫。
(6) 測試直接材料、直接人工費用、製造費用的合理性。

表4-1 具體審計目標

| 管理層的認定 | 具體審計目標 | 審計程序 |
| --- | --- | --- |
|  | 公司對存貨均擁有所有權 |  |
|  | 記錄的存貨數量包括了公司所有的在庫存貨 |  |
|  | 已按成本與可變現淨值孰低法調整期末存貨的價值 |  |

表4-1(續)

| 管理層的認定 | 具體審計目標 | 審計程序 |
|---|---|---|
|  | 存貨成本計算準確 |  |
|  | 存貨的計價基礎已在財務報表中恰當披露 |  |

## 第一節　審計目標概述

### 一、審計目標的含義

審計目標是指人們通過審計實踐活動所期望達到的理想境界或最終結果，或者說是指審計活動的目的與要求。審計目標的確定，除受審計對象的制約以外，還取決於審計社會屬性、審計基本職能和審計授權者或委託者對審計工作的要求。同時，審計目標規定了審計的基本任務，決定了審計的基本過程和應辦理的審計手續。

### 二、審計目標體系簡介

審計目標包括總體審計目標和具體審計目標兩個層次。下面就國際註冊會計師執行財務報表審計產生的幾次大的演變做粗略介紹。

(一) 國際上總體審計目標的演變

1. 以查錯防弊為主要目的階段

這一階段大致從註冊會計師審計的產生直到20世紀30年代。在此階段，企業主需要通過審計來瞭解管理層履行其職責的情況，因此「發現舞弊」被公認為註冊會計師審計的首要目標。然而，為了保護審計師的利益，法庭將審計師發現舞弊的責任限制在合理的範圍內，即要求審計師在其工作中應持有合理謹慎態度，並運用嫻熟的技能在沒有疑點的情況下，不要求審計師發現所有舞弊。但是，如果存在引起懷疑的事項，審計師必須做進一步的調查。

2. 以驗證財務報表的真實公允性為主要目的階段

這一階段從20世紀30年代到20世紀60年代。隨著社會經濟環境的變化，公司股權逐步分散，企業管理者的責任範圍由原來的只對股東和債權人負責擴大到包括其他諸多利益集團，外部投資者也逐漸以財務報表作為其投資決策的重要依據。由於信息不對稱的存在，財務報表使用人無法確認財務報表反應的財務信息的真偽，需要外部審計師對財務報表進行鑒證。同時，股份制企業的規模和業務量較過去大大擴展了，審計師在客觀上也無法對全部經濟業務進行逐筆審計。此外，自20世紀30年代內部控制理論產生後，審計職業界開始認為如能建立完善的內部控制，可以在很大程度上控制詐欺舞弊的發生。因此，註冊會計師審計不再以查錯防弊為主要目標，而是著重對財務報表的真實性與公允性發表意見，以幫助財務報表使用者做出相應決策。

### 3. 查錯防弊和驗證財務報表真實公允性雙重目的並重階段

20世紀60年代以來，涉及企業管理人員詐欺舞弊的案件大量增加，由此給社會公眾造成重大損失。社會公眾出於保護自身利益的考慮，紛紛要求審計師將查錯防弊作為審計的主要目標。社會公眾的強烈要求加之法院的判決和政府管理機構的壓力，都迫使審計職業界重新考慮將查錯防弊納入審計目的。1974年，美國審計師協會實施《科恩（Cohen）報告》，認為絕大部分利用和依靠審計工作的人都將揭露詐欺列為審計的最重要的目標。審計應予以合理計劃，以對財務報表沒有受到重大詐欺舞弊的影響提供合理的保證，同時對企業管理層履行企業重要資產的管理責任提供合理的保證。這一時期，審計職業界加重了審計師對舞弊所承擔的責任，要求審計師對引起其懷疑的事項要持有合理的職業謹慎態度。如果發現舞弊事項，審計師有義務對其做進一步調查。

20世紀80年代以來，為縮小公眾對審計的期望差距，審計職業界開始對「舞弊責任」採取更加積極的態度。儘管「發現舞弊」作為審計目的尚不明顯，各國審計界開始接受揭露管理層舞弊的責任，只是在接受的程度上有所區別。1988年，美國審計師協會發布了第53號、第54號審計準則說明書，將揭露舞弊和非法行為作為審計的主要目標。例如，第53號審計準則說明書指出：審計師必須評價舞弊和差錯可能引起財務報表嚴重失實的風險，並依據這種評價設計審計程序，以合理地保證揭露對財務報表有重大影響的舞弊和差錯。第54號審計準則說明書對審計師揭露客戶非法行為做了闡述。可見，審計師開始承擔在常規審計程序中發現、揭露可能存在的對財務報表信息有重大影響的舞弊，包括揭露管理層舞弊的責任。

應當指出的是，20世紀80年代以來，國際上著名的會計公司在不同程度上開始採用「風險導向審計」的審計模式，其審計目的是降低信息風險。

（二）中國註冊會計師的總體目標

根據審計準則的規定，中國財務報表審計的總體目標是註冊會計師通過執行審計工作，對財務報表的下列方面發表審計意見：

（1）對財務報表整體是否不存在由於舞弊或錯誤導致的重大錯報獲取合理保證，註冊會計師能夠對財務報表是否在所有重大方面按照適用的財務報告編製基礎編製發表審計意見。

（2）註冊會計師根據審計準則的規定，依據審計結果對財務報表出具審計報告，並與管理層和治理層溝通。在任何情況下，如果不能獲取合理保證，並且在審計報告中發表保留意見也不足以實現向預期使用者報告的目的，註冊會計師應當按照審計準則的規定出具無法表示意見的審計報告，或者在法律法規允許的情況下終止審計業務或解除業務約定。

註冊會計師是否按照審計準則的規定執行了審計工作，取決於註冊會計師在具體情況下實施的審計程序，由此獲取的審計證據的充分性和適當性以及根據總體目標和對審計證據的評價結果而出具審計報告的恰當性。

審計準則作為一個整體，為註冊會計師執行審計工作以實現總體目標提供了標準。審計準則規範了註冊會計師的一般責任及在具體方面履行這些責任時的進一步考慮。每項審計準則都明確了規範的內容、適用的範圍和生效的日期。在執行審計

工作時，除遵守審計準則外，註冊會計師還需要遵守法律法規的規定。

每項審計準則通常包括總則、定義、目標、要求（在審計準則中，對註冊會計師提出的要求以「應當」來表述）和附則。總則提供了與理解審計準則相關的背景資料。每項審計準則還配有應用指南。每項審計準則及應用指南中的所有內容都與理解該項準則中表述的目標和恰當應用該準則的要求相關。應用指南對審計準則的要求提供了進一步解釋，並為如何執行這些要求提供了指引。應用指南提供了審計準則涉及事項的背景資料，更為清晰地解釋審計準則要求的確切含義或所針對的情形，並舉例說明適合具體情況的程序。應用指南本身並不對註冊會計師提出額外要求，但與恰當執行審計準則對註冊會計師提出的要求是相關的。

審計準則的總則可能對下列事項進行說明：
（1）審計準則的目的和範圍，包括與其他審計準則的關係。
（2）審計準則涉及的審計事項。
（3）就審計準則涉及的審計事項規定註冊會計師和其他人員各自的責任。
（4）審計準則的制定背景。

審計準則以「定義」為標題單設一章，用來說明審計準則中某些術語的含義。提供這些定義有助於保持審計準則應用和理解的一致性，而非旨在超越法律法規為其他目的對相關術語給出定義。

每項審計準則都包含一個或多個目標，這些目標將審計準則的要求與註冊會計師的總體目標聯繫起來。每項審計準則規定目標的作用在於使註冊會計師關注每項審計準則預期實現的結果。這些目標足夠具體，可以幫助註冊會計師理解所需完成的工作以及在必要時為完成這些工作使用恰當的手段，確定在審計業務的具體情況下是否需要完成更多的工作以實現目標。註冊會計師需要將每項審計準則規定的目標與總體目標聯繫起來進行理解。

註冊會計師需要考慮運用「目標」決定是否需要實施追加的審計程序。審計準則的要求，旨在使註冊會計師能夠實現審計準則規定的目標，進而實現註冊會計師的總體目標。因此，註冊會計師恰當執行審計準則的要求，預期能為其實現目標提供充分的基礎。然而，由於各項審計業務的具體情況存在很大差異，並且審計準則不可能預想到所有的情況，註冊會計師有責任確定必要的審計程序，以滿足準則的要求和實現目標。針對某項業務的具體情況，可能存在一些特定事項，需要註冊會計師實施審計準則要求之外的審計程序，以實現審計準則規定的目標。

在註冊會計師的總體目標下，註冊會計師需要運用審計準則規定的目標以評價是否已獲取充分、適當的審計證據。如果根據評價的結果認為沒有獲取充分、適當的審計證據，那麼註冊會計師可以採取下列一項或多項措施：
（1）評價通過遵守其他審計準則是否已經獲取或將會獲取進一步的相關審計證據。
（2）在執行一項或多項審計準則的要求時，擴大審計工作的範圍。
（3）實施註冊會計師根據具體情況認為必要的其他程序。

如果上述措施在具體情況下都不可行或無法實施，註冊會計師將無法獲取充分、適當的審計證據。在這種情況下，審計準則要求註冊會計師確定其對審計報告或完

成該項業務的能力的影響。

正確理解註冊會計師的總體目標，需要把握以下幾個概念：

1. 註冊會計師

註冊會計師是指取得註冊會計師證書並在會計師事務所執業的人員，通常是指項目合夥人或項目組其他成員，有時也指所在的會計師事務所。審計準則明確指出應由項目合夥人遵守規定或承擔責任時，使用「項目合夥人」而非「註冊會計師」的稱謂。

2. 財務報表

財務報表是指依據某一財務報告編製基礎對被審計單位歷史財務信息做出的結構性表述，包括相關附註，旨在反應某一時點的經濟資源或義務，或者某一時期的經濟資源或義務的變化。相關附註通常包括重要會計政策概要和其他解釋性信息。財務報表通常是指整套財務報表，有時也指單一財務報表。整套財務報表的構成應當根據適用的財務報告編製基礎的規定確定。

歷史財務信息是指以財務術語表述的某一特定實體的信息，這些信息主要來自特定實體的會計系統，反應了過去一段時間內發生的經濟事項，或者過去某一時點的經濟狀況或情況。

3. 適用的財務報告編製基礎

適用的財務報告編製基礎是指法律法規要求採用的財務報告編製基礎，或者管理層和治理層（如適用）在編製財務報表時，就被審計單位性質和財務報表目標而言，採用的可接受的財務報告編製基礎。

財務報告編製基礎分為通用目的編製基礎和特殊目的編製基礎。通用目的編製基礎是指旨在滿足廣大財務報表使用者共同的財務信息需求的財務報告編製基礎，主要是指會計準則和會計制度。特殊目的編製基礎是指旨在滿足財務報表特定使用者對財務信息需求的財務報告編製基礎，包括計稅核算基礎、監管機構的報告要求和合同的約定等。

在評價財務報表是否按照適用的財務報告編製基礎編製時，註冊會計師應當考慮經管理層調整後的財務報表是否與審計師對被審計單位及其環境的瞭解一致；財務報表的列報、結構和內容是否合理；財務報表是否真實地反應了交易和事項的經濟實質。

4. 錯報

錯報是指某一財務報表項目的金額、分類、列報或披露，與按照適用的財務報告編製基礎應當列示的金額、分類、列報或披露之間存在的差異。錯報可能是由錯誤或舞弊導致的。

當註冊會計師對財務報表是否在所有重大方面按照適用的財務報告編製基礎編製並實現公允反應發表審計意見時，錯報還包括根據註冊會計師的判斷，為使財務報表在所有重大方面實現公允反應，需要對金額、分類、列報或披露做出的必要調整。

財務報表的錯報可能是由於舞弊或錯誤所致。舞弊和錯誤的區別在於導致財務報表發生錯報的行為是故意行為還是非故意行為。舞弊是一個寬泛的法律概念，但

審計準則要求註冊會計師關注導致財務報表發生重大錯報的舞弊。與財務報表審計相關的兩類故意錯報包括編製虛假財務報告導致的錯報和侵占資產導致的錯報。

在計劃和實施審計工作以及評價識別出的錯報對審計的影響和未更正的錯報（如有）對財務報表的影響時，註冊會計師應當運用重要性概念。如果合理預期某一錯報（包括漏報）單獨或連同其他錯報可能影響財務報表使用者依據財務報表做出的經濟決策，則該項錯報通常被認為是重大的。重要性取決於在具體環境下對錯報金額或性質的判斷，或者同時受到兩者的影響，並受到註冊會計師對財務報表使用者對財務信息需求的瞭解的影響。註冊會計師針對財務報表整體發表審計意見，因此沒有責任發現對財務報表整體影響並不重大的錯報。

在評價財務報表是否不存在由舞弊或錯誤導致的重大錯報時，註冊會計師應當考慮以下事項：

（1）選擇和運用的會計政策是否符合適用的會計準則和相關會計制度，並適合於被審計單位的具體情況。

（2）管理層做出的會計估計是否合理。

（3）財務報表反應的信息是否具有相關性、可靠性、可比性和可理解性。

（4）財務報表是否做出充分披露，使財務報表使用者能夠理解重大交易和事項對被審計單位財務狀況、經營成果和現金流量的影響。

5. 合理保證

合理保證是指註冊會計師在財務報表審計中提供的一種高度但並非絕對的保證水準。註冊會計師應當按照審計準則的規定，對財務報表整體是否不存在由於舞弊或錯誤導致的重大錯報獲取合理保證，以作為發表審計意見的基礎。

合理保證是一種高度保證。當註冊會計師獲取充分、適當的審計證據將審計風險降至可接受的低水準時，就獲取了合理保證。由於審計存在固有限制，註冊會計師據以得出結論和形成審計意見的大多數審計證據是說服性的而非結論性的，因此審計只能提供合理保證，不能提供絕對保證。

審計的固有限制源於：

（1）財務報告的性質。管理層在編製財務報表時，需根據適用的財務報告編製基礎對被審計單位的事實和情況做出判斷。除此之外，許多財務報表項目涉及主觀決策或評估，或者一定程度的不確定性，而且存在一系列可接受的解釋或判斷。因此，某些財務報表項目本身就不存在確切的金額，且不能通過追加審計程序來消除。然而，審計準則要求註冊會計師對管理層根據適用的會計準則和相關會計制度做出的會計估計是否合理、相關的披露是否充分以及被審計單位會計實務（會計處理）的質量（包括管理層判斷可能存在偏見的跡象）給予特定的考慮。

（2）審計程序的性質。註冊會計師獲取審計證據的能力受到操作上（實際）和法律方面的限制。例如，管理層或其他人員有可能有意或無意地不提供與財務報表編製相關的或註冊會計師要求的完整信息。因此，即使已實施了旨在確保獲取所有相關信息的審計程序，註冊會計師也不能確定信息的完整性。舞弊可能涉及為掩蓋真相而精心策劃的方案，因此註冊會計師用以收集審計證據的審計程序可能對於發現故意的錯報是無效的。審計不是對涉嫌違法行為的官方調查，因此註冊會計師沒

有被授予對於這類調查的特定法律權力,如搜查權。

(3) 在合理的時間內以合理的成本完成審計的需要。難度、時間或成本等問題,不能作為註冊會計師在無法實施替代性程序的情況下省略審計程序(省略不可替代的審計程序),或者滿意於缺乏足夠說服力的審計證據的正當理由。制訂適當的審計計劃有助於為執行審計工作提供充分的時間和資源。儘管如此,信息的相關性及其由此而具有(產生)的價值會隨著時間的推移而降低,因此必須在信息的可靠性和成本之間進行權衡。財務報表使用者的期望是註冊會計師會在合理的時間內、以合理的成本形成財務報表的審計意見。註冊會計師難以處理所有可能存在的信息,或者在假定信息存在錯誤或舞弊的基礎上(除非能證明並非如此)來竭盡可能地追查每一個事項。

(4) 影響審計固有限制的其他事項。對某些認定或對象(事項)而言,固有限制對註冊會計師發現重大錯報能力的潛在影響尤為重要。這些認定或對象(事項)包括舞弊,特別是涉及高級管理人員的舞弊或串通舞弊;關聯方關係和交易的存在性和完整性;存在違反法律法規的行為;可能導致被審計單位無法持續經營的未來事項或情況。

6. 審計準則

審計準則是指中國註冊會計師審計準則。審計準則旨在規範和指導註冊會計師對財務報表整體是否不存在重大錯報獲取合理保證,要求註冊會計師在整個審計過程中運用職業判斷和保持職業懷疑。需要運用職業判斷並保持職業懷疑的重要審計環節主要包括:

(1) 通過瞭解被審計單位及其環境,識別和評估由於舞弊或錯誤導致的重大錯報風險。

(2) 通過對評估的風險設計和實施恰當的應對措施,針對是否存在重大錯報獲取充分、適當的審計證據。

(3) 根據從獲取的審計證據中得出的結論,對財務報表形成審計意見。

為了實現註冊會計師的總體目標,在計劃和執行審計工作時,註冊會計師應當運用相關審計準則規定的目標。在使用規定的目標時,註冊會計師應當認真考慮各項審計準則之間的相互關係,以採取下列措施:

(1) 為了實現審計準則規定的目標,確定是否有必要實施除審計準則規定以外的其他審計程序。

(2) 評價是否已獲取充分、適當的審計證據。

除非存在下列情況,註冊會計師應當遵守每項審計準則的各項要求:

(1) 某項審計準則的全部內容與具體審計工作不相關。

(2) 由於審計準則的某項要求存在適用條件,而該條件並不存在,導致該項要求不適用。

在極其特殊的情況下,註冊會計師可能認為有必要偏離某項審計準則的相關要求。在這種情況下,註冊會計師應當實施替代審計程序以實現相關要求的目的。只有當相關要求的內容是實施某項特定審計程序,而該程序無法在具體審計環境下有效地實現要求的目的時,註冊會計師才能偏離該項要求。如果不能實現相關審計準

則規定的目標，註冊會計師應當評價這是否使其不能實現總體目標。如果不能實現總體目標，註冊會計師應當按照審計準則的規定出具非標準的審計報告，或者在法律法規允許的情況下解除業務約定。不能實現相關審計準則規定的目標構成重大事項，註冊會計師應當按照《中國註冊會計師審計準則第 1131 號——審計工作底稿》的規定予以記錄。

7. 審計意見

註冊會計師發表審計意見的形式取決於適用的財務報告編製基礎以及相關法律法規的規定。

8. 管理層和治理層

管理層是指對被審計單位經營活動的執行負有管理責任的人員。在某些被審計單位，管理層包括部分或全部的治理層成員，如治理層中負有經營管理責任的人員或參與日常經營管理的業主（以下簡稱業主兼經理）。

治理層是指對被審計單位戰略方向及管理層履行經營管理責任負有監督責任的人員或組織。治理層的責任包括監督財務報告過程。在某些被審計單位，治理層可能包括管理層，如治理層中負有經營管理責任的人員，或者業主兼經理。

按照審計準則和相關法律法規的規定，註冊會計師還可能就審計中出現的事項，負有與管理層、治理層和其他財務報表使用者進行溝通和向其報告的責任。

（三）具體審計目標

具體審計目標是總體審計目標的具體化，根據具體化的程度不同，又分為一般審計目標和項目審計目標兩個層次。一般審計目標是實施項目審計時應達到的目標，是項目審計目標的共性概括；項目審計目標是按每個項目的具體內容而確定的目標，既表現了項目審計的個性特徵，也具有一般審計的共性特徵。無論是一般審計目標還是項目審計目標，都必須根據審計總目標要求和被審計單位的需要來確定。

## 第二節　管理層、治理層和註冊會計師對財務報表的責任

### 一、管理層和治理層的責任

現代企業的所有權與經營權分離後，管理層負責企業的日常經營管理，隨之承擔受託責任，管理層通過編製財務報表反應受託責任的履行情況。按照現代公司治理結構的安排，為了實現公司內部的權力平衡，公司需要通過制約關係來保證財務信息的質量，這就往往要求治理層對管理層編製財務報表的過程實施有效的監督。財務報表就是由被審計單位管理層在治理層的監督下編製的。在治理層的監督下，管理層作為會計工作的行為人，對編製財務報表負有直接責任。因此，在被審計單位治理層的監督下，按照適用的財務報告框架的規定編製財務報表是被審計單位管理層的責任。

執行審計工作的前提，即與管理層和治理層（如適用）責任相關的執行審計工作的前提，是指管理層和治理層（如適用）已認可並理解其應當承擔下列責任，這

些責任構成註冊會計師按照審計準則的規定執行審計工作的基礎:

（一）按照適用的財務報告框架的規定編製財務報表，包括使其實現公允反應（如適用）

管理層應當根據會計主體的性質和財務報表的編製目的，選擇適用的會計準則和相關會計制度。就會計主體的性質而言，事業單位適合採用事業單位會計制度，而企業則根據規模和行業性質，分別適用企業會計準則、企業會計制度、金融企業會計制度和小企業會計準則等。按照編製目的，財務報表可以分為通用目的和特殊目的兩種報表。前者是為了滿足範圍廣泛的使用者的共同信息需要，如為公布目的而編製的財務報表；後者是為了滿足特定信息使用者的信息需要。相應地，編製和列報財務報表適用的會計準則和相關會計制度也不同。

（二）設計、執行和維護必要的內部控制，使得編製的財務報表不存在由於舞弊或錯誤導致的重大錯報

為了履行編製財務報表的職責，管理層通常設計、實施和維護與財務報表編製相關的內部控制，以保證財務報表不存在由於舞弊和錯誤而導致的重大錯報。

管理層在治理層的監督下，高度重視對舞弊的防範和遏制是非常重要的。對舞弊的防範可以減少舞弊發生的機會。由於舞弊存在被發現和懲罰的可能性，對舞弊的遏制能夠警示被審計單位人員不要實施舞弊。對舞弊的防範和遏制需要管理層營造誠實守信和合乎道德的文化，並且這一文化能夠在治理層的有效監督下得到強化。治理層的監督包括考慮管理層凌駕於控制之上或對財務報告過程施加其他不當影響的可能性。例如，管理層為了影響分析師對企業業績和盈利能力的看法而操縱利潤。

控制是指內部控制一個或多個要素，或者要素表現出的各個方面。審計準則所稱的內部控制，與適用的法律法規有關內部控制的概念一致。在審計實務中，一般通過簽署管理層聲明書來確認管理層的責任。《中華人民共和國會計法》明確規定，單位負責人對本單位的會計工作和會計資料的真實性、完整性負責。從審計角度來看，相關法律規定管理層和治理層對編製財務報表承擔責任，有利於從源頭上保證財務信息質量。

（三）向註冊會計師提供必要的工作條件

這些必要的工作條件包括允許註冊會計師接觸與編製財務報表相關的所有信息，向註冊會計師提供審計所需的其他信息，允許註冊會計師在獲取審計證據時不受限制地接觸其認為必要的內部人員和其他相關人員。

管理層（有時涉及治理層）認可並理解應當承擔與財務報表相關的上述責任，是執行審計工作的前提，構成了註冊會計師按照審計準則的規定執行審計工作的基礎。

### 二、註冊會計師的責任

就大多數通用目的財務報告框架而言，註冊會計師的責任是針對財務報表是否在所有重大方面按照財務報告框架編製並實現公允反應發表審計意見。

作為一種鑒證業務，審計工作旨在提高被審計單位財務報表的可信性。在審計關係中，註冊會計師作為獨立的第三方，由其對財務報表發表審計意見，有利於提

高財務報表的可信賴程度。為履行這一職責，註冊會計師應當遵守職業道德規範，按照審計準則的規定計劃和實施審計工作，收集充分、適當的審計證據，並根據收集的審計證據得出合理的審計結論，發表恰當的審計意見。

為準確把握註冊會計師責任的含義，有必要進一步明確註冊會計師在揭露錯誤與舞弊以及違反法規行為方面的責任。在財務報表審計中，這兩類責任都有可能會涉及。

（一）對發現錯誤和舞弊的責任

儘管註冊會計師可能懷疑被審計單位存在舞弊，甚至在極少數情況下識別出發生的舞弊，但註冊會計師並不對舞弊是否已實際發生做出法律意義上的判定。

被審計單位治理層和管理層對防止或發現舞弊負有主要責任。在按照審計準則的規定執行審計工作時，註冊會計師有責任對財務報表整體是否不存在由於舞弊或錯誤導致的重大錯報獲取合理保證。

在舞弊導致錯報的情況下，固有限制的潛在影響尤其大。舞弊導致的重大錯報未被發現的風險，大於錯誤導致的重大錯報未被發現的風險。其原因是舞弊可能涉及精心策劃和蓄意實施以進行隱瞞，如偽造證明或故意漏記交易，或者故意向註冊會計師提供虛假陳述。如果涉及串通舞弊，註冊會計師可能更加難以發現蓄意隱瞞的企圖。串通舞弊可能導致原本虛假的審計證據被註冊會計師誤認為只有說服力。註冊會計師發現舞弊的能力取決於舞弊者實施舞弊的技巧、舞弊者操縱會計記錄的頻率和範圍、串通舞弊的程度、舞弊者操縱的每筆金額的大小、舞弊者在被審計單位的職位級別等因素。即使可以識別出實施舞弊的潛在機會，但對於諸如會計估計等判斷領域的錯報，註冊會計師也難以確定這類錯報是由舞弊還是錯誤導致的。

管理層舞弊導致的重大錯報未被發現的風險，大於員工舞弊導致的重大錯報未被發現的風險。其原因是管理層往往可以利用職位之便，直接或間接操縱會計記錄，提供虛假的財務信息，或者凌駕於為防止其他員工實施類似舞弊而建立的控制之上。在獲取合理保證時，註冊會計師有責任在整個審計過程中保持職業懷疑，考慮管理層凌駕於控制之上的可能性，並認識到對發現錯誤有效的審計程序未必對發現舞弊有效。

由於審計的固有限制，即使註冊會計師按照審計準則的規定恰當計劃和執行了審計工作，也不可避免地存在財務報表中的某些重大錯報未被發現的風險。因此，註冊會計師不能對財務報表整體不存在重大錯報獲取絕對保證，只能取得合理保證。承擔合理保證的責任也意味著審計工作並不能保證發現所有的重大錯報（包括不能保證發現所有的錯誤和舞弊導致的重大錯報）。

按照《中國註冊會計師審計準則第1101號——註冊會計師的總體目標和審計工作的基本要求》的規定，註冊會計師應當在整個審計過程中保持職業懷疑，認識到存在由於舞弊導致的重大錯報的可能性，而不應受到以前對管理層、治理層正直和誠信情況形成的判斷的影響。如果在完成審計工作後發現舞弊導致的財務報表重大錯報，特別是串通舞弊或偽造文件記錄導致的重大錯報，並不必然表明註冊會計師沒有遵循審計準則。要判斷註冊會計師是否按照審計準則的規定實施了審計工作，應當取決於其是否根據具體情況實施了審計程序，是否獲取了充分、適當的審計證據以及是否根據證據評價結果出具了恰當的審計報告。

### (二) 對發現違反法律法規行為的責任

違反法律法規是指被審計單位有意或無意違背除適用的財務報告框架以外的現行法律法規的行為。例如，被審計單位進行的或以被審計單位名義進行的違反法律法規的交易，或者治理層、管理層或員工代表進行的違反法律法規的交易。違反法律法規不包括由治理層、管理層或員工實施的，與被審計單位經營活動無關的不當個人行為。

審計準則旨在幫助註冊會計師識別由於違反法律法規導致的財務報表重大錯報。然而，註冊會計師沒有責任防止被審計單位違反法律法規，不能期望其發現所有的違反法律法規行為。

註冊會計師有責任對財務報表整體不存在由於舞弊或錯誤導致的重大錯報獲取合理保證。

在執行財務報表審計時，註冊會計師需要考慮適用於被審計單位的法律法規框架。由於審計的固有限制，即使註冊會計師按照審計準則的規定恰當地計劃和執行審計工作，也不可避免地存在財務報表中的某些重大錯報未被發現的風險。

就法律法規而言，由於下列原因，審計的固有限制對註冊會計師發現重大錯報的能力的潛在影響會加大：

（1）許多法律法規主要與被審計單位經營活動相關，通常不影響財務報表，且不能被與財務報告相關的信息系統獲取。

（2）違反法律法規可能涉及故意隱瞞的行為，如共謀、偽造、故意漏記交易、管理層凌駕於控制之上或故意向註冊會計師提供虛假陳述。

（3）某行為是否構成違反法律法規，最終只能由法院認定。

在通常情況下，違反法律法規與財務報表反應的交易和事項越不相關，就越難以被註冊會計師關注或識別。

按其對財務報表的影響，違反法律法規的行為可以分為兩類：第一類為通常對決定財務報表中的重大金額和披露有直接影響的法律法規（如稅收和企業年金方面的法律法規）的規定；第二類是對決定財務報表中的金額和披露沒有直接影響的其他法律法規，但遵守這些法律法規（如遵守經營許可條件、監管機構對償債能力的規定或環境保護要求）對被審計單位的經營活動、持續經營能力或避免大額罰款至關重要；違反這些法律法規，可能對財務報表產生重大影響。對兩種不同類型的違反法律法規的行為，註冊會計師所負的檢查和報告責任是不相同的。對於第一類違反法律法規的行為，註冊會計師的責任是就被審計單位遵守這些法律法規的規定獲取充分、適當的審計證據；對於第二類違反法律法規的行為，註冊會計師的責任僅限於實施特定的審計程序，以有助於識別可能對財務報表產生重大影響的違反這些法律法規的行為。

為了充分關注被審計單位違反法律法規行為可能對財務報表產生的重大影響，在計劃和執行審計工作時，註冊會計師應當保持職業懷疑態度，充分關注審計可能揭露的導致其對被審計單位遵守法律法規產生懷疑的情況或事項。

### 三、管理層、治理層責任和註冊會計師責任的關係

被審計單位管理層、治理層的責任與註冊會計師的審計責任不能相互替代、減輕或免除。

管理層和治理層作為內部人員，對企業的情況更為瞭解，更能做出適合企業特點的會計處理決策和判斷，因此管理層和治理層理應對編製財務報表承擔完全責任。儘管在審計過程中，註冊會計師可能向管理層和治理層提出調整建議，甚至在不違反獨立性的前提下為管理層編製財務報表提供一些協助，但管理層仍然對編製財務報表承擔責任，並通過簽署財務報表確認這一責任。

如果財務報表存在重大錯報，而註冊會計師通過審計沒有能夠發現，也不能因為財務報表已經由註冊會計師審計這一事實而減輕管理層和治理層對財務報表的責任。

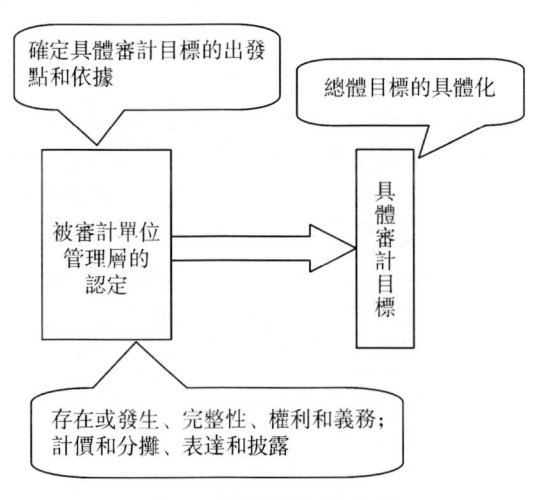

## 第三節　管理層認定及具體審計目標

具體審計目標是審計目的、註冊會計師總體目標的具體化，並受到總體目標的制約。為了實現註冊會計師的總體目標，在計劃和實施審計工作時，註冊會計師需要明確各具體審計項目的審計目標。

具體審計目標必須根據被審計單位管理層的認定和註冊會計師的總體目標來確定。為了實現註冊會計師的總體目標，註冊會計師首先要明確審計工作的起點。這一起點通常是被審計單位的財務報表，財務報表是由被審計單位管理層編製完成的，由管理層對財務報表上所有數字、披露等的全部聲明構成，即由管理層關於各類交易、帳戶餘額和列報的認定所構成。註冊會計師通過獲取適當、充分的審計證據支持管理層認定，從而形成審計意見，實現總體目標。概而言之，註冊會計師審計的主要工作就是確定管理層認定是否恰當。

在通常情況下，註冊會計師應以財務報表審計的總體目標為指導，以管理層的認定為基礎，明確適合於各類交易、帳戶餘額和列報的具體審計目標（見圖 4-1）。

圖 4-1　認定及具體審計目標

## 一、管理層認定

**(一) 認定的含義**

認定是指管理層在財務報表中做出的明確或隱含的表達，註冊會計師將其用於考慮可能發生的不同類型的潛在錯報。認定與審計目標密切相關，註冊會計師的基本職責就是確定被審計單位管理層對其財務報表的認定是否恰當。註冊會計師瞭解了認定，就很容易確定每個項目的具體審計目標。通過考慮可能發生的不同類型的潛在錯報，註冊會計師運用認定評估風險，並據此設計審計程序以應對評估的風險。

當管理層聲明財務報表已按照適用的財務報告編製基礎編製，在所有重大方面做出公允反應時，就意味著管理層對財務報表各組成要素的確認、計量、列報以及相關的披露做出了認定。管理層在財務報表上的認定有些是明確表達的，有些則是隱含表達的。例如，管理層在資產負債表中列報存貨及其金額，意味著做出下列明確的認定：第一，記錄的存貨是存在的；第二，存貨以恰當的金額包括在財務報表中，與之相關的計價或分攤調整已恰當記錄。同時，管理層也做出下列隱含的認定：第一，所有應當記錄的存貨均已記錄；第二，記錄的存貨都由被審計單位所有。

對於管理層對財務報表各組成要素做出的認定，註冊會計師的審計工作就是要確定管理層的認定是否恰當。

具體來說，管理層認定見表4-2。

表4-2 管理層認定的內容

| 關於所審計期間各類交易、事項及相關披露的認定 | 關於期末帳戶餘額及相關披露的認定 |
| --- | --- |
| ①發生；<br>②完整性；<br>③準確性；<br>④截止；<br>⑤分類；<br>⑥列報 | ①存在；<br>②權利和義務；<br>③完整性；<br>④準確性、計價和分攤；<br>⑤分類；<br>⑥列報 |

**(二) 關於所審計期間各類交易、事項及相關披露的認定**

註冊會計師對所審計期間的各類交易和事項運用的認定通常分為下列類別：

(1) 發生：記錄的交易或事項已發生，且與被審計單位有關。
(2) 完整性：所有應當記錄的交易和事項都已記錄。
(3) 準確性：與交易和事項有關的金額及其他數據已恰當記錄。
(4) 截止：交易和事項已記錄於正確的會計期間。
(5) 分類：交易和事項已記錄於恰當的帳戶。
(6) 列報：交易和事項已被恰當地匯總或分解且表述清楚，相關披露在適用的財務報告編製基礎下是相關的、可理解的。

**(三) 關於期末帳戶餘額及相關披露的認定**

註冊會計師對期末帳戶餘額運用的認定通常分為下列類別：

(1) 存在：記錄的資產、負債和所有者權益是存在的。

（2）權利和義務：記錄的資產由被審計單位擁有或控制，記錄的負債是被審計單位應當履行的償還義務。

（3）完整性：所有應當記錄的資產、負債和所有者權益都已記錄。

（4）準確性、計價和分攤：資產、負債和所有者權益以恰當的金額包括在財務報表中，與之相關的計價或分攤調整已恰當記錄。

（5）分類：資產、負債和所有者權益已記錄於恰當的帳戶。

（6）列報：資產、負債和所有者權益已被恰當地匯總或分解且表述清楚，相關披露在適用的財務報告編製基礎下是相關的、可理解的。

註冊會計師可以按照上述分類運用認定，也可按其他方式表述認定，但應涵蓋上述所有方面。例如，註冊會計師可以選擇將有關交易和事項的認定與有關帳戶餘額的認定綜合運用。又如，當發生和完整性認定包含了對交易是否記錄於正確會計期間的恰當考慮時，就可能不存在與交易和事項截止相關的單獨認定。

**二、具體審計目標**

註冊會計師瞭解認定後，就很容易確定每個項目的具體審計目標，並以此作為評估重大錯報風險以及設計和實施進一步審計程序的基礎。

（一）關於所審計期間各類交易、事項及相關披露的審計目標

（1）發生：由發生認定推導的審計目標是確認已記錄的交易是真實的。例如，如果沒有發生銷售交易，但在銷售日記帳中記錄了一筆銷售，則違反了該目標。

發生認定所要解決的問題是管理層是否把那些不曾發生的項目列入財務報表，它主要與財務報表組成要素的高估有關。

（2）完整性：由完整性認定推導的審計目標是確認已發生的交易確實已經記錄。例如，如果發生了銷售交易，但沒有在銷售明細帳和總帳中記錄，則違反了該目標。

發生和完整性兩者強調的是相反的關注點。發生目標針對多記、虛構交易（高估），而完整性目標則針對漏記交易（低估）。

（3）準確性：由準確性認定推導出的審計目標是確認已記錄的交易是按正確金額反應的。例如，如果在銷售交易中，發出商品的數量與帳單上的數量不符，或者是開帳單時使用了錯誤的銷售價格，或者是帳單中的乘積或加總有誤，或者是在銷售明細帳中記錄了錯誤的金額，則違反了該目標。

準確性與發生、完整性之間存在區別。例如，若已記錄的銷售交易是不應當記錄的（如發出的商品是寄銷商品），則即使發票金額是準確計算的，仍違反了發生目標。又如，若已入帳的銷售交易是對正確發出商品的記錄，但金額計算錯誤，則違反了準確性目標，沒有違反發生目標。在完整性與準確性之間也存在同樣的關係。

（4）截止：由截止認定推導出的審計目標是確認接近於資產負債表日的交易記錄於恰當的期間。例如，如果本期交易推到下期或下期交易提到本期，都違反了截止目標。

（5）分類：由分類認定推導出的審計目標是確認被審計單位記錄的交易經過適當分類。例如，如果將現銷記錄為賒銷，將出售經營性固定資產所得的收入記錄為

營業收入，則導致交易分類的錯誤，違反了分類的目標。

（6）列報：由列報認定推導出的審計目標是確認被審計單位記錄的交易和事項已被恰當地匯總或分解且表述清楚，相關披露在適用的財務報告編製基礎下是相關的、可理解的。

（二）關於期末帳戶餘額及相關披露的審計目標

（1）存在：由存在認定推導的審計目標是確認記錄的金額確實存在。例如，如果不存在某顧客的應收帳款，在應收帳款明細表中卻列入了對該顧客的應收帳款，則違反了存在目標。

（2）權利和義務：由權利和義務認定推導的審計目標是確認資產歸屬於被審計單位，負債屬於被審計單位的義務。例如，將他人寄售商品列入被審計單位的存貨，違反了權利目標；將不屬於被審計單位的債務記入帳內，違反了義務目標。

（3）完整性：由完整性認定推導的審計目標是確認已存在的金額都已記錄。例如，如果存在某顧客的應收帳款，而應收帳款明細表中卻沒有列入，則違反了完整性目標。

（4）準確性、計價和分攤：資產、負債和所有者權益以恰當的金額包括在財務報表中，與之相關的計價或分攤調整已恰當記錄。

（5）分類：資產、負債和所有者權益已記錄於恰當的帳戶。

（6）列報：資產、負債和所有者權益已被恰當地匯總或分解且表述清楚，相關披露在適用的財務報告編製基礎下是相關的、可理解的。

下面以存貨為例來說明管理層認定和具體審計目標之間的關係，見表4-3。

表4-3　管理層認定與適用於存貨的具體審計目標

| 管理層認定 | 具體審計目標 |
| --- | --- |
| 關於所審計期間各類交易、事項及相關披露相關的認定 ||
| 發生 | 企業記錄的與全部存貨相關的交易是真實的 |
| 完整性 | 屬於企業發生的存貨交易都已記錄 |
| 準確性 | 已記錄的與存貨有關的交易是按正確的金額反應的 |
| 截止 | 接近於資產負債表日的存貨交易記錄於恰當的期間 |
| 分類 | 被審計單位記錄的存貨根據有關規定做了適當分類 |
| 列報 | 確認被審計單位記錄的存貨已被恰當地匯總或分解且表述清楚，相關披露在適用的財務報告編製基礎下是相關的、可理解的 |
| 關於期末帳戶餘額及相關披露相關的認定 ||
| 存在 | 記錄的存貨帳戶金額確實存在 |
| 權利和義務 | 企業對所有存貨都擁有法律上的所有權，存貨未做抵押 |
| 完整性 | 現有存貨都盤點並計入存貨總額 |

表4-3(續)

| 管理層認定 | 具體審計目標 |
|---|---|
| 準確性、計價和分攤 | 帳面存貨與實有實物數量相符，用以估價存貨的價格無重大錯誤，單價與數量的乘積正確，詳細數據的加總正確，帳簿中存貨餘額正確；當存貨的可變現淨值減少時，已沖減存貨價值 |
| 分類 | 資產負債表中已對存貨按有關規定做了恰當分類 |
| 列報 | 存貨已被恰當地匯總或分解且表述清楚，相關披露在適用的財務報告編製基礎下是相關的、可理解的 |

　　通過前面介紹可知，認定是確定具體審計目標的基礎。註冊會計師通常將認定轉化為能夠通過審計程序予以實現的審計目標。針對財務報表每一項目表現出的各項認定，註冊會計師相應地確定一項或多項審計目標，然後通過執行一系列審計程序獲取充分、適當的審計證據以實現審計目標。認定、審計目標和審計程序之間的關係舉例如表4-4所示。

表 4-4　認定、審計目標和審計程序之間的關係舉例

| 認定 | 審計目標 | 常用審計程序 |
|---|---|---|
| 存在 | 資產負債表列示的存貨存在 | 實施存貨監盤程序 |
| 完整性 | 銷售收入包括了所有已發貨的交易 | 檢查發貨單和銷售發票的編號以及銷售明細帳 |
| 準確性、計價和分攤 | 應收帳款反應的銷售業務是否基於正確的價格和數量，計算是否準確 | 比較價格清單與發票上的價格、發貨單與銷售訂購單上的數量是否一致，重新計算發票上的金額 |
| 截止 | 銷售業務記錄在恰當的期間 | 比較上一年度最後幾天和下一年度最初幾天的發貨單日期與記帳日期 |
| 權利和義務 | 資產負債表中的固定資產確實為公司擁有 | 查閱所有權證書、購貨合同、結算單和保險單 |

## 本章小結

　　本章主要介紹了審計目標的概念，要求學生重點掌握管理層認定及具體審計目標。

　　審計目標是指人們通過審計實踐期望達到的理想境界或最終結果。在不同的審計階段，審計目標有不同的變化。真實、合法、效益是中國目前審計的總體目標。根據具體化的不同程度，總體目標又可以分為具體審計目標。中國審計準則的總體審計目標是對被審計單位會計報表的合法性、公允性表示意見。具體審計目標是總體審計目標的進一步具體化。具體審計目標包括以下幾個方面：發生、完整性、準確性、截止、分類、列報、存在、權利和義務、計價和分攤。

　　本章應強調的術語有審計目標、總體審計目標、管理層認定、具體審計目標等。

**本章思維導圖**

本章思維導圖如圖 4-2 所示。

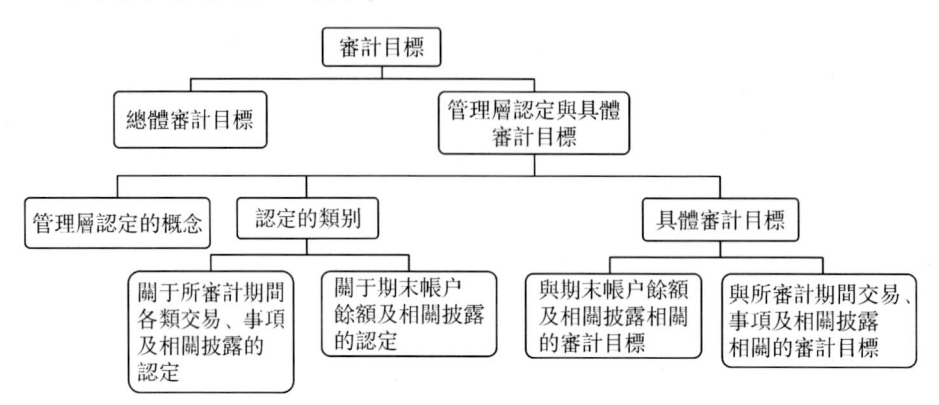

```
                            審計目標
                ┌──────────────┴──────────────┐
          總體審計目標              管理層認定與具體
                                      審計目標
                          ┌─────────────┼─────────────┐
                   管理層認定的概念   認定的類別      具體審計目標
                                ┌────────┴────────┐        ┌────────┴────────┐
                          關于所審計期間    關于期末帳户   與期末帳户餘額   與所審計期間交易、
                          各類交易、事項    餘額及相關披露  及相關披露相關   事項及相關披露
                          及相關披露的      的認定         的審計目標       相關的審計目標
                          認定
```

圖 4-2　本章思維導圖

# 第五章
# 審計證據和審計工作底稿

## 學習目標

1. 瞭解審計證據的概念。
2. 掌握審計證據的兩大特徵：充分性和適當性。
3. 掌握影響審計證據充分性和適當性的因素及其影響。
4. 瞭解審計程序的種類和不同審計程序的區別。
5. 掌握函證程序的步驟與要點，積極式函證和消極式函證的區別。
6. 理解在審計不同階段下使用分析程序的特點。
7. 理解審計工作底稿的定義。
8. 瞭解審計工作底稿編製的目的及編製要求，瞭解審計工作底稿的格式要素。
9. 掌握審計工作底稿的歸檔要求，重點區分底稿歸檔時的事務性變動和底稿歸檔後的業務性變動。

## 案例導入

### 案例一

2019年12月31日，審計助理王明經註冊會計師張強的安排，前去斯巴達公司驗證存貨的帳面餘額。在盤點前，王明在過道上聽幾個工人在議論，得知存貨中可能存在不少無法出售的變質產品。對此，王明對存貨進行實地抽點，並比較庫存量與最近銷量。抽點結果表明，存貨數量合理，收發亦較為有序。由於該產品技術含量較高，王明無法鑑別出存貨中是否有變質產品，於是他不得不詢問該公司的存貨部高級主管。高級主管的答復是：該產品絕無質量問題。

王明在盤點工作結束後，開始編製審計工作底稿。在備註中，王明將聽說有變質產品的事填入其中，並建議在下階段的存貨審計程序中，應特別注意是否存在變質產品。張強在復核審計工作底稿時，再一次向王明詳細瞭解存貨盤點情況，特別是有關變質產品的情況。對此，張強還特別對當時議論此事的工人進行詢問。但這些工人矢口否認了此事。於是，張強與存貨部高級主管商討後，得出結論，認為「存貨價值公允且均可出售」。審計工作底稿復核後，張強在備註欄後填寫了「變質產品問題經核實尚無證據，但下次審計時應加以考慮」。由於斯巴達公司總經理抱怨張強前幾次出具了保留意見的審計報告，使得他們貸款遇到了不少麻煩。審計結束後，註冊會計師張強對該年的財務報表出具了無保留意見的審計報告。

兩個月後，斯巴達公司資金週轉不靈，主要是存貨中存在大量變質產品無法出售，致使到期的銀行貸款無法償還。銀行擬向會計師事務所索賠，認為註冊會計師在審核存貨時，具有重大過失。債權人在法庭上出示了張強的審計工作底稿，認為註冊會計師明知存貨高估，但迫於被審計單位總經理的壓力，沒有揭示財務報表中存在問題，因此應該承擔銀行的貸款損失。

問題：（1）工人在過道上關於變質產品的議論是否應列入審計工作底稿？
（2）註冊會計師張強是否已盡到了責任？
（3）對於銀行的指控，這些審計工作底稿能否支持註冊會計師的抗辯？
（4）銀行的指控是否具有充分的證據？請說明理由。

### 案例二

百奇公司 2018 年 12 月 31 日財務報表顯示，其應收帳款餘額為 800,000 元，備抵壞帳金額為 28,000 元。註冊會計師李勉運用所有的審計程序審核了上述兩個帳戶，認為表述恰當，符合會計準則要求。但在 2019 年 1 月 20 日外勤工作尚未結束時，李勉得知百奇公司的主要客戶卡卡公司因遭受火災而無力償還應付百奇公司的債務。2018 年 12 月 31 日的帳面顯示，應收卡卡公司的帳款金額為 216,000 元。註冊會計師李勉與百奇公司的財務經理討論有關火災情況。李勉認為，報表上要調整這一火災損失，增加提取壞帳準備。財務經理認為不應調整這一損失，因為火災發生在 2019 年。

問題：（1）李勉應如何取得證據來證實這一損失確實發生在 2019 年。
（2）李勉應如何處理比較恰當。

# 第一節　審計證據

## 一、審計證據的含義、內容與種類

### （一）審計證據的含義

審計證據是指註冊會計師為了得出審計結論、形成審計意見而使用的所有信息。這些信息能夠為註冊會計師所使用，幫助註冊會計師得出審計結論、形成審計意見，具體包括編製財務報表依據的會計記錄中含有的會計信息和除會計信息以外的其他信息。

我們應從以下幾點去理解審計證據的概念：
（1）審計證據的本質就是信息。
（2）不是所有信息都能夠構成審計證據，構成審計證據的信息是能夠被註冊會計師使用的信息，這些信息要能夠幫助註冊會計師得出審計結論，形成審計意見。
（3）信息分為兩類，即會計記錄中含有的信息（帳簿、憑證、報表中含有的信息）和其他信息（除帳證表以外的信息）。

審計證據的構成如圖 5-1 所示。

```
                    ┌─── 構成財務報表基礎的會計記錄所含有的信息
                    │
 審                 │    ┌── 從被審計單位內部或外部獲取的會計記錄以外信息
 計                 │    │
 證 ─────────────── │ 其 │
 據                 │ 他 ├── 通過詢問、觀察和檢查等審計程序獲取的信息
                    │ 信 │
                    └ 息 │
                         └── 自身編製或獲取的可以通過合理推斷得出結論的信息
```

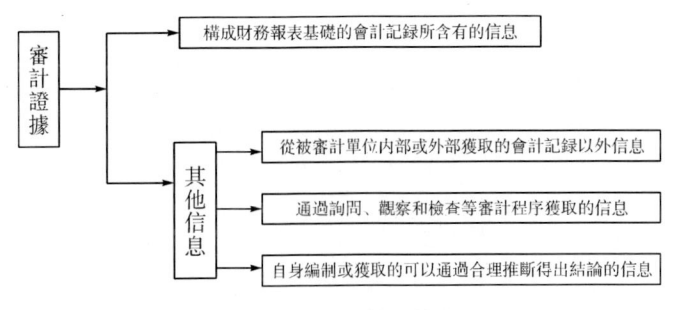

圖 5-1　審計證據的構成

（二）審計證據的內容

審計證據的內容可以分為兩大類：會計記錄中含有的信息（簡稱會計信息）和其他信息。

1. 會計記錄中含有的信息

會計記錄中含有的信息主要包括原始憑證、記帳憑證、總分類帳和明細分類帳、未在記帳憑證中反應的對財務報表的其他調整以及支持成本分配、計算、調節和披露的手工計算表和電子數據表。我們可以簡單地將其理解為憑證、帳簿和報表（簡稱帳記表）中有含有的信息。但是會計信息又不僅限於帳證表中含有的信息，它可能還包括銷售發運單、顧客的匯款通知單、購貨發票、對帳單、員工考勤卡、租合同記錄、人事檔案等含有的信息。

會計記錄中含有的信息能夠為註冊會計師審計提供支持性的審計證據，註冊會計師必須研究會計記錄中的信息以獲取充分、適當的審計證據，為發表審計意見提供基礎。但是僅僅依靠會計記錄中含有的信息又是不足夠的，註冊會計師必須還要獲取其他信息，為發表恰當的審計意見打好基礎。

2. 其他信息

其他信息是指除了會計信息以外的其他信息，註冊會計師必須引起足夠的重視，因為其他信息能夠幫助註冊會計師識別被審計單位的重大錯報風險。

可用於審計證據的其他信息如下：

（1）註冊會計師從被審計單位內部或外部獲取的會計記錄以外的信息，如被審計單位會議記錄、內部控制手冊、詢證函的回函、分析師的報告、與競爭者的比較數據等。

（2）註冊會計師通過詢問、觀察和檢查等審計程序獲取的信息，如通過檢查存貨獲取存貨存在性的審計證據等。

（3）註冊會計師自身編製或獲取的可以通過合理推斷得出結論的信息，如註冊會計師編製的各種計算表、分析表等。

3. 兩者之間的關係

會計記錄中含有的信息和其他信息兩者缺一不可，共同構成了審計證據。在審計工作中如果沒有會計記錄中含有的信息，審計工作將無法進行；如果沒有其他信息，註冊會計可能無法識別被審計單位的重大錯報風險。註冊會計師只有將兩者結

合在一起，才能將審計風險降至可接受的低水準，為發表恰當的審計意見打好基礎。

會計信息和其他信息是註冊會計師獲取審計證據的兩個不同來源和途徑，當註冊會計師通過這兩個來源和途徑獲取的審計證據相同時，兩者能夠起到相互印證的作用。例如，對應收帳款的審計，註冊會計師通過函證程序能夠驗證實應收帳款的存在認定，同時核查銷售合同、銷售訂單、銷售發票副本及發票憑證等，也可以驗證應收帳款的真實性，即對其存在進行認定。函證獲取的審計證據和檢查銷售合同等獲取的審計證據就是不同性質的審計證據，註冊會計師通過函證和檢查銷售合同文件等獲取不同性質的審計證據，都是為了證明應收帳款的存在認定，可以使應收帳款的存在認定更有說服力。因此，不同性質的審計證據能夠相互印證時，與該項認定相關的審計證據具有更強的說服力。

但是當兩者不一致時，並且這個不一致屬於重大的時候，註冊會計師必須實施其他必要的審計程序，直到這個不一致問題得到解決。

會計信息和其他信息之間的關係如圖5-2所示。

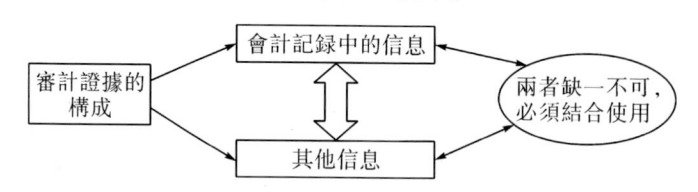

圖5-2 會計信息和其他信息之間的關係

（三）審計證據的種類

審計證據的種類很多，審計證據的分類主要取決於審計證據的來源途徑、審計證據的取得方式以及它存在的形式等。不同的審計證據的證明力存在差異，能夠實現的認定也有區別，註冊會計師可以通過多種途徑去獲取審計證據。註冊會計師一般可以按下列不同形式對審計證據進行分類。

1. 審計證據按其存在形式分類

審計證據按其存在形式的不同可以分類為實物證據、書面證據、口頭證據和環境證據。

（1）實物證據。註冊會計師在對現金、存貨、固定資產等項目進行審計時，首先考慮通過清查、監督或盤點來取得實物證據以證明它們是否真實存在。

（2）書面證據。審查有關原始憑證、記帳憑證、會計帳簿、各種明細項目表、各種合同、會議記錄和文件、函件、通知書、報告書、聲明書、程序手冊等。書面證據是註冊會計師收集的數量最多、範圍最廣的一種證據。註冊會計師發表審計意見基本都以書面證據為基礎。

（3）口頭證據。在審計過程中，註冊會計師往往要就以下事項向有關人員進行詢問：

①被審事項發生時的實況。

②對特別事項的處理過程。

③採用特別會計政策和方法的理由。

④對舞弊事實的追溯調查。
⑤可能事項的意見或態度等。
　通常，口頭證據本身不能完全證明事實的真相，因為被調查或詢問人可能有意隱瞞實情或由於對過去事情記憶上的模糊或遺漏而使口頭證據不準確、不完整。註冊會計師僅僅獲取口頭審計證據是不夠充分的。
　（4）環境證據。環境證據包括反應內部控制狀況的環境證據、反應管理素質的環境、反應管理水準和管理條件的環境證據。一般而言，被審計單位管理人員的素質越高，則其所提供的證據發生差錯的可能性就越小。例如，當被審計單位會計人員的素質高時，其會計記錄就不容易發生錯誤。因此，會計人員的素質對會計資料的可靠性會產生影響。
　不同審計證據的可靠性比較如圖5-3所示。

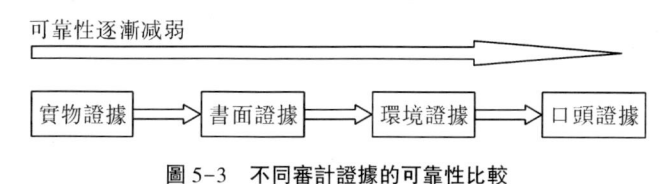

可靠性逐漸減弱 →

實物證據 → 書面證據 → 環境證據 → 口頭證據

圖 5-3　不同審計證據的可靠性比較

2. 審計證據按其來源分類
　審計證據按其來源不同可以分為親歷證據、內部證據和外部證據。
　（1）親歷證據。親歷證據是指審計人員親自編製的計算表、分析表等審計證據。
　（2）內部證據。內部證據是指被審計單位內部提供的審計證據。
　（3）外部證據。外部證據是指從被審計單位以外的其他單位取得的審計證據。

## 二、審計證據的特徵

　審計證據具有數量方面和質量方面的特徵，數量方面要求審計證據要充分，質量方面要求審計證據要適當。我們認為只有充分且適當的審計證據才是好的審計證據。

　（一）審計證據的充分性
　審計證據的充分性是描述審計證據的數量特徵，註冊會計師在收集審計證據時要在數量上滿足充分性。審計證據的充分性會受一些因素影響，比如重大報錯風險的高低，樣本量的大小以及審計證據本身質量的高低等。
　樣本量的大小會正向變動影響審計證據的充分性。審計不可能百分之百檢查，一般採取抽查（抽樣），抽樣多少就與樣本量（從樣本總體中抽取的檢查部分就是樣本量）有關，從多的樣本量中獲取的證據要比從少的樣本量中獲取的證據更充分。
　重大錯報風險的高低水準也會正向變動影響審計證據的充分性。錯報風險越大，需要的審計證據越多。具體來說，在可接受的審計風險水準一定的情況下，重大錯報風險越大，註冊會計師需要實施越多的測試工作，收集越多的審計證據，從而將

檢查風險降至可接受的低水準，將審計風險控制在可接受的範圍內。

影響審計證據充分性的另外一個因素就是審計證據本身質量的高低。高質量的審計證據在相關性和可靠性方面都會比較好，能夠更好地實現審計目標，所需的審計證據從數量上來說相對較少，但是不能說需要的審計證據一定可以少。同時要注意的是，註冊會計師僅靠獲取更多的審計證據可能無法彌補其質量上的缺陷。例如，註冊會計師要實現和準確性相關的認定，要獲取準確性相關的審計證據，如果註冊會計師獲取的是用來證明完整性相關的審計證據，那麼這個審計證據獲取得再多也證明不了準確性，只能證明完整性。

審計證據並非越多越好，註冊會計師對審計證據數量上要求強調兩個充分：必須充分和只需充分。

必須充分，即最低數量要求審計證據的充分性。必須充分要求註冊會計師在獲取審計證據數量方面一定要足夠。這個足夠是指註冊會計師要獲取到能夠讓其發表恰當審計意見所需的最低審計證據的數量。在這個最低要求沒有滿足的情況下，註冊會計發表的審計意見就可能是不恰當的，進而影響審計的效果。

只需充分，即審計證據數量並非越多越好。只需充分要求審計證據的數量並非越多越好，審計證據需要註冊會計師實施具體的審計程序去獲取，如果一味強調審計證據越多越好，就會導致註冊會計師在審計證據已經充分的情況下還去實施不必要的審計程序獲取不必要的審計證據，導致審計工作效率的低下。

審計證據的充分性如圖5-4所示。

必須充分 →影響→ 審計效果    祗需充分 →影響→ 審計效率

圖5-4　審計證據的充分性

（二）審計證據的適當性

審計證據的適當性是描述審計證據質量的特徵，即審計證據在支持各類交易、帳戶餘額、列報的相關認定，或者發現其存在錯報方面具有的相關性和可靠性。相關性和可靠性是審計證據適當性的核心內容，只有相關且可靠的審計證據我們才認為是高質量的審計證據，才認為是適當的。

1. 審計證據的相關性

相關性是指審計證據和審計事項或審計目標之間的一種邏輯聯繫。審計證據與審計事項或審計目標相關程度越高，其證明力越強，反之則證明力越弱，甚至不能作為審計證據。審計證據要有證明力，必須與註冊會計師的審計目標相關。在確定審計證據的相關性時，註冊會計師應當考慮以下問題：

（1）特定的審計程序可能只為某些認定提供相關的審計證據，而與其他認定無關。例如，註冊會計師檢查期後應收帳款收回的記錄和文件可以提供有關存在和計價的審計證據，但不一定與期末截止相關。對實物資產實施監盤審計程序，能夠獲取到證實存貨存在認定的審計證據，但不一定能夠獲取到證明其權利和義務以及計價和分攤認定可靠的審計證據。

（2）針對同一項認定可以從不同來源獲取審計證據或獲取不同性質的審計證

據。例如，註冊會計師可以分析應收帳款的帳齡和應收帳款的期後收款情況，可以獲取與壞帳準備的計價有關的審計證據。

（3）只與特定認定相關的審計證據並不能替代與其他認定相關的審計證據。例如，有關存貨實物存在的審計證據並不能替代與存貨計價相關的審計證據。

獲取審計證據的目的是實現審計目標，證明相關認定。某些特定的審計證據可能只能實現某些特定的認定。不同的審計證據在證明不同認定的時候，其證明力度不同，有的證明力度強，有的證明力度弱，有的可能沒有證明力。例如，函證應收帳款時，最能證實應收帳款的存在認定，也能獲取到完整性和權利與義務認定的審計證據，但是僅靠實施函證審計程序證明不了應收帳款的計價和分攤認定。總體來說，審計證據的相關性是指審計證據和實現審計目標之間是否相關，獲取的審計證據能否實現該審計目標。審計證據的取得需要靠實施審計程序去獲取。所謂相關，在很大程度取決於註冊會計師審計程序的選擇是否恰當。

2. 審計證據的可靠性

審計證據的可靠性是指審計證據的可信程度。審計證據的可靠性受其來源和性質的影響，並取決於獲取審計證據的具體環境。註冊會計師在判斷審計證據的可靠性時，通常會考慮以下因素：

（1）從外部獨立來源獲取的審計證據比從其他來源（內部來源）獲取的審計證據更可靠。外部記錄或文件通常被認為比內部記錄或文件可靠。另外，某些來源於外部的憑證的編製過程通常十分謹慎，一般會經過律師或相關專家覆核，因此具有較高的可靠性，如土地使用權證、保險單、契約和合同等文件。我們會認為購貨發票比收料單更可靠。這是因為購貨發票來自公司以外的機構或人員，經過外部機構相關人員的確認，而收料單是公司自行編製的，比起購貨發票更容易被偽造和變造，相對就沒有那麼可靠。

要特別注意的是，在獲取外部獨立來源的審計證據時，註冊會計師並非鑒定文件真偽的專家，審計工作通常也不涉及鑒定文件的真偽，如果文件本身真偽存在問題，那麼獨立來源獲取的審計證據的可靠性也會受到影響，必要的時候註冊會計師應當做出進一步調查，包括直接向第三方詢證，或者考慮利用專家工作以評價文件記錄的真偽。

（2）內部控制有效時生成的審計證據比內部控制薄弱時生成的審計證據更可靠。內部控制有效的時候企業重大錯報風險發生的概率會大大降低，這個時候企業生成的審計證據也更可靠。

（3）直接獲取的審計證據比間接獲取或通過推斷得出的審計證據更可靠。直接獲取是指註冊會計師本人獲取的審計證據比別人提供給註冊會計師的審計證據要更可靠。例如，監盤和盤點這兩項程序都能夠為註冊會計師提供相應的審計證據，但是存貨監盤記錄比存貨盤點記錄要更可靠。這是因為存貨監盤記錄是註冊會計師自行編製的，而存貨盤點表是公司提供的。我們認為銀行詢證函回函比銀行對帳單更可靠，同樣也是因為銀行詢證函回函是註冊會計師直接獲取的，未經公司有關職員之手；而銀行對帳單經過公司有關職員之手，存在被偽造、塗改的可能性。

（4）以文件、記錄形式存在的審計證據比口頭形式的審計證據更可靠。文件、

記錄形式存在的審計證據包括紙質、電子或其他介質形式。例如，會議的同步書面記錄比對討論事項事後的口頭表述更可靠。在一般情況下，口頭的轉述往往記憶不太準確，口頭證據往往需要得到其他途徑獲取的審計證據的支持。同時，在書面證據中，國家機關、社會團體依據職權製作的公文書比其他書面證據可靠。

（5）從原件獲取的審計證據比從傳真件或複印件獲取的審計證據更可靠。因為傳真件和複印件都存在容易被篡改和偽造的可能。傳真件和複印件一般無法比較可靠性，因為兩者可靠性都比較低。

（6）如果都是來源於企業內部的審計證據，那麼該審計證據經歷的相關部門越多越可靠，經歷的相關人員越多越可靠。例如，工資發放單比工資計算單可靠。這是因為工資發放單需經會計部門以外的工資領取人簽字確認，而工資計算單只在會計部門內部流轉。領料單和材料成本計算表比較可靠性，我們會認為領料單比材料成本計算表更可靠。這是因為領料單被預先連續編號，並且經過公司不同部門人員的審核，而材料成本計算表只在會計部門內部流轉。

（7）不同渠道或不同性質的審計證據能相互印證時，比來自單一渠道的單一證據可靠。如果不同來源和途徑的審計證據相互矛盾時，通常說明審計證據不太可靠。我們可以通過下面這個例子來說明這個問題。

北遠航大會計師事務所審計 A 企業 2019 年的會計報表，註冊會計師老張發現，該公司本年度「主營業務收入」比 2018 年增長了 50%。近幾年，該公司所在行業較為蕭條，同行業其他企業「主營業務收入」都持續下降，為什麼 A 企業不降反升？必須找到能印證主營業務收入增長的其他證據。老張到工人的住處詢問工人，因為這些企業基層員工一般比較坦白，老張瞭解到 A 企業沒有新的招聘，工人也沒有加班，工資沒有上漲。老張又在生產線觀察，生產線並沒有更新改造。老張對存貨進行盤點，企業庫存相比上年度沒有大的變化。老張得出結論：企業的會計數據獲取的審計證據和其他途徑獲取的審計證據不能相互印證，說明會計數據造假了。

（8）註冊會計師在按照上述原則評價審計證據的可靠性時，應當注意可能出現的例外情況，即在這些原則之外的一些特殊情況。

例如，審計證據雖然是從獨立的外部來源獲得，但如果該證據是由不知情者或不具備資格者提供，審計證據可能也不可靠。同樣，如果註冊會計師不具備評價證據的專業能力，那麼即使是直接獲取的證據，也可能不可靠。

可靠性具有高度的綜合概括性，需要註冊會計師針對具體情況運用專業判斷對審計證據進行分析、比較。

3. 審計證據的充分性和適當性之間的關係

充分性和適當性是描述審計證據的數量方面與質量方面的兩個特質，只有充分且適當的審計證據我們才認為是好的審計證據，這樣的審計證據才是最具有證明力的。充分性和適當性在描述審計證據的特徵上兩者缺一不可。

註冊會計師需要獲取的審計證據的數量也在一定程度上受審計證據質量的影響。審計證據質量越高，需要的審計證據數量可能越少，但不能說一定可以少。也就是說，審計證據的適當性會影響審計證據的充分性。例如，被審計單位內部控制健全時生成的審計證據更可靠，註冊會計師只需獲取一定的審計證據，就可以為發表審

計意見提供合理的基礎。但是要注意的是，審計證據質量上的缺陷是無法通過數量去彌補的。例如，註冊會計師要獲取與銷售收入完整性相關的證據，實際如果獲取的是和銷售收入真實性相關的證據，審計證據與完整性目標不相關，即使證據獲取得再多，也證明不了收入的完整性。同樣地，如果註冊會計師獲取的證據不可靠，那麼證據數量再多也難以起到證明作用。

## 第二節　審計程序

### 一、審計程序概述

審計程序又叫獲取審計證據的審計程序。註冊會計師實施審計程序的目的是獲取審計證據，通過獲取的審計證據來實現審計目標。註冊會計師審計目標的制定要圍繞著管理層的認定，因此認定、審計目標、審計證據、審計程序之間存在著相互聯繫。管理層先對財務報表做出認定，註冊會計師再針對管理層的認定設定具體的審計目標，為了實現這個審計目標，註冊會計師必須收集審計證據，而審計證據不會憑空產生，需要註冊會計師通過實施審計程序去獲取。

認定、審計目標、審計證據和審計程序之間的關係可以通過圖 5-5 展示出來。

認定 ⇒ 審計目標 ⇒ 審計證據 ⇒ 審計程序

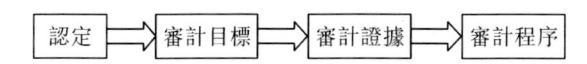

**圖 5-5　認定、審計目標、審計證據和審計程序之間的關係**

審計中註冊會計師常用的審計程序主要有七種，分別是檢查、觀察、詢問、函證、重新計算、重新執行和分析程序。不管是何種審計程序，註冊會計師在運用該項審計程序的時候一般都會涉及以下四個方面的決策：

第一，審計程序的性質。註冊會計師要針對需要收集的審計證據去具體選用審計程序，選擇的審計程序和搜集的審計證據相關。

第二，審計程序的規模。註冊會計師選定審計程序後，需要確定選取相應的樣本規模，也就是從樣本總體中具體抽取多少樣本量來實施檢查。

第三，選取的具體項目。如何從樣本總體中選擇一定的樣本來檢查呢？註冊會計師一般會選擇金額較大的、異常的、重要的一些項目。

第四，審計程序實施的時間。審計程序何時執行呢？一般來說審計程序的執行有兩個時間：一個是資產負債表日前也就是期中，另一個是資產負債表日後的某個時間也就是期末，具體時間由註冊會計師確定。

總體來說，審計程序就是註冊會計師在審計過程中的某個時間，對將要獲取的某類審計證據如何進行收集確定的詳細指令。確定了審計程序的性質、時間、範圍就能具體確定這個審計程序。

### 二、具體審計程序

如前所述，獲取審計證據的審計程序主要有七種，分別是檢查、觀察、詢問、

函證、重新計算、重新執行和分析程序。這七種具體審計程序又叫獲取審計證據的方法和手段，這七種審計程序可以單獨使用或者結合使用。下面具體介紹這七種審計程序。

（一）檢查

1. 檢查記錄或文件

檢查記錄或文件是指註冊會計師對被審計單位內部或外部生成的，以紙質、電子或其他介質形式存在的記錄或文件進行審查。檢查記錄或文件的目的是對財務報表包含或應包含的信息進行驗證。檢查記錄或文件幾乎與全部認定都相關，在獲取所有認定相關審計證據的時候都可以實施檢查這項審計程序，但是這裡的檢查主要針對記錄和文件，不針對具體的實物資料。

2. 檢查有形資產

檢查有形資產是指註冊會計師對資產實物進行審查。檢查有形資產程序主要適用於存貨和現金，也適用於有價證券、應收票據和固定資產等。

檢查有形資產可為其存在性提供可靠的審計證據，但不一定能夠為權利和義務或計價認定提供可靠的審計證據。例如，放在企業倉庫的存貨，光靠實施檢查，企業不能證實對其擁有的所有權。放在企業倉庫的存貨不一定就是企業的，這些存貨可以是租來的也可以是借來的，企業不一定對其擁有所有權。要驗證存在的資產確實為客戶所擁有，僅靠檢查實物證據是不夠的。註冊會計師實施的監盤程序實際上是檢查、觀察、詢問等多種審計程序的集合程序。

（二）觀察

觀察是指註冊會計師查看相關人員正在從事的活動或執行的程序來獲取審計證據。例如，註冊會計師對客戶執行的存貨盤點或控制活動進行觀察。我們要注意區分觀察與檢查的區別，觀察提供的審計證據僅限於觀察發生的時點，過了觀察的時點可能就獲取不到想要的審計證據，而檢查主要在事後進行。觀察相對於檢查而言也有局限性，如果觀察者知道自己正在被觀察，其從事活動或執行程序可能與日常的做法不同，進而影響註冊會計師對真實情況的瞭解。因此，註冊會計師有必要獲取其他類型的審計證據進行佐證。

（三）詢問

詢問是指註冊會計師以書面或口頭方式向被審計單位內部或外部的知情人員獲取財務信息和非財務信息，並對答復進行評價的過程。通過口頭詢問的形式獲取審計證據，註冊會計師一定要掌握詢問的技巧，盡量讓被詢問者能夠積極配合併願意回答提問。

需要特別注意的是，詢問本身獲取審計證據的證明力度相對較弱，單獨實施詢問獲取的審計證據本身並不足以發現認定層次的重大錯報，也不足以測試內部控制運行的有效性。註冊會計師僅靠實施詢問這項審計程序是不足以獲取充分、適當的審計證據，必須還要實施其他相關的審計程序。

通過對知情人員進行詢問可以為註冊會計師提供尚未獲悉的信息或佐證證據，也可能提供與已獲悉信息存在重大差異的信息，註冊會計師應當根據詢問結果考慮修改審計程序或實施追加的審計程序。

需要特別注意的是，註冊會計師一般不通過實施詢問審計程序獲取和準確性相關的審計證據，由於詢問是通過口頭形式回答，口頭轉述本身通過回憶來回答，而記憶就可能不太準確，因此詢問一般獲取不到證明和準確性相關的審計證據。

(四) 函證

1. 函證的定義

函證是指註冊會計師為了獲取影響財務報表或相關披露認定項目的信息，通過直接來自第三方對有關信息和現存狀況的聲明，獲取和評價審計證據的過程。因為通過函證方式獲取的審計證據來源於外部獨立的第三方，並且由註冊會計師親自獲取，通過函證獲取的審計證據質量較高，所以函證是一種受到高度重視並被廣泛使用的審計程序。一般只要能夠使用函證的地方，註冊會計師都會考慮使用函證。

2. 函證的內容

函證的內容及注意事項如表 5-1 所示。

表 5-1　函證的內容及注意事項

| 函證的內容 | 函證時注意事項 |
| --- | --- |
| 銀行存款、借款及與金融機構往來的其他重要信息 | (1) 在對銀行存款、借款及與金融機構往來的其他重要信息實施函證時，註冊會計師應當瞭解被審計單位實際存在的銀行存款餘額、借款餘額以及抵押、質押及擔保情況。<br>(2) 註冊會計師對零餘額帳戶、在本期內註銷的帳戶實施函證，防止被審計單位隱瞞銀行存款或借款，防止被審計單位實施舞弊。<br>(3) 除非同時存在下面兩種情況，註冊會計師可以不實施函證：<br>①存款、借款及與金融機構往來的其他重要信息不重要。<br>②與之相關的重大錯報風險很低。<br>註冊會計師應當在工作底稿中說明不函證理由 |
| 應收帳款 | 除非存在下列兩種情形之一，註冊會計師應當對應收帳款實施函證：<br>(1) 根據審計重要性原則，有充分證據表明應收帳款對財務報表不重要。<br>(2) 註冊會計師認為函證很可能無效。<br>如果不對應收帳款函證，註冊會計師應當在審計工作底稿中說明不函證理由 |
| 函證的其他內容 | 註冊會計師可以根據具體情況和實際需要對下列內容（包括但並不限於）實施函證：投資，應收票據，往來款項，保證、抵押或質押，由他人代管的存貨，或有事項，重大或異常的交易等 |

3. 函證的分類

根據對回函要求的不同，函證可以分為積極式函證和消極式函證兩種形式。積極式函證和消極式函證都可以使註冊會計師獲取到相應的審計證據。兩者主要的區別是對回函的要求不一樣。對於積極式函證，註冊會計師要求不管函證金額是否相符，被詢證對象都要予以回函；對於消極式函證，註冊會計師要求只有當函證金額不同的情況下才要求被詢證對象予以回函。註冊會計師可以根據自己的需要選擇積極式函證或消極式函證，具體選擇哪種函證方式還是要靠註冊會計師的職業判斷和經驗選擇。

積極式函證和消極式函證的差異如表 5-2 所示。

表 5-2 積極式函證和消極式函證的差異

| 兩者的差異 | 積極式函證 | 消極式函證 |
|---|---|---|
| 回函要求不同 | 積極式函證要求被詢證者在所有情況下必須回函，確認詢證函所列示信息是否正確，或者填列詢證函要求的信息 | 消極式函證只要求被詢證者僅在不同意詢證函列示信息的情況下才予以回函 |
| 函證條件不同 | 一般在下列情況，註冊會計師可以考慮採用積極的函證方式：①金額較大。②重大錯報風險評估為高水準。③有理由相信欠款有爭議或差錯的 | 如果註冊會計師要採用消極式函證，必須同時存在下列情況：①錯報風險評估為低水準。②涉及大量餘額較小的帳戶。③預期不存在大量的錯誤。④沒有理由相信被詢證者不認真對待函證 |
| 回函結論不同 | 在採用積極的函證方式時，只有註冊會計師收到回函，才能為財務報表認定提供審計證據。如果註冊會計師未能收到回函，應當盡量與被詢證者聯繫，要求對方做出回應或如果因為對方沒有收到詢證函則應再次寄發詢證函。如果未能得到被詢證者的回應，函證很可能無效，註冊會計師應當實施替代審計程序 | 如果註冊會計師採用的是消極式函證，那麼收到回函，能夠為財務報表相關認定提供說服力強的審計證據。但是如果未收到回函，並不能為財務報表相關認定提供審計證據，也就是沒有收到回函並不能代表詢證的金額就一定相等。因此，從這點上來說，積極式函證要好過消極式函證 |

4. 對於管理層要求不實施函證的處理

當被審計單位管理層要求對擬函證的某些帳戶餘額或其他信息不實施函證時，註冊會計師應當考慮該項要求是否合理，並獲取審計證據予以支持。

註冊會計師應從以下三個方面去考慮管理層的要求是否合理：

(1) 管理層是否誠信，考慮管理層是否與其他單位串通做假帳。

(2) 是否可能存在重大的舞弊或錯誤。

(3) 替代審計程序能否提供與這些帳戶餘額或其他信息相關的充分、適當的審計證據。

在以上情況都不存在的時候，註冊會計師認為管理層的要求合理，註冊會計師可以實施替代的審計程序（不函證），以獲取與這些帳戶餘額或其他信息相關的充分、適當的審計證據。

註冊會計師如果認為管理層的要求不合理，且被其阻撓而無法實施函證，註冊會計師應當視為審計範圍受到限制，並考慮對審計報告可能產生的影響，即因為審計範圍受限而發表相關審計報告的意見類型。

5. 函證在實施中的「借名發函」

函證採用的是「借名發函」的形式。函證要求由註冊會計師親自發出，回函一定要回給會計師事務所（註冊會計師），函證從發出到收回途中不能夠經被審計單位任何人員之手，一旦經相關人員之手，就有可能存在函證結果被塗改或偽造，導致函證審計程序失敗。雖然函證都是由註冊會計師親自發出，但是發出的詢證函卻不能以註冊會計師或會計師事務所的名義發出，註冊會計師應該借用被審計單位的名義將詢證函發出。因此，在詢證函上簽蓋的是被審計單位和被詢證對象，不是會

計師事務所或註冊會計師。

（五）重新計算

重新計算是指註冊會計師以人工方式或使用計算機輔助審計技術，對記錄或文件中的數據計算的準確性進行核對。重新計算側重於通過重新核算去驗證相關金額是否準確，通常包括計算銷售發票和存貨的總金額、加總日記帳和明細帳、檢查折舊費用、計算預付費用、檢查應納稅額的計算等。因此，重新計算較多用來證實和準確性、計價、分攤等與金額聯繫比較緊密的相關認定。

（六）重新執行

重新執行是指註冊會計師以人工方式或使用計算機輔助審計技術，重新獨立執行作為被審計單位內部控制組成部分的程序或控制。重新執行是對內部控制程序重新過一遍，測試其是否得到有效執行。例如，註冊會計師按照被審計單位相關內部控制制度的規定，重新編製銀行存款餘額調節表，驗證相應內部控制是否有效運行。又如，企業的貨幣資金支付相關內控中，企業的貨幣資金支付流程一般如下：第一步，貨幣資金的支付申請。第二步，相關授權人員進行審批，看是否能夠支付及是否滿足支付的條件。第三步，復核，看審批中是否存在錯誤，降低和減少不該支付的款項被支付的情況。第四步，對滿足情況的款項進行支付。註冊會計師可以通過重新執行該項流程來判斷和支付相關內控的有效性。

（七）分析程序

1. 分析程序的含義

分析程序是指註冊會計師通過研究不同財務數據以及財務數據與非財務數據之間的內在關係，通過分析數據進而對財務信息做出評價。分析程序包括調查識別出的、與其他相關信息不一致或與預期數據嚴重偏離的波動和關係。分析程序在識別被審計單位重大錯報風險方面比較有效，是註冊會計師經常使用的一項比較重要的審計程序。

2. 分析程序的目的

需要注意的是，不是所有的地方都適合使用分析程序，因為分析程序研究的對象主要是數據，如果研究對象和數據聯繫不太緊密，就不太適合使用分析程序。

分析程序的使用範圍如圖 5-3 所示。

表 5-3　分析程序的使用範圍

| 過程 | 程序 | 目的 | 要求 |
| --- | --- | --- | --- |
| 風險評估過程 | 瞭解被審計單位及其環境並評估財務報表層次和認定層次的重大錯報風險 | 識別重大錯報風險 | 強制使用 |
| 實質性程序 | 當使用分析程序比細節測試能更有效地將認定層次的檢查風險降至可接受的水準時，分析程序可以用作實質性程序 | 識別重大錯報風險 | 選擇使用 |

表5-3(續)

| 過程 | 程序 | 目的 | 要求 |
|------|------|------|------|
| 完成審計工作 | 對財務報表進行總體復核，最終證實財務報表整體是否與註冊會計師對被審計單位的瞭解一致及與所取得的證據一致 | 總體復核，再評估重大錯報風險 | 強制使用 |

3. 用作風險評估程序

註冊會計師在實施風險評估程序時，應當運用分析程序，以瞭解被審計單位及其環境。在實施風險評估程序時，運用分析程序的目的是瞭解被審計單位及其環境並識別、評估重大錯報風險，註冊會計師應當圍繞這一目的運用分析程序。在這個階段運用分析程序是強制要求。

在運用分析程序時，註冊會計師應重點關注關鍵帳戶的餘額、趨勢和財務比率關係，對其形成一個合理的預期，並與被審計單位記錄的金額、依據記錄金額計算的比率或趨勢相比較。例如，企業的毛利率應該是一個相對趨於穩定的數值，假設企業上個月毛利率為8%，這個月毛利率突然增長到28%，那麼企業應該有支持性的證據能夠證明，為什麼毛利率從8%增長到28%，比如企業引進了新的生產技術，大大節約了成本，從而提高了毛利率；或者整個行業都大幅提高了銷售價格。如果分析程序的結果顯示的比率、比例或趨勢與註冊會計師對被審計單位及其環境瞭解的不一致，或者沒有支持性的證據，或者找到的是相反的證據，毛利率不上升反下降，並且被審計單位管理層無法做出合理的解釋，這都意味著和預期的趨勢不符，註冊會計師應當考慮被審計單位的財務報表存在重大錯報風險。

但是註冊會計師無需在瞭解被審計單位及其環境的每一方面時都實施分析程序。例如，在對內部控制的瞭解中，註冊會計師一般不會運用分析程序。

4. 用作實質性程序

註冊會計師應當針對評估的認定層次重大錯報風險設計和實施實質性程序。實質性程序包括對各類交易、帳戶餘額、列報的細節測試以及實質性分析程序。實質性分析程序是指用作實質性程序的分析程序，它的本質是分析程序，只是將分析程序使用在實質性程序裡面，它與細節測試都可用於收集審計證據，以識別財務報表認定層次的重大錯報風險。在實質性程序中，分析程序可以選擇使用，並不是強制要求一定要使用分析程序。

實質性分析程序和細節測試在實質性程序中的選擇使用，一般應該注意以下幾點：

（1）相對於細節測試而言，實質性分析程序能夠達到的精確度可能受到種種限制，提供的證據在很大程度上是間接證據，證明力相對較弱。從審計過程整體來看，註冊會計師不能僅依賴實質性分析程序，而忽略對細節測試的運用。一般情況下，註冊會計師應該選擇以細節測試為主、實質性分析程序為輔，或者是在對同一認定實施細節測試的同時，實施實質性分析程序是適當的。

（2）由於實質性分析程序能夠提供的精確度受到種種限制，當評估的重大錯報

風險水準較高時，註冊會計師應當謹慎使用實質性分析程序。這個時候註冊會計師最好選擇單獨實施細節測試或結合使用。

（3）實質性分析程序的運用是有條件的，如果當使用分析程序比細節測試能更有效地將認定層次的檢查風險降至可接受的水準時，註冊會計師可以運用實質性分析程序。

（4）實質性分析程序不僅僅是細節測試的一種補充，在某些審計領域，如果重大錯報風險較低且數據之間具有穩定的預期關係，註冊會計師可以單獨使用實質性分析程序獲取充分、適當的審計證據。

（5）用於完成審計工作。在審計結束或臨近結束時，註冊會計師運用分析程序的目的是確定財務報表整體是否與對被審計單位的瞭解一致，註冊會計師應當圍繞這一目的的運用分析程序。這時運用分析程序是強制要求，註冊會計師在這個階段應當運用分析程序。

上述審計程序單獨或組合起來，可以用作風險評估程序、控制測試和實質性程序。通過表5-4，我們總結出了具體審計程序的特點和主要能夠實現的認定類別。

表 5-4　具體審計程序的特點和主要證明的認定類別

| 具體程序 | | 特點 | 獲取的審計證據<br>主要證明的認定類別 |
|---|---|---|---|
| 檢查 | 檢查記錄或文件 | 可以提供可靠程度不同的審計證據，審計證據的可靠性取決於記錄或文件的來源和性質 | 幾乎全部<br>認定都相關 |
| | 檢查有形資產 | 能為存在性提供可靠的審計證據，但不一定能夠為權利和義務或計價認定提供可靠的審計證據 | 特殊實物（如現金和有價證券） |
| 觀察 | | 觀察提供的審計證據僅限於觀察發生的時點 | 存在、計價和分攤 |
| 詢問 | | 詢問本身不足以發現認定層次存在的重大錯報，也不足以測試內部控制運行的有效性 | 除準確性外<br>一般都能證明 |
| 函證 | | 函證獲取的審計證據可靠性較高 | 存在、完整性、權利和義務 |
| 重新計算 | | 通常包括計算銷售發票和存貨的總金額、加總日記帳和明細帳、檢查折舊費用和預付費用的計算、檢查應納稅額的計算等 | 計價和分攤、準確性 |
| 重新執行 | | 註冊會計師重新編製銀行存款餘額調節表與被審計單位編製的銀行存款餘額調節表進行比較就是一種重新執行程序 | 計價和分攤 |
| 分析程序 | | 分析程序的使用需要存在有預期數據關係 | 計價和分攤、截止、完整性 |

## 第三節　審計工作底稿

### 一、審計工作底稿的概述

（一）審計工作底稿的含義

審計工作底稿又叫審計工作記錄或審計備忘錄，簡稱工作底稿，是指註冊會計師制訂的審計計劃、實施的審計程序、獲取的審計證據以及根據得出的審計結論做出的記錄。註冊會計師編製審計工作底稿的目的主要是讓審計工作留下痕跡，為事後查詢做準備。

審計工作底稿的含義應從以下幾個方面去理解：

（1）審計工作底稿形成於審計工作全過程，從註冊會計師承接審計業務開始直到最後出具審計報告為止，也就是從初步業務評價（簽訂業務約定書）到發表審計結論（形成審計報告），任何一個環節都會形成審計工作底稿。

（2）審計工作底稿的形成方式有兩種：一種是註冊會計師直接編製，另一種是由被審計單位或其他第三者提供。例如，詢證函的回函。

（3）審計工作底稿反應整個審計工作過程，從審計計劃的實施到最後出具審計報告的整個過程，都要記錄在審計工作底稿中。

（4）審計工作底稿是審計證據的載體，也是註冊會計師形成審計結論、發表審計意見的直接依據。

（二）編製審計工作底稿的目的

編製審計工作底稿的目的主要有以下四個方面：

（1）為審計提供充分、適當的審計證據和工作記錄，為註冊會計師出具審計報告提供依據和基礎，同時有助於項目組計劃和執行審計工作，便於項目組說明審計工作執行的具體情況。

（2）應對內部檢查，便於會計師事務所按照相關審計準則的要求實施內部質量控制復核與檢查。相關人員在實施具體的內部指導、監督和復核的時候，通過檢查審計工作底稿上記錄的相關內容，判定註冊會計師是否存在違規行為。註冊會計師在平時工作中要將工作的過程、結果通過紙質的形式記錄下來，記錄在審計工作底稿中。

（3）應對外部檢查，提供審計證據，作為判斷註冊會計師是否按照審計準則和相關法律法規的規定計劃與執行審計工作的依據，便於監管機構和註冊會計師協會對會計師事務所實施執業質量檢查，一旦發現問題，也會作為責任判定的依據。如果註冊會計師不記錄下來，監管機構將無法判斷誰承擔相應責任。

（4）保留對未來審計工作持續產生重大影響的事項的記錄，主要是針對連續審計這樣的特殊情況，強調審計留下查帳痕跡。

（三）審計工作底稿的編製要求

註冊會計師編製的審計工作底稿應該滿足一定的要求，底稿中具體應該包括以下內容：

（1）是否按照審計準則和相關法律法規的規定實施了審計程序以及實施相關審計程序的性質、時間和範圍。

（2）實施審計程序的結果和獲取的審計證據。例如，獲取了什麼樣的審計證據，這些審計證據最終是如何證實了帳帳相符。

（3）審計中遇到的重大事項和有疑問的地方註冊會計師是如何解決的，並得出了什麼樣的結論。

同時這些資料應當使得雖然沒有接觸該項審計工作但是有經驗的專業人士通過審計工作底稿能夠清楚地瞭解上述事實，這樣我們才認為審計工作底稿的編製是符合要求的。

有經驗的專業人士一般是指會計師事務所內部或外部的具有審計實務經驗，同時瞭解審計過程、清楚審計準則和相關法律法規的規定並且對被審計單位所處的行業與經營環境清楚和瞭解，能夠對該行業遇到的會計和審計問題進行解決的專業人士。對於審計工作底稿的編製不能認為只是工作底稿，就可以馬馬虎虎、草率從事，而必須認真對待，在內容上做到資料翔實、重點突出、繁簡得當、結論明確，在形式上做到要素齊全、格式規範、標示一致、記錄清晰。

**二、審計工作底稿的內容、範圍和要素**

（一）審計工作底稿的內容

1. 審計工作底稿的存在形式

審計工作底稿的存在形式可以是紙質、電子或其他介質形式。絕大多數的審計工作底稿都是以電子形式存在，在保存的時候為了便於復核，註冊會計師可以將電子或其他介質形式存在的審計工作底稿通過打印等方式，轉換成紙質形式的審計工作底稿，並與其他紙質形式的審計工作底稿一併歸檔，同時單獨保存這些以電子或其他介質形式存在的審計工作底稿。

2. 審計工作底稿通常包括的內容

審計工作底稿包括總體審計策略、具體審計計劃、分析表、問題備忘錄、重大事項概要、詢證函回函、管理層聲明書、核對表、有關重大事項的往來信件（包括電子郵件）以及對被審計單位文件記錄的摘要或複印件等。

此外，審計工作底稿通常還包括業務約定書、管理建議書、項目組內部或項目組與被審計單位舉行的會議記錄、與其他人士（如其他註冊會計師、律師、專家等）的溝通文件以及錯報匯總表等。

3. 審計工作底稿不包括的內容

審計工作底稿通常不包括已被取代的審計工作底稿的草稿或財務報表的草稿、反應不全面或初步思考的記錄、存在印刷錯誤或其他錯誤而作廢的文本以及重複的文件記錄等。由於這些草稿、錯誤的文本或重複的文件記錄不直接構成審計結論和審計意見的支持性證據，因此註冊會計師通常無需保留這些記錄。

（二）審計工作底稿的範圍

在確定審計工作底稿的格式、要素和範圍時註冊會計師一般要考慮以下七個方面的因素：

（1）被審計單位的規模和複雜程度以及企業的規模都會導致審計工作底稿的不同，大型企業的審計工作底稿比小型企業的審計工作底稿要多，複雜企業的審計工作底稿比簡單企業的審計工作底稿要多。

（2）擬實施審計程序的性質影響審計工作底稿的格式、要素和範圍。不同審計程序會使得註冊會計師獲取不同性質的證據，因此註冊會計師可能會編製不同格式、內容和範圍的審計工作底稿。

（3）識別出的重大錯報風險。識別和評估的重大錯報風險水準的不同會導致註冊會計師執行的審計程序和獲取的審計證據不同。當企業重大錯報風險水準越高時註冊會計師的審計範圍會越大、審計證據要求越多，審計工作底稿也越多。

（4）已獲取證據的重要程度。註冊會計師通過執行不同的審計程序會獲取不同證明力度的審計證據，有些審計證據的相關性和可靠性較高，有些審計證據則質量較差，因此註冊會計師要區分不同審計證據進行有選擇性的記錄。

（5）識別出的例外事項的性質和範圍。有時註冊會計師在執行審計程序時會發現例外事項，如有些企業存在國外銷售業務，那麼該國外銷售業務形成應收帳款處理的時候，就要特別考慮匯率問題，因此可能導致審計工作底稿的範圍不同。

（6）當從已執行審計工作或獲取證據的記錄中不易確定結論或結論的基礎時，記錄結論或結論基礎的必要性。這裡強調的是必要性，並不是應記錄得出的各種可能結論，這要看是不是有必要進行記錄，特別是在審計過程中註冊會計師遇到的糾結、痛苦、思考的東西都要記錄下來。例如，存貨減值準備為什麼按照40%計提，這個思考的過程就要記錄在審計工作底稿中。

（7）審計方法和使用的工具。不同的審計方法及在審計過程中使用的不同的審計工具也會導致審計工作底稿的不同。註冊會計師要根據不同情況確定審計工作底稿的格式、內容和範圍都是為了達到審計準則所述的編製審計工作底稿的目的，特別是提供證據的目的。

（三）審計工作底稿的要素

審計工作底稿的格式應該包括以下內容：標題、審計過程記錄、審計結論、審計標示及其說明、索引號及編號、編製者姓名及編製日期、復核者姓名及復核日期、其他應說明事項。

1. 標題

審計工作底稿的標題應該包括被審計單位名稱，審計項目名稱以及審計項目時點或期間。

2. 審計過程記錄

審計過程記錄首先要弄清楚特定項目或事項的識別特徵。識別特徵是指被測試的項目或事項表現出的徵象或標誌。識別特徵具有唯一性，唯一性是指從一堆總體中能根據這個特徵找出個體並能夠對其重新執行測試。例如，註冊會計師執行詢問這項審計程序，識別特徵就是詢問時間、詢問者姓名和職位。需要注意的是，註冊會計師不能僅詢問姓名，因為存在重名的情況，不具有唯一性。又如訂購單，識別特徵是訂購單的日期或訂購單的編號。識別特徵具體有以下一些識別的標示：

（1）如果對被審計單位生成的訂購單進行細節測試時，註冊會計師不可以將供

貨商作為主要識別特徵而應將訂購單的日期或唯一編號作為測試訂購單的識別特徵，因為供貨商可能發生很多銷售業務，不是唯一的。

（2）如果需要選取或復核既定總體內一定金額以上的所有項目的審計程序，註冊會計師可以記錄實施程序的範圍並指明該總體。

（3）對於系統化抽樣的審計程序，註冊會計師可能會通過記錄樣本的來源、抽樣的起點以及抽樣間隔來識別已選取的樣本。

（4）對於需要詢問被審計單位中特定人員的審計程序，註冊會計師可能會以詢問的時間、被詢問人的姓名以及職位作為識別特徵。

（5）對於觀察程序，註冊會計師可以以觀察的對象或觀察過程、相關被觀察人員及其各自的責任、觀察的地點和時間作為識別特徵。

除了弄清識別標示，審計過程還應記錄審計執行過程中遇到的重大事項、存在矛盾的地方以及這些矛盾的解決過程。

3. 審計結論

審計工作底稿要記錄審計工作中形成的各種結論。註冊會計師會根據實施的審計程序和獲取的審計證據，得出相應的審計結論。這些結論十分重要，會作為註冊會計師形成恰當審計意見、發表恰當審計報告意見的重要依據。

4. 審計標示及其說明

為了方便審計工作的執行，每張審計工作底稿都含有相關的標示，每個標示都有具體的含義，代表對已實施程序的性質和範圍所做的相關解釋。審計工作底稿可以使用各種審計標示，但應說明其含義，並保持前後一致。審計標示號及標示含義具體舉例如表5-5所示。

表5-5　審計標示號及標示含義具體舉例

| 標示號 | 標示含義 | 標示號 | 標示含義 |
| --- | --- | --- | --- |
| ∧ | 縱加核對 | < | 橫加核對 |
| B | 與上年結轉數核對一致 | T | 與原始憑證核對一致 |
| G | 與總分類帳核對一致 | S | 與明細分類帳核對一致 |
| T/B | 與試算平衡表核對一致 | C | 已發詢證函 |
| C\ | 已收回詢證函 | | |

5. 索引號及編號

在實務中，註冊會計師可以按照所記錄的審計工作的內容層次進行編號，主要為了區分不同層次類別的審計工作底稿內容。例如，某生產企業原材料匯總表的編號為B1、按類別列示的鋼材的編號為B1-1，型材的編號為B1-1-1，板材的編號為B1-1-2，管材的編號為B1-1-3，金屬製品的編號為B1-1-4。各表相互引用時，註冊會計師需要在審計工作底稿中交叉註明索引號。

審計工作底稿需要註明索引號以方便對審計工作底稿的查詢工作，相關審計工

作底稿之間需要保持清晰的勾稽關係。這類似於圖書館查找書籍，通過書籍的對應編號可以查找到對應書庫和書架上的圖書。

6. 編製者姓名及編製日期和復核者姓名及復核日期

為了明確責任，在各自完成審計工作底稿相關的任務之後，編製者和復核者都應在工作底稿上簽名並註明編製日期和復核日期。一旦出現問題，相關責任人需要承擔責任。

7. 其他應說明事項

審計工作底稿的要素功能如表 5-6 所示。

表 5-6　審計工作底稿的要素功能

| 序號 | 要素名稱 | 功能 |
| --- | --- | --- |
| 1 | 被審計單位名稱 | 明確審計客體 |
| 2 | 審計項目名稱 | 明確審計內容 |
| 3 | 審計項目時點或期間 | 明確審計範圍 |
| 4 | 審計過程記錄 | 記載審計人員實施的審計測試的性質、範圍、樣本選擇等重要內容 |
| 5 | 審計標示及其說明 | 方便審計工作底稿的檢查和審閱 |
| 6 | 審計結論 | 記錄註冊會計師的專業判斷，為支持審計意見提供依據 |
| 7 | 索引號及頁次 | 方便存取使用，便於日後參考及計算機處理 |
| 8 | 編製者姓名及編製日期 | 明確工作職責，便於追查審計步驟及順序 |
| 9 | 復核者姓名及復核日期 | 明確復核責任 |
| 10 | 其他應說明事項 | 揭示影響註冊會計師專業判斷的其他重大事項，提供更詳盡的補充信息 |

下面也可以通過具體的舉例說明審計工作底稿的各組成要素，審計工作底稿中應該包含的具體內容參見表 5-7。更多審計工作底稿舉例可以參見本章附錄部分。

表 5-7　審計工作底稿的格式舉例（抽查盤點存貨）

| 客戶：W公司 | | 原材料抽查盤點表 | | | 頁次：53 W/P | | 索引：E-2 |
|---|---|---|---|---|---|---|---|
| | | 編製人：小王　日期：2019-12-31 | | | 復核人：小張　日期：2020-02-31 | | |
| 盤點標籤號碼號 | 存貨表號碼號 | 存貨 | | 盤點結果 | | | 差異（千克） |
| | | 號碼 | 內容 | 客戶帳面 | | 審計人員認定（千克） | |
| 123 | 3 | 1-25 | a | 100 | √ | 150 | 50 |
| 224 | 20 | 1-90 | b | 50 | √ | 50 | |
| 367 | 25 | 2-30 | c | 2,000 | √ | 2,000 | |
| 485 | 31 | 3-20 | d | 1,200 | √ | 1,500 | 300 |
| 497 | 60 | 4-5 | e | 60 | √ | 60 | |

審計過程：以上差異已由客戶糾正，糾正差異後使被審計單位存貨帳戶增加 500 元，抽查盤點存貨總價值為 50,000 元，占全部存貨的 20%。

審計結論：經追查至存貨匯總表沒有發現其他例外。我們認為錯誤並不重要。

審計標示：「√」，即已追查至被審計單位存貨匯總表 E-5，並已糾正所有差異。

### 三、審計工作底稿的歸檔

（一）審計工作底稿的歸檔

1. 審計工作底稿歸檔工作的性質

在審計報告日後將審計工作底稿歸整為最終審計檔案是一項事務性的工作，不涉及實施新的審計程序或得出新的結論。事務性和業務性的區別在於業務性會涉及業務的某個環節，涉及實質性工作，如函證、盤點、抽查，這些屬於業務性工作；事務性工作指複印、裝訂、復核等服務性工作。

如果在歸檔期間對審計工作底稿做出的變動屬於事務性的，註冊會計師可以做出變動，主要包括：

（1）刪除或廢棄被取代的審計工作底稿。
（2）對底稿進行分類、整理和交叉索引。
（3）對審計檔案歸整工作的完成核對表簽字認可。
（4）記錄在審計報告日前獲取的、與審計項目組相關成員進行討論並取得一致意見的審計證據。

2. 審計工作底稿歸檔後的變動

一般情況下，審計工作底稿歸檔後原則上不得變動，特殊情況下才可以變動。註冊會計師發現有必要修改現有審計工作底稿或增加新的審計工作底稿的情形主要有以下兩種：

（1）註冊會計師已實施了必要的審計程序，取得了充分、適當的證據並得出了

恰當的審計結論，但審計工作底稿的記錄不夠全面、不夠充分。

(2) 審計報告日後，發現例外情況要求註冊會計師實施新的或追加審計程序，或者使註冊會計師得出新的結論。

例外情況主要是指註冊會計師在審計報告日後發現與已審計財務信息相關，且在審計報告日已經存在的事實，該事實如果被註冊會計師在審計報告日前獲知，可能影響審計報告。

3. 變動審計工作底稿時的記錄要求

在完成最終審計檔案的歸整工作後，註冊會計師如果發現有必要修改現有審計工作底稿或增加新的審計工作底稿，無論修改或增加的性質如何，都應記錄下列事項：

(1) 修改或增加審計工作底稿的具體理由是什麼，理由是否足夠充分。

(2) 修改或增加審計工作底稿的時間和人員以及復核的時間和人員。寫清相關人員和時間的目的是明確責任。

4. 審計工作底稿的保管

(1) 審計工作底稿歸檔的期限。審計工作底稿的歸檔期限為審計報告日後60天內。如果註冊會計師未能完成審計業務，審計工作底稿的歸檔期限為審計業務終止後的60天內。

(2) 審計工作底稿的保存期限。會計師事務所應當自審計報告日起，對審計工作底稿至少保存10年。如果註冊會計師未能完成審計業務，會計師事務所應當自審計業務終止日起，對審計工作底稿至少保存10年。

對於連續審計的情況，當期歸整的永久性檔案可能包括以前年度獲取的資料。對於這些檔案，會計師事務所應視為當期取得並保存10年。如果這些資料在某一個審計期間被替換，被替換資料可以從被替換的年度起至少保存10年。會計師事務所對審計工作底稿擁有所有權。

## 本章小結

本章主要討論了審計證據和審計工作底稿的相關內容，核心知識點是審計證據、審計程序、審計工作底稿三大知識體系。審計證據主要應掌握審計證據的特徵、審計證據的構成、審計證據的分類等。審計證據不會憑空產生，註冊會計師必須實施審計程序去獲取審計證據。本章重點介紹了7種獲取審計證據的審計程序以及它們的特點和實現相關認定之間的關係。審計工作底稿部分主要討論了審計工作底稿的定義、作用、要素以及保存歸檔時需要注意的一些問題。本章內容屬於基礎理論知識，知識要點比較多，需要認真學習掌握。

## 本章思維導圖

本章思維導圖如圖 5-6 所示。

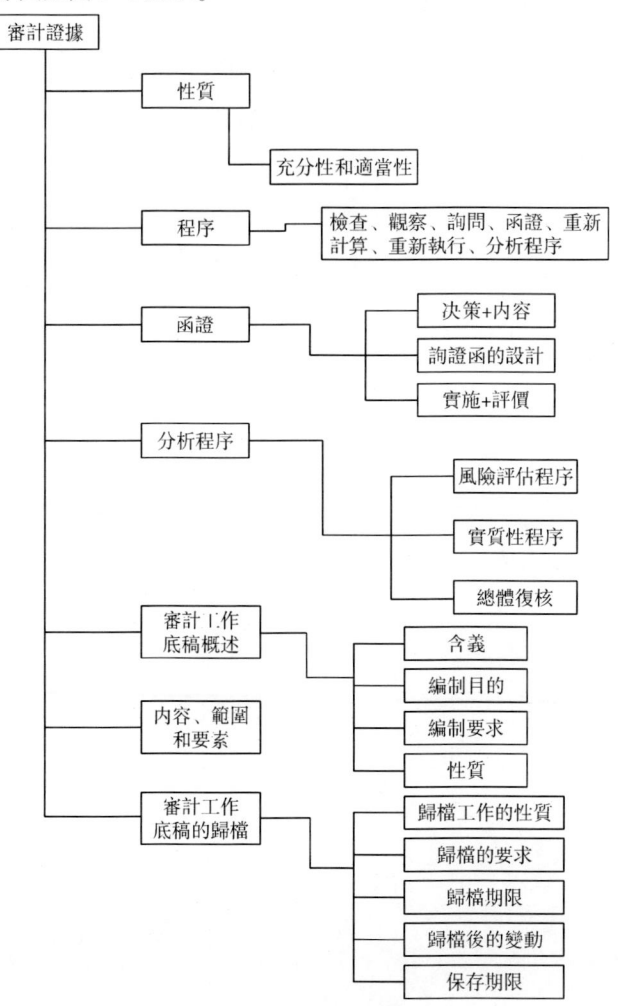

```
審計證據
├─ 性質
│   └─ 充分性和適當性
├─ 程序
│   └─ 檢查、觀察、詢問、函證、重新計算、重新執行、分析程序
├─ 函證
│   ├─ 決策+內容
│   ├─ 詢證函的設計
│   └─ 實施+評價
├─ 分析程序
│   ├─ 風險評估程序
│   ├─ 實質性程序
│   └─ 總體復核
├─ 審計工作底稿概述
│   ├─ 含義
│   ├─ 編制目的
│   ├─ 編制要求
│   └─ 性質
├─ 內容、範圍和要素
└─ 審計工作底稿的歸檔
    ├─ 歸檔工作的性質
    ├─ 歸檔的要求
    ├─ 歸檔期限
    ├─ 歸檔後的變動
    └─ 保存期限
```

**圖 5-6　本章思維導圖**

## 本章附錄

不同類型的審計工作底稿如附表 5-1~附表 5-3 所示。

### 附表 5-1　A 會計師事務所
### 貨幣資金收入憑證抽查表

客戶單位：＿＿＿＿＿＿＿＿＿＿　＿＿＿年＿＿＿月＿＿＿日　　索引號：＿＿＿＿

| 序號 | 日期 | 憑證編號 | 業務內容 | 對方科目 | 收款方式 || 收入金額 | 核對內容 ||||||| 
|---|---|---|---|---|---|---|---|---|---|---|---|---|---|---|
|  |  |  |  |  | 現金 | 銀行 |  | 1 | 2 | 3 | 4 | 5 | 6 | 7 |
|  |  |  |  |  |  |  |  |  |  |  |  |  |  |  |
|  |  |  |  |  |  |  |  |  |  |  |  |  |  |  |
|  |  |  |  |  |  |  |  |  |  |  |  |  |  |  |
|  |  |  |  |  |  |  |  |  |  |  |  |  |  |  |
|  |  |  |  |  |  |  |  |  |  |  |  |  |  |  |
|  |  |  |  |  |  |  |  |  |  |  |  |  |  |  |
|  |  |  |  |  |  |  |  |  |  |  |  |  |  |  |
|  |  |  |  |  |  |  |  |  |  |  |  |  |  |  |

| 審計說明及調整：<br>①收入憑證與存入銀行帳戶的解款單日期和金額相符。<br>②收款憑證金額已記入現金日記帳或銀行款日記帳。<br>③銀行收款憑證與銀行對帳單核對相符。<br>④收款憑證與銷售發票或收據核對相符。<br>⑤收款憑證的對應科目與付款單位的戶名一致。<br>⑥收款憑證帳務處理正確。<br>⑦收款憑證與對應科目（如銷售和應收帳款）明細帳的記錄一致 | 抽樣測試說明：<br>隨機抽取 1~12 月發生的不同收款業務＿＿＿筆進行測試，測試合格率為＿＿＿％，不合格率為＿＿＿％。<br>貨幣資金收款內部控制運行：正常（　）基本正常（　）　不正常（　）。<br>記帳憑證編製及帳簿記錄：正常（　）基本正常（　）不正常（　） |
|---|---|

編製人：　　　　　日期：　　　　　復核人：　　　　　日期：

附表 5-2　A 會計師事務所
### 銀行存款餘額明細核對表

客戶單位：　　　　　　___年___月___日　　　　　　索引號：____

| 序號 | 開戶行 | 銀行帳號 | 日記帳 ||| 調整數 | 審定數 | 附件資料 |||
|---|---|---|---|---|---|---|---|---|---|---|
|  |  |  | 原幣 | 匯率 | 本位幣 |  |  | 對帳單 | 調節表 | 函證 |
|  |  |  |  |  |  |  |  |  |  |  |
|  |  |  |  |  |  |  |  |  |  |  |
|  |  |  |  |  |  |  |  |  |  |  |
|  |  |  |  |  |  |  |  |  |  |  |

| 審計說明及調整：<br>①銀行存款明細帳與總帳或會計報表的核對情況：一致（　）不一致（　）。<br>②主要銀行存款對帳單的取證情況：已獲取（　）未獲取（　）不適用（　）。<br>③銀行明細帳與對帳單的核對情況：已完成（　）未完成（　）不適用（　）。<br>④銀行存款未達帳項的調整情況：已完成（　）未完成（　）不適用（　）。<br>⑤大額銀行存款的函證程序：已函證（　）未函證（　）不適用（　）。 | 審計結論：<br>經審計無調整事項，餘額可以確認（　）……經審計調整後，餘額可以確認（　）。 |
|---|---|

編製人：　　　　日期：　　　　復核人：　　　　日期：

附表 5-3　A 會計師事務所
### 審計差異事項差異調整表

客戶單位：　　　　　　___年___月___日　　　　　　索引號：____

| 序號 | 調整說明 | 資產負債表 || 利潤表 || 調整餘額 | 客戶單位意見 | 索引號 |
|---|---|---|---|---|---|---|---|---|
|  |  | 借方科目 | 貸方科目 | 借方科目 | 貸方科目 |  |  |  |
|  |  |  |  |  |  |  |  |  |
|  |  |  |  |  |  |  |  |  |
|  |  |  |  |  |  |  |  |  |
|  |  |  |  |  |  |  |  |  |
|  |  |  |  |  |  |  |  |  |

編製人：　　　　日期：　　　　復核人：　　　　日期：

# 第六章
# 審計風險和審計重要性

## 學習目標

1. 理解重要性的概念、重要性水準的制定。
2. 區分計劃的重要性和實際執行的重要性。
2. 理解錯報的概念與分類。
3. 理解「明顯微小錯報不等同於不重大」這句話的意思。

## 案例導入

2017年2月，中註協約談瑞華、立信兩家會計師事務所，就面臨保殼壓力且變更審計機構的上市公司審計風險做出提示。

中註協相關負責人指出，面臨保殼壓力的上市公司普遍存在主營業務不佳、盈利能力差、債務負擔重等問題，部分公司還存在業績承諾和利潤補償壓力，管理層存在較強的舞弊動機，審計風險較高。

中註協提示，在審計過程中，會計師事務所應重點關注以下事項：

一是關注管理層舞弊風險。註冊會計師在審計過程中應保持高度的職業懷疑，充分考慮管理層凌駕於內部控制之上的可能性；增加有針對性的審計程序，充分識別潛在的關聯方交易；增加審計資源投入，認真分析和評估由於舞弊導致的重大錯報風險，並加以有效應對。

二是關注重大資產重組事項。資產重組是上市公司實現扭虧、保殼的重要手段，註冊會計師應當充分關注相關資產價值評估的合理性，資產置換、股權處置交易價格的公允性；關注資產重組相關交易會計處理的適當性，尤其要關注企業合併成本的確認和計量以及資產重組形成商譽的期末減值測試；關注重組交易現金流量的真實性以及資產重組相關信息披露的完整性。

三是關注重大或有事項。註冊會計師應充分識別上市公司對外擔保、合同糾紛、未決訴訟等重大或有事項，設計並實施有針對性的審計程序；充分關注相關會計處理的適當性，預計負債計提的合理性以及或有事項披露的完整性。

四是重視前後任註冊會計師的溝通。後任註冊會計師應根據執業準則要求，與前任註冊會計師就上市公司管理層誠信情況，前任註冊會計師與管理層在重大會計、審計等問題上存在的意見分歧，前任註冊會計師向被審計單位治理層通報的管理層舞弊、違反法律法規行為以及值得關注的內部控制缺陷等事項進行溝通，並形成相應的審計工作底稿。

會計師事務所代表表示，中註協通過約談方式提示審計風險的服務性監管措施，對做好上市公司年報審計工作幫助很大，會計師事務所將認真落實中註協約談精神和專家提示意見，嚴格執行註冊會計師執業準則及職業道德守則，全力確保年報審計工作質量。

問題：(1) 面臨保殼壓力的上市公司存在哪些審計風險？

(2) 會計師事務所、註冊會計師該如何控制審計風險？

## 第一節　審計風險

### 一、審計風險概述

**(一) 審計風險的定義**

《中國註冊會計師審計準則第1101號——註冊會計師的總體目標和審計工作的基本要求》第十三條中對審計風險做出定義：審計風險是指財務報表存在重大錯報時，註冊會計師發表不恰當審計意見的可能性。審計風險取決於重大錯報風險和檢查風險。

**(二) 審計風險的特徵**

1. 審計風險的客觀性

現行審計採取抽樣審計，沒有檢查總體，根據樣本的特性來推斷總體的特性，會導致樣本的特性與總體的特性之間或多或少存在誤差，這種誤差可以控制，但難以消除。這種誤差的客觀存在導致審計人員要承擔得出錯誤審計結論的風險。即便是全部檢查，不是抽查，由於經濟業務的複雜性、管理人員的道德品質等因素，仍會存在審計結果與客觀實際不一致的情況。對於審計風險，註冊會計師只能認識和盡可能地降低審計風險，在有限的空間和時間內改變風險存在和發生的條件，降低其發生的頻率和減少損失的程度，而不能消除審計風險。

2. 審計風險的偶然性

審計風險是由於某些客觀原因或審計人員並未意識到的主觀原因造成的，即並非審計人員故意所為，審計人員在無意中接受了審計風險，又在無意中承擔了審計風險帶來的嚴重後果。肯定審計風險具有偶然性這一特徵非常重要，因為只有在這一前提下，審計人員才會努力設法避免減少審計風險，對審計風險的控制才有意義。倘若審計人員因某種私利故意做出與事實不符的審計結論，則由此承擔的責任並不形成真正意義上的審計風險，因為這種審計人員故意的舞弊行為談不上再對審計風險進行控制，而這種行為本身就受到職業道德的譴責，並應承擔法律責任。

3. 審計風險的可控性

註冊會計師要為其審計報告的正確性承擔責任風險，在風險導向審計理念下，註冊會計師要主動去控制審計風險。只有正確認識審計風險的可控性，註冊會計師才不會害怕審計風險，才能採取相應的措施加以避免，不會因為風險的存在，而不敢承接客戶。只要風險降低到可接受的水準，註冊會計師仍可對客戶進行審計。

4. 審計風險的普遍性

審計活動的每一個環節都可能導致風險因素的產生。可能產生風險的因素有內部控制能力差、重要的數字遺漏、對項目的錯誤評價和虛假註釋、項目的流動性強、項目的交易量大、經濟蕭條、財務狀況不佳、抽樣技術局限性等。從每一個具體風險看，其也是由多個因素組成的。因此，審計風險具有普遍性，存在於審計過程的每一個環節，任何一個環節的審計失誤，都會增加最終的審計風險。

**二、重大錯報風險**

(一) 財務報表層次和認定層次的重大錯報風險

重大錯報風險是指財務報表在審計前存在重大錯報的可能性。重大錯報風險與被審計單位的風險相關，且獨立存在於財務報表的審計。在設計審計程序以確定財務報表整體是否存在重大錯報時，註冊會計師應當從財務報表層次和各類交易、帳戶餘額以及披露認定層次方面考慮重大錯報風險。

財務報表層次重大錯報風險與財務報表整體存在廣泛聯繫，可能影響多項認定。此類風險通常與控制環境有關，如管理層缺乏誠信、治理層形同虛設而不能對管理層進行有效監督等；也可能與其他因素有關，如經濟蕭條、企業所在行業處於衰退期。此類風險難以被界定於某類交易、帳戶餘額、列報的具體認定，相反，此類風險增大了一個或多個不同認定發生重大錯報的可能性，與由舞弊引起的風險密切相關。

註冊會計師應當評估認定層次的重大錯報風險，並根據既定的審計風險水準和評估的認定層次重大錯報風險確定可接受的檢查風險水準。某些類別的交易、帳戶餘額、列報及其認定重大錯報風險較高。例如，技術進步可能導致某項產品陳舊，進而導致存貨易於發生高估錯報（計價認定）；對高價值的、易轉移的存貨缺乏實物安全控制，可能導致存貨的存在性認定出錯；會計計量過程受重大計量不確定性影響，可能導致相關項目的準確性認定出錯。註冊會計師應當考慮各類交易、帳戶餘額、列報認定層次的重大錯報風險，以便針對認定層次的重大錯報風險計劃和實施進一步審計程序。

(二) 固有風險和控制風險

認定層次的重大錯報風險又可以進一步細分為固有風險和控制風險。固有風險是指假設不存在相關的內部控制，某一認定發生重大錯報的可能性，無論該錯報單獨考慮，還是連同其他錯報構成重大錯報的可能性。控制風險是指某項認定發生了重大錯報，無論該錯報單獨考慮，還是連同其他錯報構成重大錯報，而該錯報沒有被企業的內部控制及時防止、發現和糾正的可能性。註冊會計師既可以對兩者進行單獨評估，也可以對兩者進行合併評估，一般是將兩者合併考慮。

**三、檢查風險**

(一) 檢查風險的概念

檢查風險是指某一認定存在錯報，該錯報單獨或連同其他錯報是重大的，但註冊會計師未能發現這種錯報的可能性。

檢查風險取決於審計程序設計的合理性和執行的有效性。註冊會計師通常無法將檢查風險降低為零。其原因主要有兩點：一是註冊會計師通常並不對所有的交易、帳戶餘額和列報進行檢查；二是註冊會計師可能選擇了不恰當的審計程序，或者是審計程序執行不當，或者是錯誤理解了審計結論。第二類問題可以通過適當的計劃、在項目組成員之間進行恰當的職責分配、保持職業懷疑態度以及監督、指導和復核助理人員執行的審計工作得以解決。

註冊會計師應當合理設計審計程序的性質、時間和範圍，並有效執行審計程序，以控制檢查風險。註冊會計師針對評估的認定層次重大錯報風險設計和執行進一步的審計程序。

(二) 檢查風險與重大錯報風險的反向變動關係

在既定的審計風險水準下，可接受的檢查風險水準與認定層次重大錯報風險的評估結果呈反向關係。公式表示如下：

審計風險＝重大錯報風險×檢查風險

從定性的角度看，評估的重大錯報風險越高，註冊會計師可接受的檢查風險水準越低，反之亦然。換言之，當重大錯報風險較高時，註冊會計師必須擴大審計範圍，盡量將檢查風險降低，以便將整個審計風險降低至可接受的水準，如果重大錯報風險較高，表明財務報表出現錯報的可能性較大，則註冊會計師在審計過程中就必須執行較多的測試，獲取較多的證據。

各風險之間及各風險與審計證據的關係如表 6-1 所示。

表 6-1 各風險之間及各風險與審計證據的關係

| 審計風險<br>(可接受的水準) | 重大錯報風險 | 檢查風險 | 審計證據的數量 |
| --- | --- | --- | --- |
| 一定（低） | 低 | 高 | 少 |
| 一定（低） | 中 | 中 | 中 |
| 一定（低） | 高 | 低 | 多 |

四、審計風險的控制

註冊會計師應當通過計劃和實施審計工作，獲取充分、適當的審計證據，將審計風險降至可接受的低水準，這是控制審計風險的總體要求。

在審計風險模型中，重大錯報風險是企業的風險，不受註冊會計師的控制。註冊會計師只能通過實施風險評估程序來正確評估重大錯報風險，並根據評估的兩個層次的重大錯報風險分別採取應對措施。需要明確的是，該風險評估只是一個判斷，而不是對風險的精確計量。

註冊會計師應當評估財務報表層次的重大錯報風險，並根據評估結果確定總體應對措施。

註冊會計師應當獲取認定層次充分、適當的審計證據，以便能夠在審計工作完成時，以可接受的低審計風險對財務報表整體發表審計意見。對於各類交易、帳戶

餘額、列報認定層次的重大錯報風險，註冊會計師可以通過控制檢查風險將審計風險降至可接受的低水準。

## 第二節　審計重要性

### 一、重要性的概念

重要性是指被審計單位會計報表中錯報或漏報的嚴重程度，這一程度在特定環境下可能影響會計報表使用者的判斷或決策。重要性是審計學的一個基本概念。重要性取決於在具體環境下對錯報金額和性質的判斷。

《中國註冊會計師審計準則第1221號——計劃和執行審計工作時的重要性》對重要性的描述是：重要性取決於在具體環境下對錯報金額和性質的判斷。如果一項錯報單獨或連同其他錯報可能影響財務報表使用者依據財務報表做出的經濟決策，則該項錯報是重大的。

對於審計重要性，我們應該從以下幾個方面加以理解：

（1）如果合理預期錯報（包括漏報）單獨或匯總起來可能影響財務報表使用者依據財務報表做出的經濟決策，則通常認為錯報是重大的。

（2）對重要性的判斷是根據具體環境做出的，不同的單位重要性有所不同，就算是同一單位在不同時期的重要性也不一定相同，重要性受錯報的金額或性質的影響，或者受兩者共同的影響。

（3）重要性的判斷離不開註冊會計師的職業判斷。

（4）判斷某事項對財務報表使用者是否重大，是在考慮財務報表使用者整體共同的財務信息需求的基礎上做出的，因為財務報表使用者太多，並且不同的財務報表使用者對財務信息的需求差異很大，所以不考慮個別財務報表使用者財務信息的需求。

重要性實質上強調了一個「度」，在審計報告中註冊會計師應當運用職業判斷確定重要性。允許一定程度的不準確或不正確的存在，只要不要超過這個「度」，如果會計信息的錯報或漏報可能影響到財務報表使用者的決策或判斷，就可以認為是重要的，否則就是不重要的。在實務中，審計重要性水準是重要性的數量表示，是一個數量門檻或金額臨界點。重要性包括數量和性質兩個方面。在執行審計業務時，註冊會計師還應當考慮重要性及其與審計風險的關係。

### 二、重要性的確定

在計劃審計工作時，註冊會計師應當確定一個可接受的重要性水準，以發現在金額上重大的錯報。註冊會計師在確定計劃的重要性水準時應注意如何從數量與性質方面考慮財務報表層次和各類交易、帳戶餘額、列報認定層次的重要性以及何時應考慮重要性。

(一) 計劃的重要性

1. 從性質方面考慮重要性

對財務報表使用者而言，錯報能夠影響預期使用人做出不一樣的經濟決策則該錯報就是重大的。在此我們不做過多討論，主要從數量方面考慮重要性。

2. 從數量方面考慮重要性

註冊會計師應當考慮財務報表層次和各類交易、帳戶餘額、列報認定層次的重要性。註冊會計師應當合理運用重要性水準的判斷基礎，採用固定比率、變動比率等確定財務報表層次的重要性水準。判斷基礎通常包括資產總額、淨資產、營業收入、淨利潤等。

重要性水準是針對錯報的金額大小而言的。重要性水準是一個經驗值，註冊會計師通過職業判斷確定重要性水準。在審計過程中，註冊會計師應當考慮財務報表層次和各類交易、帳戶餘額、列報認定層次的重要性水準。

(1) 財務報表層次的重要性水準。由於財務報表審計的目標是註冊會計師通過執行審計工作對財務報表發表審計意見，因此註冊會計師應當考慮財務報表層次的重要性。只有這樣，註冊會計師才能得出財務報表是否公允反應的結論。註冊會計師在制定總體審計策略時，應當確定財務報表層次的重要性水準。

確定多大錯報會影響到財務報表使用者做出決策，是註冊會計師運用職業判斷的結果。很多註冊會計師根據所在會計師事務所的慣例及自己的經驗，考慮重要性水準。註冊會計師通常先選擇一個恰當的基準，再選用適當的百分比乘以該基準，從而得出財務報表層次的重要性水準。

財務報表整體重要性確定流程如圖 6-1 所示。

```
┌──────────┐
│   基準    │
└──────────┘
     ⇩
┌──────────┐
│  百分比   │
└──────────┘
     ⇩
┌────────────────┐
│ 財務報表整體重要性 │
└────────────────┘
```

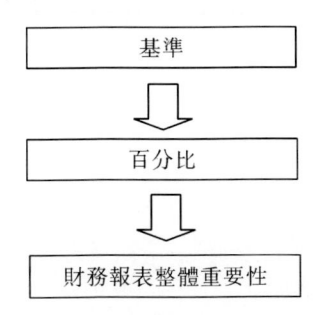

**圖 6-1　財務報表整體重要性確定流程**

在實務中，有許多匯總性財務數據可以用於確定財務報表層次重要性水準的基準，如總資產、淨資產、銷售收入、費用總額、毛利、淨利潤等。在選擇適當的基準時，註冊會計師應當考慮的因素如下：

①財務報表的要素（如資產、負債、所有者權益、收入和費用等）、適用的會計準則和相關會計制度定義的財務報表指標（如財務狀況、經營成果和現金流量）以及適用的會計準則和相關會計制度提出的其他具體要求。

②被審計單位是否存在財務報表使用者特別關注的報表項目（如特別關注與評價經營成果相關的信息）。

③被審計單位的性質及所在行業。

④被審計單位的規模、所有權性質以及融資方式。

註冊會計師對基準的選擇有賴於被審計單位的性質和環境。例如，對以盈利為目的的被審計單位而言，來自經常性業務的稅前利潤或稅後淨利潤可能是一個適當的基準；而對於收益不穩定的被審計單位或非盈利組織來說，選擇稅前利潤或稅後淨利潤作為判斷重要性水準的基準就不合適。就資產管理公司來看，淨資產可能是一個適當的基準。註冊會計師通常選擇一個相對穩定、可預測且能夠反應被審計單位正常規模的基準。由於銷售收入和總資產具有相對穩定性，註冊會計師經常將其用作確定計劃重要性水準的基準。

在確定恰當的基準後，註冊會計師通常運用職業判斷，合理選擇百分比，據以確定重要性水準。以下是一些參考數值的舉例：

①對以盈利為目的的企業，重要性水準為來自經常性業務的稅前利潤或稅後淨利潤的 5%，或總收入的 0.5%。

②對非盈利組織，重要性水準為費用總額或總收入的 0.5%。

③對共同基金公司，重要性水準為淨資產的 0.5%。

如前所述，對重要性的評估需要職業判斷。註冊會計師執行具體審計業務時，可能認為採用比上述百分比更高或更低的比例是適當的。當根據不同的基準計算出不同的重要性水準時，註冊會計師應當根據實際情況決定採用何種計算方法更為恰當。

此外，註冊會計師在確定重要性時，通常考慮以前期間的經營成果和財務狀況、本期的經營成果和財務狀況、本期的預算和預測結果、被審計單位情況的重大變化（如重大的企業併購）以及宏觀經濟環境和所處行業環境發生的相關變化。例如，註冊會計師在將淨利潤作為確定某被審計單位重要性水準的基準時，情況變化使該被審計單位本年度淨利潤出現意外的增加或減少，註冊會計師可能認為選擇近幾年的平均淨利潤作為確定重要性水準的基準更加合適。

註冊會計師在確定重要性水準時，不需考慮與具體項目計量相關的固有不確定性。例如，財務報表含有高度不確定性的大額估計，註冊會計師並不會因此而確定一個比不含有該估計的財務報表的重要性更高或更低的重要性水準。

（2）各類交易、帳戶餘額、列報認定層次的重要性水準。由於財務報表提供的信息由各類交易、帳戶餘額、列報認定層次的信息匯集加工而成，註冊會計師只有通過對各類交易、帳戶餘額、列報認定層次實施審計，才能得出財務報表是否公允反應的結論。因此，註冊會計師還應當考慮各類交易、帳戶餘額、列報認定層次的重要性。

各類交易、帳戶餘額、列報認定層次的重要性水準稱為可容忍錯報。可容忍錯報的確定以註冊會計師對財務報表層次重要性水準的初步評估為基礎。可容忍錯報是在不導致財務報表存在重大錯報的情況下，註冊會計師對各類交易、帳戶餘額、列報確定的可接受的最大錯報。

在確定各類交易、帳戶餘額、列報認定層次的重要性水準時，註冊會計師應當考慮以下主要因素。

①各類交易、帳戶餘額、列報的性質及錯報的可能性。

②各類交易、帳戶餘額、列報的重要性水準與財務報表層次重要性水準的關係。由於各類交易、帳戶餘額、列報確定的重要性水準即可容忍錯報，對審計證據數量有直接的影響，因此註冊會計師應當合理確定可容忍錯報。

需要強調的是，在制定總體審計策略時，註冊會計師應當對那些金額本身就低於所確定的財務報表層次重要性水準的特定項目做額外的考慮。註冊會計師應當根據被審計單位的具體情況，運用職業判斷，考慮是否能夠合理地預計這些項目的錯報將影響使用者依據財務報表做出的經濟決策（如存在這種情況的話）。註冊會計師在做出這一判斷時，應當考慮的因素如下：

①會計準則、法律法規是否影響財務報表使用者對特定項目計量和披露的預期（如關聯方交易、管理層及治理層的報酬）。

②與被審計單位所處行業及其環境相關的關鍵性披露（如制藥企業的研究與開發成本）。

③財務報表使用者是否特別關注財務報表中單獨披露的特定業務分部（如新近購買的業務）的財務業績。

瞭解治理層和管理層對上述問題的看法與預期，可能有助於註冊會計師根據被審計單位的具體情況做出這一判斷。

（二）實際執行的重要性

根據《中國註冊會計師審計準則第1221號——計劃和執行審計工作時的重要性》的規定，實際執行的重要性是指註冊會計師確定的低於財務報告整體的重要性的一個或多個金額，旨在將未更正錯報的匯總數超過財務報表整體的重要性的可能性降低至適當的低水準。如果適用，實際執行的重要性還指註冊會計師確定的低於特定類別的交易、帳戶餘額或披露的重要性水準的一個或多個金額。

1. 確定實際執行的重要性應考慮的因素

確定實際執行的重要性應考慮的因素如下：

（1）對被審計單位的瞭解（這些瞭解在實施風險評估程序的過程中得到更新）。

（2）前期審計工作中識別出的錯報的性質和範圍。

（3）根據前期識別出的錯報對本期錯報做出的預期。

計劃的重要性和實際執行的重要性之間的關係如圖6-2所示。

計劃的重要性　　　　　　　實際執行的重要性

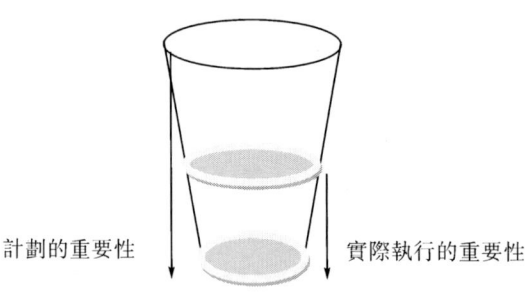

圖 6-2　計劃的重要性和實際執行的重要性之間的關係

2. 實際執行的重要性水準的確定

註冊會計師在確定重要性水準時，往往會先確定財務報表層次的重要性水準。註冊會計師通常在實際執行的時候使用一個較計劃階段的重要性水準低的重要性，以降低審計風險，實際執行的重要性水準一般為計劃的重要性水準的 50%～75%。具體乘上 50% 還是 75%，應根據表 6-2 的具體情形確定。

表 6-2　實際執行重要性的確定

| 情形 | 經驗值 |
| --- | --- |
| (1) 首次審計。<br>(2) 連續審計，以前年度審計調整較多。<br>(3) 項目總體風險較高。<br>(4) 存在或預期存在值得關注的內部控制缺陷 | 50% |
| (1) 連續審計，以前年度審計調整較少。<br>(2) 項目總體風險較低。<br>(3) 以前期間的審計經驗表明內部控制運行有效 | 75% |

實際執行的重要性，簡單的理解就是註冊會計師為了讓最終的審計風險能夠在可接受的範圍內，在原有重要性的基礎上再壓縮重要性，以實際重要性在審計中進行判斷，這樣審計到最後，超過可以接受審計風險的可能性就大大降低了。

**三、審計過程中對重要性的修改**

重要性並非一經制定不能修改，但是要注意修改重要性的原因和理由，註冊會計師一般基於以下幾點原因可以修改財務報表整體的重要性和特定類別的交易、帳戶餘額或披露的重要性水準（如適用）：

(1) 審計過程中情況發生重大變化（如決定處置被審計單位的一個重要組成部分）。

(2) 獲取新信息。

(3) 通過實施進一步審計程序，註冊會計師對被審計單位及其經營所瞭解的情況發生變化。例如，註冊會計師在審計過程中發現，實際財務成果與最初確定財務報表整體的重要性時使用的預期財務成果相比存在著很大差異，需要修改重要性。

### 四、重要性與審計風險的關係

註冊會計師應對各類交易、帳戶餘額、列報認定層次的重要性進行評估，以有助於確定進一步審計程序的性質、時間和範圍，將審計風險降至可接受的低水準。

重要性與審計風險之間存在反向關係。重要性水準越高，審計風險越低；重要性水準越低，審計風險越高。註冊會計師在確定審計程序的性質、時間和範圍時應當考慮這種反向關係。

在確定審計程序後，如果註冊會計師決定接受更低的重要性水準，審計風險將增加。註冊會計師應當選用下列方法將審計風險降至可接受的低水準：

（1）如有可能，通過擴大控制測試範圍或實施追加的控制測試，降低評估的重大錯報風險，並支持降低後的重大錯報風險水準。

（2）通過修改計劃實施的實質性程序的性質、時間和範圍，降低檢查風險。

在評價審計程序結果時，註冊會計師確定的重要性和審計風險可能與計劃審計工作時評估的重要性和審計風險存在差異。在這種情況下，註冊會計師應當重新確定重要性和審計風險，並考慮實施的審計程序是否充分。

### 五、錯報

**（一）錯報的定義**

錯報是指某一財務報表項目的金額、分類、列報或披露，與按照適用的財務報告編製基礎應當列示的金額、分類、列報或披露之間存在的差異；或者根據註冊會計師的判斷，為使財務報表在所有重大方面實現公允反應，需要對金額、分類、列報或披露做出的必要調整。導致錯報的事項主要包括以下幾種情況：

（1）收集或處理用以編製財務報表的數據時出現錯誤。

（2）遺漏某項金額或披露。

（3）由於疏忽或明顯誤解有關事實導致做出不正確的會計估計。

（4）註冊會計師認為管理層對會計估計做出不合理的判斷或對會計政策做出不恰當的選擇和運用。

**（二）累計識別出的錯報**

註冊會計師可能將低於某一金額的錯報界定為明顯微小錯報。

（1）明顯微小錯報不需要累積。註冊會計師認為明顯微小錯報的匯總數不會對財務報表產生重大影響，因此對這類錯報不需要累積。

（2）「明顯微小錯報」不等同於「不重大錯報」。明顯微小錯報，無論單獨或匯總起來，從規模、性質或其發生的環境來看都是明顯不足道的。

（3）明顯微小錯報可能是財務報表整體重要性水準的5%，一般不超過財務報表整體重要性的10%。

**（三）錯報的分類**

錯報來源於舞弊或錯誤，根據錯報產生的原因，我們可以將錯報分為事實錯報、判斷錯報和推斷錯報三種，如表6-3所示。

表 6-3　錯報的分類

| 類型 | | 內容 |
|---|---|---|
| 事實錯報 | 定義 | 收集或處理數據錯誤，或者舞弊導致的對事實的誤解或忽略，或者估計舞弊行為。本質是違反客觀事實 |
| | 舉例 | 存貨、固定資產的入帳價值錄入錯誤，與發票、合同等不符 |
| 判斷錯報 | 定義 | 註冊會計師認為由以下情形而導致的差異：管理層對會計估計做出不合理的判斷、不恰當地選擇和運用會計政策 |
| | 舉例 | 投資性房地產公允價值不合理、存貨發出採用後進先出法核算 |
| 推斷錯報 | 定義 | 根據樣本推斷的總體錯報 |
| | 舉例 | 運用審計抽樣，通過測試樣本估計出的總體的錯報減去在測試中發現的已經識別的具體錯報 |

## 本章小結

本章主要介紹了重要性的概念、重要性的確定和錯報等相關知識點。除了理解以上知識點外，學生通過本章的學習還應瞭解審計風險、重大錯報風險、檢查風險、固有風險、控制風險等基本概念。本章的內容屬於基礎理論知識，知識點比較多，需要學生認真學習掌握。

## 本章思維導圖

本章思維導圖如圖 6-3 所示。

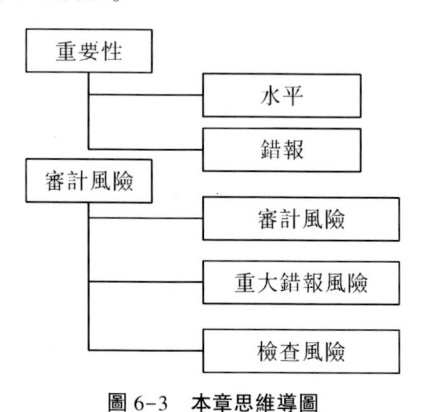

圖 6-3　本章思維導圖

# 第七章
# 審計抽樣

## 學習目標

1. 瞭解審計抽樣的概念和特徵。
2. 瞭解審計抽樣的種類與各種審計抽樣的特徵及應用。
3. 掌握實施風險評估程序、控制測試和實質性程序時對審計抽樣的考慮。
4. 掌握樣本的選取方法，掌握樣本結果評價的程序及內容。

## 案例導入

資料一：甲公司系公開發行A股的上市公司，2018年3月20日，北京ABC會計師事務所的A註冊會計師和B註冊會計師負責完成了對甲公司2017年會計報表的外勤審計工作。假定甲公司2017年財務報告於2018年3月27日經董事會批准和管理當局簽署，於同日報送證券交易所。2018年4月30日，甲公司召開2017年股東大會，審議通過了2017年財務報告。甲公司採用應付稅款法核算所得稅，所得稅稅率為25%，每年分別按淨利潤的10%和5%提取法定盈餘公積和法定公益金。

資料二：在應付票據項目的審計中，為了確定應付票據餘額對應的業務是否真實、會計處理是否正確，A註冊會計師和B註冊會計師擬從甲公司應付票據備查帳簿中抽取若干筆應付票據業務，檢查相關的合同、發票、貨物驗收單等資料，並檢查會計處理的正確性。甲公司應付票據備查簿顯示，應付票據項目2017年12月31日的餘額為15,000,000元，由72筆應付票據業務構成。根據具體審計計劃的要求，A註冊會計師和B註冊會計師需要從中選取6筆應付票據業務進行檢查。

問題：針對資料二，假定應付票據備查簿中記載的72筆應付票據業務是隨機排列的，A註冊會計師和B註冊會計師採用系統選樣法選取6筆應付票據業務樣本，並且確定隨機起點為第7筆，請判斷其餘5筆應付票據業務分別是哪幾筆？如果上述6筆應付票據業務的帳面價值為1,400,000元，審計後認定的價值為1,680,000元，甲公司2017年12月31日應付票據業務帳面總值為15,000,000元，並假定誤差與帳面價值存在比例關係，運用比率估值抽樣法推斷甲公司2017年12月31日應付票據的總體實際價值。

# 第一節　審計抽樣的相關概念

　　註冊會計師在獲取充分、適當的證據時，需要選取項目進行測試。選取方法包括三種：一是對某總體包含的全部項目進行測試（如對資本公積項目）；二是對選出的特定項目進行測試，但不推斷總體；三是審計抽樣，以樣本結果推斷總體結論。在現實社會經濟生活中，企業規模的擴大和經營複雜程度的不斷上升，使註冊會計師對每一筆交易進行檢查變得既不可行，也沒有必要。為了在合理的時間內以合理的成本完成審計工作，審計抽樣應運而生。審計抽樣旨在幫助註冊會計師確定實施審計程序的範圍，以獲取充分、適當的審計證據，得出合理的結論，作為形成審計意見的基礎。

**一、審計抽樣**

（一）審計抽樣的含義

　　審計抽樣是指註冊會計師對具有審計相關性的總體中低於100%的項目實施審計程序，使所有抽樣單元都有被選取的機會。審計抽樣為註冊會計師針對總體得出結論提供合理基礎。審計抽樣能夠使註冊會計師獲取和評價有關所選取項目某一特徵的審計證據，以形成或有助於形成有關總體的結論。總體是指註冊會計師從中選取樣本並期望據此得出結論的整個數據集合。抽樣單元是指構成總體的個體項目。

　　抽樣是一個適用性較廣的概念，不僅註冊會計師執行審計工作時使用抽樣，意見調查、市場分析或科學研究都可能用到抽樣。但是審計抽樣不同於其他行業的抽樣。例如，審計抽樣可能為某帳戶餘額的準確性提供進一步的證據，註冊會計師通常只需要評價該帳戶餘額是否存在重大錯報，而不需要確定其初始金額，這些初始金額在審計抽樣開始之前已由被審計單位記錄並匯總完畢。在運用抽樣方法進行意見調查、市場分析或科學研究時，類似的初始數據在抽樣開始之前通常並未得到累積、編製或匯總。

（二）審計抽樣的特徵

審計抽樣應當同時具備以下三個基本特徵：
（1）對具有審計相關性的總體中低於100%的項目實施審計程序。
（2）所有抽樣單元都有被選取的機會。
（3）可以根據樣本項目的測試結果推斷出有關抽樣總體的結論。

　　審計抽樣時，註冊會計師應確定適合於特定審計目標的總體，並從中選取低於100%的項目實施審計程序。在某些情況下，註冊會計師可能決定測試某類交易或帳戶餘額中的每一個項目，即針對總體進行100%的測試，這就是通常所說的全查，而不是審計抽樣。審計抽樣時，所有抽樣單元都應有被選取成為樣本的機會，註冊會計師不能存有偏向，只挑選具備某一特徵的項目（如金額大或帳齡長的應收帳款）進行測試。如果只選取特定項目實施審計程序，則不是審計抽樣。在這種情形

下，註冊會計師只能針對這些特定項目得出結論，而不能根據特定項目的測試結果推斷總體的特徵。

審計抽樣時，註冊會計師的目的並不是評價樣本，而是對總體得出結論。如果註冊會計師從某類交易或帳戶餘額中選取低於 100% 的項目實施審計程序，卻不準備據此推斷總體的特徵，就不是審計抽樣。例如，註冊會計師挑選幾筆交易，追查其在被審計單位會計系統中的運行軌跡，以獲取對被審計單位內部控制的總體瞭解，而不是評價該類交易的整體特徵。

值得注意的是，只有當從抽樣總體中選取的樣本具有代表性時，註冊會計師才能根據樣本項目的測試結果推斷出有關總體的結論。代表性是指在既定的風險水準下，註冊會計師根據樣本得出的結論，與對整個總體實施與樣本相同的審計程序得出的結論類似。樣本具有代表性並不意味著根據樣本測試結果推斷的錯報一定與總體中的錯報完全相同，如果樣本的選取是無偏向的，該樣本通常就具有了代表性。代表性與整個樣本而非樣本中的單個項目相關，與樣本規模無關，與如何選取樣本相關。此外，代表性通常只與錯報的發生率而非錯報的特定性質相關。例如，異常情況導致的樣本錯報就不具有代表性。選取測試項目的方法如圖 7-1 所示。

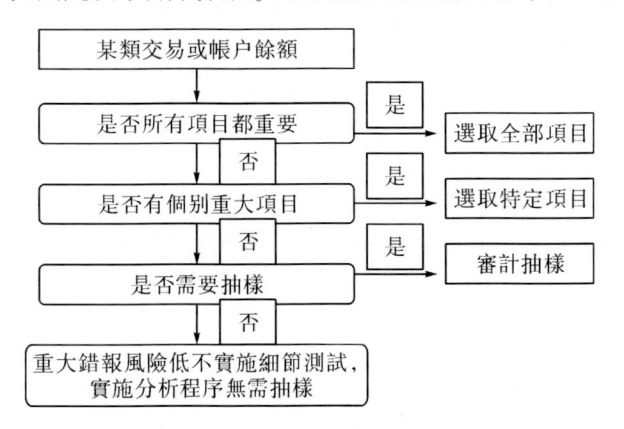

圖 7-1 選取測試項目的方法

（三）審計抽樣的適用性

審計抽樣並非在所有審計程序中都可使用，註冊會計師擬實施的審計程序將對運用審計抽樣產生重要影響。在風險評估程序、控制測試和實質性程序中，有些審計程序可以使用審計抽樣，有些審計程序則不宜使用審計抽樣。

風險評估程序通常不涉及審計抽樣。如果註冊會計師在瞭解控制的設計和確定控制是否得到執行的同時計劃和實施控制測試，則可能涉及審計抽樣，但此時審計抽樣僅適用於控制測試。

當控制的運行留下軌跡時，註冊會計師可以考慮使用審計抽樣實施控制測試。對於未留下運行軌跡的控制，註冊會計師通常實施詢問、觀察等審計程序，以獲取有關控制運行有效性的審計證據，此時不宜使用審計抽樣。此外，在被審計單位採用信息技術處理各類交易及其他信息時，註冊會計師通常只需要測試信息技術一般

控制，並從各類交易中選取一筆或幾筆交易進行測試，就能獲取有關信息技術應用控制運行有效性的審計證據，此時不需使用審計抽樣。

實質性程序包括對各類交易、帳戶餘額和披露的細節測試以及實質性分析程序。在實施細節測試時，註冊會計師可以使用審計抽樣獲取審計證據，以驗證有關財務報表金額的一項或多項認定（如應收帳款的存在），或者對某些金額做出獨立估計（如陳舊存貨的價值）。如果註冊會計師將某類交易或帳戶餘額的重大錯報風險評估為可接受的低水準，也可不實施細節測試，此時不需使用審計抽樣。實施實質性分析程序時，註冊會計師的目的不是根據樣本項目的測試結果推斷有關總體的結論，此時不宜使用審計抽樣。

**二、抽樣風險和非抽樣風險**

在獲取審計證據時，註冊會計師應當運用職業判斷，評估重大錯報風險，並設計進一步審計程序，以將審計風險降至可接受的低水準。在使用審計抽樣時，審計風險既可能受到抽樣風險的影響，又可能受到非抽樣風險的影響。抽樣風險和非抽樣風險通過影響重大錯報風險的評估和檢查風險的確定而影響審計風險。

（一）抽樣風險

抽樣風險是指註冊會計師根據樣本得出的結論可能不同於如果對總體實施與樣本相同的審計程序得出的結論的風險。抽樣風險是由抽樣引起的，與樣本規模和抽樣方法相關。

1. 控制測試中的抽樣風險

控制測試中的抽樣風險包括信賴過度風險和信賴不足風險。信賴過度風險是指推斷的控制有效性高於其實際有效性的風險。也可以說，儘管樣本結果支持註冊會計師計劃信賴內部控制的程度，但實際偏差率不支持該信賴程度的風險。信賴過度風險與審計的效果有關。如果註冊會計師評估的控制有效性高於其實際有效性，從而導致評估的重大錯報風險水準偏低，註冊會計師可能不適當地減少從實質性程序中獲取的證據，因此審計的有效性下降。對於註冊會計師而言，信賴過度風險更容易導致註冊會計師發表不恰當的審計意見，因此更應予以關注。

相反，信賴不足風險是指推斷的控制有效性低於其實際有效性的風險。也可以說，儘管樣本結果不支持註冊會計師計劃信賴內部控制的程度，但實際偏差率支持該信賴程度的風險。信賴不足風險與審計的效率有關。當註冊會計師評估的控制有效性低於其實際有效性時，評估的重大錯報風險水準高於實際水準，註冊會計師可能會增加不必要的實質性程序。在這種情況下，審計效率可能降低。

2. 細節測試中的抽樣風險

在實施細節測試時，註冊會計師也要關注兩類抽樣風險：誤受風險和誤拒風險。

誤受風險是指註冊會計師推斷某一重大錯報不存在而實際上存在的風險。如果帳面金額實際上存在重大錯報而註冊會計師認為其不存在重大錯報，註冊會計師通常會停止對該帳面金額繼續進行測試，並根據樣本結果得出帳面金額無重大錯報的結論。與信賴過度風險類似，誤受風險影響審計效果，容易導致註冊會計師發表不恰當的審計意見，因此註冊會計師更應予以關注。

誤拒風險是指註冊會計師推斷某一重大錯報存在而實際上不存在的風險。與信賴不足風險類似，誤拒風險影響審計效率。如果帳面金額不存在重大錯報而註冊會計師認為其存在重大錯報，註冊會計師會擴大細節測試的範圍並考慮獲取其他審計證據，最終註冊會計師會得出恰當的結論。在這種情況下，審計效率可能降低。

也就是說，無論在控制測試還是在細節測試中，抽樣風險都可以分為兩種類型：一類是影響審計效果的抽樣風險，包括控制測試中的信賴過度風險和細節測試中的誤受風險；另一類是影響審計效率的抽樣風險，包括控制測試中的信賴不足風險和細節測試中的誤拒風險。相較於影響審計效率的抽樣風險，註冊會計師更應關注影響審計效果的抽樣風險。只要使用了審計抽樣，抽樣風險總會存在。抽樣風險與樣本規模呈反方向變動：樣本規模越小，抽樣風險越大；樣本規模越大，抽樣風險越小。無論是控制測試還是細節測試，註冊會計師都可以通過擴大樣本規模降低抽樣風險。如果對總體中的所有項目都實施檢查，就不存在抽樣風險，此時審計風險完全由非抽樣風險產生。

抽樣風險對審計工作的影響如表 7-1 所示。

表 7-1　抽樣風險對審計工作的影響

| 測試種類 | 影響審計效率的風險 | 影響審計效果的風險 |
| --- | --- | --- |
| 控制測試 | 信賴不足風險 | 信賴過度風險 |
| 細節測試 | 誤拒風險 | 誤受風險 |

（二）非抽樣風險

非抽樣風險是指註冊會計師由於任何與抽樣風險無關的原因而得出錯誤結論的風險。註冊會計師即使對某類交易或帳戶餘額的所有項目實施審計程序，也可能仍未能發現重大錯報或控制失效。在審計過程中，可能導致非抽樣風險的原因主要包括下列情況：

（1）註冊會計師選擇了不適於實現特定目標的審計程序。例如，註冊會計師依賴應收帳款函證來揭露未入帳的應收帳款。

（2）註冊會計師選擇的總體不適合於測試目標。例如，註冊會計師在測試銷售收入完整性認定時將主營業務收入日記帳界定為總體。

（3）註冊會計師未能適當地定義誤差（包括控制偏差或錯報），導致註冊會計師未能發現樣本中存在的偏差或錯報。例如，註冊會計師在測試現金支付授權控制的有效性時，未將簽字人未得到適當授權的情況界定為控制偏差。

（4）註冊會計師未能適當地評價審計發現的情況。例如，註冊會計師錯誤解讀審計證據可能導致沒有發現誤差。註冊會計師對所發現誤差的重要性的判斷有誤，從而忽略了性質十分重要的誤差，也可能導致得出不恰當的結論。

非抽樣風險是由人為因素造成的，雖然難以量化非抽樣風險，但通過採取適當的質量控制政策和程序，對審計工作進行適當的引導、監督和復核，仔細設計審計程序以及對審計實務進行適當改進，註冊會計師可以將非抽樣風險降至可接受的水準。

### 三、統計抽樣和非統計抽樣

所有的審計抽樣都需要註冊會計師運用職業判斷，計劃並實施抽樣程序，評價樣本結果。審計抽樣時，註冊會計師既可以使用統計抽樣方法，也可以使用非統計抽樣方法。

（一）統計抽樣

統計抽樣是指同時具備下列特徵的抽樣方法：一是隨機選取樣本項目；二是運用概率論評價樣本結果，包括計量抽樣風險。如果註冊會計師嚴格按照隨機原則選取樣本，卻沒有對樣本結果進行統計評估，或者基於非隨機選樣進行統計評估，都不能認為是使用了統計抽樣。

統計抽樣有助於註冊會計師高效地設計樣本，計量所獲取證據的充分性以及定量評價樣本結果。但統計抽樣又可能發生額外的成本。第一，統計抽樣需要特殊的專業技能，因此使用統計抽樣需要增加額外的支出對註冊會計師進行培訓。第二，統計抽樣要求單個樣本項目符合統計要求，這些也可能需要支出額外的費用。使用審計抽樣軟件能夠適當降低統計抽樣的成本。

（二）非統計抽樣

不同時具備統計抽樣兩個基本特徵的抽樣方法為非統計抽樣。統計抽樣能夠客觀地計量抽樣風險，並通過調整樣本規模精確地控制風險，這是統計抽樣與非統計抽樣最重要的區別。不允許計量抽樣風險的抽樣方法都是非統計抽樣，即便註冊會計師按照隨機原則選取樣本項目，或者使用統計抽樣的表格確定樣本規模，如果沒有對樣本結果進行統計評估，仍然是非統計抽樣。註冊會計師使用非統計抽樣時，也必須考慮抽樣風險並將其降至可接受水準，但無法精確地測定抽樣風險。

註冊會計師在統計抽樣與非統計抽樣方法之間進行選擇時主要考慮成本效益。不管統計抽樣還是非統計抽樣，兩種方法都要求註冊會計師在設計、選取和評價樣本時運用職業判斷。如果設計適當，非統計抽樣也能提供與統計抽樣方法同樣有效的結果。另外，對選取的樣本項目實施的審計程序通常與使用的抽樣方法無關。

### 四、屬性抽樣和變量抽樣

屬性抽樣和變量抽樣都是統計抽樣方法。

（一）屬性抽樣

屬性抽樣是一種用來對總體中某一事件發生率得出結論的統計抽樣方法。屬性抽樣在審計中最常見的用途是測試某一設定控制的偏差率，以支持註冊會計師評估的控制風險水準。無論交易的規模如何，針對某類交易的設定控制預期將以同樣的方式運行。因此，在屬性抽樣中，設定控制的每一次發生或偏離都被賦予同樣的權重，而不管交易的金額大小。

（二）變量抽樣

變量抽樣是一種用來對總體金額得出結論的統計抽樣方法。變量抽樣通常要回答下列問題：金額是多少？帳戶是否存在重大錯報？變量抽樣在審計中的主要用途是進行細節測試，以確定記錄金額是否合理。

一般而言，屬性抽樣得出的結論與總體發生率有關，而變量抽樣得出的結論與總體的金額有關。但有一個例外，即變量抽樣中的貨幣單元抽樣，註冊會計師運用屬性抽樣的原理得出以金額表示的結論。

## 第二節　審計抽樣在控制測試中的應用

### 一、樣本設計階段

（一）確定測試目標

註冊會計師實施控制測試的目標是提供關於控制運行有效性的審計證據，以支持計劃的重大錯報風險評估水準。因此，控制測試主要關注控制在所審計期間的相關時點是如何運行的、控制是否得到一貫執行、控制由誰或以何種方式執行。註冊會計師必須首先針對某項認定詳細瞭解控制目標和內部控制政策與程序之後，方可確定從哪些方面獲取關於控制是否有效運行的審計證據。

（二）定義總體

總體是指註冊會計師從中選取樣本並期望據此得出結論的整個數據集合。註冊會計師在界定總體時，應當確保總體的適當性和完整性。

（1）適當性。總體應適合於特定的審計目標，包括適合於測試的方向。例如，要測試用以保證所有發運商品都已開單的控制是否有效運行，註冊會計師從已開單的項目中抽取樣本不能發現誤差，因為該總體不包含那些已發運但未開單的項目。為發現這種誤差，註冊會計師將所有已發運的項目作為總體通常比較適當。又如，要測試現金支付授權控制是否有效運行，如果從已得到授權的項目中抽取樣本，註冊會計師不能發現控制偏差，因為該總體不包含那些已支付但未得到授權的項目。

（2）完整性。註冊會計師應當從總體項目內容和涉及時間等方面確定總體的完整性。例如，如果註冊會計師從檔案中選取付款證明，除非確信所有的付款證明都已歸檔，否則註冊會計師不能對該期間的所有付款證明得出結論。又如，如果註冊會計師對某一控制活動在財務報告期間是否有效運行得出結論，總體應包括來自整個報告期間的所有相關項目。

在控制測試中，註冊會計師必須考慮總體的同質性。同質性是指總體中的所有項目應該具有同樣的特徵。例如，如果被審計單位的出口和內銷業務的處理方式不同，註冊會計師應分別評價兩種不同的控制情況，因此出現兩個獨立的總體。又如，雖然被審計單位的所有分支機構的經營可能都相同，但每個分支機構是由不同的人運行的，如果註冊會計師對每個分支機構的內部控制和員工感興趣，可以將每個分支機構作為一個獨立的總體對待。另外，如果註冊會計師關心的不是單個分支機構而是被審計單位整體的經營，且各分支機構的控制具有足夠的相同之處，就可以將被審計單位視為一個單獨的總體。

需要注意的是，被審計單位在被審計期間可能改變某個特定控制。如果某控制（舊控制）被用於實現相同控制目標的另一控制（新控制）所取代，註冊會計師需

要確定是否測試這兩個控制的運行有效性，或者只測試新控制。例如，如果註冊會計師需要就與銷售交易相關的控制的運行有效性獲取證據，以支持重大錯報風險的評估水準，且預期新控制與舊控制都是有效的，註冊會計師可以將被審計期間的所有銷售交易作為一個總體。在新控制與舊控制差異很大時，註冊會計師也可以分別進行測試，因此出現兩個獨立的總體。不過，如果註冊會計師對重大錯報風險的評估主要取決於控制在被審計期間的後期或截至某個特定時點的有效運行，也可能主要測試新控制，而對舊控制不進行測試或僅進行少量測試。此時，新控制針對的銷售交易是一個獨立的總體。

（三）定義抽樣單元

註冊會計師定義的抽樣單元應與審計測試目標相適應。抽樣單元通常是能夠提供控制運行證據的一份文件資料、一項記錄或記錄中的某一行，每個抽樣單元構成了總體中的一個項目。在控制測試中，註冊會計師應根據被測試的控制定義抽樣單元。例如，如果測試目標是確定付款是否得到授權，且設定的控制要求付款之前授權人在付款單據上簽字，抽樣單元可能被定義為每一張付款單據。如果一張付款單據包含了對幾張發票的付款，且設定的控制要求每張發票分別得到授權，那麼付款單據上與發票對應的一行就可能被定義為抽樣單元。

對抽樣單元的定義過於寬泛可能導致缺乏效率。例如，如果註冊會計師將發票作為抽樣單元，就必須對發票上的所有項目進行測試。如果註冊會計師將發票上的某一行作為抽樣單元，則只需對被選取的行所代表的項目進行測試。如果定義抽樣單元的兩種方法都適合於測試目標，將某一行的項目作為抽樣單元可能效率更高。

（四）定義偏差構成條件

註冊會計師應根據對內部控制的瞭解，確定哪些特徵能夠顯示被測試控制的運行情況，然後據此定義偏差構成條件。在控制測試中，偏差是指偏離對設定控制的預期執行。在評估控制運行的有效性時，註冊會計師應當考慮其認為必要的所有環節。例如，設定的控制要求每筆支付都應附有發票、收據、驗收報告和訂購單等證明文件，且都蓋上「已付」戳記。註冊會計師認為蓋上「已付」戳記的發票和驗收報告足以顯示控制的適當運行。在這種情況下，偏差可能被定義為缺乏蓋有「已付」戳記的發票和驗收報告等證明文件的款項支付。

（五）定義測試期間

註冊會計師通常在期中實施控制測試。由於期中測試獲取的證據只與控制截至期中測試時點的運行有關，註冊會計師需要確定如何獲取關於剩餘期間的證據。註冊會計師可以有以下兩種做法：

（1）將測試擴展至在剩餘期間發生的交易，以獲取額外的證據。在這種情況下，總體由整個被審計期間的所有交易組成。

①初始測試。註冊會計師可能將總體定義為包括整個被審計期間的交易，但在期中實施初始測試。在這種情況下，註冊會計師可能估計總體中剩餘期間將發生的交易的數量，並在期末審計時對所有發生在期中測試之後的被選取交易進行檢查。例如，如果被審計單位在當年的前10個月開具了編號1~10,000的發票，註冊會計師可能估計，根據企業的經營週期，剩下兩個月中將開具2,500張發票，因此註冊

會計師在選取所需的樣本時用 1~12,500 作為編號。所選取的發票中，編號小於或等於 10,000 的樣本項目在期中審計時進行檢查，剩餘的樣本項目將在期末審計時進行檢查。

②估計總體的特徵。在估計總體規模時，註冊會計師可能考慮上年同期的實際情況、變化趨勢以及經營性質等因素。在實務中，一方面，註冊會計師可能高估剩餘項目的數量。年底時如果部分被選取的編號對應的交易沒有發生（由於實際發生的交易數量低於預計數量），可以用其他交易代替。考慮到這種可能性，註冊會計師可能希望比最低樣本規模稍多選取一些項目，對多餘的項目只在需要作為替代項目時才進行檢查。

另一方面，註冊會計師也可能低估剩餘項目的數量。如果剩餘項目的數量被低估，一些交易將沒有被選取的機會，因此樣本不能代表註冊會計師定義的總體。在這種情況下，註冊會計師可以重新定義總體，將樣本中未包含的項目排除在新的總體之外。對未包含在重新定義總體中的項目，註冊會計師可以實施替代程序，例如，將這些項目作為一個獨立的樣本進行測試，或者對其進行 100% 的檢查，或者詢問剩餘期間的情況。註冊會計師應判斷各種替代程序的效率和效果，並據此選擇適合於具體情況的方法。

在許多情況下，註冊會計師可能不需等到被審計期間結束，就能得出關於控制的運行有效性是否支持其計劃評估的重大錯報風險水準的結論。在對選取的交易進行期中測試時，註冊會計師發現的誤差可能足以使其得出結論：即使在發生於期中測試以後的交易中未發現任何誤差，控制也不能支持計劃評估的重大錯報風險水準。在這種情況下，註冊會計師可能決定不將樣本擴展至期中測試以後發生的交易，而是相應地修正計劃的重大錯報風險評估水準和實質性程序。

（2）不將測試擴展至在剩餘期間發生的交易。在這種情況下，總體只包括從年初到期中測試為止的交易，測試結果也只能針對這個期間進行推斷，註冊會計師可以使用替代方法測試剩餘期間的控制有效性。

在確定是否需要針對剩餘期間獲取額外證據以及獲取哪些證據時，註冊會計師通常考慮下列因素：

①所涉及的認定的重要性。
②期中進行測試的特定控制。
③自期中以來控制發生的任何變化。
④控制改變實質性程序的程度。
⑤期中實施控制測試的結果。
⑥剩餘期間的長短。
⑦對剩餘期間實施實質性程序所產生的與控制的運行有關的證據。

註冊會計師應當獲取與控制在剩餘期間發生的所有重大變化的性質和程度有關的證據，包括其人員的變化。如果發生了重大變化，註冊會計師應修正其對內部控制的瞭解，並考慮對變化後的控制進行測試。註冊會計師也可以考慮對剩餘期間實施實質性分析程序或細節測試。

## 二、選取樣本階段

選取樣本階段流程如圖 7-2 所示。

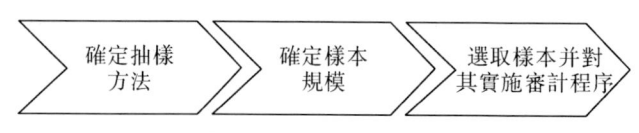

確定抽樣方法 → 確定樣本規模 → 選取樣本并對其實施審計程序

圖 7-2　選取樣本階段流程

（一）確定抽樣方法

選取樣本時，只有從抽樣總體中選出具有代表性的樣本項目，註冊會計師才能根據樣本的測試結果推斷有關總體的結論。因此，不管使用統計抽樣還是非統計抽樣，在選取樣本項目時，註冊會計師應當使總體中的每個抽樣單元都有被選取的機會。在統計抽樣中，註冊會計師有必要使用適當的隨機選樣方法，如簡單隨機選樣或系統隨機選樣。在非統計抽樣中，註冊會計師通常使用近似於隨機選樣的方法，如隨意選樣。計算機輔助審計技術（CAAT）可以提高選樣的效率。選取樣本的基本方法包括簡單隨機選樣、系統選樣、隨意選樣和整群選樣。

1. 簡單隨機選樣

使用這種方法，相同數量的抽樣單元組成的每種組合被選取的概率都相等。註冊會計師可以使用計算機或隨機數表獲得所需的隨機數，選取匹配的隨機樣本。

簡單隨機選樣在統計抽樣和非統計抽樣中均適用。

在沒有事先編號的情況下，註冊會計師需按一定的方法進行編號。例如，由 40 頁、每頁 50 行組成的應收帳款明細表，可採用四位數字編號，前兩位由 01 到 40 的整數組成，表示該記錄在明細表中的頁數，後兩位數字由 01 到 50 的整數組成，表示該記錄的行次。這樣，編號 0,628 表示第 6 頁第 28 行的記錄。所需使用的隨機數的位數一般由總體項目數或編號位數決定。前例中可採用 4 位隨機數表，也可以使用 5 位隨機數表的前 4 位數字或後 4 位數字。

例如，從前述應收帳款明細表的 2,000 個記錄中選擇 10 個樣本，總體編號規則如前所述，即前兩位數字不能超過 40，後兩位數字不能超過 50。從表 7-2 第一行第一列開始，使用後四位隨機數，逐行向右查找，則選中的樣本為編號為 2,044、2,114、1,034、3,821、1,642、1,530、2,438、1,729、1,635、0,209 的 10 個記錄。

表 7-2　隨機數表舉例

| 行 | 列 | | | | | | | | | |
|---|---|---|---|---|---|---|---|---|---|---|
| | 1 | 2 | 3 | 4 | 5 | 6 | 7 | 8 | 9 | 10 |
| 1 | 32,044 | 69,037 | 29,655 | 92,114 | 81,034 | 40,582 | 01,584 | 77,184 | 85,762 | 46,505 |
| 2 | 23,821 | 96,070 | 82,592 | 81,642 | 08,971 | 07,411 | 09,037 | 81,530 | 56,195 | 98,425 |
| 3 | 82,383 | 94,987 | 66,441 | 28,677 | 95,961 | 78,346 | 37,916 | 09,416 | 42,438 | 48,432 |
| 4 | 68,310 | 21,729 | 71,635 | 86,069 | 38,157 | 95,620 | 96,718 | 79,554 | 50,209 | 17,705 |

表7-2(續)

| 行 | 列 | | | | | | | | | |
|---|---|---|---|---|---|---|---|---|---|---|
| | 1 | 2 | 3 | 4 | 5 | 6 | 7 | 8 | 9 | 10 |
| 5 | 94,856 | 76,940 | 22,165 | 01,414 | 01,413 | 37,231 | 05,509 | 37,489 | 56,459 | 52,983 |
| 6 | 95,000 | 61,958 | 83,430 | 98,250 | 70,030 | 05,436 | 71,814 | 45,978 | 09,277 | 13,827 |
| 7 | 20,764 | 64,638 | 11,359 | 32,556 | 89,822 | 02,713 | 81,293 | 52,970 | 25,080 | 33,555 |
| 8 | 71,401 | 17,964 | 50,940 | 95,753 | 34,905 | 93,566 | 36,318 | 79,530 | 51,105 | 26,952 |
| 9 | 38,464 | 75,707 | 16,750 | 61,371 | 01,523 | 69,205 | 32,122 | 03,436 | 1,489 | 02,086 |
| 10 | 59,442 | 59,247 | 74,955 | 82,835 | 98,378 | 83,513 | 47,870 | 20,795 | 01,352 | 89,906 |

2. 系統選樣

系統選樣也稱等距選樣，註冊會計師需要確定選樣間隔，即用總體中抽樣單元的總數量除以樣本規模，得到樣本間隔，然後在第一個間隔中確定一個隨機起點，從這個隨機起點開始，按照選樣間隔，從總體中順序選取樣本。

使用這種方法，註冊會計師需要確定選樣間隔，即用總體中抽樣單元的總數量除以樣本規模，得到樣本間隔，然後在第一個間隔中確定一個隨機起點，從這個隨機起點開始，按照選樣間隔，從總體中順序選取樣本。例如，如果銷售發票的總體範圍是652~3,151，設定的樣本量是125，那麼選樣間距為20[(3,152-652)÷125]。註冊會計師必須從第一個間隔（652~671）中隨機選取一個樣本項目，作為抽樣起點。如果隨機起點是661，那麼其餘的124個項目是681（661+20），701（68）+20）……依此類推，直至第3,141號。

使用系統選樣方法，總體中的每一個抽樣單元被選取的機會都相等，當從總體中人工選取樣本時，這種方法尤為方便。但是，使用系統選樣方法要求總體必須是隨機排列的，如果抽樣單元在總體內的分佈具有某種規律性，則樣本的代表性就可能較差，容易發生較大的偏差。例如，某建築公司的員工工資清單按照項目組分類，每個項目組的工資都按照1個項目負責人和9個項目組成員的順序排列，如果將員工工資清單作為總體，選樣間隔為10，隨著隨機起點的不同，選擇的樣本要麼包括所有的項目負責人，要麼一個項目負責人都不包括。樣本無法同時包括項目負責人和項目組成員，自然不具有代表性。

為克服系統選樣法的這一缺點，審計人員可以採用兩種辦法：一是增加隨機起點的個數，二是在確定選樣方法之前對總體特徵的分佈進行觀察。如果發現總體特徵的分佈呈隨機分佈，則採用系統選樣方法；否則，考慮使用其他選樣方法。

系統選樣可以在非統計抽樣中使用，在總體隨機分佈時也可以適用於統計抽樣。

3. 隨意選樣

使用這種方法並不意味著註冊會計師可以漫不經心地選擇樣本，註冊會計師要避免任何有意識的偏向或可預見性（如迴避難以找到的項目，或者總是選擇或迴避每頁的第一個或最後一個項目），從而保證總體中的所有項目都有被選中的機會，

使選擇的樣本具有代表性。

隨意選樣僅適用於非統計抽樣。在使用統計抽樣時，運用隨意選樣是不恰當的，因為註冊會計師無法量化選取樣本的概率。

4. 整群選樣

使用這種方法，註冊會計師從總體中選取一群（或多群）連續的項目。例如，總體為 2020 年的所有付款單據，從中選取 2 月 3 日、5 月 17 日和 7 月 19 日這三天的所有付款單據作為樣本。整群選樣通常不能在審計抽樣中使用，因為大部分總體的結構都使連續的項目之間可能具有相同的特徵，但與總體中其他項目的特徵不同。雖然在有些情況下註冊會計師檢查一群項目可能是適當的審計程序，但當註冊會計師希望根據樣本做出有關整個總體的有效推斷時，極少將整群選樣作為適當的選樣方法。

（二）確定樣本規模

樣本規模是指從總體中選取樣本項目的數量。在審計抽樣中，如果樣本規模過小，就不能反應出審計對象總體的特徵，註冊會計師就無法獲取充分的審計證據，其審計結論的可靠性就會大打折扣，甚至可能得出錯誤的審計結論。因此，註冊會計師應當確定足夠的樣本規模，以將抽樣風險降至可接受的低水準。相反，如果樣本規模過大，則會增加審計工作量，造成不必要的時間和人力方面的浪費，加大審計成本，降低審計效率，從而失去審計抽樣的意義。

1. 影響樣本規模的因素

（1）可接受的信賴過度風險。控制測試中的抽樣風險包括信賴過度風險和信賴不足風險。信賴過度風險與審計效果有關，信賴不足風險則與審計效率有關，信賴過度風險更容易導致註冊會計師發表不恰當的審計意見。因此，在實施控制測試時，註冊會計師主要關注信賴過度風險。

影響註冊會計師可以接受的信賴過度風險的因素包括：

①該控制針對的風險的重要性。

②控制環境的評估結果。

③針對風險的控制程序的重要性。

④證明該控制能夠防止、發現和改正認定層次重大錯報的審計證據的相關性和可靠性。

⑤在與某認定有關的其他控制的測試中獲取的證據的範圍。

⑥控制的疊加程度。

⑦對控制的觀察和詢問獲得的答復可能不能準確反應該控制得以持續適當運行的風險。

可接受的信賴過度風險與樣本規模反向變動。註冊會計師願意接受的信賴過度風險越低，樣本規模通常越大。反之，註冊會計師願意接受的信賴過度風險越高，樣本規模越小。由於控制測試是控制是否有效運行的主要證據來源，因此可接受的信賴過度風險應確定在相對較低的水準上。通常，相對較低的水準在數量上是指 5%~10% 的信賴過度風險。註冊會計師一般將信賴過度風險確定為 10%，特別重要的測試則可以將信賴過度風險確定為 5%。在實務中，註冊會計師通常對所有控制

測試確定一個統一的可接受信賴過度風險水準，然後對每一項測試根據計劃的重大錯報風險評估水準和控制有效性分別確定其可容忍偏差率。

（2）可容忍偏差率。在控制測試中，可容忍偏差率是指註冊會計師設定的偏離規定的內部控制的比率，註冊會計師試圖對總體中的實際偏差率不超過該比率獲取適當水準的保證。換言之，可容忍偏差率是註冊會計師能夠接受的最大偏差數量，如果偏差超過這一數量則減少或取消對內部控制的信賴。

可容忍偏差率與樣本規模反向變動。在確定可容忍偏差率時，註冊會計師應考慮計劃評估的控制有效性。計劃評估的控制有效性越低，註冊會計師確定的可容忍偏差率通常越高，所需的樣本規模越小。一個很高的可容忍偏差率通常意味著控制的運行不會大大降低相關實質性程序的程度。在這種情況下，由於註冊會計師預期控制運行的有效性很低，特定的控制測試可能不需進行。反之，如果註冊會計師在評估認定層次重大錯報風險時預期控制的運行是有效的，註冊會計師必須實施控制測試。換言之，註冊會計師在風險評估時越依賴控制運行的有效性，確定的可容忍偏差率越低，進行控制測試的範圍越大，樣本規模增加。

偏離規定的內部控制將增加重大錯報風險，但不是所有的偏離都一定導致財務報表出現重大錯報。因此，與細節測試中設定的可容忍錯報相比，註冊會計師通常為控制測試設定相對較高的可容忍偏差率。在實務中，註冊會計師通常認為，當偏差率為3%～7%時，控制有效性的估計水準較高。可容忍偏差率最高為20%，偏差率超過20%時，由於估計控制運行無效，註冊會計師不需要進行控制測試。當估計控制運行有效時，如果註冊會計師確定的可容忍偏差率較高就被認為不恰當。表7-3列示了可容忍偏差率和計劃評估的控制有效性之間的關係。

表7-3　可容忍偏差率和計劃評估的控制有效性之間的關係

| 計劃評估的控制有效性 | 可容忍偏差率（近似值） |
| --- | --- |
| 高 | 3%～7% |
| 中 | 6%～12% |
| 低 | 11%～12% |
| 最低 | 不進行控制測試 |

（3）預計總體偏差率。對於控制測試，註冊會計師在考慮總體特徵時，需要根據對相關控制的瞭解或對總體中少量項目的檢查來評估預期偏差率。註冊會計師可以根據上年測試結果、內部控制的設計和控制環境等因素對預計總體偏差率進行評估。在考慮上年測試結果時，註冊會計師應考慮被審計單位內部控制和人員的變化。在實務中，如果以前年度的審計結果無法取得或認為不可靠，註冊會計師可以在抽樣總體中選取一個較小的初始樣本，以初始樣本的偏差率作為預計總體偏差率的估計值。

預計總體偏差率與樣本規模同向變動。在既定的可容忍偏差率下，預計總體偏差率越大，所需的樣本規模越大。預計總體偏差率不應超過可容忍偏差率，如果預

期總體偏差率高得無法接受，意味著控制有效性很低，註冊會計師通常決定不實施控制測試，而實施更多的實質性程序。

（4）總體規模。除非總體非常小，一般而言，總體規模對樣本規模的影響幾乎為零。註冊會計師通常將抽樣單元超過5,000個的總體視為大規模總體。對大規模總體而言，總體的實際容量對樣本規模幾乎沒有影響。對小規模總體而言，審計抽樣比其他選擇測試項目的方法的效率低。

（5）其他因素。控制運行的相關期間越長（年或季度），需要測試的樣本越多，因為註冊會計師需要對整個擬信賴期間控制的有效性獲取證據。控制程序越複雜，測試的樣本越多。樣本規模還取決於所測試的控制的類型，通常對人工控制實施的測試要多過自動化控制，因為人工控制更容易發生錯誤和偶然的失敗，而針對計算機系統的信息技術一般控制只要有效發揮作用，曾經測試過的自動化控制一般都能保持可靠運行。在確定被審計單位自動控制的測試範圍時，如果支持其運行的信息技術一般控制有效，註冊會計師測試一次應用程序控制便可能足以獲得對控制有效運行的較高的保證水準。如果測試的控制包含人工監督和參與（如偏差報告、分析、評估、數據輸入、信息匹配等），則通常比自動控制需要測試更多的樣本。

表7-4列示了控制測試中影響樣本規模的主要因素，並分別說明了這些影響因素在控制測試中的表現形式。

表7-4 控制測試中影響樣本規模的主要因素

| 因素 | 與樣本規模的關係 |
| --- | --- |
| 可接受的信賴過度風險 | 反向變動 |
| 可容忍偏差率 | 反向變動 |
| 預計總體偏差率 | 同向變動 |
| 總體規模 | 影響很小 |

2. 針對運行頻率較低的內部控制的考慮

某些重要的內部控制並不經常運行。例如，銀行存款餘額調節表的編製可能是按月執行，針對年末結帳流程的內部控制則是一年執行一次。註冊會計師可以根據表7-5確定所需的樣本規模。一般情況下，樣本規模接近表7-5中選取的樣本數量區間的下限是適當的。如果控制發生變化，或者曾經發現控制缺陷，樣本規模更可能接近甚至超過表7-5中選取的樣本數量區間的上限。如果擬測試的控制是針對相關認定的唯一控制，註冊會計師往往可能需要測試更多的樣本。

表7-5 針對運行頻率較低的內部控制的考慮

| 控制執行頻率 | 控制運行總規模（次） | 選取的樣本數量（個） |
| --- | --- | --- |
| 1次/季度 | 4 | 2 |
| 1次/月度 | 12 | 2~4 |
| 1次/半月 | 24 | 3~8 |
| 1次/每週 | 52 | 5~9 |

### 3. 確定樣本量

實施控制測試時，註冊會計師可能使用統計抽樣，也可能使用非統計抽樣。在非統計抽樣中，註冊會計師可以只對影響樣本規模的因素進行定性的估計，並運用職業判斷確定樣本規模。使用統計抽樣方法時，註冊會計師必須對影響樣本規模的因素進行量化，並利用根據統計公式開發的專門的計算機程序或專門的樣本量表來確定樣本規模。表 7-6 提供了在控制測試中確定的可接受信賴過度風險為 10% 時所使用的樣本量。如果註冊會計師需要其他信賴過度風險水準的抽樣規模，必須使用統計抽樣參考資料中的其他表格或計算機程序。

註冊會計師根據可接受的信賴過度風險選擇相應的抽樣規模表，然後在預計總體偏差率欄找到適當的比率。註冊會計師確定與可容忍偏差率對應的列。可容忍偏差率所在列與預計總體偏差率所在行的交點就是所需的樣本規模。例如，註冊會計師確定的可接受信賴過度風險為 10%，可容忍偏差率為 5%，預計總體偏差率為 0，根據表 7-6 確定的樣本規模為 45。

表 7-6　控制測試統計抽樣樣本規模——信賴過度風險 10%

| 預計總體偏差率（%） | 可容忍偏差率 ||||||| 
|---|---|---|---|---|---|---|---|
| | 2% | 3% | 4% | 5% | 6% | 7% | 8% |
| 0 | 114（0） | 76（0） | 57（0） | 45（0） | 38（0） | 32（0） | 28（0） |
| 0.25 | 194（1） | 129（1） | 96（1） | 77（1） | 64（1） | 55（1） | 48（1） |
| 0.50 | 194（1） | 129（1） | 96（1） | 77（1） | 64（1） | 55（1） | 48（1） |
| 0.75 | 265（2） | 129（1） | 96（1） | 77（1） | 64（1） | 55（1） | 48（1） |
| 1.00 | — | 176（2） | 96（1） | 77（1） | 64（1） | 55（1） | 48（1） |
| 1.25 | — | 221（3） | 132（2） | 77（1） | 64（1） | 55（1） | 48（1） |
| 1.50 | — | — | 132（2） | 105（2） | 64（1） | 55（1） | 48（1） |
| 1.75 | — | — | 166（3） | 105（2） | 88（1） | 55（1） | 48（1） |
| 2.00 | — | — | 198（4） | 132（3） | 88（2） | 75（2） | 48（1） |

### （三）選取樣本並對其實施審計程序

使用統計抽樣或非統計抽樣時，註冊會計師可以根據具體情況，從簡單隨機選樣、系統選樣或隨意選樣中挑選適當的選樣方法選取樣本。註冊會計師應當針對選取的樣本項目，實施適當的審計程序，以發現並記錄樣本中存在的控制偏差。

在對選取的樣本項目實施審計程序時可能出現以下幾種情況：

### 1. 無效單據

註冊會計師選取的樣本中可能包含無效的項目。例如，在測試與被審計單位的收據（發票）有關的控制時，註冊會計師可能將隨機數與總體中收據的編號對應。但是，某一隨機數對應的收據可能是無效的（如空白收據）。如果註冊會計師能夠合理確信該收據的無效是正常的且不構成對設定控制的偏差，就要用另外的收據替

代。如果使用了隨機選樣，註冊會計師要用一個替代的隨機數與新的收據樣本對應。

2. 未使用或不適用的單據

註冊會計師對未使用或不適用單據的考慮與無效單據類似。例如，一組可能使用的收據號碼中可能包含未使用的號碼或有意遺漏的號碼。如果註冊會計師選擇了一個未使用的號碼，就應合理確信該收據號碼實際上代表一張未使用收據且不構成控制偏差。之後註冊會計師用一個額外的收據號碼替換該未使用的收據號碼。有時選取的項目不適用於事先定義的偏差。例如，如果偏差被定義為沒有驗收報告支持的交易，選取的樣本中包含的電話費可能沒有相應的驗收報告。如果合理確信該交易不適用且不構成控制偏差，註冊會計師要用另一筆交易替代該項目，以測試相關的控制。

3. 對總體的估計出現錯誤

如果註冊會計師使用隨機數選樣方法選取樣本項目，在控制運行之前可能需要預估總體規模和編號範圍。當註冊會計師將總體定義為整個被審計期間的交易但計劃在期中實施部分抽樣程序時，這種情況最常發生。如果註冊會計師高估了總體規模和編號範圍，選取的樣本中超出實際編號的所有數字都被視為未使用單據。在這種情況下，註冊會計師要用額外的隨機數代替這些數字，以確定對應的適當單據。

4. 在結束之前停止測試

有時註冊會計師可能在對樣本的第一部分進行測試時發現大量偏差。其結果是，註冊會計師可能認為，即使在剩餘樣本中沒有發現更多的偏差，樣本的結果也不支持計劃的重大錯報風險評估水準。在這種情況下，註冊會計師要重估重大錯報風險並考慮是否有必要繼續進行測試。

5. 無法對選取的項目實施檢查

註冊會計師應當針對選取的每個項目，實施適合於具體審計目標的審計程序。有時被測試的控制只在部分樣本單據上留下了運行證據。如果找不到該單據，或者由於其他原因註冊會計師無法對選取的項目實施檢查，註冊會計師可能無法使用替代程序測試控制是否適當運行。如果註冊會計師無法對選取的項目實施計劃的審計程序或適當的替代程序，就要考慮在評價樣本時將該樣本項目視為控制偏差。另外，註冊會計師要考慮造成該限制的原因以及該限制可能對其瞭解內部控制和評估重大錯報風險產生的影響。

### 三、評價樣本結果階段

在完成對樣本的測試並匯總控制偏差之後，註冊會計師應當評價樣本結果，對總體得出結論，即樣本結果是否支持計劃評估的控制有效性，從而支持計劃的重大錯報風險評估水準。在此過程中，無論使用統計抽樣還是非統計抽樣方法，註冊會計師都需要運用職業判斷。

（一）計算偏差率

將樣本中發現的偏差數量除以樣本規模，就可以計算出樣本偏差率。樣本偏差率就是註冊會計師對總體偏差率的最佳估計，因此在控制測試中無需另外推斷總體偏差率，但註冊會計師還必須考慮抽樣風險。

在實務中，多數樣本可能不會出現控制偏差。因為註冊會計師實施控制測試，通常意味著準備信賴內部控制，預期控制有效運行。如果在樣本中發現偏差，註冊會計師需要根據偏差率和偏差發生的原因，考慮控制偏差對審計工作的影響。

$$樣本偏差率 = \frac{發現的樣本偏差數}{樣本規模}$$

(二) 考慮抽樣風險

前已述及，抽樣風險是指註冊會計師根據樣本得出的結論，可能不同於如果對總體實施與樣本相同的審計程序得出的結論的風險。在控制測試中評價樣本結果時，註冊會計師應當考慮抽樣風險。也就是說，如果總體偏差率（樣本偏差率）低於可容忍偏差率，註冊會計師還要考慮即使實際的總體偏差率大於可容忍偏差率時仍出現這種結果的風險。

1. 使用統計抽樣方法

註冊會計師在統計抽樣中通常使用公式、表格或計算機程序直接計算在確定的信賴過度風險水準下可能發生的偏差率上限。表7-7列示了在控制測試中常用的風險係數。

(1) 使用統計公式評價樣本結果。

$$總體偏差上限 = \frac{風險係數}{樣本量}$$

表 7-7 在控制測試中常用的風險係數

| 樣本中發現偏差的數量 | 信賴過度風險 | |
|---|---|---|
| | 5% | 10% |
| 0 | 3.0 | 2.3 |
| 1 | 4.8 | 3.9 |
| 2 | 6.3 | 5.3 |
| 3 | 7.8 | 6.7 |
| 4 | 9.2 | 8.0 |
| 5 | 10.5 | 9.3 |
| 6 | 11.9 | 10.6 |
| 7 | 13.2 | 11.8 |

(2) 使用樣本結果評價表。註冊會計師也可以使用樣本結果評價表評價統計抽樣的結果。表7-8列示了可接受的信賴過度風險為10%時的總體偏差率上限。

表 7-8 控制測試中統計抽樣結果評價——信賴過度風險 10% 時的偏差率上限

| 樣本規模 | \multicolumn{11}{c}{實際發現的偏差數} |
| --- | --- | --- | --- | --- | --- | --- | --- | --- | --- | --- | --- |
| | 0 | 1 | 2 | 3 | 4 | 5 | 6 | 7 | 8 | 9 | 10 |
| 20 | 10.9 | 18.1 | * | * | * | * | * | * | * | * | * |
| 25 | 8.8 | 14.7 | 19.9 | * | * | * | * | * | * | * | * |
| 30 | 7.4 | 12.4 | 16.8 | * | * | * | * | * | * | * | * |
| 35 | 6.4 | 10.7 | 14.5 | 18.1 | * | * | * | * | * | * | * |
| 40 | 5.6 | 9.4 | 12.8 | 16.0 | 19.0 | * | * | * | * | * | * |
| 45 | 5.0 | 8.4 | 11.4 | 14.3 | 17.0 | 19.7 | * | * | * | * | * |
| 50 | 4.6 | 7.6 | 10.3 | 12.9 | 15.4 | 17.8 | * | * | * | * | * |
| 55 | 4.1 | 6.9 | 9.4 | 11.8 | 14.1 | 16.3 | 18.4 | * | * | * | * |

註：* 表示超過 20%。
本表以百分比表示偏差率上限，本表假設總體足夠大。

　　計算出估計的總體偏差率上限後，註冊會計師通常可以對總體進行如下判斷：
　　(1) 估計的總體偏差率上限低於可容忍偏差率，總體可以接受。
　　(2) 估計的總體偏差率上限低於但接近可容忍偏差率，考慮是否接受總體，並考慮是否需要擴大測試範圍。
　　(3) 估計的總體偏差率上限大於或等於可容忍偏差率，總體不能接受，應當修正重大錯報風險評估水準，並增加實質性程序的數量；或者對影響重大錯報風險評估水準的其他控制進行測試，以支持計劃的重大錯報風險評估水準。
　　假定一：上例中，註冊會計師對 55 個項目實施了既定的審計程序，且未發現偏差，註冊會計師確定的總體最大偏差率為 4.18%，註冊會計師可以得出如下結論：
　　(1) 註冊會計師認為總體實際偏差率超過 4.18% 的風險為 10%。
　　(2) 註冊會計師有 90% 的把握保證總體實際偏差率不超過 4.18%。
　　(3) 由於註冊會計師確定的可容忍偏差率為 7%，因此可以得出結論，總體的實際偏差率超過可容忍偏差率的風險很小，總體可以接受。
　　(4) 樣本結果證實註冊會計師對控制運行有效性的估計和評估的重大錯報風險水準是適當的。
　　(5) 按計劃實施審計程序。
　　假定二：上例中，註冊會計師對 55 個項目實施了既定的審計程序，且發現 2 個偏差，註冊會計師確定的總體最大偏差率為 9.64%，註冊會計師可以得出如下結論：
　　(1) 總體實際偏差率超過 9.64% 的風險為 10%。
　　(2) 在可容忍偏差率為 7% 的情況下，註冊會計師可以得出結論，總體的實際偏差率超過可容忍偏差率的風險很大，因此不能接受總體。

2. 使用非統計抽樣方法

在非統計抽樣中，抽樣風險無法直接計量。註冊會計師通常將估計的總體偏差率（樣本偏差率）與可容忍偏差率相比較，以判斷總體是否可以接受。

（1）樣本偏差率大於可容忍偏差率，總體不能接受。

（2）樣本偏差率大大低於可容忍偏差率，總體可以接受。

（3）樣本偏差率低於但接近可容忍偏差率，總體不可接受。

（4）樣本偏差率低於可容忍偏差率，其差額不大不小，考慮是否接受總體；考慮擴大樣本規模或實施其他測試，以進一步收集證據。

（三）考慮偏差的性質和原因

除了關注偏差率和抽樣風險之外，註冊會計師還應當調查識別出所有偏差的性質和原因，並評價其對審計程序的目的和審計的其他方面可能產生的影響。無論是統計抽樣還是非統計抽樣，對樣本結果的定性評估和定量評估一樣重要。即使樣本的評價結果在可接受的範圍內，註冊會計師也應對樣本中的所有控制偏差進行定性分析。

註冊會計師對偏差的性質和原因的分析包括：是有意的還是無意的？是誤解了規定還是粗心大意？是經常發生還是偶然發生？是系統的還是隨機的？如果註冊會計師發現許多偏差具有相同的特徵，如交易類型、地點、生產線或時期等，則應考慮該特徵是不是引起偏差的原因，是否存在其他尚未發現的具有相同特徵的偏差。此時，註冊會計師應將具有該共同特徵的全部項目劃分為一層，並對層中的所有項目實施審計程序，以發現潛在的系統偏差。

如果對偏差的分析表明是故意違背了既定的內部控制政策或程序，註冊會計師應考慮存在重大舞弊的可能性。與錯誤相比，舞弊通常要求對其可能產生的影響進行更為廣泛的考慮。在這種情況下，註冊會計師應當確定實施的控制測試能否提供適當的審計證據，是否需要增加控制測試，是否需要使用實質性程序應對潛在的重大錯報風險。

一般情況下，如果在樣本中發現了控制偏差，註冊會計師有兩種處理辦法。一是擴大樣本規模，以進一步收集證據。例如，初始樣本量為45個，如果發現了1個偏差，可以擴大樣本盤，再測試45個樣本，如果在追加測試的樣本中沒有再發現偏差，可以得出結論，樣本結果支持計劃評估的控制有效性，從而支持計劃的重大錯報風險評估水準。二是認為控制沒有有效運行，樣本結果不支持計劃的控制運行有效性和重大錯報風險的評估水準，因此提高重大錯報風險評估水準，增加對相關帳戶的實質性程序。但是如果確定控制偏差是系統偏差或舞弊導致，擴大樣本規模通常無效，註冊會計師需要採用第二種處理辦法。

分析偏差的性質和原因時，註冊會計師還要考慮已識別的偏差對財務報表的直接影響。控制偏差雖然增加了金額錯報的風險，但並不一定導致財務報表中的金額錯報。如果某項控制偏差更容易導致金額錯報，該項控制偏差就更加重要。例如，與被審計單位沒有定期對信用限額進行檢查相比，如果被審計單位的銷售發票出現錯誤，則註冊會計師對後者的容忍度較低。這是因為被審計單位即使沒有對客戶的信用限額進行定期檢查，其銷售收入和應收帳款的帳面金額也不一定發生錯報。但如果銷售發票出

現錯誤，通常會導致被審計單位確認的銷售收入和其他相關帳戶金額出現錯報。

（四）得出總體結論

在計算偏差率、考慮抽樣風險、分析偏差的性質和原因之後，註冊會計師需要運用職業判斷得出總體結論。如果樣本結果及其他相關審計證據支持計劃評估的控制有效性，從而支持計劃的重大錯報風險評估水準，註冊會計師可能不需要修改計劃的實質性程序。如果樣本結果不支持計劃的控制運行有效性和重大錯報風險的評估水準，註冊會計師通常有以下兩種選擇：

①進一步測試其他控制（如補償性控制），以支持計劃的控制運行有效性和重大錯報風險的評估水準。

②提高重大錯報風險評估水準，並相應修改計劃的實質性程序的性質、時間安排和範圍。

（五）統計抽樣示例

假設註冊會計師準備使用統計抽樣方法，測試現金支付授權控制運行的有效性。註冊會計師做出下列判斷：

（1）為發現未得到授權的現金支付，註冊會計師將所有已支付現金的項目作為總體。

（2）定義的抽樣單元為現金支付單據上的每一行。

（3）偏差被定義為沒有授權人簽字的發票和驗收報告等證明文件的現金支付。

（4）可接受信賴過度風險為10%。

（5）可容忍偏差率為7%。

（6）根據上年測試結果和對控制的初步瞭解，預計總體的偏差率為1.75%。

（7）由於現金支付業務數量很大，總體規模對樣本規模的影響可以忽略。

在表7-6中，信賴過度風險為10%時，7%可容忍偏差率與1.75%預計總體偏差率的交叉處為55，即所需的樣本規模為55。註冊會計師使用簡單隨機選樣法選擇了55個樣本項目，並對其實施了既定的審計程序。

（1）假設在這55個項目中未發現偏差，註冊會計師利用統計公式，在表7-7中查得風險係數為2.3，並據此計算出總體最大偏差率為4.18%（也可以選擇表7-8，估計出總體的偏差率上限為4.1%，與利用公式計算的結果接近）。這意味著，如果樣本量為55個且無一例偏差，總體實際偏差率超過4.18%的風險為10%，即有90%的把握保證總體實際偏差率不超過4.18%。由於註冊會計師確定的可容忍偏差率為7%，因此我們可以得出結論，總體的實際偏差率超過可容忍偏差率的風險很小，總體可以接受。也就是說，樣本結果證實註冊會計師對控制運行有效性的估計和評估的重大錯報風險水準是適當的。

（2）假設在這55個樣本中發現兩個偏差，註冊會計師利用統計公式，計算出總體最大偏差率為9.64%（也可以選擇樣本結果評價表，估計出總體的偏差率上限為9.4%，與利用公式計算的結果接近）。這意味著，如果樣本量為55個且有兩個偏差，總體實際偏差率超過9.64%的風險為10%。在可容忍偏差率為7%的情況下，註冊會計師可以得出結論，總體的實際偏差率超過可容忍偏差率的風險很大，因此不能接受總體。

### 四、記錄抽樣程序

註冊會計師應當記錄所實施的審計程序，以形成審計工作底稿。在控制測試中使用審計抽樣時，註冊會計師通常記錄下列內容：
（1）對所測試的設定控制的描述。
（2）與抽樣相關的控制目標，包括相關認定。
（3）對總體和抽樣單元的定義，包括註冊會計師如何考慮總體的完整性。
（4）對偏差的構成條件的定義。
（5）可接受的信賴過度風險、可容忍偏差率以及在抽樣中使用的預計總體偏差率。
（6）確定樣本規模的方法。
（7）選樣方法。
（8）選取的樣本項目。
（9）對如何實施抽樣程序的描述。
（10）對樣本的評價及總體結論摘要。

對樣本的評價和總體結論摘要通常包含樣本中發現的偏差數量、推斷的偏差率、對註冊會計師如何考慮抽樣風險的解釋以及關於樣本結果是否支持計劃的重大錯報風險評估水準的結論。審計工作底稿中還可能記錄偏差的性質、註冊會計師對偏差的定性分析以及樣本評價結果對其他審計程序的影響。

## 第三節　審計抽樣在細節測試中的運用

### 一、樣本設計階段

（一）確定測試目標

細節測試的目的是識別財務報表中各類交易、帳戶餘額和披露中存在的重大錯報。在細節測試中，審計抽樣通常用來測試有關財務報表金額的一項或多項認定（如應收帳款的存在）的合理性。如果該金額是合理和正確的，註冊會計師將接受與之相關的認定，認為財務報表金額不存在重大錯報。

（二）定義總體

在實施審計抽樣之前，註冊會計師必須仔細定義總體，確定抽樣總體的範圍，確保總體的適當性和完整性。

1. 適當性

註冊會計師應確信抽樣總體適合於特定的審計目標。例如，註冊會計師如果對已記錄的項目進行抽樣，就無法發現由於某些項目被隱瞞而導致的金額低估。為發現這類低估錯報，註冊會計師應從包含被隱瞞項目的來源選取樣本。例如，註冊會計師可能對期後的現金支付進行抽樣，以測試由隱瞞採購導致的應付帳款低估，或者對裝運單據進行抽樣，以發現由已裝運但未確認為銷售的交易所導致的銷售收入

低估問題。

值得注意的是,不同性質的交易可能導致借方餘額、貸方餘額和零餘額多種情況並存,註冊會計師需要根據風險、相關認定和審計目標進行不同的考慮。例如,「應收帳款」帳戶可能既有借方餘額,又有貸方餘額。借方餘額由賒銷導致(形成資產),貸方餘額則由預收貨款導致(形成負債)。對於借方餘額,註冊會計師較為關心其存在性;對於貸方餘額,註冊會計師更為關心其完整性。如果貸方餘額金額重大,註冊會計師可能認為分別測試借方餘額和貸方餘額能更為有效地實現審計目標。此時,註冊會計師可以將存在借方餘額的「應收帳款」帳戶與存在貸方餘額的「應收帳款」帳戶區分開來,作為兩個獨立的總體對待。

2. 完整性

總體的完整性包括代表總體的實物的完整性。例如,如果註冊會計師將總體定義為特定時期的所有現金支付,代表總體的實物就是該時期的所有現金支付單據。由於註冊會計師實際上是從該實物中選取樣本,所有根據樣本得出的結論只與該實物有關。如果代表總體的實物和總體不一致,註冊會計師可能對總體得出錯誤的結論。因此,註冊會計師必須詳細瞭解代表總體的實物,確定代表總體的實物是否包括整個總體。註冊會計師通常通過加總或計算來完成這一工作。例如,註冊會計師可將發票金額總數與已記入總帳的銷售收入金額總數進行核對。如果註冊會計師將選擇的實物和總體比較之後,認為代表總體的實物遺漏了應包含在最終評價中的總體項目,註冊會計師應選擇新的實物,或者對被排除在實物之外的項目實施替代程序,並詢問遺漏的原因。

在細節測試中,註冊會計師還應當運用職業判斷,判斷某帳戶餘額或交易類型中是否存在及存在哪些應該單獨測試而不能放在抽樣總體中的項目。某一項目可能由於金額較大或存在較高的重大錯報風險而被視為單個重大項目,註冊會計師應當對單個重大項目實施100%的檢查,所有單個重大項目都不構成抽樣總體。例如,應收帳款中有5個重大項目,占到帳面價值的75%。註冊會計師將這5個項目視為單個重大項目,逐一進行檢查,這是選取特定項目而不是抽樣,註冊會計師只能根據檢查結果對這5個項目單獨得出結論。如果占到帳面價值25%的剩餘項目加總起來不重要,或者被認為存在較低的重大錯報風險,註冊會計師無須對這些剩餘項目實施檢查,或者僅在必要時對其實施分析程序。如果註冊會計師認為這些剩餘項目加總起來是重要的,要實施細節測試以實現審計目標,這些剩餘項目就構成了抽樣總體。

值得注意的是,在審計抽樣時,銷售收入和銷售成本通常被視為兩個獨立的總體。為了減少樣本量而僅將毛利率作為一個總體是不恰當的,因為收入錯報並非總能被成本錯報抵消,反之亦然。例如,當存在舞弊時,被審計單位記錄了虛構的銷售收入,該筆收入並沒有與之相匹配的銷售成本。如果僅將毛利率作為一個總體,樣本量可能太小,無法發現收入舞弊。

(三)定義抽樣單元

在細節測試中,註冊會計師應根據審計目標和所實施審計程序的性質定義抽樣單元。抽樣單元可能是一個帳戶餘額、一筆交易或交易中的一個記錄(如銷售發票

中的單個項目），甚至是每個貨幣單元。例如，如果抽樣的目標是測試應收帳款是否存在，註冊會計師可能選擇各應收帳款明細帳餘額、發票或發票上的單個項目作為抽樣單元。選擇的標準是如何定義抽樣單元能使審計抽樣實現最佳的效率和效果。

註冊會計師定義抽樣單元時也應考慮實施計劃的審計程序或替代程序的難易程度。如果將抽樣單元界定為客戶明細帳餘額，當某客戶沒有回函證實該餘額時，註冊會計師可能需要對構成該餘額的每一筆交易進行測試。因此，如果將抽樣單元界定為構成應收帳款餘額的每筆交易，審計抽樣的效率可能更高。

（四）界定錯報

在細節測試中，註冊會計師應根據審計目標界定錯報。例如，在對應收帳款存在的細節測試中（如函證），客戶在函證日之前支付、被審計單位在函證日之後不久收到的款項不構成錯報。被審計單位在不同客戶之間誤登明細帳也不影回應收帳款總帳餘額。即使在不同客戶之間誤登明細帳可能對審計的其他方面（如對舞弊的可能性或壞帳準備的適當性的評估）產生重要影響，註冊會計師在評價應收帳款函證程序的樣本結果時也不宜將其判定為錯報。註冊會計師還可能將被審計單位自己發現並已在適當期間予以更正的錯報排除在外。

**二、選取樣本階段**

（一）確定抽樣方法

在細節測試中進行審計抽樣，可能使用統計抽樣，也可能使用非統計抽樣。註冊會計師在細節測試中常用的統計抽樣方法包括貨幣單元抽樣和傳統變量抽樣。本書僅介紹傳統變量抽樣。

傳統變量抽樣運用正態分佈理論，根據樣本結果推斷總體的特徵。傳統變量抽樣涉及難度較大、較為複雜的數學計算，註冊會計師通常使用計算機程序確定樣本規模，一般不需懂得這些方法所用的數學公式。

傳統變量抽樣的優點主要包括：

（1）如果帳面金額與審定金額之間存在較多差異，傳統變量抽樣可能只需較小的樣本規模就能滿足審計目標。

（2）註冊會計師關注總體的低估時，使用傳統變量抽樣比貨幣單元抽樣更合適。

（3）需要在每一層追加選取額外的樣本項目時，傳統變量抽樣更易於擴大樣本規模。

（4）對零餘額或負餘額項目的選取，傳統變量抽樣不需要在設計時予以特別考慮。

傳統變量抽樣的缺點主要包括：

（1）傳統變量抽樣比貨幣單元抽樣更複雜，註冊會計師通常需要借助計算機程序。

（2）在傳統變量抽樣中確定樣本規模時，註冊會計師需要估計總體特徵的標準差，而這種估計往往難以做出，註冊會計師可能利用以前對總體的瞭解或根據初始樣本的標準差進行估計。

（3）如果存在非常大的項目，或者在總體的帳面金額與審定金額之間存在非常大的差異，而且樣本規模比較小，正態分佈理論可能不適用，註冊會計師更可能得出錯誤的結論。

（4）如果幾乎不存在錯報，傳統變量抽樣中的差異法和比率法將無法使用。

在細節測試中運用傳統變量抽樣時，常見的方法有以下三種：

1. 均值法

使用這種方法時，註冊會計師先計算樣本中所有項目審定金額的平均值，然後用這個樣本平均值乘以總體規模，得出總體金額的估計值。總體估計金額和總體帳面金額之間的差額就是推斷的總體錯報。均值法的計算公式如下：

（1）計算樣本平均價值（每一筆業務的平均金額）。

$$樣本平均金額 = \frac{樣本審定金額}{樣本規模}$$

（2）估計總體金額。

$$估計的總體金額 = 樣本平均金額 \times 總體規模$$

（3）估計總體錯報。

$$估計的總體錯報金額 = 估計的總體金額 - 總體的帳面金額$$

例如，註冊會計師從總體規模為1,000、帳面金額為1,000,000元的存貨項目中隨機選擇了200個項目作為樣本。在確定了正確的採購價格並重新計算了價格與數量的乘積之後，註冊會計師將200個樣本項目的審定金額加總後除以200，確定樣本項目的平均審定金額為980元；然後計算估計的總體金額為980,000元（980×1,000）；推斷的總體錯報就是20,000元（1,000,000－980,000）。

2. 差額法

使用這種方法時，註冊會計師先計算樣本審定金額與帳面金額之間的平均差額，再以這個平均差額乘以總體規模，從而求出總體的審定金額與帳面金額的差額（總體錯報）。差額法的計算公式如下：

（1）計算樣本平均錯報（每一筆業務的錯報）。

$$樣本平均錯報 = \frac{樣本審定金額 - 樣本帳面金額}{樣本規模}$$

（2）估計總體錯報。

$$估計的總體錯報金額 = 樣本平均錯報 \times 總體規模$$

例如，註冊會計師從總體規模為1,000、帳面金額為1,040,000元的存貨項目中選取了200個項目進行檢查。註冊會計師逐一比較200個樣本項目的審定金額和帳面金額，並將帳面金額（208,000元）和審定金額（196,000元）之間的差異加總，得出差異總額為12,000元，再用這個差異除以樣本項目個數200，得到樣本平均錯報60元。然後註冊會計師用這個平均錯報乘以總體規模，計算出總體錯報為60,000元（60×1,000），因為樣本的帳面金額大於審定金額，估計的總體金額為980,000元（1,040,000－60,000）。

3. 比率法

使用這種方法時，註冊會計師先計算樣本的審定金額與帳面金額之間的比率，再以這個比率去乘總體的帳面金額，從而求出估計的總體金額。比率法的計算公式如下：

（1）計算樣本比率（每一元帳面金額的實際金額是多少）。

$$比率 = \frac{樣本審定金額}{樣本帳面金額}$$

（2）估計總體金額。

$$估計的總體金額 = 總體帳面金額 \times 比率$$

（3）估計總體錯報。

$$估計的總體錯報金額 = 估計的總體金額 - 總體的帳面金額$$

沿用差額法舉例中用到的數據，如果註冊會計師使用比率法，樣本審定金額與樣本帳面金額的比率為 0.94（196,000÷208,000）。註冊會計師用總體的帳面金額乘以該比率，得到估計的總體金額為 977,600 元（104,000×0.94），推斷的總體錯報則為 62,400 元（1,040,000-977,600）。

如果未對總體進行分層，註冊會計師通常不使用均值法，因為此時所需的樣本規模可能太大，不符合成本效益原則。比率法和差額法都要求樣本項目存在錯報，如果樣本項目的審定金額和帳面金額之間沒有差異，這兩種方法使用的公式所隱含的機理就會導致錯誤的結論。註冊會計師在評價樣本結果時常常用到比率法和差額法，如果發現錯報金額與項目的金額緊密相關，註冊會計師通常會選擇比率法；如果發現錯報金額與項目的數量緊密相關，註冊會計師通常會選擇差額法。不過，如果註冊會計師決定使用統計抽樣，且預計沒有差異或只有少量差異，就不應使用比率法和差額法，而應考慮使用其他的替代方法，如均值法或貨幣單元抽樣。

（二）確定樣本規模

1. 影響樣本規模的因素

（1）可接受的抽樣風險。細節測試中的抽樣風險包括誤受風險和誤拒風險。

誤受風險是指註冊會計師推斷某一重大錯報不存在而實際上存在的風險。它與審計的效果有關，註冊會計師通常更為關注。在確定可接受的誤受風險水準時，註冊會計師需要考慮下列因素：

①註冊會計師願意接受的審計風險水準。

②評估的重大錯報風險水準。

③針對同一審計目標或財務報表認定的其他實質性程序（包括分析程序和不涉及審計抽樣的細節測試）的檢查風險。

誤受風險與樣本規模反向變動。在實務中，註冊會計師願意承擔的審計風險通常為 5%~10%。當審計風險既定時，如果註冊會計師將重大錯報風險評估為低水準，或者更為依賴針對同一審計目標或財務報表認定的其他實質性程序，就可以在計劃的細節測試中接受較高的誤受風險，從而降低所需的樣本規模。相反，如果註冊會計師將重大錯報風險水準評估為高水準，而且不執行針對同一審計目標或財務報表認定的其他實質性程序，可接受的誤受風險將降低，所需的樣本規模隨之增加。

誤拒風險是指註冊會計師推斷某一重大錯報存在而實際上不存在的風險，它與審計的效率有關。與控制測試中對信賴不足風險的關注相比，註冊會計師在細節測試中對誤拒風險的關注程度通常更高。如果控制測試中的樣本結果不支持計劃的重大錯報風險評估水準，註冊會計師可以實施其他的控制測試以支持計劃的重大錯報風險評估水準，或者根據測試結果提高重大錯報風險評估水準。由於替代審計程序比較容易實施，因此，對控制信賴不足給註冊會計師和被審計單位造成的不便通常相對較小。但是，如果在某類交易或帳戶餘額的帳面金額可能不存在重大錯報時卻根據樣本結果得出存在重大錯報的結論，註冊會計師採用替代方法花費的成本可能要大得多。通常，註冊會計師需要與被審計單位的人員進一步討論，並實施額外的審計程序。這些工作將大幅增加審計成本，而且時間上也可能不現實，例如，無法重返遙遠的經營場所，或者實施額外程序將延遲財務報告的發布。誤拒風險與樣本規模反向變動。在實務中，如果註冊會計師降低可接受的誤拒風險，所需的樣本規模將增加，以審計效率為代價換取對審計效果的保證程度。如果總體中的預期錯報非常小，擬從樣本獲取的保證程度也較低，且被審計單位擬更正事實錯報，這種情況下，誤拒風險的影響降低，註冊會計師不必過多關注誤拒風險。

（2）可容忍錯報。可容忍錯報是指註冊會計師設定的貨幣金額，註冊會計師試圖對總體中的實際錯報不超過該貨幣金額獲取適當水準的保證。在細節測試中，某帳戶餘額、交易類型或披露的可容忍錯報是註冊會計師能夠接受的最大金額的錯報。

可容忍錯報可以看成實際執行的重要性這個概念在抽樣程序中的運用。與確定特定類別交易、帳戶餘額或披露的重要性水準相關的實際執行的重要性，旨在將這些交易、帳戶餘額或披露中未更正與未發現錯報的匯總數超過這些交易、帳戶餘額或披露的重要性水準的可能性降至適當的低水準。可容忍錯報可能等於或低於實際執行的重要性，這取決於註冊會計師考慮下列因素後做出的職業判斷：

①事實錯報和推斷錯報的預期金額（基於以往的經驗和對其他交易類型、帳戶餘額或披露的測試）。

②被審計單位對建議的調整所持的態度。

③某審計領域中，金額需要估計或無法準確確定的帳戶的數量。

④經營場所、分支機構或某帳戶中樣本組合的數量，註冊會計師分別測試這些經營場所、分支機構或樣本組合，但需要將測試結果累積起來得出審計結論。

⑤測試項目占帳戶全部項目的比例。例如，如果註冊會計師預期存在大量錯報，或者管理層拒絕接受建議的調整，或者大量帳戶的金額需要估計，或者分支機構的數量非常多，或者測試項目占帳戶全部項目的比例很小，註冊會計師很可能設定可容忍錯報低於實際執行的重要性。反之，註冊會計師可以設定可容忍錯報等於實際執行的重要性。可容忍錯報與樣本規模反向變動。當誤受風險一定時，如果註冊會計師確定的可容忍錯報降低，為實現審計目標所需的樣本規模就增加。

（3）預計總體錯報。在確定細節測試所需的樣本規模時，註冊會計師還需要考慮預計在帳戶餘額或交易類別中存在的錯報金額和頻率。預計總體錯報不應超過可容忍錯報。在既定的可容忍錯報下，預計總體錯報的金額和頻率越小，所需的樣本規模也越小；相反，預計總體錯報的金額和頻率越大，所需的樣本規模也越大。如

果預期錯報很高，註冊會計師在實施細節測試時對總體進行100%檢查或使用較大的樣本規模可能較為適當。註冊會計師在運用職業判斷確定預計錯報時，應當考慮被審計單位的經營狀況和經營風險、以前年度對帳戶餘額或交易類型進行測試的結果、初始樣本的測試結果、相關實質性程序的結果以及相關控制測試的結果或控制在會計期間的變化等因素。

（4）總體規模。總體中的項目數量在細節測試中對樣本規模的影響很小。因此，按總體的固定百分比確定樣本規模通常缺乏效率。

（5）總體的變異性。總體的變異性是指總體的某一特徵（如金額）在各項目之間的差異程度。在細節測試中，註冊會計師確定適當的樣本規模時要考慮特徵的變異性。衡量這種變異或分散程度的指標是標準差。如果使用非統計抽樣，註冊會計師不需量化期望的總體標準差，但要用「大」或「小」等定性指標來估計總體的變異性。總體項目的變異性越低，通常樣本規模越小。

如果總體項目存在重大的變異性，註冊會計師可以考慮將總體分層。分層是指將總體劃分為多個子總體的過程，每個子總體由一組具有相同特徵的抽樣單元組成。註冊會計師應當仔細界定子總體，以使每一抽樣單元只能屬於一層。未分層總體具有高度變異性，其樣本規模通常很大。最有效率的方法是根據預期會降低變異性的總體項目特徵進行分層。分層可以降低每一層中項目的變異性，從而在抽樣風險沒有成比例增加的前提下減小樣本規模，提高審計效率。

在細節測試中，分層的依據可能包括項目的帳面金額、與項目處理有關的控制的性質、與特定項目（如更可能包含錯報的那部分總體項目）有關的特殊考慮等。註冊會計師通常根據金額對總體進行分層，這使註冊會計師能夠將更多審計資源投向金額較大的項目，而這些項目最有可能包含高估錯報。例如，為了函證應收帳款，註冊會計師可以將「應收帳款」帳戶按其金額大小分為三層，即帳戶金額在100,000元以上的、帳戶金額為5,000~100,000元的、帳戶金額在5,000元以下的。註冊會計師根據各層的重要性分別採取不同的處理方法。對於金額在100,000元以上的「應收帳款」帳戶，註冊會計師應進行全部函證；對於金額在5,000~100,000元以及5,000元以下的「應收帳款」帳戶，註冊會計師可以採用適當的選樣方法選取進行函證的樣本。同樣，註冊會計師也可以根據表明更高錯報風險的特定特徵對總體分層。例如，在測試應收帳款計價中的壞帳準備時，註冊會計師可以根據帳齡對應收帳款餘額進行分層。

分層後的每一組子總體被稱為一層，每層分別獨立選取樣本。對某一層中的樣本項目實施審計程序的結果，只能用於推斷構成該層的項目。如果註冊會計師將某類交易或帳戶餘額分成不同的層，需要對每層分別推斷錯報。在考慮錯報對該類別的所有交易或帳戶餘額的可能影響時，註冊會計師需要綜合考慮每層的推斷錯報。如果對整個總體得出結論，註冊會計師應當考慮與構成整個總體的其他層有關的重大錯報風險。例如，在對某一帳戶餘額進行測試時，占總體數量20%的項目，其金額可能占該帳戶餘額的90%。註冊會計師只能根據該樣本的結果推斷至上述90%的金額。對於剩餘10%的金額，註冊會計師可以抽取另一個樣本或使用其他收集審計證據的方法，單獨得出結論，或者認為其不重要而不實施審計程序。表7-9列示了

細節測試中影響樣本規模的因素,並分別說明了這些影響因素在細節測試中的表現形式。

表 7-9　細節測試中影響樣本規模的因素

| 影響因素 | 與樣本規模的關係 |
| --- | --- |
| 可接受的誤受風險 | 反向變動 |
| 可容忍錯報 | 反向變動 |
| 預計總體錯報 | 同向變動 |
| 總體規模 | 影響很小 |
| 總體的變異性 | 同向變動 |

2. 確定樣本量

實施細節測試時,無論使用統計抽樣還是非統計抽樣方法,註冊會計師都應當綜合考慮上述的影響因素,運用職業判斷和經驗確定樣本規模。在情形類似時,註冊會計師考慮的因素相同,使用統計抽樣和非統計抽樣確定的樣本規模通常是可比的。必要時,註冊會計師可以進一步調整非統計抽樣計劃。例如,增加樣本盤或改變選樣方法,使非統計抽樣也能提供與統計抽樣方法同樣有效的結果。即使使用非統計抽樣,註冊會計師熟悉統計理論,對於其運用職業判斷和經驗考慮各因素對樣本規模的影響也是非常有益的。

(1) 利用樣本規模確定表。使用傳統變量抽樣方法時,註冊會計師通常運用計算機程序確定適當的樣本規模。如果總體缺乏變異性,傳統變量抽樣確定的樣本盤可能太小,註冊會計師可以考慮使用表 7-12 設定最小樣本規模（假定預計不存在錯報）,或者按照經驗將最小樣本規模確定為 50~75。

如果使用非統計抽樣,註冊會計師也可以利用表 7-10 瞭解細節測試的樣本規模,再考慮影響樣本規模的各種因素及非統計抽樣與貨幣單元抽樣之間的差異,運用職業判斷確定所需的適當樣本規模。例如,如果在設計非統計抽樣時沒有對總體進行分層,考慮到總體的變異性,註冊會計師可能將樣本規模調增 50%。

表 7-10　細節測試非統計抽樣抽樣樣本規模（誤受風險 10%）

| 預計總體錯報與可容忍錯報之比 | 可容忍錯報與總體帳面金額之比 |||||||| 
| --- | --- | --- | --- | --- | --- | --- | --- | --- |
| | 50% | 30% | 10% | 8% | 5% | 4% | 3% | 2% |
| 0 | 5 | 8 | 24 | 29 | 47 | 58 | 77 | 116 |
| 0.2 | 7 | 12 | 35 | 43 | 69 | 86 | 114 | 171 |
| 0.3 | 9 | 15 | 44 | 55 | 87 | 109 | 145 | 217 |
| 0.4 | 12 | 20 | 58 | 72 | 115 | 143 | 191 | 286 |
| 0.5 | 16 | 27 | 80 | 100 | 160 | 200 | 267 | 400 |

（2）註冊會計師還可以使用下列公式確定樣本規模：

$$樣本規模 = \frac{總體帳面金額}{可容忍錯報} \times 保證系數$$

註冊會計師可以從表7-11中選擇適當的保證系數，再運用公式法確定樣本規模。沿用上例的數據，如果註冊會計師確定的誤受風險為10%，預計總體錯報與可容忍錯報之比為0.20，根據表7-11，保證系數為3.41。由於可容忍錯報與總體帳面金額之比為5%，註冊會計師確定的樣本規模為69（3.41÷5%＝68.2，出於謹慎考慮，將樣本規模確定為69），這與根據表7-10得出的樣本規模相同。

表7-11　抽樣確定樣本規模時的保證系數

| 預計總體錯報與可容忍錯報之比 | 誤受風險 | | | | | | | |
|---|---|---|---|---|---|---|---|---|
| | 5% | 10% | 15% | 20% | 25% | 30% | 35% | 37% | 50% |
| 0 | 3.00 | 2.31 | 1.90 | 1.61 | 1.39 | 1.21 | 1.05 | 1.00 | 0.70 |
| 0.05 | 3.31 | 2.52 | 2.06 | 1.74 | 1.49 | 1.29 | 1.12 | 1.06 | 0.73 |
| 0.10 | 3.68 | 2.77 | 2.25 | 1.89 | 1.61 | 1.39 | 1.20 | 1.13 | 0.77 |
| 0.15 | 4.11 | 3.07 | 2.47 | 2.06 | 1.74 | 1.49 | 1.28 | 1.21 | 0.82 |
| 0.20 | 4.63 | 3.41 | 2.73 | 2.26 | 1.90 | 1.62 | 1.38 | 1.30 | 0.87 |
| 0.25 | 5.24 | 3.83 | 3.04 | 2.49 | 2.09 | 1.76 | 1.50 | 1.41 | 0.92 |
| 0.30 | 6.00 | 4.33 | 3.41 | 2.77 | 2.30 | 1.93 | 1.63 | 1.53 | 0.99 |

（三）選取樣本並對其實施審計程序

註冊會計師應當仔細選取樣本，以使樣本能夠代表抽樣總體的特徵。註冊會計師可以根據具體情況，從簡單隨機選樣、系統選樣或隨意選樣中挑選適當的選樣方法選取樣本，也可以使用計算機輔助審計技術提高選樣的效果。

在選取樣本之前，註冊會計師通常先識別單個重大項目，然後從剩餘項目中選取樣本，或者對剩餘項目分層，並將樣本規模相應分配給各層。例如，排除需要100%檢查的單個重大項目之後，註冊會計師可以按照金額大小將其分成三層：第一層包含帳面金額5萬元以上的5個大額項目，該層帳面金額小計為500,000元，全部選為樣本；第二層包含帳面金額0.5萬~5萬元的250個項目，該層帳面金額小計為2,500,000元，選取樣本58個；第三層包含帳面金額0.5萬元以下的650個項目，該層帳面金額小計為1,250,000元，選取樣本28個（見表7-12）。註冊會計師從每一層中選取樣本，但選取的方法應當能使樣本具有代表性。

表7-12　對總體進行分層

| 級別 | 金額構成 | 總金額（元） | 帳戶數（個） | 樣本量（個） |
|---|---|---|---|---|
| 1 | 5萬元以上 | 500,000 | 5 | 5 |
| 2 | 0.5萬~5萬元 | 2,500,000 | 250 | 58 |
| 3 | 0.5萬元以下 | 1,250,000 | 650 | 28 |

註冊會計師應對選取的每一個樣本實施適合於具體審計目標的審計程序。無法對選取的項目實施檢查時，註冊會計師應當考慮這些未檢查項目對樣本評價結果的影響。如果未檢查項目中可能存在的錯報不會改變註冊會計師對樣本的評價結果，註冊會計師無需檢查這些項目；反之，註冊會計師應當實施替代程序，獲取形成結論所需的審計證據。註冊會計師還要考慮無法實施檢查的原因是否影響計劃的重大錯報風險的評估水準或舞弊風險的評估水準。

選取的樣本中可能包含未使用或無效的項目，註冊會計師應當考慮設計樣本時是如何界定總體的。如果總體包含所有的支票（無論是已簽發支票，還是空白支票），註冊會計師需要考慮樣本中包含一個或多個空白支票的可能性。考慮到這種可能性，註冊會計師可能希望比最低樣本規模稍多選取一些項目，對多餘的項目只在需要作為替代項目時才進行檢查。

### 三、評價樣本結果階段

（一）推斷總體的錯報

註冊會計師可以使用比率法、差額法等將樣本中發現的錯報金額用來估計總體的錯報金額。

（1）比率法。公式如下：

$$總體錯報金額 = \frac{樣本錯報金額}{樣本帳面金額} \times 總體帳面金額$$

適用範圍：在錯報金額與抽樣單元金額相關時最為適用。

（2）差異法。公式如下：

$$總體錯報金額 = \frac{樣本錯報金額}{樣本規模} \times 總體規模$$

適用範圍：在錯報金額與抽樣單元相關時最為適用。

（二）考慮抽樣風險

在細節測試中，推斷的錯報是註冊會計師對總體錯報做出的最佳估計。當推斷的錯報接近或超過可容忍錯報時，總體中的實際錯報金額很可能超過了可容忍錯報。因此，註冊會計師要將各交易類別或帳戶餘額的錯報總額與該類交易或帳戶餘額的可容忍錯報相比較，並適當考慮抽樣風險，以評價樣本結果。如果推斷的錯報總額低於可容忍、錯報，註冊會計師要考慮即使總體的實際錯報金額超過可容忍錯報，仍可能出現這一情況的風險。

在非統計抽樣中，註冊會計師運用職業判斷和經驗考慮抽樣風險。例如，某帳戶的帳面金額為1,000,000元，可容忍錯報為50,000元，根據適當的樣本推斷的總體錯報為10,000元，由於推斷的總體錯報遠遠低於可容忍錯報，註冊會計師可能合理確信，總體實際錯報金額超過可容忍錯報的抽樣風險很低，因此可以接受。另外，如果推斷的錯報總額接近或超過可容忍錯報，註冊會計師通常得出總體實際錯報超過可容忍錯報的結論。當推斷的錯報總額與可容忍錯報的差距既不很小又不很大時，註冊會計師應當仔細考慮，總體實際錯報超過可容忍錯報的風險是否高得無法接受。在這種情況下，註冊會計師可能會擴大樣本規模，以降低抽樣風險的影響，增加的

樣本盤通常至少是初始樣本盤的一倍。如果推斷的錯報大於註冊會計師確定樣本規模時預計的總體錯報，註冊會計師也可能得出結論，認為總體實際錯報金額超過可容忍錯報的抽樣風險是不可接受的。

（三）考慮錯報的性質和原因

除了評價錯報的金額和頻率以及抽樣風險之外，註冊會計師還應當考慮：

（1）錯報的性質和原因，是原則還是應用方面的差異，是錯誤還是舞弊導致，是誤解指令還是粗心大意所致。

（2）錯報與審計工作其他階段之間可能存在的關係。

可能影響註冊會計師對錯報性質進行評價的情形包括：

（1）錯報對遵循法律法規的影響程度。

（2）錯報對遵守債務契約或其他合同要求的影響程度。

（3）錯報與未正確選擇或運用會計政策的相關程度，該會計政策對當期財務報表沒有重大影響，但可能對未來的財務報表產生重大影響。

（4）錯報對盈利或其他趨勢變化的掩蓋程度（尤其是考慮到一般的經濟和行業狀況）。

（5）錯報對用於評價被審計單位財務狀況、經營成果或現金流量的指標的影響程度。

（6）錯報對財務報表中列示的分部信息的影響程度。

（7）錯報對增加管理層薪酬的影響。例如，錯報使管理層獲得獎勵所需的要求得以滿足。

（8）考慮到註冊會計師對以前與使用者所做溝通（如盈利預測）的瞭解，錯報的重要程度。

（9）錯報與涉及特定當事人的項目的相關程度。例如，某交易的外部當事人是否與被審計單位的管理層成員有關聯。

（10）錯報對信息的遺漏程度，適用的財務報告編製基礎未對該信息做出特定要求，但根據註冊會計師的職業判斷，該信息對於使用者瞭解被審計單位的財務狀況、經營成果或現金流量非常重要。

（11）錯報對含有已審財務報表的文件中溝通的其他信息的影響程度。例如，管理層的討論與分析中包含的信息可能合理預期將影響財務報表使用者的經濟決策。

（12）錯報造成特定帳戶餘額之間分類錯誤的程度，這些帳戶餘額影響需在財務報表中單獨披露的項目。例如，經營收益與非經營收益分類錯誤。

（13）錯報對單個重大卻不相同的錯報的抵消程度。

（14）由於累積影響，在當期不重大但可能對將來產生重大影響的錯報。例如，跨期建設。

（15）更正錯報的成本太高，以至於錯報得不到更正的程度。如果被審計單位建立一個系統，用於計算記錄不重大錯報影響的基礎，從成本來看可能是不合算的，如果管理層打算建立這樣的系統，也可以反應出管理層的動機。

（16）錯報代表可能未被發現的額外錯報對註冊會計師評價造成影響的風險程度。

（17）錯報將損失變成收益或將收益變成損失的程度。

（18）錯報對其產生環境的敏感性的強化程度。例如，錯報意味著涉及舞弊、違反法規行為、違反合同條款行為以及利益衝突。

（19）錯報對理性使用者的需求產生重大影響的程度。例如，當存在相反預期時，盈利錯報的影響。

（20）錯報與其定義的特徵的相關程度。例如，是能夠客觀確定的錯報，還是不可避免地涉及估計或不確定性等主觀程度的錯報。

（21）錯報對管理層動機的揭示程度。例如，管理層做出會計估計時存在偏向，管理層不願意更正財務報告過程中的缺陷，或者管理層有意決定不遵循適用的財務報告編製基礎。

（四）得出總體結論

在推斷總體的錯報，考慮抽樣風險，分析錯報的性質和原因之後，註冊會計師需要運用職業判斷得出總體結論。如果樣本結果不支持總體帳面金額，且註冊會計師認為帳面金額可能存在錯報，註冊會計師通常會建議被審計單位對錯報進行調查，並在必要時調整帳面記錄。依據被審計單位已更正的錯報對推斷的總體錯報額進行調整後，註冊會計師應當將該類交易或帳戶餘額中剩餘的推斷錯報與其他交易或帳戶餘額中的錯報總額累計起來，以評價財務報表整體是否存在重大錯報。無論樣本結果是否表明錯報總額超過了可容忍錯報，註冊會計師都應當要求被審計單位的管理層記錄已發現的事實錯報（除非明顯微小）。

如果樣本結果表明註冊會計師做出抽樣計劃時依據的假設有誤，註冊會計師應當採取適當的行動。例如，如果細節測試中發現的錯報的金額或頻率大於依據重大錯報風險的評估水準做出的預期，註冊會計師需要考慮重大錯報風險的評估水準是否仍然適當。註冊會計師也可能決定修改對重大錯報風險評估水準低於最高水準的其他帳戶擬實施的審計程序。

（五）非統計抽樣示例

假設註冊會計師準備使用非統計抽樣方法，通過函證測試 ABC 公司 2019 年 12 月 31 日應收帳款餘額的存在認定。2019 年 12 月 31 日，ABC 公司應收帳款帳戶共有 935 個，其中借方帳戶有 905 個，帳面金額為 4,250,000 元；貸方帳戶有 30 個，帳面金額為 5,000 元。

註冊會計師做出下列判斷：

（1）單獨測試 30 個貸方帳戶，另有 5 個借方帳戶被視為單個重大項目（單個帳戶的帳面金額大於 50,000 元，帳面金額共計 500,000 元），需要實施 100% 的檢查。因此，剩下的 900 個應收帳款借方帳戶就是註冊會計師定義的總體，總體帳面金額為 3,750,000 元。

（2）註冊會計師定義的抽樣單元是每個應收帳款明細帳帳戶。

（3）考慮到總體的變異性，註冊會計師根據各明細帳戶的帳面金額，將總體分成兩層：第一層包含 250 個帳戶（單個帳戶的帳面金額大於或等於 5,000 元），帳面金額共計 2,500,000 元；第二層包含 650 個帳戶（單個帳戶的帳面金額小於 5,000 元），帳面金額共計 1,250,000 元。

（4）可接受的誤受風險為 10%。
（5）可容忍的錯報為 1,500,000 元。
（6）預計的總體錯報為 30,000 元。

根據表 7-10，當可接受的誤受風險為 10%，可容忍的錯報與總體帳面金額之比為 4%，預計總體錯報與可容忍錯報之比為 20% 時，樣本量為 86。註冊會計師運用職業判斷和經驗，認為這個樣本規模是適當的，不需要調整。註冊會計師根據各層帳面金額在總體帳面金額中的占比大致分配樣本，從第一層選取 58 個項目，從第二層選取 28 個項目。

註冊會計師對 91 個帳戶（86 個樣本加上 5 個單個重大項目）逐一實施函證程序，收到了 80 個詢證函回函。註冊會計師對沒有收到回函的 11 個帳戶實施了替代程序，認為能夠合理保證這些帳戶不存在錯報。在收到回函的 80 個帳戶中，有 4 個存在高估，註冊會計師對其做了進一步調查，確定只是筆誤導致，不涉及舞弊等因素。錯報情況匯總如表 7-13 所示。

表 7-13　錯報情況匯總

| 帳戶 | 總體帳面總額（元） | 樣本帳面金額（元） | 樣本審定金額（元） | 樣本錯報金額（元） |
| --- | --- | --- | --- | --- |
| 單個重大帳戶 | 500,000 | 500,000 | 499,000 | 1,000 |
| 第一層 | 2,500,000 | 739,000 | 738,700 | 300 |
| 第二層 | 1,250,000 | 62,500 | 62,350 | 150 |
| 合計 | 4,250,000 | 1,301,500 | 1,300,050 | 1,450 |

註：為方便匯總錯報，此表將單個重大帳戶一併納入。但實際上，註冊會計師需要對單個重大帳戶實施 100% 的檢查。

註冊會計師運用職業判斷和經驗認為，錯報金額與項目的金額而非數量緊密相關，因此選擇比率法評價樣本結果。註冊會計師分別推斷每一層的錯報金額：第一層的推斷錯報金額約為 1,015 元，第二層的推斷錯報金額約為 3,000 元，再加上實施 100% 檢查的單個重大帳戶中發現的錯報，註冊會計師推斷的錯報總額為 5,015 元（1,000+1,015+3,000）。ABC 公司的管理層同意更正 1,450 元的事實錯報。因此，剩餘的推斷錯報為 3,565 元（5,015-1,450）。剩餘的推斷錯報（3,565 元）遠遠低於可容忍錯報（150,000 元），註冊會計師認為總體實際錯報金額超過可容忍錯報的抽樣風險很低，因此總體可以接受。也就是說，即使在其推斷的錯報上加上合理的抽樣風險允許限度，也不會出現一個超過可容忍錯報的總額。

註冊會計師得出結論，樣本結果支持應收帳款帳面金額。不過，註冊會計師還應將剩餘的推斷錯報與其他事實錯報和推斷錯報匯總，以評價財務報表整體是否可能存在重大錯報。

（六）統計抽樣示例

假設註冊會計師準備使用貨幣單元抽樣法，通過函證測試 XYZ 公司 2019 年 12 月 31 日應收帳款餘額的存在認定。2019 年 12 月 31 日，XYZ 公司應收帳款帳戶共有

602個，其中借方帳戶有600個，帳面金額為2,300,000元；貸方帳戶有2個，帳面金額為3,000元。

註冊會計師做出下列判斷：

（1）單獨測試2個貸方帳戶，另有6個借方帳戶被視為單個重大項目（單個帳戶的帳面金額大於25,000元，帳面金額共計300,000元），需要實施100%的檢查。因此，剩下的594個應收帳款借方帳戶就是註冊會計師定義的總體，總體帳面金額為2,000,000元。

（2）註冊會計師定義的抽樣單元是每個貨幣單元。

（3）可接受的誤受風險為10%。

（4）可容忍的錯報為40,000元。

（5）預計的總體錯報為8,000元。

根據表7-10，當可接受的誤受風險為10%，可容忍的錯報與總體帳面金額之比為2%，預計總體錯報與可容忍錯報之比為20%時，樣本量為171。註冊會計師使用系統選樣選取包含抽樣單元的邏輯單元進行檢查，選樣間隔為11,695元（2,000,000÷171）。在實務中，註冊會計師也可以將選樣間隔略微下調，以方便選樣。例如，將選樣間隔從11,695元下調至11,600元，使樣本量調增為172）。

註冊會計師對177個帳戶（171個樣本加上6個單個重大項目）逐一實施函證程序，收到了155個詢證函回函。註冊會計師對沒有收到回函的22個帳戶實施了替代程序，認為能夠合理保證這些帳戶不存在錯報。在收到回函的155個帳戶中，有4個存在高估，註冊會計師對其做了進一步調查，確定只是筆誤導致，不涉及舞弊等因素。推斷錯報情況匯總如表7-14所示。

表7-14 推斷錯報情況匯總

| 帳戶 | 帳面金額（元） | 審定金額（元） | 錯報金額（元） | 錯報比例（%） | 選樣間隔（元） | 推斷錯報（元） |
|---|---|---|---|---|---|---|
| A1 | 50 | 40 | 10 | 20 | 11,695 | 2,339 |
| A2 | 3,000 | 2,700 | 300 | 10 | 11,695 | 1,170 |
| A3 | 200 | 190 | 10 | 5 | 11,695 | 585 |
| A4 | 16,000 | 15,000 | 1,000 | — | | 1,000 |
| 匯總 | | | | | — | 5,094 |

註：如果邏輯單元的帳面金額大於或等於選樣間隔，推斷的錯報就是該邏輯單元的實際錯報盤額，帳戶A4正是這種情況。

註冊會計師使用表7-11中的保證系數，考慮抽樣風險的影響，計算總體錯報的上限如表7-15所示。

表7-15 計算總體的錯報上限

| 推斷錯報（元） | 保證系數的增量 | 推斷錯報×保證系數的增量（元） |
|---|---|---|
| 2,339 | 1.58 | 3,696 |

表7-15(續)

| 推斷錯報（元） | 保證係數的增量 | 推斷錯報×保證係數的增量（元） |
|---|---|---|
| 1,170 | 1.44 | 1,685 |
| 585 | 1.36 | 769 |
| 小計 |  | 6,150 |
| 加上：基本精確度 |  | 2.31×11,695=27,015 |
| 加上：帳戶 A4 中的事實錯報 |  | 1,000 |
| 總體錯報上限 |  | 34,165 |

本例中，由於總體錯報上限小於可容忍錯報，註冊會計師得出結論，樣本結果支持應收帳款帳面金額。

**四、記錄抽樣程序**

在細節測試中使用審計抽樣時，註冊會計師通常在審計工作底稿中記錄下列內容：
（1）測試的目標，受到影響的帳戶和認定。
（2）對總體和抽樣單元的定義，包括註冊會計師如何考慮總體的完整性。
（3）對錯報的定義。
（4）可接受的誤受風險。
（5）可接受的誤拒風險（如涉及）。
（6）估計的錯報及可容忍錯報。
（7）使用的審計抽樣方法。
（8）確定樣本規模的方法。
（9）選樣方法。
（10）選取的樣本項目。
（11）對如何實施抽樣程序的描述以及在樣本中發現的錯報的清單。
（12）對樣本的評價。
（13）總體結論概要。
（14）進行樣本評估和做出職業判斷時，認為重要的性質因素。

## 本章小結

少於 100%的檢查即為抽樣。抽樣是一種重要的現代審計技術。審計抽樣可分為統計抽樣與非統計抽樣，兩者的區別在於前者可以用概率的方法評價抽樣風險，後者靠的是註冊會計師的經驗和職業判斷去評價抽樣風險。當然，統計抽樣也需要註冊會計師的職業判斷。註冊會計師在進行控制測試時，註冊會計師應關注信賴不足風險、信賴過度風險。在進行實質性測試時，註冊會計師應關注誤拒風險、誤受風險。

註冊會計師在設計樣本時，應當考慮審計目標、審計對象總體及抽樣單位、抽

樣風險和非抽樣風險、可信賴程度、可容忍誤差、預期總體誤差等基本因素。註冊會計師可以採用隨機選樣、系統選樣、隨意選樣的方法選取樣本，隨機選樣有隨機數表法和利用計算機產生的隨機數選樣法，非隨機選樣法有分層選樣和整組選樣。審計中常用的統計抽樣技術能用於控制測試的屬性抽樣和用於細節測試的變量抽樣。

屬性抽樣是利用樣本的特徵分析來估計總體的特徵。屬性抽樣有確定測試目的、確定屬性及偏離特徵、確定總體、確定樣本單位、確定可容忍差錯率、確定可接受風險、估計總體差錯發生率、確定樣本規模、選取樣本項目、樣本檢查與總體推斷等步驟。屬性抽樣主要應用於對內部控制制度的符合測試。

變量抽樣旨在通過樣本的分析來推斷總體數額的合理性，經常被審計人員用來對帳戶金額進行實質性測試。變量抽樣步驟一般有確定測試目的、確定樣本規模、選取樣本項目、樣本檢查與總體推斷。

本章應強調的主要術語是審計抽樣、非統計抽樣、經驗抽樣或判斷抽樣、統計抽樣、屬性抽樣、變量抽樣、樣本項目、樣本規模、樣本、誤差、可信賴程度、可容忍誤差、預期總體誤差、抽樣風險、非抽樣風險、誤拒風險、誤受風險、信賴不足風險、信賴過度風險、隨機選樣、系統選樣、隨機表等。

## 本章思維導圖

本章思維導圖如圖 7-3 所示。

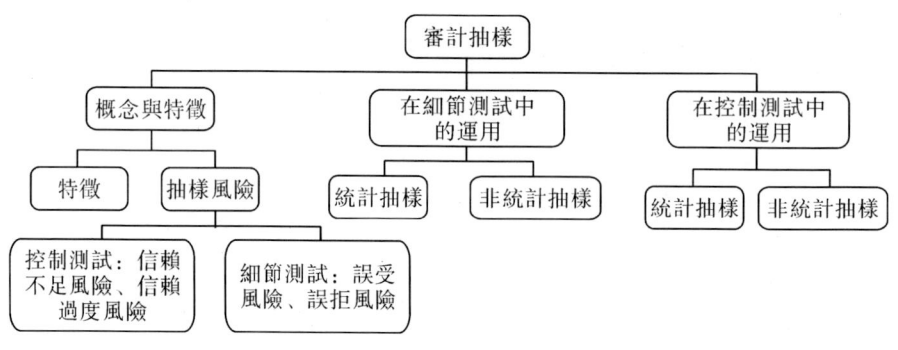

圖 7-3　本章思維導圖

# 第八章
# 審計計劃

## 學習目標

1. 理解和掌握審計計劃的概念。
2. 理解接收業務委託前需要瞭解客戶的哪些方面。
3. 瞭解業務約定書包含的內容。
4. 瞭解總體審計策略和具體審計計劃及其具體內容。
5. 掌握註冊會計師編製總體審計策略。

## 案例導入

美國聯區金融集團租賃公司是一家從事金融服務的企業，該公司有可公開交易的債券上市，美國證券交易委員會要求其定期提供財務報表。經過7年的發展，聯區金融集團租賃公司的雇員已超過4萬名，在美國各地設有10個分支機構，未收回的應收租賃款接近4億美元，占合併總資產的35%。

1981年年底，聯區金融集團租賃公司進攻性市場策略的弊端開始顯現，債務拖欠率日漸升高，該公司不得不採用多種非法手段來掩飾其財務狀況已經惡化的事實。美國證券交易委員會指控聯區金融集團租賃公司在其定期報送的財務報表中，始終沒有對應收租賃款計提充足的壞帳準備金。1981年以前，壞帳準備率為1.5%，1981年增至2%，1982年增至3%。儘管對這種估計壞帳損失的方式，美國證券交易委員會是認可的，但是固定比率太小。到1982年9月，該公司應收帳款中超過欠款期限的金額高達20%以上，財務報表中該帳戶金額被嚴重低估。

美國證券交易委員會對塔奇·羅斯會計師事務所在聯區金融集團租賃公司1981年度審計中的表現極為不滿，指責該年度的審計「沒有進行充分的計劃和監督」。美國證券交易委員會宣稱，該會計師事務所在編製聯區金融集團租賃公司1981年度的審計計劃及審計程序時，沒有充分考慮該公司的大量審計風險因素。事實上，美國證券交易委員會發現，該公司1981年度的審計計劃，大部分是以前年度審計計劃的延續。該審計計劃的缺陷如下：

（1）該會計師事務所沒有對超期應收租賃款帳戶的內部會計控制加以測試。由於審計計劃沒有測試公司的會計制度是否能準確地確定應收租賃款的超期時間，審計人員無法判斷從客戶那裡獲取的超齡匯總表是否準確。

（2）該會計師事務所的審計計劃只要求測試一小部分（8%）未收回的應收租賃款。由於把大部分注意力集中在金額超過5萬美元、拖欠期達120天的超期應收

租賃款上,審計人員忽略了相當部分無法收回的應收租賃款。

(3) 儘管審計劃要求對客戶壞帳核銷政策進行復核,但並沒有要求外勤審計人員去確認該政策是否被實際執行。事實上,該公司並沒有遵循其壞帳核銷政策。聯區金融集團租賃公司實際採用的是一種核銷壞帳的預算方法,可以隨時將大量無法收回的租賃款衝銷壞帳準備,而事先卻根本沒有對這些應收帳款計提壞帳準備金。美國證券交易委員會稱,某些無法收回的應收租賃款掛帳多達幾年。

(4) 會計師事務所無視聯區金融集團租賃公司審計的複雜性以及非同尋常的高風險性,在所分派的執行1981年度審計聘約的審計人員中,大多數人對客戶以及租賃行業的情況非常陌生。事實上,該公司的會計主管後來證明,會計師事務所第一次分派了一些對租賃行業少有涉獵或缺乏經驗甚至一無所知的審計人員來執行審計。

最後,美國證券交易委員會決定對該會計師事務所進行懲罰,要其承擔出具虛假會計報告帶來的損失。

問題:(1) 請問該案例中塔奇·羅斯會計師事務所制訂的審計計劃存在哪些問題?

(2) 是什麼原因導致該會計師事務所受到了美國證券交易委員會的懲罰?

## 第一節　初步業務活動

### 一、初步業務活動的含義和內容

初步業務活動是指註冊會計師在本期審計業務開始時開展的有利於計劃和執行審計工作,實現審計目標的活動總稱。《中國註冊會計師審計準則第1201號——計劃審計工作》第六條規定,註冊會計師應當在本期審計業務開始時開展初步業務活動。

初步業務活動的內容主要包括以下三個方面:

(一) 針對保持客戶關係和具體審計業務實施對應的質量控制程序

按照《中國註冊會計師審計準則第1121號——對財務報表審計實施的質量控制》的規定,註冊會計師針對保持客戶關係和具體審計業務,實施相應的質量控制程序。註冊會計師主要對被審計單位的主要股東、關鍵管理人員和治理層是否誠信進行評價,認為其誠信度是可以接受的。

(二) 評價遵守職業道德規範的情況

按照《中國註冊會計師審計準則第1121號——對財務報表審計實施的質量控制》的規定,註冊會計師評價遵守相關職業道德要求(包括評價遵守獨立性要求)的情況。主要對會計師事務所和簽字註冊會計師的獨立性、勝任能力和時間精力進行評價,認為獨立性、專業勝任能力等都符合職業道德要求。該項確認工作應該在安排其他審計工作之前,以確保註冊會計師已經具備執行所需業務的獨立性和專業勝任能力,且不存在因為誠信問題而影響註冊會計師保持該項業務的意願等情況。在連續審計業務中,這些初步業務活動通常是在上期審計工作結束後佈局或將要結束時就已經開始了。

（三）及時簽訂或修改審計業務約定書

按照《中國註冊會計師審計準則第1111號——就審計業務約定條款達成一致意見》的規定，註冊會計師與被審計單位就審計業務約定條款達成一致意見。在做出接受或保持客戶關係及具體審計業務決策後，註冊會計師應當按照準則要求，在具體審計業務開始前，與被審計單位就業務約定條款達成一致意見，簽訂或修改審計業務約定書，以避免雙方對審計業務的理解產生分歧。

### 二、初步業務活動的目的

註冊會計師開展初步業務活動，以達到以下三個目的：

(1) 確保註冊會計師已具備執行業務需要的獨立性和專業勝任能力。

(2) 確保不存在因管理層誠信問題而影響註冊會計師保持該項業務意願的情況。

(3) 確保與被審計單位不存在對業務約定條款的誤解。

按照《中國註冊會計師審計準則第1341號——書面聲明》的規定，註冊會計師應當要求管理層就其已履行的某些責任提供書面聲明。因此，註冊會計師需要獲取針對管理層責任的書面聲明、其他審計準則要求的書面聲明以及在必要時需要獲取用於支持其他審計證據（用以支持財務報表或者一項或多項具體認定）的書面聲明。註冊會計師需要使管理層意識到這一點。

如果管理層不認可其責任或不同意提供書面聲明，註冊會計師將有可能不能獲取充分、適當的審計證據。在這種情況下，註冊會計師承接此類審計業務是不恰當的，除非法律法規另有規定。如果法律法規要求承接此類審計業務，註冊會計師可能需要向管理層解釋這種情況的重要性及其對審計報告的影響。

### 三、審計業務約定書

審計業務約定書是指會計師事務所與被審計單位簽訂的，用以記錄和確定審計業務的委託與受託關係、審計目標和範圍、雙方的責任以及報告的格式等事項的書面協議。審計業務約定書具有經濟合同的性質，一經約定雙方簽字認可，即具有法律約束力。簽署審計業務約定書的目的是約定雙方的責任和義務，促使雙方遵守約定事項並加強合作，以保護會計師事務所與被審計單位的利益。從審計工作本身來看，當委託和受託目標全部實現後，即審計工作全部完成後，註冊會計師應將審計業務約定書妥善保管，作為一項重要的審計工作底稿資料，納入審計檔案管理。

（一）審計業務約定書的作用

審計業務約定書的作用主要表現在以下幾個方面：

(1) 增進會計師事務所與被審計單位之間的相互配合。

(2) 作為被審計單位鑒定審計業務完成情況以及會計師事務所檢查被審計單位約定義務履行情況的一個依據。

(3) 避免雙方對業務的理解產生分歧。

(4) 在出現法律訴訟時是確定會計師事務所與被審計單位雙方應負責任的重要依據。

（二）審計業務約定書的基本內容

審計業務約定書的具體內容和格式可能因被審計單位的不同而不同，但應當包括以下主要內容：

（1）財務報表審計的目標與範圍。

（2）註冊會計師的責任。

（3）管理層的責任。

（4）指出用於編製財務報表所使用的財務報告編製基礎。

（5）提及註冊會計師擬出具的審計報告的預期形式和內容以及對在特定情況下出具的審計報告可能不同於預期形式的內容說明。

（三）審計業務約定書的程序

（1）如果首次接受業務委託，實施下列程序：

①與委託人面談，討論下列事項：審計的目標；審計報告的用途；管理層對財務報表的責任；審計範圍；執行審計工作的安排，包括出具審計報告的時間要求；審計報告格式和對審計結果的其他溝通形式；管理層提供必要的工作條件和協助；註冊會計師不受限制地接觸任何與審計有關的記錄、文件和所需要的其他信息；與審計涉及的客戶內部審計人員和其他員工工作上的協調（必要時）；審計收費，包括收費的計算基礎和收費安排。

②初步瞭解客戶及其環境，進行初步業務風險評估並予以記錄。

③徵得客戶書面同意後，與前任註冊會計師溝通。

（2）如果是連續審計，實施下列程序：

①瞭解審計的目標、審計報告的用途、審計範圍和時間安排等是否發生變化。

②查閱以前年度審計工作底稿，重點關注非標準審計報告、管理建議書和重大事項概要等。

③初步瞭解客戶及其環境發生的重大變化，進行初步業務風險評估並予以記錄。

④考慮是否需要修改業務約定條款，是否需要提醒客戶注意現有的業務約定條款。

（3）評價是否具備執行該項審計業務所需要的獨立性和專業勝任能力。

（4）完成業務承接或保持評價表。

（5）簽訂審計業務約定書（適用於首次接受業務委託以及連續審計中修改長期審計業務約定書條款的情況）。

（四）審計業務約定書的特殊考慮

1. 連續審計

對於連續審計，註冊會計師應當根據具體情況評估是否需要對審計業務約定條款做出修改以及是否需要提醒被審計單位注意現有的條款。

註冊會計師可以決定不在每期都致送新的審計業務約定書或其他書面協議，然而下列因素可能導致註冊會計師修改審計業務約定書條款或提醒被審計單位注意現有的業務約定條款：

（1）有跡象表明被審計單位誤解審計目標和範圍。

（2）需要修改約定條款或增加特別條款。

（3）被審計單位高級管理人員近期發生變動。
（4）被審計單位所有權發生重大變動。
（5）被審計單位業務的性質或規模發生重大變化。
（6）法律法規的規定發生變化。
（7）編製財務報表採用的財務報告編製基礎發生變更。
（8）其他報告要求發生變化。

2. 審計業務約定條款的變更

在完成審計業務前，如果被審計單位或委託人要求將審計業務變更為保證程度較低的業務，註冊會計師應當確定是否存在合理理由予以變更。

下列原因可能導致被審計單位要求變更業務：
（1）環境變化對審計服務的需求產生影響。
（2）對原來要求的審計業務的性質存在誤解。
（3）無論是管理層施加的還是其他情況引起的審計範圍受到限制。

上述第（1）項和第（2）項通常被認為是變更業務的合理理由，但如果有跡象表明該變更要求與錯誤的、不完整的或不能令人滿意的信息有關，註冊會計師不應認為該變更是合理的。

如果沒有合理的理由，註冊會計師不應同意變更業務。如果註冊會計不同意變更審計業務約定條款，而管理層又不允許繼續執行原審計業務，註冊會計師應當：
（1）在適用的法律法規允許的情況下，解除審計業務約定。
（2）確定是否有約定義務或其他義務向治理層、所有者或監管機構等報告事項。

如果註冊會計師認為變更的理由是合理的並且截止變更日已執行的審計工作可能與變更後的業務相關，為避免引起報告使用者的誤解，對相關服務業務出具的報告不應提及原審計業務和在原審計業務中已執行的程序。

具體審計業務約定書示例如下。

審計業務約定書

編號：××××

甲方：A 股份有限公司　　　　　乙方：B 會計師事務所

茲由甲方委託乙方對 2019 年度財務報表進行審計，經雙方協商，達成以下約定：

一、審計的目標和範圍

1. 乙方接受甲方委託，對甲方按照企業會計準則編製的 2019 年 12 月 31 日的資產負債表、2019 年度的利潤表、所有者權益（或股東權益）變動表和現金流量表以及財務報表附註（以下統稱財務報表）進行審計。

2. 乙方通過執行審計工作，對財務報表的下列方面發表審計意見：
（1）財務報表是否在所有重大方面按照企業會計準則的規定編製。
（2）財務報表是否在所有重大方面公允反應了甲方 2019 年 12 月 31 日的財務狀況以及 2019 年度的經營成果和現金流量。

二、甲方的責任

1. 根據《中華人民共和國會計法》及《企業財務會計報告條例》的規定，甲方及甲方負責人有責任保證會計資料的真實性和完整性。因此，甲方管理層有責任妥善保存和提供會計記錄（包括但不限於會計憑證、會計帳簿及其他會計資料），這些記錄必須真實、完整地反應甲方的財務狀況、經營成果和現金流量。

2. 按照企業會計準則的規定編製和公允列報財務報表是甲方管理層的責任，這種責任包括：
（1）按照企業會計準則的規定編製財務報表，並使其實現公允反應。

(2) 設計、執行和維護必要的內部控制，以使財務報表不存在由於舞弊或錯誤導致的重大錯報。
3. 及時為乙方的審計工作提供與審計有關的所有記錄、文件和所需的其他信息（在2020年3月1日之前提供審計所需的全部資料，如果在審計過程中需要補充資料，亦應及時提供），並保證所提供資料的真實性和完整性。
4. 確保乙方不受限制地接觸其認為必要的甲方內部人員和其他相關人員。
5. 甲方管理層對其做出的與審計有關的聲明予以書面確認。
6. 為乙方派出的有關工作人員提供必要的工作條件和協助，乙方將於外勤工作開始前提供主要事項清單。
7. 按照本約定書的約定及時足額支付審計費用以及乙方人員在審計期間的交通、食宿和其他相關費用。
8. 乙方的審計不能減輕甲方及甲方管理層的責任。
三、乙方的責任
1. 乙方的責任是在執行審計工作的基礎上對甲方財務報表發表審計意見。乙方根據中國註冊會計師審計準則（以下簡稱審計準則）的規定執行審計工作。審計準則要求註冊會計師遵守中國註冊會計師職業道德守則，計劃和執行審計工作以對財務報表是否不存在重大錯報獲取合理保證。
2. 審計工作涉及實施審計程序，以獲取有關財務報表金額和披露的審計證據。選擇的審計程序取決於乙方的判斷，包括對由於舞弊或錯誤導致的財務報表重大錯報風險的評估。在進行風險評估時，乙方考慮與財務報表編製和公允列報相關的內部控制，以設計恰當的審計程序，但目的並非對內部控制的有效性發表意見。審計工作還包括評價管理層選用會計政策的恰當性和做出會計估計的合理性以及評價財務報表的總體列表。
3. 由於審計和內部控制的固有限制，即使按照審計準則的規定適當地計劃和執行審計工作，仍不可避免地存在財務報表的某些重大錯報可能未被乙方發現的風險。
4. 在審計過程中，乙方若發現甲方存在乙方認為值得關注的內部控制缺陷，應以書面形式向甲方治理層或管理層通報。但甲方通報的各種事項，並不代表已全面說明所有可能存在的缺陷或已提出所有可行的改進建議。甲方不得向任何第三方提供乙方出具的溝通文件。
5. 按照約定時間完成審計工作，出具審計報告。乙方應於2020年4月30日前出具審計報告。
6. 除下列情況外，乙方應對執行業務過程中知悉的甲方信息予以保密：
(1) 法律法規允許披露，並取得甲方的授權。
(2) 根據法律法規的要求，為法律訴訟、仲裁準備文件或提供證據，以及向監管機構報告發現的違法行為。
(3) 在法律法規允許的情況下，在法律訴訟、仲裁中維護自己的合法權益。
(4) 接受註冊會計師協會或監管機構的執業質量檢查，答復其詢問和調查。
(5) 法律法規、執業準則和職業道德規範規定的其他情形。
四、審計收費（略）
五、審計報告和審計報告的使用（略）
六、本約定書的有效時間（略）
七、約定事項的變更（略）
八、終止條款（略）
九、違約責任（略）
十、適用法律和爭議解決（略）

A 股份有限公司　　　　　　　　　　　　　　B 會計師事務所（蓋章）
授權代表：（簽名並蓋章）　　　　　　　　　授權代表：（簽名並蓋章）
二〇×九年×月×日　　　　　　　　　　　　二〇×九年×月×日

## 第二節　總體審計策略和具體審計計劃

　　根據《中國註冊會計師審計準則第1201號——計劃審計工作》的規定，註冊會計師應當計劃審計工作，使審計業務以有效的方式得到執行。計劃審計工作包括

針對審計業務制定總體審計策略和具體審計計劃，以將審計風險降低至可接受的低水準。項目負責人和項目組其他關鍵成員應當參與計劃審計工作，提高計劃審計工作的效率和效果。審計計劃包含兩個層次：總體審計策略和具體審計計劃。註冊會計師應當針對總體審計策略中識別的不同事項，制訂具體審計計劃，並考慮通過利用審計資源實現審計目標。總體審計策略的制定在具體審計計劃之前，但是兩項計劃活動並不是孤立、不連續的過程，而是內在緊密聯繫的，對其中一項的決定可能會影響甚至改變對另外一項的決定。對此，註冊會計師會在具體審計計劃中制定相應的審計程序，並相應調整總體審計策略的內容，做出是否利用專家工作的決定。審計計劃的層次如圖 8-1 所示。

```
┌─────────────┐   ┌─────────────┐   ┌─────────────┐
│  風險評估A  │   │  風險應對B  │   │  審計報告C  │
└─────────────┘   └─────────────┘   └─────────────┘

        ┌──────────────────────────────────────┐
        │           D0審計計劃                 │
        ├──────────────────────────────────────┤
        │   D1根據要求持續不斷更新和修改計劃   │
        ├──────────────────────────────────────┤
        │ 總體審計策略(審計範圍、報告目標和時間、│
        │         審計方向、審計資源)E         │
        ├──────────────────────────────────────┤
        │ 具體審計計劃(風險評估計劃、應對評估風險│
        │  的措施、審計程序的性質、時間安排和範圍)F│
        ├──────────────────────────────────────┤
        │       與管理層和治理層溝通G          │
        └──────────────────────────────────────┘
```

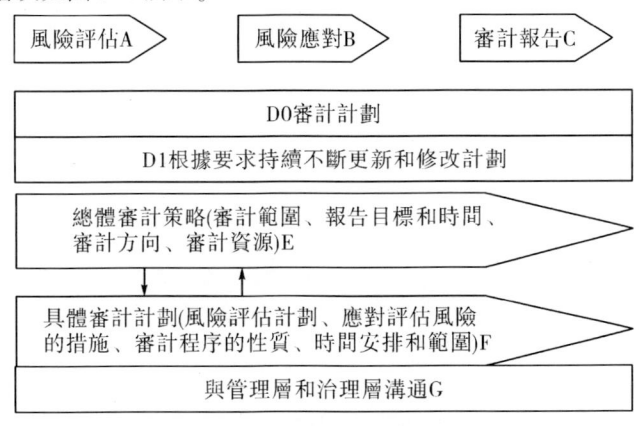

圖 8-1　審計計劃的層次

審計計劃分為兩個層次，總體審計策略（圖 8-1 中英文字母 E，下同）和具體審計計劃（F）。

審計計劃工作貫穿在整個審計過程中，並隨著審計過程的展開需要不斷修訂。

整個審計過程可以劃分為三大環節，審計計劃工作貫穿於這三大環節，即風險評估（A）、風險應對（B）與審計報告（C）。

總體審計策略（E）主要確定審計範圍、審計報告目標和時間安排、審計方向和審計資源，並且指導具體審計計劃（F）的制訂。

具體審計計劃（F）包括計劃實施的風險評估程序，根據評估的重大錯報風險領域設計擬實施的進一步審計程序及計劃其他審計程序的性質、時間安排和範圍。

根據《中國註冊會計師審計準則——第 1101 號——註冊會計師的總體目標和審計工作的基本要求》的規定，註冊會計師審計總體目標不僅需要對財務報表出具審計報告，而且應當將審計結果與管理層和治理層溝通，如審計意見類型、審計過程中不同環節識別的舞弊嫌疑或舞弊指控以及舞弊事實、與財務報表相關的內部控制重大缺陷等。

一、總體的審計策略

總體審計策略用以確定審計範圍、時間安排、審計方向以及審計資源，並指導

具體審計計劃的制訂。

總體審計策略的制定應當包括如圖8-2所示的四個方面內容。

```
總體審計策略 ─┬─ 審計範圍
              ├─ 報告目標、時間安排及所需溝通的性質
              ├─ 審計方向
              └─ 審計資源
```

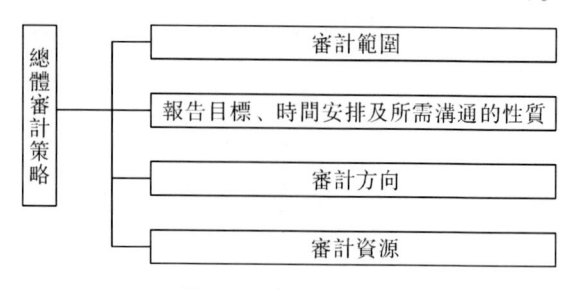

圖8-2　總體審計策略

（一）審計範圍

確定審計範圍時，註冊會計師需要考慮下列三大類14項因素。

1. 通用考慮因素

（1）編製擬審計的財務信息所依據的財務報告編製基礎，包括是否需要將財務信息調整至按照其他財務報告編製基礎編製。

（2）特定行業的報告要求，如某些行業監管機構要求提交的報告。

（3）對利用在以前審計工作中獲取的審計證據（如獲取的與風險評估程序和控制測試相關的審計證據）的預期。

2. 集團審計因素

（1）預期審計工作涵蓋的範圍，包括應涵蓋的組成部分的數量及所在地點。

（2）母公司和集團組成部分之間存在的控制關係的性質，以確定如何編製合併財務報表。

（3）由組成部分註冊會計師審計組成部分的範圍。

（4）擬審計的經營分部的性質，包括是否需要具備專門知識。

（5）除為合併目的執行的審計工作之外，對個別財務報表進行法定審計的需求。

3. 工作環境因素

（1）外幣折算，包括外幣交易的會計處理、外幣財務報表的折算和相關信息的披露。

（2）內部審計工作的可獲得性及註冊會計師擬信賴內部審計工作的程度。

（3）被審計單位使用服務機構的情況，及註冊會計師如何取得有關服務機構內部控制設計和運行有效性的證據。

（4）信息技術對審計程序的影響，包括數據的可獲得性和對使用計算機輔助審計技術的預期。

（5）協調審計工作與中期財務信息審閱預期涵蓋範圍和時間安排以及中期審閱所獲取的信息對審計工作的影響。

（6）與被審計單位人員的時間協調和相關數據的可獲得性。

(二) 報告目標、時間安排及所需溝通的性質

註冊會計師需要考慮以下 7 項因素：

(1) 被審計單位對外報告的時間表（終點），包括中間階段和最終階段。

(2) 與管理層和治理層舉行會談，討論審計工作的性質、時間安排和範圍（管理層和治理層）。

(3) 與管理層和治理層討論註冊會計師擬出具的報告的類型和時間安排以及溝通的其他事項（口頭或書面溝通），包括審計報告、管理建議書和向治理層通報的其他事項。

(4) 與管理層討論預期就整個審計業務中對審計工作的進展進行的溝通。

(5) 與組成部分註冊會計師溝通擬出具的報告的類型和時間安排以及與組成部分審計相關的其他事項。

(6) 項目組成員之間溝通的預期性質和時間安排，包括項目組會議的性質和時間安排以及復核已執行工作的時間安排。

(7) 預期是否需要和第三方進行其他溝通，包括與審計相關的法定或約定的報告責任。

(三) 審計方向

審計方向一共有 14 項考慮因素，我們可以將這些因素分為三大類來理解。

1. 初步風險識別

(1) 確定或重新考慮。

(2) 重大錯報風險較高的審計領域。

(3) 評估的財務報表層次的重大錯報對指導、監督及復核的影響。

(4) 項目組人員的選擇和工作分工，包括向重大錯報風險較高的審計領域分派具備適當經驗的人員。

(5) 項目預算，包括考慮為重大錯報風險可能較高的審計領域分配適當的工作時間。

(6) 如何向項目組成員強調在收集和評價審計證據過程中保持職業懷疑的必要性。

2. 考慮內部控制

(1) 以往審計中對內部控制運行有效性評價的結果，包括所識別的控制缺陷的性質及應對措施。

(2) 管理層重視設計和實施健全的內部控制的相關證據，包括這些內部控制得以適當記錄的證據。

(3) 基於交易規模、審計效率確定是否依賴內部控制。

(4) 對內部控制重要性的重視程度。

3. 考慮重大變化

(1) 影響被審計單位經營的重大發展變化，包括信息技術、業務流程、關鍵管理人員變化以及收購、兼併和分立。

(2) 重大行業發展情況，如行業法規變化和新的報告規定。

(3) 會計準則及會計制度的變化。

（4）其他重大變化，如影響被審計單位的法律環境的變化。

（四）審計資源

審計資源主要包括以下四項具體內容：

（1）向具體審計領域調配的資源，包括向高風險領域分派有適當經驗的項目組成員，就複雜的問題利用專家工作等。

（2）向具體審計領域分配資源的多少，包括分派到重要地點監盤存貨的項目組成員的人數，在集團審計中復核組成部分註冊會計師工作的範圍，向高風險領域分配的審計時間預算等。

（3）何時調配這些資源，包括是在期中審計階段還是在關鍵的截止日期調配資源等。

（4）如何管理、指導、監督這些資源，包括預期何時召開項目組預備會和總結會，預期項目合夥人和經理如何進行復核，是否需要實施項目質量控制復核等。

總體審計策略計劃書格式參見本章附錄。

**二、具體審計計劃**

具體審計計劃比總體審計策略更加詳細，其內容包括為獲取充分、適當的審計證據以將審計風險降至可接受的低水準，項目組成員擬實施的審計程序的性質、時間和範圍。具體審計計劃應當包括風險評估程序、計劃實施的進一步審計程序和計劃實施的其他審計程序。

（一）風險評估程序

按照《中國註冊會計師審計準則第1211號——通過瞭解被審計單位及其環境識別和評估重大錯報風險》的要求，具體審計計劃應該包括為了足夠識別和評估財務報表重大錯報風險，註冊會計師計劃實施的風險評估程序的性質、時間安排和範圍。

（二）計劃實施的進一步審計程序

按照《中國註冊會計師審計準則第1231號——針對評估的重大錯報風險採取的應對措施》的規定，針對評估的認定層次的重大錯報風險，註冊會計師計劃實施的進一步審計程序的性質、時間安排和範圍，即控制測試和實質性程序。

計劃這些審計程序會隨著具體審計計劃的制訂逐步深入，並貫穿於審計的整個過程。例如，計劃風險評估程序在審計過程的較早階段進行，而計劃進一步審計程序的性質、時間安排和範圍，取決於風險評估程序的結果。此外，註冊會計師可能先執行與某些類別的交易、帳戶餘額或披露相關的進一步審計程序，再計劃其他所有的進一步審計程序。

進一步審計程序的總體方案是指註冊會計師針對各類交易、帳戶餘額和列報決定採用的總體方案（包括實質性方案或綜合性方案）。具體審計程序通常包括控制測試和實質性程序的性質、時間和範圍。

（三）計劃實施的其他審計程序

審計計劃應當包括根據審計準則的規定，註冊會計師對審計業務需要實施的其他審計程序。計劃的其他審計程序可以包括進一步程序中沒有涵蓋的、根據其他審計準則要求註冊會計師應當執行的既定程序。

### 三、審計過程中對計劃的更改

計劃審計工作並非審計業務的一個孤立階段，而是一個持續的、不斷修正的過程，貫穿於整個審計業務的始終。俗語說：「計劃永遠趕不上變化。」由於未預期事項、條件的變化或在實施審計程序中獲取的審計證據等原因，註冊會計師應當在審計過程中對總體審計策略和具體審計計劃做出必要的更新和修改。

通常來講，這些更新和修改涉及比較重要的事項。例如，對重要性水準的修改，對某類交易、帳戶餘額和列報的重大錯報風險的評估和進一步審計程序（包括總體方案和擬實施的具體審計程序）的更新和修改等。一旦計劃被更新和修改，審計工作也就應當進行相應修正。

如果註冊會計師在審計過程中對總體審計策略或具體審計計劃做出重大修改，其應當在審計工作底稿中記錄做出的重大修改及修改理由。

### 四、指導、監督與復核

註冊會計師應當就對項目組成員工作的指導、監督與復核的性質、時間和範圍制訂計劃。

對項目組成員工作的指導、監督與復核的性質、時間和範圍主要取決於下列因素：
（1）被審計單位的規模和複雜程度。
（2）審計領域。
（3）重大錯報風險。
（4）執行審計工作的項目組成員的素質和專業勝任能力。

### 五、首次接受審計委託的補充考慮

在首次接受審計委託前，註冊會計師應當執行下列程序：
（1）針對建立客戶關係和承接具體審計業務實施相應的質量控制程序。
（2）如果被審計單位變更了會計師事務所，按照職業道德規範和審計準則的規定，與前任註冊會計師溝通。

對於首次接受審計委託，在制定總體審計策略和具體審計計劃時，註冊會計師還應當考慮下列事項：
（1）與前任註冊會計師溝通做出安排，包括查閱前任註冊會計師的審計工作底稿等。
（2）與管理層討論的有關首次接受審計委託的重大問題，就這些重大問題與治理層溝通的情況以及這些重大問題是如何影響總體審計策略和具體審計計劃的。
（3）針對期初餘額獲取充分、適當的審計證據而計劃實施的審計程序。
（4）針對預見到的特別風險，分派具有相應素質和專業勝任能力的人員。
（5）根據會計師事務所關於首次接受審計委託的質量控制制度實施的其他程序。

## 本章小結

本章主要討論審計計劃相關知識，介紹了註冊會計師在初步瞭解和評價客戶的基礎上，如何進行業務承接風險初步評價，決定是否接受業務委託。通過初步業務活動，簽訂審計業務約定書，確定審計項目組成員，編製完成總體審計策略和具體審計計劃。重點掌握初步業務活動、總體審計策略和具體審計計劃之間的區別。本章內容屬於基礎理論知識，知識要點比較多，需要學生認真學習掌握。

## 本章思維導圖

本章思維導圖如圖 8-3 所示。

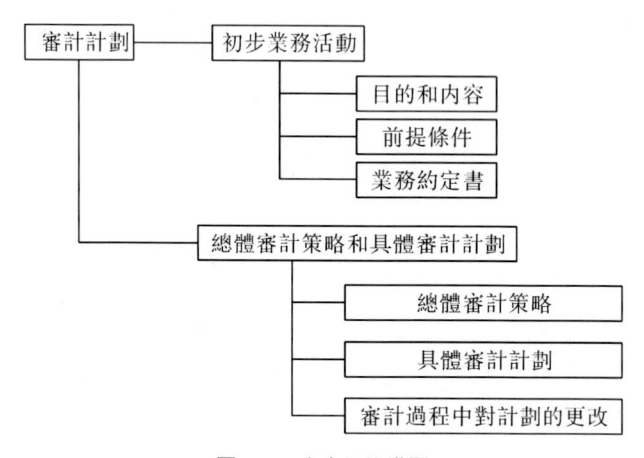

圖 8-3　本章思維導圖

## 本章附錄

總體審計策略計劃書

被審計單位：ABC 建設工程有限公司　　　索引號：BE
項目：總體審計策略計劃書　　　　　　　　財務報表截止日/期間：
編製人：×××　　　　　　　　　　　　　　復核人：×××
日期：2019 年 2 月 6 日　　　　　　　　　日期：2019 年 2 月 6 日

**一、審計工作範圍**

| 報告要求 | |
|---|---|
| 適用的財務報表編製基礎（包括是否需要將財務信息按照其他財務報表編製基礎進行轉換） | |
| 適用的審計準則 | |

表(續)

| | |
|---|---|
| 與財務報告相關的行業特別規定 | 例如，監管機構發布的有關信息披露法規、特定行業主管部門發布的與財務報告相關的法規等 |
| 需要閱讀的含有已審財務報表的文件中的其他信息 | 例如，上市公司年報 |
| 制定審計策略需考慮的其他因素 | 例如，單獨出具報告的子公司 |

## 二、審計業務時間安排

(一) 對外報告時間安排

| 審計工作 | 時間 |
|---|---|
| 1. 提交審計報告草稿 | |
| 2. 簽署正式審計報告 | |
| 3. 公布已審計報表和審計報告 | |

(二) 執行審計時間安排

| 執行審計時間安排 | 時間 |
|---|---|
| 1. 期中審計 | |
| (1) 制定總體審計策略 | |
| (2) 制訂具體審計計劃 | |
| 2. 期末審計 | |
| 存貨監盤 | |

(三) 溝通的時間安排

| 所需溝通 | 時間 |
|---|---|
| 與管理層及治理層的會議 | |
| 項目組會議 | |
| 與專家或有關人士溝通 | |
| 與其他註冊會計師溝通 | |
| 與前任註冊會計師溝通 | |

### 三、影響審計業務的重要因素

(一) 重要性

| 確定的重要性水準 | 索引號 |
|---|---|
| 財務報表整體的重要性 | |
| 特定類別的交易、帳戶餘額或披露的一個或多個重要性水準 | |
| 實際執行的重要性 | |
| 明顯微小錯報的臨界值 | |

(二) 可能存在較高重大錯報風險的領域

| 可能存在較高重大錯報風險的領域 | 索引號 |
|---|---|
| | |

(三) 重要的組成部分和帳戶餘額

| 重要的組成部分和帳戶餘額 | 索引號 |
|---|---|
| 1. 重要的組成部分 | |
| 2. 重要的帳戶餘額 | |

### 四、人員安排

(一) 項目組主要成員的責任

| 職位 | 姓名 | 主要職責 |
|---|---|---|
| | | |

(二) 與項目質量控制復核人員的溝通（如適用）

| 溝通內容 | 負責溝通的項目組成員 | 溝通時間 |
|---|---|---|
| 風險評估 | | |
| 對審計計劃的討論 | | |
| 對財務報表的復核 | | |

### 五、對專家或其他有關人士工作的利用

(一) 對內部審計工作的利用

| 主要報表項目 | 擬利用的內部審計工作 | 索引號 |
| --- | --- | --- |
|  | 內部審計部分對各倉庫的存貨每半年至少盤點一次。在中期審計時，項目組已經對內部審計部門盤點步驟進行觀察，其結果滿意，因此項目組將審閱其年底的盤點結果，並縮小存在監盤的範圍 |  |

(二) 對其他註冊會計師工作的利用

| 其他註冊會計師名稱 | 利用其工作範圍的程度 | 索引號 |
| --- | --- | --- |
|  |  |  |

(三) 對專家工作的利用

| 主要報表項目 | 專家姓名 | 主要職責及工作範圍 | 利用專家工作的原因 | 索引號 |
| --- | --- | --- | --- | --- |
|  |  |  |  |  |

### 六、其他事項

# 第九章
# 風險評估

## 學習目標

1. 掌握風險導向審計的思路和風險評估的思路。
2. 理解通過各種途徑從各個角度瞭解被審計單位及其環境。
3. 理解基於對被審計單位各方面的瞭解，以識別和評估財務報表的重大錯報風險。
4. 掌握企業內部控制、重大錯報風險評估等知識點。

## 案例導入

ABC會計師事務所首次接受委託，審計上市公司甲公司2019年財務報表，委派A註冊會計師擔任項目合夥人。A註冊會計師確定財務報表整體的重要性為120萬元。甲公司主要從事電子產品的生產和銷售，銷售客戶集中在海外市場。

資料一：

A註冊會計師在審計工作底稿中記錄了所瞭解的甲公司的情況與環境，部分內容摘錄如下：

（1）2019年3月，甲公司終止使用運行多年的外購財務軟件，改為使用自行研發的財務信息系統。

（2）2019年6月起，甲公司的主要出口市場實施貿易保護政策，產品出口量減少了50%。

（3）2019年8月，甲公司大幅增加研發投入，試圖通過研發新技術開拓新市場。

（4）2019年10月，甲公司委託某電視臺為其新產品播放廣告，費用為每月100萬元，甲公司當月預付了3個月的廣告費用。

（5）2019年12月31日，甲公司存貨餘額為1,000萬元，迫於資金壓力，將其中半數的存貨按成本價的80%與乙公司簽訂了銷售合同，但尚未執行。甲公司對此確認了100萬元的預計負債。

資料二：

A註冊會計師在審計工作底稿中記錄了甲公司的財務數據，部分內容摘錄如表9-1所示。

表 9-1　甲公司財務數據　　　　　　　　　單位：萬元

| 項目 | 未審數 2019年 | 已審數 2018年 |
|---|---|---|
| 營業收入 | 2,100 | 2,000 |
| 營業成本 | 1,050 | 1,000 |
| 無形資產——專利技術 | 800 | 20 |
| 預付款項——某電視臺 | 300 | 0 |
| 存貨 | 1,000 | 600 |
| 存貨跌價準備 | 100 | 0 |

問題：針對資料一第（1）至（5）項，結合資料二，假定不考慮其他條件，逐項指出資料一所列事項是否可能表明存在重大錯報風險。如果認為可能表明存在重大錯報風險，簡要說明理由。

如果認為該風險為認定層次重大錯報風險，說明該風險主要與哪些財務報表項目（僅限於應收帳款、預付款項、無形資產、存貨、營業收入、銷售費用、管理費用、資產減值損失）的哪些認定相關（不考慮稅務影響），將答案填入表 9-2。

表 9-2　答案

| 事項序號 | 是否可能表明存在重大錯報風險（是/否） | 理由 | 財務報表項目名稱及認定 |
|---|---|---|---|
| （1） |  |  |  |
| （2） |  |  |  |
| （3） |  |  |  |
| （4） |  |  |  |
| （5） |  |  |  |

註冊會計師實施審計，其目標是對財務報表不存在由於錯誤或舞弊導致的重大錯報獲取合理保證。風險導向審計是當今主流的審計方法，它要求註冊會計師識別和評估重大錯報風險，設計和實施進一步審計程序以應對評估的錯報風險，並根據審計結果出具恰當的審計報告。本章主要介紹如何對重大錯報風險進行識別、評估和應對，並最終將審計風險降至可接受的低水準。現代風險導向審計的業務流程如表 9-3 所示。

表 9-3　現代風險導向審計的業務流程

| 審計業務流程和程序 | | 目的 | 用以規範的審計準則 |
|---|---|---|---|
| 風險評估程序 | 瞭解被審計單位及其環境，包括內部控制 | 評估財務報表總體層次和認定層次的重大錯報風險 | 《中國註冊會計師審計準則第 1211 號——通過瞭解被審計單位及其環境識別和評估重大錯報風險》 |
| 進一步審計程序 | （必要時）控制測試 | 測試內部控制在防止、發現和糾正認定層次重大錯報方面的有效性，並據此重新評估認定層次的重大錯報風險 | 《中國註冊會計師審計準則第 1231 號——針對評估的重大錯報風險採取的應對措施》 |
| 進一步審計程序 | 實質性程序 | 發現認定層次的重大錯報，降低檢查風險 | 《中國註冊會計師審計準則第 1301 號——審計證據》 |

# 第一節　風險識別和評估概述

## 一、風險識別和評估的概念

在風險導向審計模式下，註冊會計師以重大錯報風險的識別、評估和應對為審計工作的主線，最終將審計風險控制在可接受的低水準。風險的識別和評估是審計風險控制流程的起點。風險識別和評估是指註冊會計師通過實施風險評估程序，識別和評估財務報表層次和認定層次的重大錯報風險。其中，風險識別是指找出財務報表層次和認定層次的重大錯報風險，風險評估是指對重大錯報發生的可能性和後果嚴重程度進行評估。

## 二、風險識別和評估的作用

《中國註冊會計師審計準則第 1211 號——通過瞭解被審計單位及其環境識別和評估重大錯報風險》作為專門規範風險評估的準則，規定註冊會計師應當瞭解被審計單位及其環境，以充分識別和評估財務報表重大錯報風險，設計和實施進一步審計程序。

瞭解被審計單位及其環境是必要程序，特別是為註冊會計師在下列關鍵環節做出職業判斷提供重要基礎：

（1）確定重要性水準，並隨著審計工作的進程評估對重要性水準的判斷是否仍然適當。

（2）考慮會計政策的選擇和運用是否恰當以及財務報表的列報是否適當。

（3）識別需要特別考慮的領域，包括關聯方交易、管理層運用持續經營假設的合理性，或者交易是否具有合理的商業目的等。

（4）確定在實施分析程序時使用的預期值。

（5）設計和實施進一步審計程序，以將審計風險降至可接受的低水準。
（6）評價獲取審計證據的充分性和適當性。

瞭解被審計單位及其環境是一個連續和動態地收集、更新與分析信息的過程，貫穿於整個審計過程的始終。註冊會計師應當運用職業判斷確定需要瞭解被審計單位及其環境的程度。

評價對被審計單位及其環境瞭解的程度是否恰當，關鍵是看註冊會計師對被審計單位及其環境的瞭解是否足以識別和評估財務報表的重大錯報風險。如果瞭解被審計單位及其環境獲得的信息足以識別和評估財務報表的重大錯報風險，設計和實施進一步審計程序，那麼瞭解的程度就是恰當的。當然，註冊會計師對被審計單位及其環境瞭解的程度要低於管理層為經營管理企業而對被審計單位及其環境需要瞭解的程度。

## 第二節　風險評估程序和信息來源

### 一、風險評估程序和信息來源

註冊會計師瞭解被審計單位及其環境，目的是識別和評估財務報表重大錯報風險。為瞭解被審計單位及其環境而實施的程序稱為風險評估程序。註冊會計師應當依據實施這些程序（風險評估程序）所獲取的信息（被審計單位及其環境相關的內外部信息），評估重大錯報風險。

註冊會計師應當實施下列風險評估程序，以瞭解被審計單位及其環境：詢問、分析程序、觀察和檢查。

值得注意的是，在對被審計單位及其環境獲取瞭解的整個過程中，註冊會計師應當實施上述所有風險評估程序，但是在瞭解被審計單位及其環境的每一方面時（審計準則要求從六個方面瞭解被審計單位及其環境），無需實施上述所有程序。例如，註冊會計師在瞭解內部控制時通常不用分析程序。

（一）詢問

詢問管理層和被審計單位內部其他人員是註冊會計師瞭解被審計單位及其環境的一個重要信息來源。必要時，註冊會計師也可詢問其他外部人員。例如，可以詢問被審計單位聘請的外部法律顧問、專業評估師、投資顧問和財務顧問等。

註冊會計師可以考慮向管理層和財務負責人詢問下列事項：
（1）管理層關注的主要問題，如新的競爭對手、主要客戶和供應商的流失、新的稅收法規的實施以及經營目標或戰略的變化等。
（2）被審計單位最近的財務狀況、經營成果和現金流量。
（3）可能影響財務報告的交易和事項，或者目前發生的重大會計處理問題，如重大的併購事宜等。
（4）被審計單位發生的其他重要變化，如所有權結構、組織結構的變化以及內部控制的變化等。

註冊會計師通過詢問獲取的大部分信息來自管理層和負責財務報告的人員。註冊會計師也可以通過詢問被審計單位內部的其他不同層級的人員獲取信息，或者為識別重大錯報風險提供不同的視角。例如：

（1）直接詢問治理層，可能有助於註冊會計師瞭解編製財務報表的環境。

（2）直接詢問內部審計人員，可能有助於註冊會計師瞭解本年度針對被審計單位內部控制設計和運行有效性而實施的內部審計程序以及管理層是否根據實施這些程序的結果採取了適當的應對措施。

（3）詢問參與生成、處理或記錄複雜（異常）交易的員工，可能有助於註冊會計師評價被審計單位選擇和運用某項會計政策的恰當性。

（4）直接詢問內部法律顧問，可能有助於註冊會計師瞭解有關信息，如訴訟、遵守法律法規的情況、影響被審計單位的舞弊或舞弊嫌疑、產品保證、售後責任、與業務合作夥伴的安排（如合營企業）和合同條款的含義等。

（5）直接詢問營銷或銷售人員，可能有助於註冊會計師瞭解被審計單位營銷策略的變化、銷售趨勢或與客戶的合同安排。

（二）分析程序

分析程序是指註冊會計師通過研究不同財務數據之間以及財務數據與非財務數據之間的內在關係，對財務信息做出評價。分析程序還包括調查識別出的、與其他相關信息不一致或與預期數據嚴重偏離的波動和關係。

分析程序既可用於風險評估程序和實質性程序，也可用於對財務報表的總體復核。註冊會計師實施分析程序有助於識別異常的交易或事項以及對財務報表和審計產生影響的金額、比率和趨勢。在實施分析程序時，註冊會計師應當預期可能存在的合理關係，並與被審計單位記錄的金額、依據記錄金額計算的比率或趨勢相比較。如果發現異常或未預期到的關係，註冊會計師應當在識別重大錯報風險時考慮這些比較結果。

如果使用了高度匯總的數據，實施分析程序的結果可能僅初步顯示財務報表存在重大錯報，將分析程序的結果與識別重大錯報風險時獲取的其他信息一併考慮，可以幫助註冊會計師瞭解並評價分析程序的結果。例如，被審計單位存在很多產品系列，各個產品系列的毛利率存在一定差異。對總體毛利率實施分析程序的結果可能僅初步顯示銷售成本存在重大錯報，註冊會計師需要實施更為詳細的分析程序。例如，註冊會計師對每一產品系列進行毛利率分析，或者將總體毛利率分析的結果連同其他信息一併考慮。

（三）觀察和檢查

觀察和檢查程序可以支持對管理層與其他相關人員的詢問結果，並可以提供有關被審計單位及其環境的信息，註冊會計師應當實施下列觀察和檢查程序：

（1）觀察被審計單位的經營活動。例如，觀察被審計單位人員正在從事的生產活動和內部控制活動，增加註冊會計師對被審計單位人員如何進行生產經營活動及實施內部控制的瞭解。

（2）檢查文件、記錄和內部控制手冊。例如，檢查被審計單位的經營計劃、策略、章程、與其他單位簽訂的合同、協議，各業務流程操作指引和內部控制手冊等，

瞭解被審計單位組織結構和內部控制制度的建立健全情況。

（3）閱讀由管理層和治理層編製的報告。例如，閱讀被審計單位年度和中期財務報告、股東大會、董事會會議、高級管理層會議的會議記錄或紀要，管理層的討論和分析資料，對重要經營環節和外部因素的評價，被審計單位內部管理報告以及其他特殊目的的報告（如新投資項目的可行性分析報告）等，瞭解自上一期審計結束至本期審計期間被審計單位發生的重大事項。

（4）實地察看被審計單位的生產經營場所和廠房設備。通過現場訪問和實地察看被審計單位的生產經營場所和廠房設備，可以幫助註冊會計師瞭解被審計單位的性質及其經營活動。在實地察看被審計單位的廠房和辦公場所的過程中，註冊會計師有機會與被審計單位管理層和擔任不同職責的員工進行交流，可以增強註冊會計師對被審計單位的經營活動及其重大影響因素的瞭解。

（5）追蹤交易在財務報告信息系統中的處理過程（穿行測試）。這是註冊會計師瞭解被審計單位業務流程及其相關控制時經常使用的審計程序。通過追蹤某筆或某幾筆交易在業務流程中如何生成、記錄、處理和報告以及相關控制如何執行，註冊會計師可以確定被審計單位的交易流程和相關控制是否與之前通過其他程序獲得的瞭解一致，並確定相關控制是否得到執行。

（6）閱讀外部信息也可能有助於註冊會計師瞭解被審計單位及其環境。外部信息包括證券分析師、銀行、評級機構出具的有關被審計單位及其所處行業的經濟或市場環境等狀況的報告，貿易與經濟方面的報紙雜誌，法規或金融出版物以及政府部門或民間組織發布的行業報告和統計數據等。

## 二、其他信息來源

註冊會計師應當考慮在客戶接受或保持過程中獲取的信息是否與識別重大錯報風險相關。

通常，對新的審計業務，註冊會計師應在業務承接階段對被審計單位及其環境有一個初步的瞭解，以確定是否承接該業務。對連續審計業務，註冊會計師也應在每年的續約過程中對上年審計做總體評價，並更新對被審計單位的瞭解和風險評估結果，以確定是否續約。

註冊會計師應當考慮向被審計單位提供其他服務（如執行中期財務報表審閱業務）獲得的經驗是否有助於識別重大錯報風險。

以前期間獲取的信息也是一項重要的信息來源。

對於連續審計業務，如果擬利用以往與被審計單位交往的經驗和以前審計中實施審計程序獲取的信息，註冊會計師應當確定被審計單位及其環境自以前審計後是否已發生變化，進而可能影響這些信息對本期審計的相關性。例如，註冊會計師通過前期審計獲取的有關被審計單位組織結構、生產經營活動和內部控制的審計證據以及有關以往的錯報和錯報是否得到及時更正的信息，可以幫助其評估本期財務報表的重大錯報風險。

但值得注意的是，被審計單位或其環境的變化可能導致此類信息在本期審計中已不具有相關性。

### 三、項目組內部的討論

項目組內部的討論在所有業務階段都非常必要，可以保證所有事項得到恰當的考慮。通過安排具有較多經驗的成員（如項目合夥人）參與項目組內部的討論，其他成員可以分享其見解和以往獲取的被審計單位的經驗。《中國註冊會計師審計準則第1211號——通過瞭解被審計單位及其環境識別和評估重大錯報風險》要求項目合夥人和項目組其他關鍵成員應當討論被審計單位財務報表存在重大錯報的可能性以及如何根據被審計單位的具體情況運用適用的財務報告編製基礎。項目合夥人應當確定向未參與討論的項目組成員通報哪些事項。

討論的內容和範圍受項目組成員的職位、經驗和所需要的信息的影響。表9-4列示了項目組討論內容的三個主要領域和可能涉及的信息。

表 9-4　項目組討論內容

| 討論的目的 | 討論的內容 |
| --- | --- |
| 分享瞭解的信息 | （1）被審計單位的性質、管理層對內部控制的態度、從以往審計業務中獲得的經驗、重大經營風險因素。<br>（2）已瞭解的影響被審計單位的外部和內部舞弊因素，可能為管理層或其他人員實施下列行為提供動機或壓力：<br>①實施舞弊。<br>②為實施構成犯罪的舞弊提供機會。<br>③利用企業文化或環境，尋找使舞弊行為合理化的理由。<br>④侵占資產（考慮管理層對接觸現金或其他易被侵占資產的員工實施監督的情況）。<br>（3）確定財務報表哪些項目易於發生重大錯報，表明管理層傾向於高估或低估收入的跡象 |
| 分享審計思路和方法 | （1）管理層可能如何編報和隱藏虛假財務報告，如管理層凌駕於內部控制之上。根據對識別的舞弊風險因素的評估，設想可能的舞弊場景對審計很有幫助。例如，銷售經理可能通過高估收入實現達到獎勵水準的目的。這可能通過修改收入確認政策或進行不恰當的收入截止來實現。<br>（2）出於個人目的侵占或挪用被審計單位的資產行為如何發生。<br>（3）考慮管理層進行高估或低估帳目的方法，包括對準備和估計進行操縱以及變更會計政策等；用於應對評估風險可能的審計程序或方法 |
| 為項目組指明審計方向 | （1）強調在審計過程中保持職業懷疑態度的重要性。註冊會計師不應認為管理層完全誠實，也不應將其作為罪犯對待。<br>（2）列示表明可能存在舞弊可能性的跡象。例如：<br>①識別警示信號，並予以追蹤。<br>②一個不重要的金額（如增長的費用）可能表明存在很大的問題，如管理層誠信。<br>（3）決定如何增加擬實施審計程序的性質、時間安排和範圍的不可預見性。<br>（4）總體考慮每個項目組成員擬執行的審計工作部分、需要的審計方法、特殊考慮、時間、記錄要求、如果出現問題應聯繫的人員、審計工作底稿復核以及其他預期事項。<br>（5）強調對表明管理層不誠實的跡象保持警覺的重要性 |

## 第三節　瞭解被審計單位及其環境

### 一、總體要求

註冊會計師應當從下列方面瞭解被審計單位及其環境：
（1）相關行業狀況、法律環境和監管環境及其他外部因素。
（2）被審計單位的性質。
（3）被審計單位對會計政策的選擇和運用。
（4）被審計單位的目標、戰略以及可能導致重大錯報風險的相關經營風險。
（5）對被審計單位財務業績的衡量和評價。
（6）被審計單位的內部控制。

上述第（1）項是被審計單位的外部環境，第（2）（3）（4）項以及第（6）項是被審計單位的內部因素，第（5）項則既有外部因素也有內部因素。值得注意的是，被審計單位及其環境的各個方面可能會互相影響。例如，被審計單位的行業狀況、法律環境與監管環境以及其他外部因素可能影響到被審計單位的目標、戰略以及相關經營風險，而被審計單位的性質、目標、戰略、相關經營風險可能影響到被審計單位對會計政策的選擇和運用以及內部控制的設計和執行。因此，註冊會計師在對被審計單位及其環境的各個方面進行瞭解和評估時，應當考慮各因素之間的相互關係。

### 二、瞭解行業狀況、法律環境和監管環境及其他外部因素

（一）實施的風險評估程序

瞭解行業狀況、法律環境和監管環境及其他外部因素實施的風險評估程序如表9-5所示。

表9-5　瞭解行業狀況、法律環境和監管環境及其他外部因素實施的風險評估程序

| 風險評估程序 | 執行人 | 執行時間 | 索引號 |
|---|---|---|---|
| 向被審計單位銷售總監詢問其主要產品、行業發展狀況等信息 | | | |
| 查詢券商編寫的關於被審計單位及其所處行業的研究報告 | | | |
| 將被審計單位的關鍵業績指標（銷售毛利率、市場佔有率等）與同行業中規模相近的企業進行比較分析 | | | |
| …… | | | |

（二）瞭解的內容和評估出的風險

1. 行業狀況

註冊會計師應當瞭解被審計單位的行業狀況，主要包括：
（1）所處行業的市場與競爭，包括市場需求、生產能力和價格競爭。

（2）生產經營的季節性和週期性。
（3）與被審計單位產品相關的生產技術。
（4）能源供應與成本。
（5）行業的關鍵指標和統計數據。

2. 法律環境與監管環境

瞭解法律環境與監管環境的主要原因在於：

（1）某些法律法規或監管要求可能對被審計單位經營活動有重大影響，如不遵守將導致停業等嚴重後果。

（2）某些法律法規或監管要求（如環保法規等）規定了被審計單位某些方面的責任和義務。

（3）某些法律法規或監管要求決定了被審計單位需要遵循的行業慣例和核算要求。

註冊會計師應當瞭解被審計單位所處的法律環境與監管環境，主要包括：

①會計原則和行業特定慣例。
②受管制行業的法規框架。
③對被審計單位經營活動產生重大影響的法律法規，包括直接的監管活動。
④稅收政策（關於企業所得稅和其他稅種的政策）。
⑤目前對被審計單位開展經營活動產生影響的政府政策，如貨幣政策（包括外匯管制）、財政政策、財政刺激措施（如政府援助項目）、關稅或貿易限制政策等。
⑥影響行業和被審計單位經營活動的環保要求。

3. 其他外部因素

註冊會計師應當瞭解影響被審計單位經營的其他外部因素，主要包括總體經濟情況、利率、融資的可獲得性、通貨膨脹水準或幣值變動等。

具體而言，註冊會計師可能需要瞭解以下情況：當前的宏觀經濟狀況以及未來的發展趨勢如何。目前國內或本地區的經濟狀況（如增長率、通貨膨脹率、失業率、利率等）怎樣影響被審計單位的經營活動。被審計單位的經營活動是否受到匯率波動或全球市場力量的影響。

（三）瞭解的重點和程度

註冊會計師對行業狀況、法律環境與監管環境以及其他外部因素瞭解的範圍和程度會因被審計單位所處行業、規模以及其他因素（如在市場中的地位）的不同而不同。例如，對從事計算機硬件製造的被審計單位，註冊會計師可能更關心市場和競爭以及技術進步的情況；對金融機構，註冊會計師可能更關心宏觀經濟走勢以及貨幣、財政等方面的宏觀經濟政策；對化工等產生污染的行業，註冊會計師可能更關心相關環保法規。註冊會計師考慮將瞭解的重點放在對被審計單位的經營活動可能產生重要影響的關鍵外部因素以及與前期相比發生的重大變化上。

註冊會計師應當考慮被審計單位所在行業的業務性質或監管程度是否可能導致特定的重大錯報風險，考慮項目組是否配備了具有相關知識和經驗的成員。

例如，建築行業長期合同涉及收入和成本的重大估計，可能導致重大錯報風險；銀行監管機構對商業銀行的資本充足率有專門規定，不能滿足這一監管要求的商業

銀行可能有操縱財務報表的動機和壓力。

**三、瞭解被審計單位的性質**

(一) 實施的風險評估程序

瞭解被審計單位的性質實施的風險評估程序如表9-6所示。

表9-6 瞭解被審計單位的性質實施的風險評估程序

| 風險評估程序 | 執行人 | 執行時間 | 索引號 |
|---|---|---|---|
| 向董事長等高管人員詢問被審計單位所有權結構、治理結構、組織結構、近期主要投資、籌資情況 | | | |
| 向銷售人員詢問相關市場信息，如主要客戶和合同、付款條件、主要競爭者、定價政策、營銷策略等 | | | |
| 查閱組織結構圖、治理結構圖、公司章程以及主要銷售、採購、投資、債務合同等 | | | |
| 實地察看被審計單位主要生產經營場所 | | | |
| …… | | | |

(二) 瞭解的內容和評估出的風險

1. 所有權結構

對被審計單位所有權結構的瞭解有助於註冊會計師識別關聯方關係並瞭解被審計單位的決策過程。註冊會計師應當瞭解所有權結構以及所有者與其他人員或實體之間的關係，考慮關聯方關係是否已經得到識別以及關聯方交易是否得到恰當核算。例如，註冊會計師應當瞭解被審計單位是屬於國有企業、外商投資企業、民營企業，還是屬於其他類型的企業，還應當瞭解其直接控股母公司、間接控股母公司、最終控股母公司和其他股東的構成以及所有者與其他人員或實體（如控股母公司控制的其他企業）之間的關係。註冊會計師應當按照《中國註冊會計師審計準則第1323號——關聯方》的規定，瞭解被審計單位識別關聯方的程序，獲取被審計單位提供的所有關聯方信息，並考慮關聯方關係是否已經得到識別，關聯方交易是否得到恰當記錄和充分披露。

同時，註冊會計師可能需要對其控股母公司（股東）的情況做進一步的瞭解，包括控股母公司的所有權性質、管理風格及其對被審計單位經營活動及財務報表可能產生的影響；控股母公司與被審計單位在資產、業務、人員、機構、財務等方面是否分開，是否存在占用資金等情況；控股母公司是否施加壓力，要求被審計單位達到其設定的財務業績目標。

2. 治理結構

良好的治理結構可以對被審計單位的經營和財務運作實施有效的監督，從而降低財務報表發生重大錯報的風險。註冊會計師應當瞭解被審計單位的治理結構。例如，董事會的構成情況、董事會內部是否有獨立董事；治理結構中是否設有審計委員會或監事會及其運作情況。註冊會計師應當考慮治理層是否能夠在獨立於管理層

的情況下對被審計單位事務（包括財務報告）做出客觀判斷。

3. 組織結構

複雜的組織結構可能導致某些特定的重大錯報風險。註冊會計師應當瞭解被審計單位的組織結構，考慮複雜組織結構可能導致的重大錯報風險，包括財務報表合併、商譽減值以及長期股權投資核算等問題。

例如，對於在多個地區擁有子公司、合營企業、聯營企業或其他成員機構，或者存在多個業務分部和地區分部的被審計單位，不僅編製合併財務報表的難度增加，還存在其他可能導致重大錯報風險的複雜事項，包括對子公司、合營企業、聯營企業和其他股權投資類別的判斷及其會計處理等。

4. 經營活動

瞭解被審計單位經營活動有助於註冊會計師識別預期在財務報表中反應的主要交易類別、重要帳戶餘額和列報。註冊會計師應當瞭解被審計單位的經營活動，主要包括：

（1）主營業務的性質。例如，主營業務是製造業還是商品批發與零售；是銀行、保險還是其他金融服務；是公用事業、交通運輸還是提供技術產品和服務；等等。

（2）與生產產品或提供勞務相關的市場信息。例如，主要客戶和合同、付款條件、利潤率、市場份額、競爭者、出口、定價政策、產品聲譽、質量保證、營銷策略和目標等。

（3）業務的開展情況。例如，業務分部的設立情況、產品和服務的交付、衰退或擴展的經營活動的詳情等。

（4）聯盟、合營與外包情況。

（5）從事電子商務的情況。例如，是否通過互聯網銷售產品和提供服務以及從事營銷活動。

（6）地區分佈與行業細分。例如，是否涉及跨地區經營和多種經營，各個地區和各行業分佈的相對規模以及相互之間是否存在依賴關係。

（7）生產設施、倉庫和辦公室的地理位置，存貨存放地點和數量。

（8）關鍵客戶。例如，銷售對象是少量的大客戶還是眾多的小客戶；是否有被審計單位高度依賴的特定客戶（如超過銷售總額10%的顧客）；是否有造成高回收性風險的若干客戶或客戶類別（如正處在一個衰退市場中的客戶）；是否與某些客戶訂立了不尋常的銷售條款或條件。

（9）貨物和服務的重要供應商。例如，是否簽訂長期供應合同、原材料供應的可靠性和穩定性、付款條件以及原材料是否受重大價格變動的影響。

（10）勞動用工安排。例如，分地區用工情況、勞動力供應情況、工薪水準、退休金和其他福利、股權激勵或其他獎金安排以及與勞動用工事項相關的法規。

（11）研究與開發活動及其支出。

（12）關聯方交易。例如，有些客戶或供應商是否為關聯方；對關聯方和非關聯方是否採用不同的銷售和採購條款。此外，被審計單位還存在哪些關聯方交易，對這些交易採用怎樣的定價政策。

5. 投資活動

瞭解被審計單位投資活動有助於註冊會計師關注被審計單位在經營策略和方向上的重大變化。註冊會計師應當瞭解被審計單位的投資活動。主要包括：

（1）近期擬實施或已實施的併購活動與資產處置情況，包括業務重組或某些業務的終止。註冊會計師應當瞭解併購活動如何與被審計單位目前的經營業務相協調，並考慮它們是否會引發進一步的經營風險。例如，被審計單位併購了一個新的業務部門，註冊會計師需要瞭解管理層如何管理這一新業務，而新業務又如何與現有業務相結合，發揮協同優勢，如何解決原有經營業務與新業務在信息系統、企業文化等各方面的不一致。

（2）證券投資、委託貸款的發生與處置。

（3）資本性投資活動，包括固定資產和無形資產投資、近期或計劃發生的變動以及重大的資本承諾等。

（4）不納入合併範圍的投資。例如，聯營、合營或其他投資，包括近期計劃的投資項目。

6. 籌資活動

瞭解被審計單位籌資活動有助於註冊會計師評估被審計單位在融資方面的壓力，並進一步考慮被審計單位在可預見未來的持續經營能力。註冊會計師應當瞭解被審計單位的籌資活動，主要包括：

（1）債務結構和相關條款，包括資產負債表外融資和租賃安排。例如，獲得的信貸額度是否可以滿足營運需要；得到的融資條件及利率是否與競爭對手相似，如不相似，原因何在；是否存在違反借款合同中限制性條款的情況；是否承受重大的匯率與利率風險。

（2）主要子公司和聯營企業（無論是否處於合併範圍內）的重要融資安排。

（3）實際受益方及關聯方。例如，實際受益方是國內的還是國外的，其商業聲譽和經驗可能對被審計單位產生的影響。

（4）衍生金融工具的使用。例如，衍生金融工具是用於交易目的還是套期目的以及運用的種類、範圍和交易對手等。

7. 財務報告

瞭解影響財務報告的重要政策、交易或事項，例如：

（1）會計政策和行業特定慣例，包括特定行業的重要活動（如銀行業的貸款和投資、醫藥行業的研究與開發活動）。

（2）收入確認慣例。

（3）公允價值會計核算。

（4）外幣資產、負債與交易。

（5）異常或複雜交易（包括在有爭議的或新興領域的交易）的會計處理（如對股份支付的會計處理）。

### 四、瞭解被審計單位對會計政策的選擇和運用

（一）實施的風險評估程序

瞭解被審計單位對會計政策的選擇和運用實施的風險評估程序如表9-7所示。

表9-7　瞭解被審計單位對會計政策的選擇和運用實施的風險評估程序

| 風險評估程序 | 執行人 | 執行時間 | 索引號 |
|---|---|---|---|
| 向財務總監詢問被審計單位採用的主要會計政策、會計政策變更的情況、財務人員配備和構成情況等 | | | |
| 查閱被審計單位會計工作手冊、操作指引等財務資料和內部報告 | | | |
| …… | | | |

（二）瞭解的內容和評估出的風險

1. 重大和異常交易的會計處理方法

某些被審計單位可能存在與其所處行業相關的重大交易。例如，銀行向客戶發放貸款、證券公司對外投資、醫藥企業的研究與開發活動等。註冊會計師應當考慮對重大的和不經常發生的交易的會計處理方法是否適當。

2. 在缺乏權威性標準或共識的領域採用重要會計政策產生的影響

在缺乏權威性標準或共識的領域，註冊會計師應當關注被審計單位選用了哪些會計政策、為什麼選用這些會計政策以及選用這些會計政策產生的影響。

3. 會計政策的變更

如果被審計單位變更了重要的會計政策，註冊會計師應當考慮變更的原因及其適當性，即考慮會計政策變更是否是法律、行政法規或適用的會計準則和相關會計制度要求的變更；會計政策變更是否能夠提供更可靠、更相關的會計信息。除此之外，註冊會計師還應當關注會計政策的變更是否得到恰當處理和充分披露。

4. 新頒布的會計準則、法律法規以及被審計單位何時採用、如何採用這些規定

例如，當新的企業會計準則頒布施行時，註冊會計師應考慮被審計的單位是否應採用新頒布的會計準則，如果採用，是否已按照新會計準則的要求做好銜接調整工作，並收集執行新會計準則需要的信息資料。

除上述與會計政策的選擇和運用相關的事項外，註冊會計師還應對被審計單位下列與會計政策運用相關的情況予以關注：

（1）是否採用激進的會計政策、方法、估計和判斷。

（2）財會人員是否擁有足夠的運用會計準則的知識、經驗和能力。

（3）是否擁有足夠的資源支持會計政策的運用，如人力資源及培訓、信息技術的採用、數據和信息的採集等。

註冊會計師應當考慮被審計單位是否按照適用的會計準則和相關會計制度的規定恰當地進行了列報，並披露了重要事項。列報和披露的主要內容包括財務報表及其附註的格式、結構安排、內容，財務報表項目使用的術語，披露信息的明細程度，

項目在財務報表中的分類以及列報信息的來源等。註冊會計師應當考慮被審計單位是否已對特定事項做了適當的列報和披露。

### 五、瞭解被審計單位的目標、戰略以及相關經營風險

(一) 實施的風險評估程序

瞭解被審計單位的目標、戰略以及相關經營風險實施的風險評估程序如表 9-8 所示。

表 9-8　瞭解被審計單位的目標、戰略以及相關經營風險實施的風險評估程序

| 風險評估程序 | 執行人 | 執行時間 | 索引號 |
|---|---|---|---|
| 向董事長等高級管理人員詢問被審計單位實施的或準備實施的目標和戰略 | | | |
| 查閱被審計單位經營規劃和其他文件 | | | |
| …… | | | |

(二) 瞭解的內容和評估出的風險

1. 目標、戰略與經營風險

目標是企業經營活動的指針。企業管理層或治理層一般會根據企業經營面臨的外部環境和內部各種因素，制定合理可行的經營目標。戰略是管理層為實現經營目標採用的方法。為了實現某一既定的經營目標，企業可能有多個可行戰略。例如，如果目標是在某一特定期間內進入一個新的市場，那麼可行的戰略可能包括收購該市場內的現有企業、與該市場內的其他企業合資經營或自行開發進入該市場。隨著外部環境的變化，企業應對目標和戰略做出相應的調整。

經營風險是指可能對被審計單位實現目標和實施戰略的能力產生不利影響的重要狀況、事項、情況、作為（或不作為）所導致的風險，或者由於制定不恰當的目標和戰略而導致的風險。不同的企業可能面臨不同的經營風險，這取決於企業經營的性質、所處的行業、外部的監管環境、企業的規模和複雜程度。管理層有責任識別和應對這些風險。

註冊會計師在瞭解可能導致財務報表重大錯報風險的目標、戰略及相關經營風險時，可以考慮的事項如表 9-9 所示。

表 9-9　考慮的事項

| 考慮的事項 | 潛在的相關經營風險 |
|---|---|
| 行業發展 | 不具備足以應對行業變化的人力資源和業務專長 |
| 開發新產品或提供新服務 | 產品責任增加 |
| 業務擴張 | 對市場需求的估計不準確 |
| 新的會計要求 | 新的會計要求執行不當或不完整，或者會計處理成本增加 |

表9-9(續)

| 考慮的事項 | 潛在的相關經營風險 |
|---|---|
| 監管要求 | 法律責任增加 |
| 本期及未來的融資條件 | 無法滿足融資條件而失去融資機會 |
| 信息技術的運用 | 信息系統與業務流程難以融合 |
| 實施戰略的影響，特別是由此產生的需要運用新會計要求的影響 | 執行新會計要求不當或不完整 |

2. 經營風險對重大錯報風險的影響

經營風險與財務報表重大錯報風險是既有聯繫又相互區別的兩個概念。前者比後者範圍更廣。註冊會計師瞭解被審計單位的經營風險有助於其識別財務報表重大錯報風險。但並非所有的經營風險都與財務報表相關，註冊會計師沒有責任識別或評估對財務報表沒有重大影響的經營風險。

多數經營風險最終都會產生財務後果，從而影響財務報表。但並非所有的經營風險都會導致重大錯報風險。經營風險可能對某類交易、帳戶餘額和披露的認定層次重大錯報風險或財務報表層次重大錯報風險產生直接影響。例如，貸款客戶的企業合併導致銀行客戶群減少，使銀行信貸風險集中，由此產生的經營風險可能增加與貸款計價認定有關的重大錯報風險。同樣的風險，在經濟緊縮時，可能具有更為長期的後果，註冊會計師在評估持續經營假設的適當性時需要考慮這一問題。註冊會計師應當根據被審計單位的具體情況考慮經營風險是否可能導致財務報表發生重大錯報。

3. 被審計單位的風險評估過程

管理層通常制定識別和應對經營風險的策略，註冊會計師應當瞭解被審計單位的風險評估過程。此類風險評估過程是被審計單位內部控制的組成部分。

4. 對小型被審計單位的考慮

小型被審計單位通常沒有正式的計劃和程序來確定其目標、戰略並管理經營風險。註冊會計師應當詢問管理層或觀察小型被審計單位如何應對這些事項，以獲取瞭解，並評估重大錯報風險。

**六、瞭解被審計單位財務業績的衡量和評價**

被審計單位管理層經常會衡量和評價關鍵業績指標（包括財的和非財務的）、預算及差異分析、分部信息和分支機構、部門或其他層次的業績報告以及與競爭對手的業績比較。此外，外部機構也會衡量和評價被審計單位的財務業績，如分析師的報告和信用評級機構的報告。

（一）實施的風險評估程序

瞭解被審計單位財務業績的衡量和評價實施的風險評估程序如表9-10所示。

表 9-10　瞭解被審計單位財務業績的衡量和評價實施的風險評估程序

| 風險評估程序 | 執行人 | 執行時間 | 索引號 |
|---|---|---|---|
| 查閱被審計單位和員工業績考核與激勵性報酬政策、分佈信息與不同層次部門的業績報告等 | | | |
| 實施分析程序，將內部財務業績指標與被審計單位設定的目標值進行比較，與競爭對手的業績進行比較，分析業績趨勢等 | | | |
| …… | | | |

（二）瞭解的內容和評估出的風險

1. 瞭解的主要方面

在瞭解被審計單位財務業績衡量和評價情況時，註冊會計師應當關注下列信息：

（1）關鍵業績指標（財務的或非財務的）、關鍵比率、趨勢和經營統計數據。

（2）同期財務業績比較分析。

（3）預算、預測、差異分析，分部信息與分部、部門或其他不同層次的業績報告。

（4）員工業績考核與激勵性報酬政策。

（5）被審計單位與競爭對手的業績比較。

2. 關注內部財務業績衡量的結果

內部財務業績衡量可能顯示未預期到的結果或趨勢。在這種情況下，管理層通常會進行調查並採取糾正措施。與內部財務業績衡量相關的信息可能顯示財務報表存在錯報風險。例如，內部財務業績衡量可能顯示被審計單位與同行業其他單位相比具有異常快的增長率或盈利水準，此類信息如果與業績獎金或激勵性報酬等因素結合起來考慮，可能顯示管理層在編製財務報表時存在某種傾向的錯報風險。因此，註冊會計師應當關注被審計單位內部財務業績衡量所顯示的未預期到的結果或趨勢、管理層的調查結果和糾正措施以及相關信息是否顯示財務報表可能存在重大錯報。

3. 考慮財務業績衡量指標的可靠性

如果擬利用被審計單位內部信息系統生成的財務業績衡量指標，註冊會計師應當考慮相關信息是否可靠以及利用這些信息是否足以實現審計目標。許多財務業績衡量中使用的信息可能由被審計單位的信息系統生成。如果被審計單位管理層在沒有合理基礎的情況下，認為內部生成的衡量財務業績的信息是準確的，而實際上信息有誤，那麼根據有誤的信息得出的結論也可能是錯誤的。如果註冊會計師計劃在審計中（如在實施分析程序時）利用財務業績指標，應當考慮相關信息是否可靠以及在實施審計程序時利用這些信息是否足以發現重大錯報。

4. 對小型被審計單位的考慮

小型被審計單位通常沒有正式的財務業績衡量和評價程序，管理層往往依據某些關鍵指標，作為評價財務業績和採取適當行動的基礎，註冊會計師應當瞭解管理層使用的關鍵指標。

需要強調的是，註冊會計師瞭解被審計單位財務業績的衡量與評價，是為了考

慮管理層是否面臨實現某些關鍵財務業績指標的壓力。此外，瞭解管理層認為重要的關鍵業績指標，有助於註冊會計師深入瞭解被審計單位的目標和戰略。這些壓力既可能源於需要達到市場分析師或股東的預期，也可能產生於達到獲得股票期權或管理層和員工獎金的目標。受壓力影響的人員可能是高級管理人員（包括董事會），也可能是可以操縱財務報表的其他經理人員，如子公司或分支機構管理人員可能為達到獎金目標而操縱財務報表。

### 七、瞭解被審計單位的內部控制

在實務中，註冊會計師應當從被審計單位整體層面和業務流程層面分別瞭解和評價被審計單位的內部控制。下面先介紹內部控制相關理論。

（一）內部控制的含義和要素

內部控制是被審計單位為了合理保證財務報的可靠性、經營的效率和效果以及對法律法規的遵守，由治理層、管理層和其他人員設計與執行的政策及程序。

內部控制包括下列五個要素：控制環境、被審計單位的風險評估過程、與財務報告相關的信息系統和溝通、控制活動、對控制的監督。在實務中，註冊會計師一般從這五個方面對被審計單位的內部控制進行瞭解。

值得指出的是，本教材採用了美國反虛假財務報告委員會下屬的發起人委員會（COSO）發布的內部控制框架，在瞭解和評價內部控制時，採用的具體分析框架及控制要素的分類可能並不唯一，重要的是控制能否實現控制目標。註冊會計師可以使用不同的框架和術語描述內部控制的不同方面，但必須涵蓋上述內部控制五個要素涉及的各個方面。

1. 控制環境

控制環境包括治理職能和管理職能以及治理層和管理層對內部控制及其重要性的態度、認識和措施。良好的控制環境是實施有效內部控制的基礎。因此，財務報表層次的重大錯報風險通常源於薄弱的控制環境。

2. 被審計單位的風險評估過程

任何經濟組織在經營活動中都會面臨各種各樣的風險，風險對其生存和競爭能力產生影響。很多風險並不為經濟組織所控制，但管理層應當確定可以承受的風險水準，識別這些風險並採取一定的應對措施。

被審計單位的風險評估過程包括識別與財務報告相關的經營風險以及被審計單位針對這些風險採取的措施。註冊會計師應當瞭解被審計單位的風險評估過程和結果。

3. 與財務報告相關的信息系統和溝通

（1）與財務報告相關的信息系統。與財務報告相關的信息系統包括用以生成、記錄、處理和報告交易、事項和情況，對相關資產、負債和所有者權益履行經營管理責任的程序和記錄。

與財務報告相關的信息系統生成信息的質量對管理層能否做出恰當的經營管理決策以及編製可靠的財務報告具有重大影響。

（2）與財務報告相關的溝通。與財務報告相關的溝通包括使員工瞭解各自在與

財務報告有關的內部控制方面的角色和職責、員工之間的工作聯繫以及向適當級別的管理層報告例外事項的方式。

公開的溝通渠道有助於確保例外情況得到報告和處理。溝通可以採用政策手冊、會計和財務報告手冊及備忘錄等形式進行，也可以通過發送電子郵件、口頭溝通和管理層的行動來進行。

4. 控制活動

控制活動是指有助於確保管理層的指令得以執行的政策和程序，具體包括授權、業績評價、信息處理、實物控制以及職責分離。

在瞭解控制活動時，註冊會計師應當重點考慮一項控制活動單獨或連同其他控制活動，是否能夠以及如何防止或發現並糾正各類交易、帳戶餘額和披露存在的重大錯報。註冊會計師的工作重點是識別和瞭解針對重大錯報可能發生的領域的控制活動。如果多項控制活動能夠實現同一目標，註冊會計師不必瞭解與該目標相關的每項控制活動。

5. 對控制的監督

對控制的監督是指被審計單位評價內部控制在一段時間內運行有效性的過程。對控制的監督涉及及時評估控制的有效性並採取必要的補救措施。

通常，管理層通過持續的監督活動、單獨的評價活動或兩者相結合實現對控制的監督。持續的監督活動通常貫穿於被審計單位日常重複的活動中，包括常規管理和監督工作。

（二）對內部控制瞭解的廣度和深度

內部控制的目標旨在合理保證財務報告的可靠性、經營的效率和效果以及對法律法規的遵守。有些內部控制與財務報告相關，有些不相關。因此，註冊會計師需要瞭解和評價的內部控制只是與財務報表審計相關的內部控制，並非被審計單位所有的內部控制。

對內部控制瞭解的深度是指在瞭解被審計單位及其環境時對內部控制瞭解的程度，包括評價控制的設計，並確定其是否得到執行，但不包括對控制是否得到一貫執行的測試。只有瞭解到一項內部控制設計合理且得到執行時，註冊會計師才需要進一步對該項控制是否一貫有效執行進行測試，即控制測試。

當存在某些可以使控制得到一貫運行的自動化控制時，註冊會計師對控制的瞭解足以測試控制運行的有效性。

例如，獲取某一人工控制在某一時點得到執行的審計證據，並不能證明該控制在所審計期間內的其他時點也有效運行。但是，信息技術可以使被審計單位持續一貫地對大量數據進行處理，提高了被審計單位監督控制活動運行情況的能力，信息技術還可以通過對應用軟件、數據庫、操作系統設置安全控制來實現有效的職責劃分。由於信息技術處理流程的內在一貫性，實施審計程序確定某項自動控制是否得到執行，也可能實現對控制運行有效性測試的目標。

（三）內部控制的人工和自動化成分

信息技術得到廣泛使用，人工因素仍然會存在於這些系統之中。不同的被審計單位採用的控制系統中人工控制和自動化控制的比例是不同的。在一些小型的、生

產經營不太複雜的被審計單位，其可能以人工控制為主；而在另外一些單位，其可能以自動化控制為主。內部控制可能既包括人工成分，又包括自動化成分，在風險評估及設計和實施進一步審計程序時，註冊會計師應當考慮內部控制的人工和自動化特徵及其影響。

1. 信息技術控制適用範圍及相關內部控制風險

信息技術通常在下列方面提高被審計單位內部控制的效率和效果：

（1）在處理大量的交易或數據時，一貫運用事先確定的業務規則，並進行複雜運算。

（2）提高信息的及時性、可獲得性和準確性。

（3）促進對信息的深入分析。

（4）提高對被審計單位的經營業績及其政策和程序執行情況進行監督的能力。

（5）降低控制被規避的風險。

（6）通過對應用程序系統、數據庫系統和操作系統執行安全控制，提高不兼容職務分離的有效性。

但是，信息技術也可能對內部控制產生特定風險。註冊會計師應當從下列方面瞭解信息技術對內部控制產生的特定風險：

（1）依賴的系統或程序不能正確處理數據，或者處理了不正確的數據，或者兩種情況並存。

（2）未經授權訪問數據，可能導致數據的毀損或對數據不恰當的修改，包括記錄未經授權或不存在的交易，或者不正確地記錄了交易，多個用戶同時訪問同一數據庫可能會造成特定風險。

（3）信息技術人員可能獲得超越其職責範圍的數據訪問權限，因此破壞了系統應有的職責分工。

（4）未經授權改變主文檔的數據。

（5）未經授權改變系統或程序。

（6）未能對系統或程序做出必要的修改。

（7）不恰當的人為干預。

（8）可能丟失數據或不能訪問所需要的數據。

2. 人工控制的適用範圍及相關內部控制風險

內部控制的人工成分在處理下列需要主觀判斷或酌情處理的情形時可能更為適當：

（1）存在大額、異常或偶發的交易。

（2）存在難以界定、預計或預測的錯誤的情況。

（3）針對變化的情況，需要對現有的自動化控制進行人工干預。

（4）監督自動化控制的有效性。

但是，由於人工控制由人執行，受人為因素的影響，也產生了特定風險，註冊會計師應當從下列方面瞭解人工控制產生的特定風險：

（1）人工控制可能更容易被規避、忽視或凌駕。

（2）人工控制可能不具有一貫性。

（3）人工控制可能更容易產生簡單錯誤或失誤。

相對於自動化控制，人工控制的可靠性較低。為此，註冊會計師應當考慮人工控制在下列情形中可能是不適當的：

（1）存在大量或重複發生的交易。

（2）事先可預計或預測的錯誤能夠通過自動化控制參數得以防止或發現並糾正。

（3）用特定方法實施控制的控制活動可以得到適當設計和自動化處理。

（四）內部控制的局限性

1. 內部控制的固有局限性

內部控制無論如何有效，都只能為被審計單位實現財務報告目標提供合理保證。內部控制實現目標的可能性受其固有限制的影響。這些限制包括：

（1）在決策時人為判斷可能出現錯誤和因人為失誤而導致內部控制失效。例如，控制的設計和修改可能存在失誤。同樣，控制的運行可能無效。例如，由於負責復核信息的人員不瞭解復核的目的或沒有採取適當的措施，內部控制生成的信息（如例外報告）沒有得到有效使用。

（2）控制可能由於兩個或更多的人員串通或管理層不當地凌駕於內部控制之上而被規避。例如，管理層可能與客戶簽訂「背後協議」，修改標準的銷售合同條款和條件，從而導致不適當的收入確認。又如，軟件中的編輯控制旨在識別和報告超過賒銷信用額度的交易，但這一控制可能被凌駕或不能得到執行。

（3）被審計單位內部行使控制職能的人員素質不適應崗位要求，也會影響內部控制功能的正常發揮。

（4）被審計單位實施內部控制的成本效益問題也會影響其效能。當實施某項控制成本大於控制效果而發生損失時，被審計單位就沒有必要設置該控制環節或控制措施。

（5）內部控制一般都是針對經常而重複發生的業務設置的，如果出現不經常發生或未預計到的業務，原有控制就可能不適用。

2. 對小型被審計單位的考慮

小型被審計單位擁有的員工通常較少，限制了其職責分離的程度。但是，在業主管理的小型被審計單位，業主兼經理可以實施比大型被審計單位更有效的監督。這種監督可以彌補職責分離有限的局限性。另外，由於內部控制系統較為簡單，業主兼經理更有可能凌駕於控制之上。註冊會計師在識別由於舞弊導致的重大錯報風險時需要考慮這一問題。

（五）在整體層面和業務流程層面瞭解內部控制

內部控制的某些要素（如控制環境）更多地對被審計單位整體層面產生影響，而其他要素（如信息系統與溝通、控制活動）則可能更多地與特定業務流程相關。整體層面的控制（包括對管理層凌駕於內部控制之上的控制）和信息技術一般控制通常在所有業務活動中普遍存在。業務流程層面控制主要是對工薪、銷售和採購等具體業務活動的控制。因此，在實務中，註冊會計師應當從被審計單位整體層面和業務流程層面分別瞭解和評價被審計單位的內部控制。

1. 在整體層面瞭解內部控制

在實務中，瞭解和評價被審計單位整體層面內部控制的工作通常包括：

（1）瞭解被審計單位整體層面內部控制的設計，並記錄所獲得的瞭解。

（2）針對被審計單位整體層面內部控制的控制目標，記錄相關的控制活動。

（3）執行詢問、觀察和檢查程序，評價控制的執行情況。

（4）記錄被審計單位整體層面內部控制的設計和執行過程中存在的缺陷以及擬採取的應對措施。

通常瞭解被審計單位整體層面內部控制形成下列審計工作底稿：

（1）BB-1-1：瞭解和評價整體層面內部控制匯總表。

（2）BB-1-2：瞭解和評價控制環境。

（3）BB-1-3：瞭解和評價被審計單位風險評估過程。

（4）BB-1-4：瞭解和評價與財務報告相關的信息系統與溝通。

（5）BB-1-5：瞭解和評價內部控制活動。

（6）BB-1-6：瞭解和評價被審計單位對控制的監督。

整體層面的控制對內部控制在所有業務流程中得到嚴格的設計和執行具有重要影響。整體層面的控制較差甚至可能使最好的業務流程層面控制失效。例如，被審計單位可能有一個有效的採購系統，但如果會計人員不勝任，仍然會發生大量錯誤，且其中一些錯誤可能導致財務報表存在重大錯報。管理層凌駕於內部控制之上（它們經常在企業整體層面出現）也是不好的公司行為中的普遍問題。

2. 在業務流程層面瞭解內部控制

在初步計劃審計工作時，註冊會計師需要確定在被審計單位財務報表中可能存在重大錯報風險的重大帳戶及其相關認定。為實現此目的，註冊會計師通常採取下列步驟：

（1）確定被審計單位的重要業務流程和重要交易類別。

（2）瞭解重要交易流程，並記錄獲得的瞭解。

（3）確定可能發生錯報的環節。

（4）識別和瞭解相關控制。

（5）執行穿行測試，證實對交易流程和相關控制的瞭解。

（6）進行初步評價和風險評估。

（7）對財務報告流程的瞭解。

在實務中，上述步驟可能同時進行。例如，註冊會計師在詢問相關人員的過程中，同時瞭解重要交易的流程和相關控制。

（1）確定被審計單位的重要業務流程和重要交易類別。在實務中，將被審計單位的整個經營活動劃分為幾個重要的業務循環，有助於註冊會計師更有效地瞭解和評估重要業務流程及相關控制。通常，製造業企業審計可以劃分為銷售與收款循環、採購與付款循環、生產與存貨循環、人力資源與工薪循環、投資與籌資循環等。

重要交易類別是指可能對被審計單位財務報表產生重大影響的各類交易。重要交易類別應與相關帳戶及其認定相聯繫。例如，對於一般製造業企業，銷售收入和應收帳款通常是重大帳戶，銷售和收款都是重要交易類別。除了一般理解的交易以

外，對財務報表具有重大影響的事項和情況也應包括在內。例如，計提資產的折舊或攤銷，考慮應收款項的可回收性和計提壞帳準備等。

（2）瞭解重要交易流程，並記錄瞭解的情況。註冊會計師可以通過下列方法獲得對重要交易流程的瞭解：

①檢查被審計單位的手冊和其他書面指引。

②詢問被審計單位的適當人員。

③觀察所運用的處理方法和程序。

④穿行測試。

註冊會計師要注意記錄以下信息：輸入信息的來源；所使用的重要數據檔案，如客戶清單及價格信息記錄；重要的處理程序，包括在線輸入和更新處理；重要的輸出文件、報告和記錄；基本的職責劃分，即列示各部門所負責的處理程序。

註冊會計師通常只是針對每一年的變化修改記錄流程的審計工作底稿，除非被審計單位的交易流程發生重大改變。然而，無論業務流程與以前年度相比是否有變化，註冊會計師每年都需要考慮上述注意事項，以確保對被審計單位的瞭解是最新的，並已包括被審計單位交易流程中相關的重大變化。

（3）確定可能發生錯報的環節。

①確定控制目標。

②將控制目標與「有沒有」控制程序相聯繫。

③控制程序與「薄弱環節」相聯繫。

註冊會計師需要確認和瞭解被審計單位應在哪些環節設置控制，以防止或發現並糾正各重要業務流程可能發生的錯報。註冊會計師所關注的控制是那些能通過防止錯報的發生，或者通過發現和糾正已有錯報，從而確保每個流程中業務活動的具體流程（從交易的發生到記錄於帳目）能夠順利運轉的人工或自動化控制程序。

儘管不同的被審計單位會為確保會計信息的可靠性而對業務流程設計和實施不同的控制，但設計控制的目的是實現某些控制目標（見表9-11）。實際上，這些控制目標與財務報表重大帳戶的相關認定相聯繫。註冊會計師在此時通常不考慮列報認定，而在審計財務報告流程時考慮該認定。

表9-11 控制目標

| 控制目標 | 解釋 |
| --- | --- |
| 完整性：所有的有效交易都已記錄 | 必須有程序確保沒有漏記實際發生的交易 |
| 存在和發生：每項已記錄的交易均真實 | 必須有程序確保會計記錄中沒有虛構的或重複入帳的項目 |
| 適當計量交易 | 必須有程序確保交易以適當的金額入帳 |
| 恰當確定交易生成的會計期間（截止性） | 必須有程序確保交易在適當的會計期間內入帳（例如，月、季度、年等） |
| 恰當分類 | 必須有程序確保將交易記入正確的總分類帳，必要時，記入相應的明細帳內 |

表9-11(續)

| 控制目標 | 解釋 |
| --- | --- |
| 正確匯總和過帳 | 必須有程序確保所有作為帳簿記錄中的借貸方餘額都正確地歸集（加總），確保加總後的金額正確過入總帳和明細分類帳 |

（4）識別和瞭解相關控制。通過對被審計單位的瞭解，包括在被審計單位整體層面對內部控制各要素的瞭解以及在上述程序中對重要業務流程的瞭解，註冊會計師可以確定是否有必要進一步瞭解在業務流程層面的控制。一般而言，如果到此為止瞭解到業務流程層面的某些控制是無效的，或者註冊會計師並不打算信賴控制，就沒有必要進一步瞭解在業務流程層面的控制。

如果認為僅通過實質性程序無法將認定層次的檢查風險降至可接受的水準，或者針對特別風險，註冊會計師應當瞭解和評估相關的控制活動。

如果註冊會計師計劃對業務流程層面的有關控制進行進一步的瞭解和評價，那麼針對業務流程中容易發生錯報的環節，註冊會計師應當確定被審計單位是否建立了有效的控制，以防止或發現並糾正這些錯報；被審計單位是否遺漏了必要的控制；是否識別了可以最有效測試的控制。

識別和瞭解的程序：「從高到低」地詢問被審計單位各級別的負責人員。註冊會計師先詢問級別較高的人員，以確定其認為應該運行哪些控制以及哪些控制是重要的；再詢問級別較低的人員，從級別較低人員處獲取的信息，應向級別較高的人員核實其完整性，以確定其是否與級別較高的人員所理解的預定控制相符。

（5）執行穿行測試，證實對交易流程和相關控制的瞭解。為瞭解各類重要交易在業務流程中發生、處理和記錄的過程，註冊會計師通常會執行穿行測試。執行穿行測試可獲得下列方面的證據：

①確認對業務流程的瞭解。
②確認對重要交易的瞭解是完整的，即在交易流程中所有與財務報表認定相關的可能發生錯報的環節都已識別。
③確認所獲取的有關流程中的預防性控制和檢查性控制信息的準確性。
④評估控制設計的有效性。
⑤確認控制是否得到執行。
⑥確認之前所做的書面記錄的準確性。

需要注意的是，如果不擬信賴控制，註冊會計師仍需要執行適當的審計程序，以確認以前對業務流程及可能發生錯報環節瞭解的準確性和完整性。

註冊會計師將穿行測試的情況記錄於審計工作底稿時，記錄的內容包括穿行測試中查閱的文件、穿行測試的程序以及註冊會計師的發現和結論。

（6）進行初步評價和風險評估。在識別和瞭解控制後，根據執行上述程序及獲取的審計證據，註冊會計師需要評價控制設計的合理性並確定其是否得到執行。註冊會計師對控制的評價結論可能如下：

①所設計的控制單獨或連同其他控制能夠防止或發現並糾正重大錯報，並得到執行。

②控制本身的設計是合理的，但沒有得到執行。
③控制本身的設計就是無效的或缺乏必要的控制。

由於對控制的瞭解和評價是在穿行測試完成後又在測試控制運行有效性之前進行的，因此上述評價結論只是初步結論，仍可能隨控制測試後實施實質性程序的結果而發生變化。

被審計單位如果擬更多地信賴這些控制，需要確信所信賴的控制在整個擬信賴期間都有效地發揮了作用，即註冊會計師應對這些控制在該期間內是否得到一貫運行進行測試（必須進行控制測試）。

註冊會計師也可能認為控制是無效的，包括控制本身設計不合理，不能實現控制目標，或者儘管控制設計合理，但沒有得到執行。在這種情況下，註冊會計師不需要測試控制運行的有效性，而直接實施實質性程序。

（7）對財務報告流程的瞭解。以上討論了註冊會計師如何在重要業務流程層面瞭解重大交易生成、處理和記錄的流程，並評估在可能發生錯報的環節控制的設計及其是否得到執行。在實務中，註冊會計師還需要進一步瞭解有關信息從具體交易的業務流程過入總帳、財務報表以及相關列報的流程，即財務報告流程及其控制。這一流程和控制與財務報表的列報認定直接相關。

財務報告流程包括：將業務數據匯總計入總帳的程序，即如何將重要業務流程的信息與總帳和財務報告系統相連接；在總帳中生成、記錄和處理會計分錄的程序；記錄對財務報表常規和非常規調整的程序，如合併調整、重分類等；草擬財務報表和相關披露的程序。

在瞭解財務報告流程的過程中，註冊會計師應當考慮對以下方面做出評估：
①主要的輸入信息、執行的程序、主要的輸出信息。
②每一財務報告流程要素中涉及信息技術的程度。
③管理層的哪些人員參與其中。
④記帳分錄的主要類型，如標準分錄、非標準分錄等。
⑤適當人員（包括管理層和治理層）對流程實施監督的性質和範圍。

## 第四節　評估重大錯報風險

評估重大錯報風險是風險評估階段的最後一個步驟。獲取的關於風險因素和控制對相關風險的抵消信息（通過實施風險評估程序），通常將全部用於對財務報表層次以及各類交易、帳戶餘額和披露認定層次評估重大錯報風險。評估將作為確定進一步審計程序的性質、範圍和時間安排的基礎，以應對識別的風險。

## 一、評估財務報表層次和認定層次的重大錯報風險

### （一）評估重大錯報風險時考慮的因素

評估重大錯報風險時考慮的因素如表9-12所示。

表9-12　評估重大錯報風險時考慮的因素

| 1. 已識別的風險是什麼？ | |
|---|---|
| 財務報表層次 | （1）源於薄弱的被審計單位整體層面內部控制或信息技術一般控制。<br>（2）與財務報表整體廣泛相關的特別風險。<br>（3）與管理層凌駕和舞弊相關的風險因素。<br>（4）管理層願意接受的風險，如小企業因缺乏職責分離導致的風險 |
| 認定層次 | （1）與完整性、準確性、存在或計價相關的特定風險。<br>①收入、費用和其他交易。<br>②帳戶餘額。<br>③財務報表披露。<br>（2）可能產生多重錯報的風險 |
| 相關內部控制程序 | （1）特別風險。<br>（2）用於預防、發現或減輕已識別風險的恰當設計並執行的內部控制程序。<br>（3）僅通過執行控制測試應對的風險 |
| 2. 錯報（金額影響）可能發生的規模有多大？ | |
| 財務報表層次 | 管理層凌駕、舞弊、未預期事件和以往經驗 |
| 認定層次 | （1）交易、帳戶餘額或披露的固有性質。<br>（2）日常和例外事件。<br>（3）以往經驗 |
| 3. 事件（風險）發生的可能性有多大？ | |
| 財務報表層次 | （1）來自高層的基調。<br>（2）管理層風險管理的方法。<br>（3）採用的政策和程序。<br>（4）以往經驗 |
| 認定層次 | （1）相關的內部控制活動。<br>（2）以往經驗 |
| 相關內部控制程序 | 識別對於降低事件發生可能性非常關鍵的管理層風險應對要素 |

### （二）評估重大錯報風險的審計程序

在評估重大錯報風險時，註冊會計師應當實施下列審計程序：

（1）在瞭解被審計單位及其環境（包括與風險相關的控制）的整個過程中，結合對財務報表中各類交易、帳戶餘額和披露的考慮，識別風險。例如，被審計單位因相關環境法規的實施需要更新設備，可能面臨原有設備閒置或貶值的風險；宏觀經濟的低迷可能預示應收帳款的回收存在問題；競爭者開發的新產品上市，可能導致被審計單位的主要產品在短期內過時，預示將出現存貨跌價和長期資產（如固定資產等）的減值。

（2）結合對擬測試的相關控制的考慮，將識別出的風險與認定層次可能發生錯報的領域相聯繫。例如，銷售困難使產品的市場價格下降，可能導致年末存貨成本

高於其可變現淨值而需要計提存貨跌價準備，這顯示存貨的計價認定可能發生錯報。

(3) 評估識別出的風險，並評價其是否更廣泛地與財務報表整體相關，進而潛在地影響多項認定。

(4) 考慮發生錯報的可能性（包括發生多項錯報的可能性）以及潛在錯報的重大程度是否足以導致重大錯報。

註冊會計師應當利用實施風險評估程序獲取的信息，包括在評價控制設計和確定其是否得到執行時獲取的審計證據，作為支持風險評估結果的審計證據。註冊會計師應當根據風險評估結果，確定實施進一步審計程序的性質、時間安排和範圍。

(三) 識別兩個層次的重大錯報風險

在對重大錯報風險進行識別和評估後，註冊會計師應當確定，識別的重大錯報風險是與特定的某類交易、帳戶餘額和披露的認定相關，還是與財務報表整體廣泛相關，進而影響多項認定。

某些重大錯報風險可能與特定的某類交易、帳戶餘額和披露的認定相關。例如，被審計單位存在複雜的聯營或合資，這一事項表明長期股權投資帳戶的認定可能存在重大錯報風險。又如，被審計單位存在重大的關聯方交易，該事項表明關聯方及關聯方交易的披露認定可能存在重大錯報風險。

某些重大錯報風險可能與財務報表整體廣泛相關，進而影響多項認定。例如，在經濟不穩定的國家和地區開展業務、資產的流動性出現問題、重要客戶流失、融資能力受到限制等，可能導致註冊會計師對被審計單位的持續經營能力產生重大疑慮。又如，管理層缺乏誠信或承受異常的壓力可能引發舞弊風險，這些風險與財務報表整體相關。

(四) 控制環境對評估財務報表層次重大錯報風險的影響

財務報表層次的重大錯報風險很可能源於薄弱的控制環境。薄弱的控制環境帶來的風險可能對財務報表產生廣泛影響，難以限於某類交易、帳戶餘額和披露，註冊會計師應當採取總體應對措施。

例如，被審計單位治理層、管理層對內部控制的重要性缺乏認識，沒有建立必要的制度和程序；或者管理層經營理念偏於激進，又缺乏實現激進目標的人力資源等，這些缺陷源於薄弱的控制環境，可能對財務報表產生廣泛影響，需要註冊會計師採取總體應對措施。

(五) 控制對評估認定層次重大錯報風險的影響

在評估重大錯報風險時，註冊會計師應當將所瞭解的控制與特定認定相聯繫。

這是由於控制有助於防止或發現並糾正認定層次的重大錯報。註冊會計師在評估重大錯報發生的可能性時，除了考慮可能的風險外，還要考慮控制對風險的抵消和遏製作用。有效的控制會減少錯報發生的可能性，而控制不當或缺乏控制，錯報就有可能會變成現實。

控制可能與某一認定直接相關，也可能與某一認定間接相關。關係越間接，控制在防止或發現並糾正認定中錯報的作用越小。例如，銷售經理對分地區的銷售網點的銷售情況進行復核，與銷售收入完整性的認定只是間接相關。相應地，該項控制在降低銷售收入完整性認定中的錯報風險方面的效果，要比與該認定直接相關的控制（如將發貨單與開具的銷售發票相核對）的效果差。

註冊會計師可能識別出有助於防止或發現並糾正特定認定發生重大錯報的控制。在確定這些控制是否能夠實現上述目標時，註冊會計師應當將控制活動和其他要素綜合考慮。例如，註冊會計師可以將銷售和收款的控制置於其所在的流程和系統中考慮，以確定其能否實現控制目標。因為單個的控制活動（如將發貨單與銷售發票相核對）本身並不足以控制重大錯報風險，只有多種控制活動和內部控制的其他要素綜合作用才足以控制重大錯報風險。

　　當然，也有某些控制活動可能專門針對某類交易或帳戶餘額的個別認定。例如，被審計單位建立的、以確保盤點工作人員能夠正確地盤點和記錄存貨的控制活動，直接與存貨帳戶餘額的存在和完整性認定相關。註冊會計師只需要對盤點過程和程序進行瞭解，就可以確定控制是否能夠實現目標。

　　註冊會計師應當考慮對識別的各類交易、帳戶餘額和披露認定層次的重大錯報風險予以匯總和評估，以確定進一步審計程序的性質、時間安排和範圍。表 9-13 列出了評估認定層次重大錯報風險匯總表示例。

表 9-13　評估認定層次重大錯報風險匯總表示例

| 重大帳戶 | 認定 | 識別的重大錯報風險 | 風險評估結果 |
| --- | --- | --- | --- |
| 列示重大帳戶。例如，應收帳款 | 列示相關的認定。例如，存在、完整性、計價或分攤等 | 匯總實施審計程序識別出的與該重大帳戶的某項認定相關的重大錯報風險 | 評估該項認定的重大錯報風險水準（應考慮控制設計是否合理、是否得到執行） |
| …… | | | |

註：註冊會計師也可以在該表中記錄針對評估的認定層次重大錯報風險而相應制訂的審計方案

（六）考慮財務報表的可審計性

　　註冊會計師在瞭解被審計單位內部控制後，可能對被審計單位財務報表的可審計性產生懷疑。例如，對被審計單位會計記錄的可靠性和狀況的擔心可能會使註冊會計師認為可能很難獲取充分、適當的審計證據，以支持對財務報表發表意見。又如，管理層嚴重缺乏誠信。註冊會計師認為管理層在財務報表中做出虛假陳述的風險高到無法進行審計的程度。因此，如果通過對內部控制的瞭解發現下列情況，並對財務報表局部或整體的可審計性產生疑問，註冊會計師應當考慮出具保留意見或無法表示意見的審計報告：

（1）被審計單位會計記錄的狀況和可靠性存在重大問題，不能獲取充分、適當的審計證據以發表無保留意見。

（2）對管理層的誠信存在嚴重疑慮。

　　必要時，註冊會計師應當考慮解除業務約定。

二、需要特別考慮的重大錯報風險

（一）特別風險的含義

　　特別風險是指註冊會計師識別和評估的、根據判斷認為需要特別考慮的重大錯報風險。

(二) 確定特別風險時考慮的事項

在判斷哪些風險是特別風險時，註冊會計師應當至少考慮下列事項：

（1）風險是否屬於舞弊風險。

（2）風險是否與近期經濟環境、會計處理方法或其他方面的重大變化相關，因而需要特別關注。

（3）交易的複雜程度。

（4）風險是否涉及重大的關聯方交易。

（5）財務信息計量的主觀程度，特別是計量結果是否具有高度不確定性。

（6）風險是否涉及異常或超出正常經營過程的重大交易。

判斷哪些風險是特別風險時，註冊會計師不應考慮識別出的控制對相關風險的抵消效果。

(三) 非常規交易和判斷事項導致的特別風險

日常的、不複雜的、經正規處理的交易不太可能產生特別風險。特別風險通常與重大的非常規交易和判斷事項有關。

非常規交易是指由於金額或性質異常而不經常發生的交易。例如，企業併購、債務重組、重大或有事項等。由於非常規交易具有下列特徵，與重大非常規交易相關的特別風險可能導致更高的重大錯報風險：

（1）管理層更多地干預會計處理。

（2）數據收集和處理進行更多的人工干預。

（3）複雜的計算或會計處理方法。

（4）非常規交易的性質可能使被審計單位難以對由此產生的特別風險實施有效控制。

判斷事項通常包括做出的會計估計（具有計量的重大不確定性），如資產減值準備金額的估計、需要運用複雜估值技術確定的公允價值計量等。由於下列原因，與重大判斷事項相關的特別風險可能導致更高的重大錯報風險：

（1）對涉及會計估計、收入確認等方面的會計原則存在不同的理解。

（2）所要求的判斷可能是主觀和複雜的，或者需要對未來事項做出假設。

(四) 考慮與特別風險相關的控制

瞭解與特別風險相關的控制，有助於註冊會計師制訂有效的審計方案予以應對。對特別風險，註冊會計師應當評價相關控制的設計情況，並確定其是否已經得到執行。由於與重大非常規交易或判斷事項相關的風險很少受到日常控制的約束，註冊會計師應當瞭解被審計單位是否針對該特別風險設計和實施了控制。

例如，做出會計估計所依據的假設是否由管理層或專家進行復核、是否建立做出會計估計的正規程序、重大會計估計結果是否由治理層批准等。又如，管理層在收到重大訴訟事項的通知時採取的措施，包括這類事項是否提交適當的專家（如內部或外部的法律顧問）處理、是否對該事項的潛在影響做出評估、是否確定該事項在財務報表中的披露問題以及如何確定等。

如果管理層未能實施控制以恰當應對特別風險，註冊會計師應當認為內部控制存在重大缺陷，並考慮其對風險評估的影響。在此情況下，註冊會計師應當就此類

事項與治理層溝通。

### 三、僅通過實質性程序無法應對的重大錯報風險

作為風險評估的一部分,如果認為僅通過實質性程序獲取的審計證據無法應對認定層次的重大錯報風險,註冊會計師應當評價被審計單位針對這些風險設計的控制,並確定其執行情況。

在被審計單位對日常交易採用高度自動化處理的情況下,審計證據可能僅以電子形式存在,其充分性和適當性通常取決於自動化信息系統相關控制的有效性,註冊會計師應當考慮僅通過實施實質性程序不能獲取充分、適當審計證據的可能性。

例如,某企業通過高度自動化的系統確定採購品種和數量,生成採購訂購單,並通過系統中設定的收貨確認和付款條件進行付款。除了系統中的相關信息以外,該企業沒有其他相關訂購單和收貨的記錄。在這種情況下,如果認為僅通過實施實質性程序不能獲取充分、適當的審計證據,註冊會計師應當考慮依賴的相關控制的有效性,並對其進行瞭解、評估和測試。

在實務中,註冊會計師可以用識別的重大錯報風險匯總表(見表9-14)。

表9-14 識別的重大錯報風險匯總表

| 識別的重大錯報風險 | 索引號 | 屬於財務報表層次還是認定層次 | 是否屬於特別風險(是/否) | 是否屬於僅通過實質性程序無法應對的重大錯報風險(是/否) | 受影響的交易類別 | 帳戶餘額(元) | 列報認定 |
|---|---|---|---|---|---|---|---|
| 管理層凌駕控制之上的風險 | | 財務報表層次 | 是 | 是 | | | |
| 存在對賭協議的營業收入業績壓力、收入舞弊風險 | | 認定層次 | 是 | 是 | 營業收入 | 156,234,570.00 | 存在 |
| …… | | | | | | | |

### 四、對風險評估的修正

註冊會計師對認定層次重大錯報風險的評估,可能隨著審計過程中不斷獲取審計證據而做出相應的變化。

例如,註冊會計師對重大錯報風險的評估可能基於預期控制運行有效這一判斷,即相關控制可以防止或發現並糾正認定層次的重大錯報。但在測試控制運行的有效性時,註冊會計師獲取的證據可能表明相關控制在被審計期間並未有效運行。同樣,在實施實質性程序後,註冊會計師可能發現錯報的金額和頻率比在風險評估時預計的金額和頻率要高。因此,如果通過實施進一步審計程序獲取的審計證據與初始評估獲取的審計證據相矛盾,註冊會計師應當修正風險評估結果,並相應修改原計劃

實施的進一步審計程序。

因此，評估重大錯報風險與瞭解被審計單位及其環境一樣，也是一個連續和動態地收集、更新與分析信息的過程，貫穿於整個審計過程的始終。

## 本章小結

本章屬於審計的基礎理論內容，是風險導向審計的核心內容。通過本章的學習，學生應明確風險導向審計的理念，掌握風險評估的理念與思路，掌握註冊會計師在財務報表審計中對風險的識別和評估。

## 本章思維導圖

本章思維導圖如圖 9-1 所示。

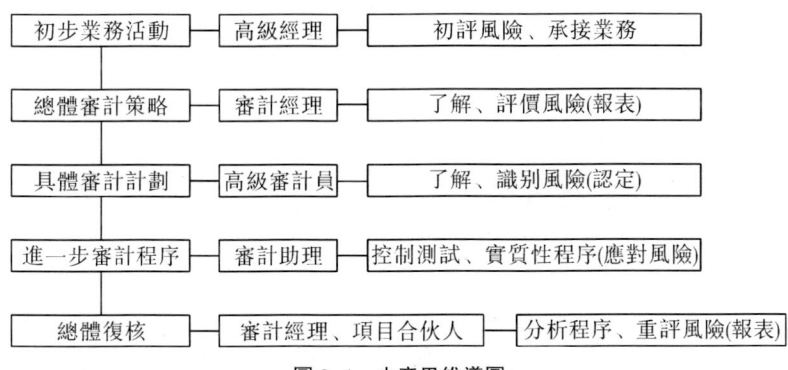

```
初步業務活動    →  高級經理         →  初評風險、承接業務
     ↓
總體審計策略    →  審計經理         →  了解、評價風險(報表)
     ↓
具體審計計劃    →  高級審計員       →  了解、識別風險(認定)
     ↓
進一步審計程序  →  審計助理         →  控制測試、實質性程序(應對風險)
     ↓
總體復核       →  審計經理、項目合伙人 → 分析程序、重評風險(報表)
```

**圖 9-1　本章思維導圖**

# 第十章
# 風險應對

## 學習目標

1. 掌握風險應對程序的總體思路。
2. 掌握報表層風險的總體應對措施。
3. 掌握針對認定層風險的進一步審計程序。
4. 掌握控制測試。
5. 掌握實質性程序的理論。
6. 特別指出，針對認定層風險的進一步審計程序（包括控制測試和實質性程序）應結合後面循環審計的內容來學習。

## 案例導入

ABC會計師事務所首次接受委託，審計上市公司甲公司2019年財務報表，委派A註冊會計師擔任項目合夥人。A註冊會計師確定財務報表整體的重要性為120萬元。甲公司主要從事電子產品的生產和銷售，銷售客戶集中在海外市場。A註冊會計師在審計工作底稿中記錄了甲公司的財務數據，部分內容摘錄如表10-1所示。

表10-1 甲公司的財務數據（部分）　　　　單位：萬元

| 項目 | 未審數 2019年 | 已審數 2018年 |
|---|---|---|
| 營業收入 | 2,100 | 2,000 |
| 營業成本 | 1,050 | 1,000 |
| 無形資產——專利技術 | 800 | 20 |
| 預付款項——某電視臺 | 300 | 0 |
| 存貨 | 1,000 | 600 |
| 存貨跌價準備 | 100 | 0 |

A註冊會計師在審計工作底稿中記錄了所瞭解的甲公司的情況及其環境，部分內容摘錄如下：

（1）2019年3月，甲公司終止使用運行多年的外購財務軟件，改為使用自行研發的財務信息系統。

（2）2019年6月起，甲公司的主要出口市場實施貿易保護政策，產品出口量減少了50%。

（3）2019年8月，甲公司大幅增加研發投入，試圖通過研發新技術開拓新市場。

（4）2019年10月，甲公司委託某電視臺為其新產品播放廣告，費用為每月100萬元，甲公司當月預付了3個月的廣告費用。

（5）2019年12月31日，甲公司存貨餘額為1,000萬元，迫於資金壓力，將其中半數的存貨按成本價的80%與乙公司簽訂了銷售合同，但尚未執行。甲公司對此確認了100萬元的預計負債。

A註冊會計師在審計工作底稿中記錄了實施的進一步審計程序，部分內容摘錄如下：

（1）A註冊會計師在進行會計分錄測試時發現，8月的管理費用中記錄了5月的差旅費發票，財務人員解釋原因是業務人員報銷延遲。考慮到不影響2019年的財務數據，未採取其他審計程序。

（2）為查找未入帳的應付帳款，A註冊會計師檢查了資產負債表日後應付帳款明細帳貸方發生額的相關憑證，並結合存貨監盤程序，檢查了甲公司資產負債表日前後的存貨入庫資料，結果滿意。

（3）甲公司網上零售業務量巨大，對該交易採用高度自動化處理，審計證據僅以電子形式存在。由於項目組不熟悉信息系統相關控制的審計，擬通過擴大細節測試的範圍來應對該風險。

（4）會計師事務所與某信息技術專家簽訂了合作協議，約定由該專家對信息系統有效性相關的審計結果負責。A註冊會計師將該協議內容寫入審計報告，以減輕註冊會計師的相關責任。

問題：針對註冊會計師實施的進一步審計程序，假定不考慮其他條件，逐項指出註冊會計師的做法是否恰當，並說明理由。

《中國註冊會計師審計準則第1101號——註冊會計師的總體目標和審計工作的基本要求》要求註冊會計師在審計過程中貫徹風險導向審計的理念，圍繞重大錯報風險的識別、評估和應對，計劃和實施審計工作。

《中國註冊會計師審計準則第1211號——通過瞭解被審計單位及其環境識別和評估重大錯報風險》規範了註冊會計師通過實施風險評估程序，識別和評估財務報表層次以及各類交易、帳戶餘額和披露認定層次的重大錯報風險。

《中國註冊會計師審計準則第1231號——針對評估的重大錯報風險採取的應對措施》規範了註冊會計師針對評估的重大錯報風險確定總體應對措施，設計和實施進一步審計程序。

因此，註冊會計師應當針對評估的重大錯報風險實施程序，即針對評估的財務報表層次重大錯報風險確定總體應對措施，並針對評估的認定層次重大錯報風險設計和實施進一步審計程序，以將審計風險降至可接受的低水準。

## 第一節　針對財務報表層次重大錯報風險的總體應對措施

### 一、總體應對措施

註冊會計師應當針對評估的財務報表層次重大錯報風險確定總體應對措施。具體如下：
（1）向項目組強調保持職業懷疑的必要性。
（2）指派更有經驗或具有特殊技能的審計人員，或者利用專家的工作。
（3）提供更多的督導。
（4）在選擇擬實施的進一步審計程序時融入更多的不可預見的因素。
（5）對擬實施審計程序的性質、時間和範圍做出總體修改。

財務報表層次的重大錯報風險很可能源於薄弱的控制環境。如果控制環境存在缺陷，註冊會計師在對擬實施審計程序的性質、時間安排和範圍做出總體修改時應當考慮：
（1）在期末而非期中實施更多的審計程序。
（2）通過實施實質性程序獲取更廣泛的審計證據。
（3）增加擬納入審計範圍的經營地點的數量。

### 二、增加審計程序不可預見性的方法

（一）增加審計程序不可預見性的思路
註冊會計師可以通過以下方法提高審計程序的不可預見性：
（1）對某些以前未測試的低於設定的重要性水準或風險較小的帳戶餘額和認定實施實質性程序。
（2）調整實施審計程序的時間，使其超出被審計單位的預期。例如，從常規習慣測試12月的項目調整到測試9月、10月或11月的項目。
（3）採取不同的審計抽樣方法，使當年抽取的測試樣本與以前有所不同。
（4）選取不同的地點實施審計程序，或者預先不告知被審計單位所選定的測試地點。

（二）增加審計程序不可預見性的實施要點及注意事項
（1）註冊會計師需要與被審計單位的高層管理人員事先溝通，要求實施具有不可預見性的審計程序，但不能告知其具體內容。註冊會計師可以在簽訂審計業務約定書時明確提出這一要求。
（2）雖然對於不可預見性程度沒有量化的規定，但審計項目組可以根據對舞弊風險的評估等確定具有不可預見性的審計程序。審計項目組可以匯總那些具有不可預見性的審計程序，並記錄在審計工作底稿中。
（3）項目合夥人需要安排項目組成員有效地實施具有不可預見性的審計程序，但同時要避免使項目組成員處於困難境地。

(4)審計準則要求的常規程序不能增加不可預見性。
(三)增加審計程序不可預見性的示例
表10-2舉例說明了一些具有不可預見性的審計程序。

表10-2 審計程序的不可預見性示例

| 審計領域 | 一些可能適用的具有不可預見性的審計程序 |
|---|---|
| 存貨 | 向以前審計過程中接觸不多的被審計單位員工詢問,如採購、銷售、生產人員等 |
| | 在不事先通知被審計單位的情況下,選擇一些以前未曾到過的盤點地點進行存貨監盤 |
| 銷售和應收帳款 | 向以前審計過程中接觸不多或未曾接觸過的被審計單位員工詢問,如詢問負責處理大客戶帳戶的銷售部人員 |
| | 改變實施實質性分析程序的對象,如對收入按明細類進行分析 |
| | 針對銷售和銷售退回延長截止測試期間 |
| | 實施以前未曾考慮過的審計程序。<br>(1)函證確認銷售條款或者選定銷售額較不重要、以前未曾關注的銷售交易,如對出口銷售實施實質性程序。<br>(2)實施更細緻的分析程序,如使用計算機輔助審計技術復核銷售及客戶帳戶。<br>(3)測試以前未曾函證過的帳戶餘額,如金額為負或零的帳戶,或者餘額低於以前設定的重要性水準的帳戶。<br>(4)改變函證日期,即把所函證帳戶的截止日期提前或推遲。<br>(5)對關聯公司銷售和相關帳戶餘額,除了進行函證外,再實施其他審計程序進行驗證 |
| 採購和應付帳款 | 如果以前未曾對應付帳款餘額普遍進行函證,可考慮直接向供應商函證確認餘額,如果經常採用函證方式,可考慮改變函證的範圍或時間 |
| | 對以前由於低於設定的重要性水準而未曾測試過的採購項目,進行細節測試 |
| | 使用計算機輔助審計技術審閱採購和付款帳戶,以發現一些特殊項,如是否有不同的供應商使用相同的銀行帳戶 |
| 現金和銀行存款 | 多選幾個月的銀行存款餘額調節表進行測試 |
| | 對有大量銀行帳戶的,考慮改變抽樣方法 |
| 固定資產 | 對以前由於低於設定的重要性水準而未曾測試過的固定資產進行測試,考慮實地盤查一些價值較低的固定資產,如汽車和其他設備等 |
| 集團審計項目 | 修改組成部分審計工作的範圍或區域(如增加某些不重要的組成部分的審計工作量或實地去組成部分開展審計工作) |

### 三、報表層重大錯報風險及總體應對措施對進一步審計程序總體方案的影響

財務報表層次重大錯報風險難以限於某類交易、帳戶餘額和披露的特點,意味著此類風險可能對財務報表的多項認定產生廣泛影響,並相應增加註冊會計師對認定層次重大錯報風險的評估難度。因此,註冊會計師評估的財務報表層次重大錯報風險以及採取的總體應對措施,對擬實施進一步審計程序的總體審計方案具有重大影響。

擬實施進一步審計程序的總體審計方案包括實質性方案和綜合性方案。其中，實質性方案是指註冊會計師實施的進一步審計程序以實質性程序為主；綜合性方案是指註冊會計師在實施進一步審計程序時，將控制測試與實質性程序結合使用。當評估的財務報表層次重大錯報風險屬於高風險水準，並相應採取更強調審計程序不可預見性以及重視調整審計程序的性質、時間安排和範圍等總體應對措施時，擬實施的進一步審計程序的總體方案往往更傾向於實質性方案。

(一) 財務報表層次風險應對方案

財務報表層次風險應對方案如表 10-3 所示。

表 10-3　財務報表層次風險應對方案

| 財務報表層次重大錯報風險 | 索引號 | 總體應對措施 |
|---|---|---|
| 被審計單位控制環境存在缺陷（如存在管理層凌駕控制之上的風險） |  | 舉例：<br>(1) 項目負責人向項目組強調在收集和評價審計證據過程中保持職業懷疑態度的必要性。<br>(2) 在設計和選擇進一步審計程序時，注意使某些程序不被管理層預見或事先瞭解。<br>(3) 對實施審計程序的性質、時間和範圍做出總體修改（如擬實施的總體方案側重於實質性程序、消極函證改為積極函證、在期末而非期中實施更多的審計程序、擴大抽樣範圍等） |

(二) 對重要帳戶和交易擬採取的進一步審計程序方案（計劃矩陣）

對重要帳戶和交易擬採取的進一步審計程序方案如表 10-4 所示。

表 10-4　對重要帳戶和交易擬採取的進一步審計程序方案（計劃矩陣）

| 業務循環涉及的重要帳戶或列報 | 識別的重大錯報風險 ||||||| 相關控制預期是否有效 | 擬實施的總體方案 ||||
|---|---|---|---|---|---|---|---|---|---|---|---|---|
| | 重大錯報風險水準 | 是否為特別風險 | 相關認定 ||||| | 總體方案 || 控制測試索引號 | 實質性程序索引號 |
| | | | 存在或發生 | 完整性 | 權利和義務 | 計價和分攤或準確性 | 截止 | 分類 | 列報和披露 | | 綜合性方案 | 實質性方案 | 控制測試 | 實質性程序 | |
| 現金 | 低 | 否 | | | | | | | | 是 | √ | | √ | √ |
| 銀行存款 | 高 | 是 | √ | | | | | | | 否 | | √ | | √ |
| 其他貨幣資金 | 高 | 否 | √ | √ | √ | | | √ | | 否 | | √ | | √ |

## 第二節　針對認定層次重大錯報風險的進一步審計程序

進一步審計程序相對於風險評估程序而言，是指註冊會計師針對評估的各類交易、帳戶餘額和披露認定層次的重大錯報實施的審計程序，包括控制測試和實質性程序。

### 一、進一步審計程序的總體要求

註冊會計師設計和實施的進一步審計程序的性質、時間和範圍，應當與評估的認定層次重大錯報風險具備明確的對應關係。其中，進一步審計程序的性質是最重要的。進一步審計程序（包括控制測試、實質性程序）的性質、時間和範圍的確定將在第三節控制測試、第四節實質性程序中具體介紹，本節不再贅述。

在設計進一步審計程序時，註冊會計師應當考慮下列因素：

（1）風險的重要性。風險的後果越嚴重，就越需要註冊會計師關注和重視，越需要精心設計有針對性的進一步審計程序。

（2）重大錯報發生的可能性。

（3）涉及的各類交易、帳戶餘額和披露的特徵。

（4）被審計單位採用的特定控制的性質。不同性質的控制（尤其是人工控制或自動化控制）對註冊會計師設計進一步審計程序具有重要影響。

（5）註冊會計師是否實施控制測試。如果註冊會計師在風險評估時預期內部控制運行有效，隨後擬實施的進一步審計程序就必須包括控制測試，且實質性程序自然會受到之前控制測試結果的影響。

### 二、進一步審計程序的總體方案

註冊會計師在設計進一步審計程序擬實施的總體方案時，包括綜合性方案和實質性方案。綜合性方案指註冊會計師擬實施的進一步審計程序，既包括控制測試，也包括實質性程序。實質性方案指註冊會計師擬實施的進一步審計程序，僅包括實質性程序。

通常，註冊會計師出於成本效益的考慮，可以採用綜合性方案設計進一步審計程序，即將測試控制運行的有效性與實質性程序結合使用。

如果僅通過實質性程序無法應對重大錯報風險（如在被審計單位對日常交易採用高度自動化處理的情況下），註冊會計師就必須實施控制測試，才可能有效應對評估出的某一認定的重大錯報風險。

（1）如註冊會計師的風險評估程序未能識別出與認定相關的任何控制，或者註冊會計師認為綜合性方案很可能不符合成本效益原則，註冊會計師可能認為僅實施實質性程序就是適當的。

（2）當評估的財務報表層次重大錯報風險屬於高風險水準（並相應採取更強調審計程序不可預見性、重視調整審計程序的性質、時間和範圍等總體應對措施）

時，擬實施進一步審計程序的總體方案往往更傾向於實質性方案。

（3）小型被審計單位可能不存在能夠被註冊會計師識別的控制活動，註冊會計師實施的進一步審計程序可能主要是實質性程序。但是，註冊會計師始終應當考慮在缺乏控制的情況下，僅通過實施實質性程序是否能夠獲取充分、適當的審計證據。

還需要特別說明的是，註冊會計師對重大錯報風險的評估畢竟是一種主觀判斷，可能無法充分識別所有的重大錯報風險，同時內部控制存在固有局限性（特別是存在管理層凌駕於內部控制之上的可能性）。因此，無論選擇何種方案，註冊會計師都應當對所有重大類別的交易、帳戶餘額和披露設計和實施實質性程序。

**三、控制環境薄弱對進一步程序的影響**

（1）控制環境薄弱，導致財務報表層次的重大錯報風險，註冊會計師應採用總體應對措施。

（2）如果控制環境存在缺陷，註冊會計師在對擬實施審計程序的性質、時間安排和範圍做出總體修改時應當考慮以下事項：

①在期末而非期中實施更多的審計程序。
②通過實施實質性程序獲取更廣泛的審計證據。
③增加擬納入審計範圍的經營地點的數量。

（3）控制環境薄弱，擬實施進一步審計程序的總體方案往往更傾向於實質性方案。

（4）確定針對剩餘期間需要獲取的補充審計證據時，控制環境越薄弱，註冊會計師需要獲取的剩餘期間的補充證據越多。

（5）控制環境薄弱或對控制的監督薄弱，如擬信賴內部控制，在本期測試內部控制，不能利用以前獲取的審計證據。

（6）控制環境和其他相關的控制越薄弱，註冊會計師越不宜在期中實施實質性程序。

# 第三節　控制測試

## 一、控制測試的含義及要求

（一）控制測試的含義

控制測試是指用於評價內部控制在防止或發現並糾正認定層次重大錯報方面的運行有效性的審計程序。註冊會計師應當選擇為相關認定提供證據的控制進行測試。

這一概念需要與風險評估程序中的瞭解內部控制進行區分。瞭解內部控制包含兩層含義：一是評價控制的設計是否合理，二是確定控制是否得到執行。控制測試是在瞭解內部控制並初步評價內部控制有效（設計合理並得到執行）的基礎上，進一步測試該控制是否得到一貫執行，最終評價內部控制是否確實有效、是否支持風險評估的結論。瞭解內部控制與控制測試所提到的控制目標和具體控制活動及相關

認定是一樣的,但所需獲取的審計證據是不同的,因此兩者執行的程序的時間和範圍也有所不同。

(二) 控制測試的要求

1. 控制測試的內容

註冊會計師應當從下列方面獲取關於控制是否有效運行的審計證據:

(1) 控制在所審計期間的相關時點是如何運行的。

(2) 控制是否得到一貫執行。

(3) 控制由誰或以何種方式運行(如人工控制或自動化控制)。

從這三個方面來看,控制運行有效性強調的是控制能夠在各個不同時點按照既定設計得以一貫執行。因此,在瞭解控制是否得到執行時,註冊會計師只需抽取少量的交易進行檢查或觀察某幾個時點。但在測試控制運行的有效性時,註冊會計師需要抽取足夠數量的交易進行檢查或對多個不同時點進行觀察。

測試控制運行的有效性與確定控制是否得到執行所需獲取的審計證據雖然存在差異,但兩者也有聯繫。註冊會計師可以考慮在評價控制設計和獲取其得到執行的審計證據的同時測試控制運行有效性,以提高審計效率。同時,註冊會計師應當考慮這些審計證據是否足以實現控制測試的目的。

2. 無需控制測試的情形

(1) 風險評估程序未能識別出與認定相關的任何控制。

(2) 註冊會計師認為綜合性方案很可能不符合成本效益原則。

3. 必須控制測試的情形

(1) 在評估認定層次重大錯報風險時,預期控制的運行是有效的。

(2) 僅實施實質性程序不足以提供認定層次充分、適當的審計證據(如在被審計單位對日常交易採用高度自動化處理的情況下)。

**二、控制測試的性質**

(一) 控制測試性質的含義

控制測試的性質是指控制測試使用的審計程序的類型及其組合。

計劃從控制測試中獲取的保證水準是決定控制測試性質的主要因素之一。註冊會計師應當選擇適當類型的審計程序以獲取有關控制運行有效性的保證。在計劃和實施控制測試時,對控制有效性的信賴程度越高,註冊會計師應當獲取越有說服力的審計證據。當擬實施的進一步審計程序主要以控制測試為主,尤其是僅實施實質性程序無法或不能獲取充分、適當的審計證據時,註冊會計師應當獲取有關控制運行有效性的更高的保證水準。

控制測試採用審計程序有詢問、觀察、檢查和重新執行。

(1) 詢問。註冊會計師可以向被審計單位適當員工詢問,獲取與內部控制運行情況相關的信息。然而,僅僅通過詢問不能為控制運行的有效性提供充分的證據,註冊會計師通常需要印證被詢問者的答復,如向其他人員詢問和檢查執行控制時使用的報告、手冊或其他文件等。因此,雖然詢問是一種有用的手段,但詢問必須和其他測試手段結合使用才能發揮作用。在詢問過程中,註冊會計師應當保持職業懷疑。

(2) 觀察。觀察是測試不留下書面記錄的控制（如職責分離）的運行情況的有效方法。例如，觀察存貨盤點控制的執行情況。觀察也可運用於實物控制，如查看倉庫門是否鎖好、空白支票是否得到妥善保管。在通常情況下，註冊會計師通過觀察直接獲取的證據比間接獲取的證據更可靠。但是，註冊會計師還要考慮其觀察到的控制在註冊會計師不在場時可能未被執行的情況。

　　(3) 檢查。對運行情況留有書面證據的控制，檢查非常適用。書面說明、復核時留下的記號，或者其他記錄在偏差報告中的標誌，都可以被當成控制運行情況的證據。例如，檢測銷售發票是否有復核人員簽字，檢測銷售發票是否附有客戶訂購單和出庫單等。

　　(4) 重新執行。例如，為了合理保證計價認定的準確性，被審計單位的一項控制是由復核人員核對銷售發票上的價格與統一價格單上的價格是否一致。但是，要檢查復核人員有沒有認真執行核對，僅僅檢查復核人員是否在相關文件上簽字是不夠的，註冊會計師還需要自己選取一部分銷售發票進行核對，這就是重新執行程序。如果需要進行大量的重新執行，註冊會計師就要考慮通過實施控制測試以縮小實質性程序的範圍是否有效率。

　　詢問本身並不足以測試控制運行的有效性。因此，註冊會計師需要將詢問與其他審計程序結合使用。觀察提供的證據僅限於觀察發生的時點，因此將詢問與檢查或重新執行結合使用，可能比僅實施詢問和觀察獲取更高水準的保證。觀察程序可以單獨使用。

　　(二) 確定控制測試的性質時的要求
　　1. 考慮特定控制的性質
　　註冊會計師應當根據特定控制的性質選擇所需實施審計程序的類型。例如，某些控制可能存在反應控制運行有效性的文件記錄，在這種情況下，註冊會計師可以檢查這些文件記錄以獲取控制運行有效的審計證據。某些控制可能不存在文件記錄（如一項自動化的控制活動），或者文件記錄與能否證實控制運行有效性不相關，註冊會計師應當考慮實施檢查以外的其他審計程序（如詢問和觀察）或借助計算機輔助審計技術，以獲取有關控制運行有效性的審計證據。

　　2. 考慮測試與認定直接相關和間接相關的控制
　　例如，被審計單位可能針對超出信用額度的例外賒銷交易設置報告和審核制度（與認定直接相關的控制）。在測試該項制度的運行有效性時，註冊會計師不僅應當考慮審核的有效性，還應當考慮與例外賒銷報告中信息準確性有關的控制（與認定間接相關的控制）是否有效運行。

　　3. 如何對一項自動化的應用控制實施控制測試
　　對於一項自動化的應用控制，由於信息技術處理過程的內在一貫性，註冊會計師可以利用該項控制得以執行的審計證據和信息技術一般控制（特別是對系統變動的控制）運行有效性的審計證據，作為支持該項控制在相關期間運行有效性的重要審計證據。

(三）實施控制測試時對雙重目的的實現

控制測試的目的是評價控制是否有效運行，細節測試的目的是發現認定層次的重大錯報。儘管兩者的目的不同，但註冊會計師可以考慮針對同一交易同時實施控制測試和細節測試，以實現雙重目的。例如，註冊會計師通過檢查某筆交易的發票可以確定其是否經過適當的授權，也可以獲取關於該交易的金額、發生時間等細節證據。當然，如果擬實施雙重目的測試，註冊會計師應當仔細設計和評價測試程序。

（四）實施實質性程序的結果對控制測試結果的影響

如果通過實施實質性程序未發現某項認定存在錯報，這本身並不能說明與該認定有關的控制是有效運行的；如果通過實施實質性程序發現某項認定存在錯報，註冊會計師應當在評價相關控制的運行有效性時予以考慮。因此，註冊會計師應當考慮實施實質性程序發現的錯報對評價相關控制運行有效性的影響（如降低對相關控制的信賴程度、調整實質性程序的性質、擴大實質性程序的範圍等）。如果註冊會計師實施實質性程序發現被審計單位沒有識別出的重大錯報，通常表明內部控制存在重大缺陷，註冊會計師應當就這些缺陷與管理層和治理層進行溝通。

### 三、控制測試的時間

（一）控制測試的時間的含義

如前所述，控制測試的時間包含兩層含義：一是何時實施控制測試，二是測試針對的控制適用的時點或期間。一個基本的原理是，如果測試特定時點的控制，註冊會計師僅得到該時點控制運行有效性的審計證據；如果測試某一期間的控制，註冊會計師可獲取控制在該期間有效運行的審計證據。因此，註冊會計師應當根據控制測試的目的確定控制測試的時間，並確定擬信賴的相關控制的時點或期間。

（二）如何考慮期中審計證據

前已述及，註冊會計師可能在期中實施進一步審計程序。對於控制測試，註冊會計師在期中實施此類程序具有更積極的作用。但需要說明的是，即使註冊會計師已獲取有關控制在期中運行有效性的審計證據，仍然需要考慮如何能夠將控制在期中運行有效性的審計證據合理延伸至期末，一個基本的考慮是針對期中至期末這段剩餘期間獲取充分、適當的審計證據。因此，如果已獲取有關控制在期中運行有效性的審計證據，並擬利用該證據，註冊會計師應當實施下列審計程序：

（1）獲取這些控制在剩餘期間發生重大變化的審計證據。

（2）確定針對剩餘期間還需獲取的補充審計證據。

上述兩項審計程序中，第一項是針對期中已獲取審計證據的控制，考察這些控制在剩餘期間的變化情況（包括是否發生了變化以及如何變化）。如果這些控制在剩餘期間沒有發生變化，註冊會計師可能決定信賴期中獲取的審計證據。如果這些控制在剩餘期間發生了變化（如信息系統、業務流程或人事管理等方面發生變動），註冊會計師需要瞭解並測試控制的變化對期中審計證據的影響。

上述兩項審計程序中，第二項是針對期中證據以外的、剩餘期間的補充證據。在執行該項規定時，註冊會計師應當考慮下列因素：

（1）評估的認定層次重大錯報風險的重大程度。

（2）在期中測試的特定控制（對自動化運行的控制，註冊會計師更可能測試剩餘期間信息系統一般控制的運行有效性）。

（3）在期中對有關控制運行有效性獲取的審計證據的程度。

（4）剩餘期間的長度。

（5）在信賴控制的基礎上擬減少進一步實質性程序的範圍。

（6）控制環境。在註冊會計師總體上擬信賴控制的前提下，控制環境越薄弱（或把握程度越低），註冊會計師需要獲取的剩餘期間的補充證據越多。

除了上述的測試剩餘期間控制的運行有效性，測試被審計單位對控制的監督也能夠作為一項有益的補充證據，以便更有把握地將控制在期中運行有效性的審計證據延伸至期末。被審計單位對控制的監督起到的是一種檢驗相關控制在所有相關時點是否都有效運行的作用。因此，通過測試剩餘期間控制的運行有效性或測試被審計單位對控制的監督，註冊會計師可以獲取補充審計證據。

（三）如何考慮以前審計獲取的審計證據

註冊會計師考慮以前審計獲取的有關控制運行有效性的審計證據，其意義在於：一方面，內部控制中的諸多要素對於被審計單位往往是相對穩定的（相對於具體的交易、帳戶餘額和披露），因此註冊會計師在本期審計時還可以適當考慮利用以前審計獲取的有關控制運行有效性的審計證據；另一方面，內部控制在不同期間可能發生重大變化，註冊會計師在利用以前審計獲取的有關控制運行有效性的審計證據時需要格外慎重，充分考慮各種因素。

（1）當控制在本期發生變化時，註冊會計師應當考慮以前審計獲取的有關控制運行有效性的審計證據是否與本期審計相關（內部控制發生重大變化，則不能利用以前年度控制測試的結果）。

（2）如果擬信賴的控制自上次測試後未發生變化，且不屬於旨在減輕特別風險的控制，註冊會計師應當運用職業判斷確定是否在本期審計中測試其運行有效性以及本次測試與上次測試的時間間隔，但每三年（或每隔兩年）至少對控制測試一次（所有擬信賴控制不應集中在本次審計中測試，而應在之後的兩次審計中進行測試）。

在確定利用以前審計獲取的有關控制運行有效性的審計證據是否適當以及再次測試控制的時間間隔時，註冊會計師應當考慮的因素或情況如下：

①內部控制其他要素的有效性，包括控制環境、對控制的監督以及被審計單位的風險評估過程（控制環境薄弱或對控制的監督薄弱，在本期測試內部控制）。

②控制特徵是人工控制還是自動化控制（人工控制穩定性差，在本期測試內部控制）。

③信息技術一般控制的有效性（一般控制薄弱，可能更少依賴以前審計獲取的證據）。

④影響內部控制的重大人事變動（發生重大人事變動，不依賴以前審計獲取的證據）。

⑤由於環境發生變化而特定控制缺乏相應變化導致的風險（不依賴以前審計獲取的證據）。

⑥重大錯報風險和對控制的信賴程度（重大錯報風險較大或對控制的信賴程度較高，不依賴以前審計獲取的證據）。

（3）不得依賴以前審計獲取證據的情形。對於旨在減輕特別風險的控制，不論該控制在本期是否發生變化，註冊會計師都不應依賴以前審計獲取的證據。相應地，註冊會計師如打算信賴內部控制，應當在每次審計中都測試這類控制。圖 10-1 概括了註冊會計師是否需要在本期測試某項控制的決策過程。

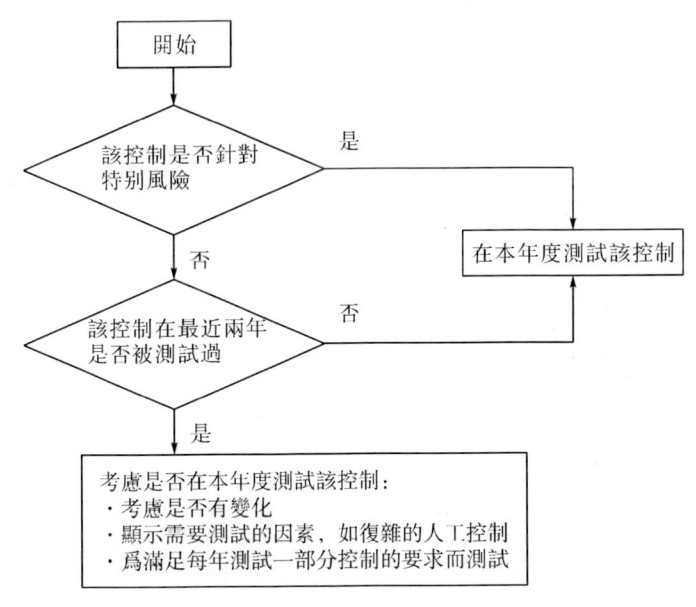

```
         開始
          ↓
     該控制是否針對 ──是──→ 在本年度測試該控制
       特別風險
          ↓否
     該控制在最近兩年 ──否──→
     是否被測試過
          ↓是
     考慮是否在本年度測試該控制：
     ・考慮是否有變化
     ・顯示需要測試的因素，如復雜的人工控制
     ・爲滿足每年測試一部分控制的要求而測試
```

圖 10-1　註冊會計師是否需要在本期測試某項控制的決策過程

## 四、控制測試的範圍

控制測試的範圍主要是指某項控制活動的測試次數。

（一）確定控制測試範圍的考慮因素

當針對控制運行的有效性需要獲取更具說服力的審計證據時，註冊會計師可能需要擴大控制測試的範圍。在確定控制測試的範圍時，除考慮對控制的信賴程度外，註冊會計師還可能考慮的因素如表 10-5 所示。

表 10-5　確定控制測試範圍的考慮因素

| 考慮因素 | 測試範圍與其變動方向 |
| --- | --- |
| 在整個擬信賴的期間，被審計單位執行控制的頻率 | 同向 |
| 在所審計期間，擬信賴控制運行有效性的時間長度 | 同向 |
| 控制的預期偏差 | 同向 |
| 通過測試與認定相關的其他控制獲取的審計證據的範圍 | 反向 |

表10-5(續)

| 考慮因素 | 測試範圍與其變動方向 |
|---|---|
| 擬獲取有關認定層次控制運行有效性的審計證據的相關性和可靠性 | 同向 |
| 可接受抽樣風險 | 反向 |
| 可容忍偏差率 | 反向 |
| 總體規模 | 同向，超大總體，影響很小。 |
| 控制測試計劃提供的保證水準、擬信賴控制運行有效性的程度 | 同向 |

註：控制測試範圍無需考慮總體變異性。

(二) 對自動化控制的測試範圍的特別考慮

除非系統（包括系統使用的表格、文檔或其他永久性數據）發生變動，註冊會計師通常不需要增加自動化控制的測試範圍。

對於一項自動化應用控制，一旦確定被審計單位正在執行該控制，註冊會計師通常無需擴大控制測試的範圍，但需要考慮執行下列測試以確定該控制持續有效運行：

(1) 測試與該應用控制有關的一般控制的運行有效性。
(2) 確定系統是否發生變動，如果發生變動，是否存在適當的系統變動控制。
(3) 確定對交易的處理是否使用授權批准的軟體版本。

需要注意的是，自動化控制的控制測試範圍比手工控制的控制測試範圍小。自動化控制的控制測試範圍相比瞭解內部的範圍也無需擴大。

(三) 測試兩個層次控制時注意的問題

控制測試可用於被審計單位每個層次的內部控制。整體層次控制測試通常更加主觀（如管理層對勝任能力的重視）。對整體層次控制進行測試，通常比業務流程層次控制（如檢查付款是否得到授權）更難以記錄。因此，整體層次控制和信息技術一般控制的評價通常記錄的是文件備忘錄和支持性證據。註冊會計師最好在審計的早期測試整體層次控制。原因在於對這些控制測試的結果會影響其他計劃審計程序的性質和範圍。

## 第四節　實質性程序

### 一、實質性程序的含義和要求

實質性程序是指用於發現認定層次重大錯報的審計程序，包括對各類交易、帳戶餘額和披露的細節測試以及實質性分析程序。

由於註冊會計師對重大錯報風險的評估是一種判斷，可能無法充分識別所有的重大錯報風險，並且由於內部控制存在固有局限性，無論評估的重大錯報風險結果如何，

註冊會計師都應當針對所有重大類別的交易、帳戶餘額和披露實施實質性程序。

### 二、實質性程序的性質

（一）實質性程序的性質的含義

實質性程序的性質是指實質性程序的類型及其組合。前已述及，實質性程序的兩種基本類型包括細節測試和實質性分析程序。

細節測試是對各類交易、帳戶餘額和披露的具體細節進行測試，目的在於直接識別財務報表認定是否存在錯報及錯報金額和原因。細節測試被用於獲取與某些認定相關的審計證據，如存在、準確性、計價等。

實質性分析程序從技術特徵上講仍然是分析程序，主要是通過研究數據間關係評價信息，只是將該技術方法用做實質性程序。實質性分析程序更適用於在一段時間內存在可預期關係的大量交易。通常，在實施細節測試之前實施實質性分析程序，是符合成本效益原則的，因為細節測試需要檢查很多資料，工作量大；分析程序只需分析數據之間的聯繫。

（二）細節測試的方向

對於細節測試，註冊會計師應當針對評估的風險設計細節測試，獲取充分、適當的審計證據，以達到認定層次所計劃的保證水準。該規定的含義是，註冊會計師需要根據不同的認定層次的重大錯報風險設計有針對性的細節測試。例如，在針對存在或發生認定設計細節測試時，註冊會計師應當選擇包含在財務報表金額中的項目，並獲取相關審計證據，即由報表項目對應的總帳數據逆查到相關記帳憑證及原始單據。又如，在針對完整性認定設計細節測試時，註冊會計師應當選擇有證據表明應包含在財務報表金額中的項目，並調查這些項目是否確實包括在內。如為應對被審計單位漏記本期應付帳款的風險，註冊會計師可以檢查期後付款記錄。

（三）設計實質性分析程序時考慮的因素

註冊會計師在設計實質性分析程序時應當考慮的因素包括：

（1）對特定認定使用實質性分析程序的適當性。

（2）對已記錄的金額或比率做出預期時，依據的內部或外部數據的可靠性。

（3）做出預期的準確程度是否足以在計劃的保證水準上識別重大錯報。

（4）已記錄金額與預期值之間可接受的差異額。

考慮到數據及分析的可靠性，當實施實質性分析程序時，如果使用被審計單位編製的信息，註冊會計師應當考慮測試與信息編製相關的控制以及這些信息是否在本期或前期經過審計。

### 三、實質性程序的時間

實質性程序的時間選擇與控制測試的時間選擇有共同點，也有很大的差異。共同點在於兩類程序都面臨著對期中審計證據和對以前審計獲取的審計證據的考慮。兩者的差異在於在控制測試中，期中實施控制測試並獲取期中關於控制運行有效性審計證據的做法更具有一種「常態」；而由於實質性程序的目的在於更直接地發現重大錯報，在期中實施實質性程序時更需要考慮其成本效益的權衡。

（一）是否在期中實施實質性程序考慮的因素

如前所述，在期中實施實質性程序，一方面消耗了審計資源，另一方面期中實施實質性程序獲取的審計證據又不能直接作為期末財務報表認定的審計證據，註冊會計師仍然需要消耗進一步的審計資源，使期中審計證據能夠合理延伸至期末。於是這兩部分審計資源的總和是否能夠顯著小於完全在期末實施實質性程序所需消耗的審計資源，是註冊會計師需要權衡的。因此，註冊會計師在考慮是否在期中實施實質性程序時應當考慮以下因素：

(1) 控制環境和其他相關的控制。控制環境和其他相關的控制越薄弱，註冊會計師越不宜在期中實施實質性程序。

(2) 實施審計程序所需信息在期中之後的可獲得性。

(3) 實質性程序的目標。

(4) 評估的重大錯報風險。註冊會計師評估的某項認定的重大錯報風險越高，註冊會計師越應當考慮將實質性程序集中於期末（或接近期末）實施。

(5) 各類交易或帳戶餘額以及相關認定的性質。例如，某些交易或帳戶餘額以及相關認定的特殊性質（如收入截止認定、未決訴訟）決定了註冊會計師必須在期末（或接近期末）實施實質性程序。

(6) 針對剩餘期間，能否通過實施實質性程序或將實質性程序與控制測試相結合，降低期末存在錯報而未被發現的風險。

（二）如何考慮期中審計證據

如果在期中實施了實質性程序，註冊會計師有以下兩種選擇：

(1) 針對剩餘期間實施進一步的實質性程序。

(2) 將實質性程序和控制測試結合使用。

（三）如何考慮以前審計獲取的審計證據

在以前審計中實施實質性程序獲取的審計證據，通常對本期只有很弱的證據效力或沒有證據效力，不足以應對本期的重大錯報風險。只有當以前獲取的審計證據及其相關事項未發生重大變動時（如以前審計通過實質性程序測試過的某項訴訟在本期沒有任何實質性進展），以前獲取的審計證據才可能用做本期的有效審計證據。但即便如此，如果擬利用以前審計中實施實質性程序獲取的審計證據，註冊會計師應當在本期實施審計程序，以確定這些審計證據是否具有持續相關性。

**四、實質性程序的範圍**

評估的認定層次重大錯報風險和實施控制測試的結果是註冊會計師在確定實質性程序的範圍時的重要考慮因素。對實質性程序的範圍的影響因素如下：

(1) 註冊會計師評估的認定層次的重大錯報風險越高，需要實施實質性程序的範圍越廣。

(2) 如果對控制測試結果滿意，註冊會計師應當考慮縮小實質性程序的範圍。

(3) 可接受抽樣風險與實質性程序範圍成反向變動關係。

(4) 可容忍錯報與實質性程序範圍成反向變動關係。

(5) 總體規模與實質性程序範圍成同向變動關係。

（6）計劃的保證水準與實質性程序範圍成同向變動關係。
（7）總體變異性與實質性程序範圍成同向變動關係。

### 五、風險評估、控制測試與實質性程序三者間的關係

風險評估程序的結果決定是否進行控制測試以及控制測試的性質、時間和範圍。控制測試的結果可能修正重大錯報風險評估的結果。控制測試的結果決定實質性程序的性質、時間和範圍，而實質性程序的結果可以驗證控制測試的結果。

### 六、針對特別風險實施的進一步程序的特別要求

（一）特別風險的考慮因素
（1）風險是否屬於舞弊風險。
（2）風險是否與近期經濟環境、會計處理方法和其他方面的重大變化有關，進而需要特別關注。
（3）交易的複雜程度。
（4）風險是否涉及重大的關聯方交易。
（5）財務信息計量的主觀程度，特別是計量的結果是否具有高度不確定性。
（6）風險是否涉及異常或超出正常經營過程的重大交易。

（二）特別風險的特別要求
（1）在確定哪些風險是特別風險時，註冊會計師應當考慮識別出的控制對相關風險的抵消效果前，根據風險的性質、潛在錯報的程度和發生的可能性，判斷風險是否屬於特別風險。
（2）對特別風險，註冊會計師應當評價相關控制的設計情況，並確定其是否已經得到執行。
（3）如果管理層未能實施控制以恰當應對特別風險，註冊會計師應當認為內部控制存在重大缺陷，並考慮其對風險評估的影響。在此情況下，註冊會計師應當就此類事項與治理層溝通。
（4）如果計劃測試旨在減輕特別風險的控制運行的有效性，註冊會計師不應依賴以前審計獲取的關於內部控制運行有效性的審計證據。
（5）如果評估的認定層次重大錯報風險是特別風險，註冊會計師應當專門針對該風險實施實質性程序。
（6）註冊會計師應當專門針對識別的特別風險實施實質性程序，註冊會計師實施細節測試或將實質性分析程序與細節測試相結合。
（7）對於舞弊導致的重大錯報風險（特別風險），為將期中得出的結論延伸至期末而實施的審計程序通常是無效的，註冊會計師應當考慮在期末或接近期末實施實質性程序。
（8）特別風險屬於審計工作底稿中的重大事項，屬於審計工作底稿的內容。

（三）特別風險應對措施及結果匯總表
特別風險應對措施及結果匯總表舉例如表 10-6 所示。

表 10-6　特別風險應對措施及結果匯總表舉例

| 項目 | 經營目標 | 經營風險 | 特別風險 | 管理層應對或控制措施 | 財務報表項目及認定 | 審計措施 | 向被審計單位報告的事項 |
|---|---|---|---|---|---|---|---|
| 舉例 | 被審計單位通過發展中小城市的新客戶和放寬授信額度爭取銷售收入比上一年度增長25% | 不嚴格執行對新客戶的信用記錄調查和篩選、放寬授信額度會增加壞帳風險 | 應收帳款壞帳準備的計提可能不足 | （1）財務部每月編製帳齡分析報告 | 應收帳款 | （1）與銷售經理討論所執行的壞帳風險評估程序 | 無（或詳見與管理層或治理層溝通函） |
| | | | | （2）對超過一年未收回的帳款由銷售人員與客戶簽訂還款協議，其條款須經區域銷售經理和銷售經理批准 | 相關認定：計價和分攤 | （2）與財務經理討論壞帳準備的計提 | |
| | | | | （3）銷售部每月編製逾期應收帳款還款協議簽訂及執行情況報告，經銷售總監審閱並決定是否降低授信額度或暫停供貨 | | （3）審閱帳齡分析報告和還款協議簽訂及執行報告 | |
| | | | | （4）財務經理根據該報告並結合帳齡分析報告，對有可能難以收回的應收帳款計提壞帳準備 | | （4）抽查還款協議和貨款收回情況 | |

## 本章小結

　　本章屬於審計測試流程的內容，是風險導向審計中的核心內容，屬於比較重要的章節。通過本章的學習，學生需要明確註冊會計師應當針對評估的財務報表層次重大錯報風險確定總體應對措施，並針對評估的認定層次重大錯報風險設計和實施進一步審計程序，以將審計風險降至可接受的低水準，並注意與財務報表循環審計控制測試和實質性程序結合學習。

## 本章思維導圖

　　本章思維導圖如圖 10-2 所示。

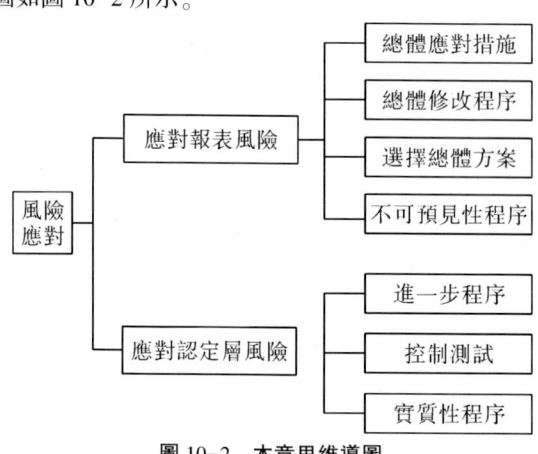

```
                         ┌─ 總體應對措施
                         ├─ 總體修改程序
              ┌─ 應對報表風險 ─┤
              │          ├─ 選擇總體方案
              │          └─ 不可預見性程序
   風險應對 ─┤
              │          ┌─ 進一步程序
              └─ 應對認定層風險 ─┤
                         ├─ 控制測試
                         └─ 實質性程序
```

圖 10-2　本章思維導圖

# 第十一章
# 採購與付款循環審計

## 學習目標

1. 瞭解採購與付款循環的主要單據和會計記錄。
2. 掌握採購交易的內部控制。
3. 熟悉採購與付款循環的相關交易和金額存在的重大錯報風險。
4. 掌握根據重大錯報風險的評估結果設計進一步審計程序。
5. 熟悉測試採購與付款循環的內控控制。
6. 掌握採購與付款循環的實質性程序。

## 案例導入

S公司於2002年設立，從事電子產品生產和銷售，現有員工2,000人，採購部門共20人，2017年全年採購原材料15,000萬元，應付帳款期末餘額2,800萬元。S公司設有採購制度，對存貨申購、驗收、入庫、付款都有相應規定。註冊會計師陳磊受託進行2018年年度報表審計，對採購與付款循環進行內部控制測試。陳磊在檢查2017年12月的供應商檔案更改申請表以及當月的月度供應商更改信息報告時，發現編號為506號的檔案，供應商已超過兩年未與S公司發生業務往來，未及時變更和刪除其檔案。

問題：S公司內部控制存在何種問題？在設計內控測試和實質性程序時，應如何考慮？

## 第一節　採購與付款循環概述

採購與付款循環主要指企業的採購交易與付款交易，即企業購買商品和勞務以及企業在經營活動中為獲取收入而發生的直接或間接的支出。採購業務是企業生產經營活動的起點，其特點是發生的頻率高、數量多、涉及供應商也多。在實務審計工作中採購與付款循環審計也是比較重要的業務。本章主要介紹採購原材料、商品等交易的審計；固定資產的採購和管理與普通的原材料等商品採購有較大不同，因此未包含在本章的內容中。

## 一、不同行業類型的採購和費用

不同的企業性質決定企業除了有一些共性的費用支出外,還會發生一些不同類型的支出(見表11-1)。

表11-1　不同行業類型的採購和費用

| 行業類型 | 典型的採購和費用支出 |
| --- | --- |
| 貿易行業 | 產品的選擇和購買、產品的存儲和運輸、廣告促銷費用、售後服務費用 |
| 一般製造業 | 生產過程所需的設備支出,原材料、易耗品、配件的購買與存儲支出,市場經營費用,把產成品運達顧客或零售商處發生的運輸費用,管理費用 |
| 專業服務業 | 律師、會計師、財務顧問的費用支出,包括印刷、通信、差旅費以及電腦、車輛等辦公設備的購置和租賃,書籍資料和研究設施的費用 |
| …… | …… |

本節以一般製造業的商品採購為例,介紹採購與付款循環中的主要業務活動及其相關內部控制。製造業被審計單位的採購與付款循環涉及的交易類別、財務報表科目、主要業務活動及主要單據與會計記錄如表11-2所示。

表11-2　採購與付款循環涉及的交易類別、財務報表科目、
主要業務活動及主要單據與會計記錄

| 交易類別 | 相關財務報表科目 | 主要業務活動 | 主要單據及會計記錄 |
| --- | --- | --- | --- |
| 採購 | 存貨、其他流動資產、銷售費用、管理費用、應付帳款、其他 | (1) 編製採購計劃;<br>(2) 維護供應商清單;<br>(3) 請購商品和勞務;<br>(4) 編製訂購單;<br>(5) 驗收商品; | (1) 採購計劃;<br>(2) 供應商清單;<br>(3) 請購單;<br>(4) 訂購單 |
|  | 應付帳款、預付帳款等 | (6) 儲存已驗收的商品;<br>(7) 編製付款憑單;<br>(8) 確認與記錄負債 | (1) 驗收單;<br>(2) 賣方發票;<br>(3) 付款憑單 |
| 付款 | 應付帳款、其他應付款、應付票據、貨幣資金等 | (1) 辦理付款;<br>(2) 記錄現金、銀行存款支出;<br>(3) 與供應商定期對帳 | (1) 轉帳憑證或付款憑證;<br>(2) 應付帳款明細帳;<br>(3) 庫存現金日記帳和銀行存款日記帳;<br>(4) 供應商對帳單 |

## 二、涉及的主要業務活動

風險評估工作中「瞭解被審計單位的內部控制」就包括瞭解各個業務循環的主要業務活動流程及其中包含的內部控制。採購與付款循環通常要經過這樣的業務流程:請購→訂貨→驗收→儲存→編製付款憑單→確認與記錄負債→付款→記帳。

採購與付款循環業務流程圖如圖11-1所示。

(一) 制訂採購計劃

基於企業的生產經營計劃,生產、倉庫等部門定期編製採購計劃,經部門負責

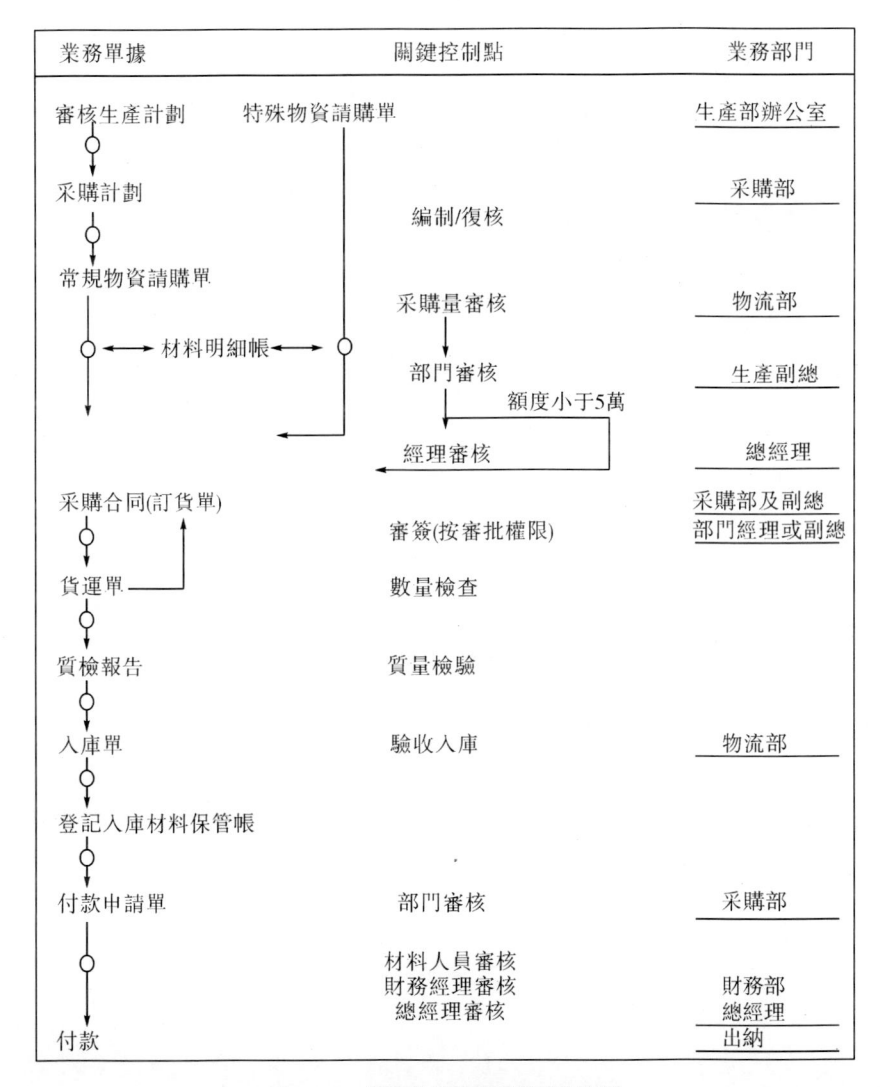

| 業務單據 | 關鍵控制點 | 業務部門 |
|---|---|---|
| 審核生產計劃　特殊物資請購單 | | 生產部辦公室 |
| ↓ | | |
| 采購計劃 | | 采購部 |
| ↓ | 編制/復核 | |
| 常規物資請購單 | | |
| ↓ | 采購量審核 | 物流部 |
| ←→ 材料明細帳 ←→ | 部門審核 | 生產副總 |
| | 額度小于5萬 | |
| | 經理審核 | 總經理 |
| ↓ | | |
| 采購合同(訂貨單) | | 采購部及副總 |
| ↓ | 審簽(按審批權限) | 部門經理或副總 |
| 貨運單 | 數量檢查 | |
| ↓ | | |
| 質檢報告 | 質量檢驗 | |
| ↓ | | |
| 入庫單 | 驗收入庫 | 物流部 |
| ↓ | | |
| 登記入庫材料保管帳 | | |
| ↓ | | |
| 付款申請單 | 部門審核 | 采購部 |
| ↓ | 材料人員審核 | |
| | 財務經理審核 | 財務部 |
| | 總經理審核 | 總經理 |
| 付款 | | 出納 |

圖 11-1　採購與付款循環業務流程圖

人等適當的管理人員審批後提交採購部門，具體安排商品及服務採購。

（二）供應商認證及信息維護

企業通常對於合作的供應商事先進行資質等審核，將通過審核的供應商信息錄入系統，形成完整的供應商清單，並及時對其信息變更進行更新。

採購部門只能向通過審核的供應商進行採購。

（三）請購商品和勞務

採購部門請購商品和勞務，並填寫請購單。請購單可以手工填寫也可以計算機編製。由於企業內不少部門都可以填寫請購單，企業可以按部門設置請購單並連續編號，每張請購單必須經對這類支出預算負責的主管人員簽字批准。請購商品和勞

務流程如圖 11-2 所示。

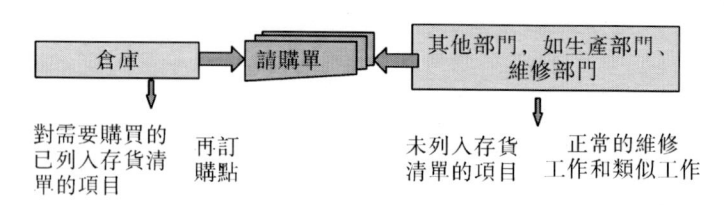

```
倉庫 → 請購單 ← 其他部門，如生產部門、維修部門
```

- 對需要購買的已列入存貨清單的項目 → 再訂購點
- 未列入存貨清單的項目
- 正常的維修工作和類似工作

> 請購單是證明有關采購交易的"發生"認定的憑據之一，也是采購交易軌跡的起點。每張請購單必須經過對此類支出預算負責的主管人員簽字批準。

圖 11-2　請購商品和勞務流程

**（四）編製訂購單**

採購部門只能對經過批准的請購單發出訂購單。為確定最佳的供應來源，對一些大額、重要的採購項目，企業應採取競價方式來確定供應商。訂購單應正確填寫所需要的商品品名、數量、價格、廠商名稱和地址等，預先予以順序編號並經過被授權的採購人員簽名。編製訂購單流程如圖 11-3 所示。

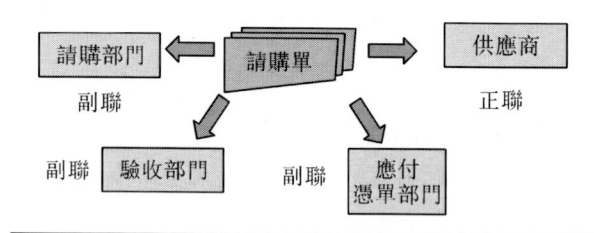

```
請購部門 ← 請購單 → 供應商
副聯                    正聯
         ↓        ↓
副聯  驗收部門  副聯  應付憑單部門
```

> 獨立檢查訂購單的處理，以確定是否確實收到商品并正確入帳。這項檢查與采購交易的"完整性"和"發生"認定有關。

圖 11-3　編製訂購單流程

**（五）驗收商品**

驗收部門將驗收商品與訂購單比較，核對品名、摘要、數量、品質、到貨時間等，之後再盤點商品並檢查商品有無損壞。

驗收部門製作驗收單（一式多聯），順序編號。

驗收人員將商品送交倉庫或其他請購部門時，應取得經過簽字的收據，或者要求其在驗收單的副聯上簽收，以確立對所採購的資產應負的保管責任。編製驗收單流程如圖 11-4 所示。

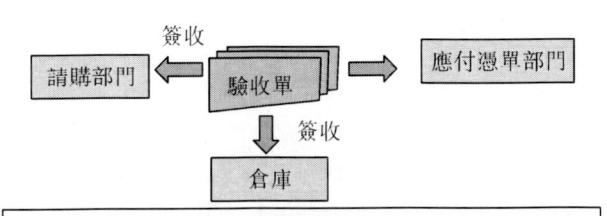

```
        簽收
請購部門 ←── 驗收單 ──→ 應付憑單部門
              ↓
             簽收
             倉庫
```

驗收單是支持資產以及與採購有關的負債的"存在""發生"認定的重要憑證。定期獨立檢查驗收單的順序以確定每筆採購交易都已編製憑單，則與採購交易的"完整性"認定有關。

圖 11-4　編製驗收單流程

（六）儲存已驗收的商品

儲存已驗收的商品環節包括以下兩項內部控制：

（1）職責分離，即將已驗收商品的保管與採購的其他職責相分離，減少未經授權的採購和盜用商品的風險。

（2）限制接近，即存放商品的倉儲區應相對獨立，限制無關人員接近。

這些控制與商品的「存在」認定有關。

（七）編製付款憑單

記錄採購交易之前，應付憑單部門應編製付款憑單，編製付款憑單流程如圖 11-5 所示。這項功能的控制包括：

（1）確定供應商發票的內容與相關的驗收單、訂購單的一致性。

（2）確定供應商發票計算的正確性。

（3）編製有預先編號的付款憑單，並附上支持性憑證（如訂購單、驗收單和供應商發票等）。

（4）獨立檢查付款憑單計算的正確性。

（5）在付款憑單上填入應借記的資產或費用帳戶名稱。

（6）由被授權人員在憑單上簽字，以示批准照此憑單要求付款。所有未付憑單的副聯應保存在未付憑單檔案中，以待日後付款。

這些控制與存在、發生、完整性、權利和義務、計價和分攤等認定相關。

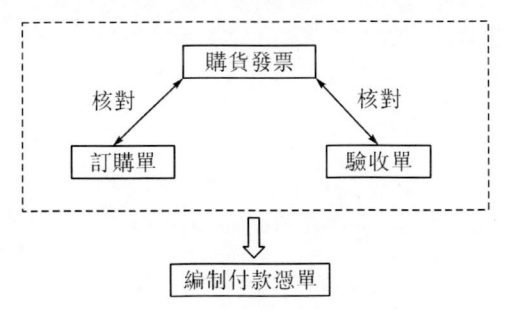

```
           購貨發票
       核對 ↙    ↘ 核對
       訂購單      驗收單
           ⇓
        編制付款憑單
```

圖 11-5　編製付款憑單流程

（八）確認與記錄負債

正確確認已驗收貨物和已接受勞務的債務，要求準確、及時地記錄負債。

應付帳款確認與記錄的一項重要控制是要求記錄現金支出的人員不得經手現金、有價證券和其他資產。

（九）辦理付款

辦理付款流程如圖 11-6 所示。編製和簽署支票的有關控制包括：

（1）獨立檢查已簽發支票的總額與所處理的付款憑單的總額的一致性。

（2）由被授權的財務部門的人員負責簽署支票。

（3）被授權簽署支票的人員應確定每張支票都附有一張已經適當批准的未付款憑單，並確定支票收款人姓名和金額與憑單內容的一致。

（4）支票一經簽署就應在其憑單和支持性憑證上用加蓋印戳或打洞等方式將其註銷，以免重複付款。

（5）支票簽署人不應簽發無記名甚至空白的支票。

（6）支票應預先順序編號，保證支出支票存根的完整性和作廢支票處理的恰當性。

（7）確保只有被授權的人員才能接近未經使用的空白支票。

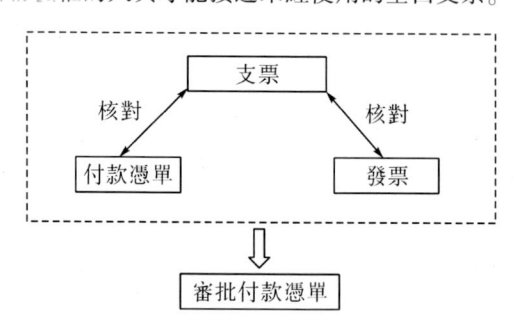

圖 11-6　辦理付款流程

（十）記錄現金、銀行存款支出

記錄現金、銀行存款支出流程如圖 11-7 所示。記錄銀行存款支出的有關控制包括：

（1）會計主管應獨立檢查計入銀行存款日記帳和應付帳款明細帳的金額的一致性以及與支票匯總記錄的一致性。

（2）通過定期比較銀行存款日記帳記錄的日期與支票副本的日期，獨立檢查入帳的及時性。

（3）獨立編製銀行存款餘額調節表。

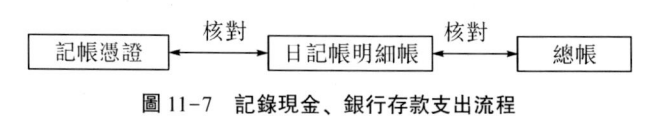

圖 11-7　記錄現金、銀行存款支出流程

三、採購交易的內部控制

採購交易重要的內部控制可以歸納為如下幾個方面：

（一）適當的職責分離

企業應確保辦理採購與付款交易的不相容崗位相互分離、制約和監督。

採購與付款交易不相容崗位至少包括：請購與審批；詢價與確定供應商；採購合同的訂立與審批；採購與驗收；採購、驗收與相關會計記錄；付款審批與付款執行。

（二）恰當的授權審批

付款需要由經授權的人員審批，審批人員在審批前需檢查相關支持文件，並對其發現的例外事項進行跟進處理。

（三）憑證的預先編號及對例外報告的跟進處理

（1）人工執行。企業可以安排入庫單編製人員以外的獨立復核人員定期檢查已經進行會計處理的入庫單記錄，確認是否存在遺漏或重複記錄的入庫單，並對例外情況予以跟進。

（2）信息技術（IT）環境。系統可以定期生成列明跳號或重號的入庫單統計例外報告，由經授權的人員對例外報告進行復核和跟進，確認所有入庫單都進行了處理，且沒有重複處理。

## 第二節　採購與付款循環的重大錯報風險

註冊會計師必須對被審計單位的採購與付款循環的重大錯報風險有一定認識，並詳細瞭解被審計單位有關交易或付款的內部控制是否能預防、檢查和糾正重大錯報風險，在此基礎上設計並實施進一步審計程序，才能有效應對重大錯報風險。

### 一、識別和評估重大錯報風險

為評估重大錯報風險，註冊會計師應詳細瞭解有關交易或付款的內部控制。註冊會計師可以通過審閱以前年度審計工作底稿、觀察內部控制執行情況、詢問管理層和員工、檢查相關的文件和資料等方法加以瞭解，從而評估採購與付款循環的相關交易和餘額存在的重大錯報風險，為設計和實施進一步審計程序提供基礎。影響採購與付款交易和餘額的重大錯報風險如圖 11-8 所示。

1. 低估負責或相關準備
2. 管理層錯報負債費用支出的偏好和動因
3. 費用支出的復雜性
4. 不正確地記錄外幣交易
5. 舞弊和盜竊的固有風險
6. 存在未記錄的權利和義務

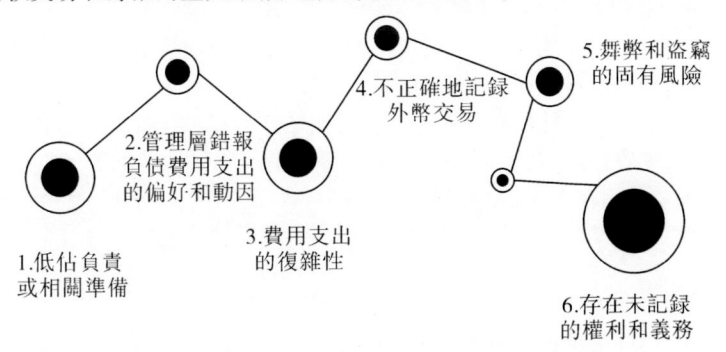

圖 11-8　影響採購與付款交易和餘額的重大錯報風險

（一）低估負債或相關準備

在承受反應較高盈利水準和營運資本的壓力下，被審計單位管理層可能試圖低估應付帳款等負債或資產相關準備，包括低估對存貨應計提的跌價準備。此類問題常集中體現在以下幾個方面：

（1）遺漏交易，如未記錄已收取貨物但尚未收到發票的採購相關的負債或未記錄尚未付款的已經購買的服務支出等。

（2）採用不正確的費用支出截止期，如將本期的支出延遲到下期確認。

（3）將應當及時確認損益的費用性支出資本化，然後通過資產的逐步攤銷予以消化等。

這些將對完整性、截止、發生、存在、準確性和分類認定產生影響。

（二）管理層錯報負債費用支出的偏好和動因

被審計單位管理層可能基於為了完成預算、滿足業績考核要求、保證從銀行獲得資金、吸引潛在投資者、誤導股東、影響公司股價等動機，通過操縱負債和費用的確認控制損益。

（1）平滑利潤。被審計單位通過多計準備或少計負債和準備，把損益控制在被審計單位管理層希望的程度。

（2）利用特別目的實體把負債從資產負債表中剝離，或者利用關聯方間的費用定價優勢製造虛假的收益增長趨勢。

（3）被審計單位管理層把私人費用計入企業費用，把企業資金當成私人資金運作。

（三）費用支出的複雜性

例如，被審計單位以複雜的交易安排購買一定期間的多種服務，管理層對涉及的服務受益與付款安排所涉及的複雜性缺乏足夠的瞭解，這可能導致費用支出分配或計提的錯誤。

（四）不正確地記錄外幣交易

當被審計單位進口用於出售的商品時，可能由於採用不恰當的外幣匯率而導致該項採購的記錄出現差錯。此外，被審計單位還可能存在未能將運費、保險費和關稅等與存貨相關的進口費用進行正確分攤的風險。

（五）舞弊和盜竊的固有風險

如果被審計單位經營大型零售業務，由於所採購商品和固定資產的數量及支付的款項龐大、交易複雜，容易造成商品發運錯誤，員工和客戶發生舞弊和盜竊的風險較高。如果那些負責付款的會計人員有權接觸應付帳款主文檔，並能夠通過在應付帳款主文檔中擅自添加新的帳戶來虛構採購交易，風險也會增加。

（六）存在未記錄的權利和義務

這可能導致資產負債表分類錯誤及財務報表附註不正確或披露不充分。

## 二、根據重大錯報風險的評估結果設計進一步審計程序

針對評估的財務報表層次重大錯報風險，註冊會計師應制訂進一步審計程序的總體方案，包括確定針對相關認定計劃採用綜合性方案還是實質性方案以及考慮審

計程序的性質、時間安排和範圍。

當存在下列情形之一時，註冊會計師應當設計和實施控制測試（進一步審計程序採用綜合性方案）：

（1）在評估認定層次重大錯報風險時，預期控制的運行是有效的（在確定實質性程序的性質、時間安排和範圍時，註冊會計師擬信賴控制運行的有效性）。

（2）僅實施實質性程序並不能夠提供認定層次充分、適當的審計證據。

採購及付款循環的重大錯報風險及進一步審計程序總體審計方案舉例如表 11-3 所示。

表 11-3　採購及付款循環的重大錯報風險及進一步審計程序總體審計方案舉例

| 重大錯報風險描述 | 相關財務報表科目及認定 | 風險程度 | 是否信賴控制 | 進一步的審計程序的總體方案 | 擬從控制測試中獲取的保證程度 | 擬從實質性程序中獲取的保證程度 |
|---|---|---|---|---|---|---|
| 確認的負債及費用並未實際發生 | 應付帳款/其他應付款：存在。銷售費用/管理費用：發生 | 一般 | 是 | 綜合性方案 | 高 | 低 |
| 不計提採購相關的負債或不計提尚未付款的已經購買的服務支出 | 應付帳款/其他應付款：完整。銷售費用/管理費用：完整 | 特別 | 是 | 綜合性方案 | 高 | 中 |
| 採用不正確的費用支出截止期，如將本期的支出延遲到下期確認 | 應付帳款/其他應付款：存在/完整。銷售費用/管理費用：截止 | 一般 | 否 | 實質性方案 | 無 | 高 |
| 發生的採購未能以正確的金額記錄 | 應付帳款/其他應付款：計價和分攤。銷售費用/管理費用：準確性 | 一般 | 是 | 綜合性方案 | 高 | 低 |

## 第三節　採購與付款循環內部控制測試

### 一、採購與付款循環內部控制測試概述

當計劃採用綜合性方案時，註冊會計師需要進行內部控制測試。表 11-4 以一般製造業為例，選取採購與付款循環的一些環節，說明註冊會計師實施控制測試時常見的具體控制測試流程。

表 11-4　採購與付款循環的風險、存在的控制及控制測試程序

| 環節 | 可能發生錯報 | 相關認定 | 內部控制測試程序 |
| --- | --- | --- | --- |
| 1. 制訂採購計劃[①] | 採購計劃未經適當審批 | — | 詢問復核人復核採購計劃的過程，檢查採購計劃是否經復核人恰當復核 |
| 2. 供應商認證及信息維護 | 新增供應商或供應商信息變更未經恰當的認證 | 存貨：存在<br>應付帳款：存在<br>其他費用：發生 | 詢問復核人復核供應商數據變更請求的過程，抽樣檢查變更需求是否有相關文件支持及有復核人的復核確認 |
| 3. 請購商品和勞務[②] | 重複請購或請購過多的商品 | 存貨：存在<br>應付帳款：存在<br>其他費用：發生 | 檢查是否分部門設置請購單並連續編號，每張請購單是否經過對這類支出預算負責的主管人員簽字批准 |
| 4. 編製訂購單 | 採購訂單與有效的請購單不符 | 存貨：存在、準確性<br>應付帳款/其他應付款：存在、準確性<br>其他費用：發生、準確性 | 詢問復核人復核採購訂單的過程，包括復核人提出的問題及其跟進記錄；抽樣檢查採購訂單是否對應的請購單及復核人簽署確認 |
| 5. 驗收商品 | 接收了缺乏有效採購訂單或未經驗收的商品 | 存貨：存在、完整性<br>應付帳款/其他應付款：存在、完整性<br>其他費用：發生、完整性 | 檢查系統入庫單編號的連續性，詢問收貨人員的收貨過程，抽樣檢查入庫單是否有對應一致的採購訂單及驗收單 |
| 6. 確認與記錄負債 | 臨近會計期末的採購未被記錄在正確的會計期間 | 存貨：完整性<br>應付帳款：完整性<br>其他費用：完整性 | 檢查是否有對遺漏、重複入庫單的檢查報告，檢查這些例外報告生成邏輯；詢問復核人對例外報告的檢查過程，確認發現的問題是否及時得到了跟進處理 |
| 7. 辦理付款 | 批准付款的發票上存在價格/數量錯誤或勞務尚未提供的情形 | 存貨/成本：完整性、計價和分攤<br>應付帳款：完整性、計價和分攤 | 將入庫單與採購訂單、發票核對，如信息不符，發票將列示於例外報告；檢查例外報告的完整性及準確性；與復核人討論其復核過程，抽樣選取例外/刪改情況報告 |

表11-4(續)

| 環節 | 可能發生錯報 | 相關認定 | 內部控制測試程序 |
|---|---|---|---|
| 8. 記錄現金、銀行存款支出 | 現金支付未記錄、未記錄在正確的供應商帳戶（串戶）或記錄金額不正確 | 存貨：計價與分攤<br>應付帳款：存在、計價與分攤<br>其他費用：準確性 | 詢問是否進行如下正確處理：由獨立於負責現金交易處理的會計人員每月編製銀行餘額調節表；經授權的管理人員複核；抽樣檢查銀行餘額，檢查其是否及時複核，存在問題是否得到恰當跟進處理以及複核人是否簽署確認 |

註：①針對存貨及應付帳款的存在性認定，企業制訂的採購計劃及審批主要是企業為提高經營效率設置的流程及控制，註冊會計師不需要對其執行專門的控制測試。

②請購單的審批與存貨及應付帳款的存在性認定相關，但如果企業存在將訂購單、驗收單和賣方發票的一致性進行核對的「三單核對」控制，該控制足以應對存貨及應付帳款的存在性風險，註冊會計師可以直接選擇「三單核對」控制作為關鍵控制進行測試，更能提高審計效率。

### 二、關鍵控制的選擇和測試

註冊會計師在實際工作中，並不需要對該流程的所有控制點進行測試，而是應該針對識別的可能發生錯報環節，選擇足以應對評估的重大錯報風險的關鍵控制進行控制測試。

控制測試的具體方法需要根據具體控制的性質確定。例如，對於驗收單連續編號的控制，如果該控制是人工控制，註冊會計師可以根據樣本量選取幾個月經複核人複核的入庫單清單，檢查入庫單的編號是否完整。若入庫單編號跳號，註冊會計師應與複核人跟進並通過詢問確認跳號的原因。如需要，註冊會計師進行佐證並考慮是否對審計存在影響。如果該控制是系統設置的，註冊會計師可以選取系統生成的例外或刪改情況報告，檢查每一份報告並確定是否存在管理層複核的證據以及複核是否在合理的時間內完成。註冊會計師應與複核人討論其複核和跟進過程，如適當，確定複核人採取的行動及這些行動在此環境下是否恰當。註冊會計師應確認是否發現了任何調整、調整如何得以解決以及採取的行動是否恰當。同時，專門的信息系統測試人員測試系統的相關控制以確認例外或刪改報告的完整性和準確性。

### 三、控制測試工作底稿

控制測試過程應形成審計工作底稿，控制測試匯總表如表11-5所示。

表 11-5　控制測試匯總表

| 被審計單位：＿＿＿＿＿＿＿＿<br>項目：＿＿＿＿＿＿＿＿＿＿<br>編製：＿＿＿＿＿＿＿＿＿＿<br>日期：＿＿＿＿＿＿＿＿＿＿ | 索引號：　　CGC-1<br>財務報表截止日/期間：＿＿＿＿＿＿<br>複核：＿＿＿＿＿＿＿＿＿＿<br>日期：＿＿＿＿＿＿＿＿＿＿ |
|---|---|
| 1. 瞭解內部控制的初步結論 | |
| [註：根據瞭解本循環控制的設計並評估其執行情況所獲取的審計證據，註冊會計師對控制的評價結論可能是：①控制設計合理，並得到執行；②控制設計合理，未得到執行；③控制設計無效或缺乏必要的控制。] | |
| 2. 控制測試結論 | |

表11-5(續)

編製說明：
（1）本審計工作底稿記錄註冊會計師測試的控制活動及結論。其中，「控制活動是否有效運行」一欄，應根據 CGC-3 表中的測試結論填寫；「控制活動是否得到執行」一欄，應根據 CGL-4 表中的結論填寫；其餘欄目的信息取自採購與付款循環審計工作底稿 CGL-3 中所記錄的內容。
（2）如果註冊會計師不擬對與某些控制目標相關的控制活動實施控制測試，應直接執行實質性程序，對相關交易和帳戶餘額的認定進行測試，以獲取足夠的保證程度。

| 控制目標<br>（CGL-3） | 被審計單位的控制活動<br>（CGL-3） | 控制活動對實現控制目標是否有效<br>（是/否）<br>（CGL-3） | 控制活動是否得到執行<br>（是/否）<br>（CGL-4） | 控制活動是否有效運行<br>（是/否）<br>（CGC-3） | 控制測試結果是否支持實施風險評估程序獲取的審計證據<br>（支持/不支持） |
|---|---|---|---|---|---|
| 只有經過核准的採購訂單才能發給供應商 | 採購部門收到請購單後，對金額在人民幣 10 萬元以下的請購單由採購經理張明負責審批；金額在人民幣 10 萬元至人民幣 50 萬元的請購單由總經理王遠負責審批；金額超過人民幣 50 萬元的請購單需經董事會審批 | 是 | 是 | 是 | 支持 |
| 確保供應商檔案數據及時更新 | 採購信息管理員李輝每月復核供應商檔案。對兩年內未與 S 公司發生業務往來的供應商，採購員沈月填寫更改申請表，經採購經理馬國明審批後交信息管理部刪除該供應商檔案。每半年，採購經理馬國明復核供應商檔案 | 是 | 是 | 否① | 不支持 |

（其他略。）

註①：我們檢查了 S 公司 2017 年 12 月的供應商檔案更改申請表以及當月的月度供應商更改信息報告，發現編號為 506 號的檔案，供應商已超過兩年未與公司發生業務往來，未及時變更和刪除其檔案。

　　當完成控制測試後，註冊會計師根據控制測試的結果，對檢查出未存在關鍵控制、未達到控制目標等的主要業務活動，需制訂進一步的審計方案。當註冊會計師通過控制測試發現被審計單位針對某項認定的相關控制存在缺陷，導致其需要提高對相關控制風險的評估水準，則註冊會計師需要提高相關重大錯報風險的評估水準，並進一步修改實質性審計程序的性質、時間安排和範圍。

　　假設 S 公司財務報表層次不存在重大錯報風險，受採購與付款循環影響的交易和帳戶餘額層次亦不存在特別風險，並假定不擬信賴與交易和帳戶餘額列報認定相關的控制活動，對相關交易和帳戶餘額的審計方案如表 11-6 所示。

表 11-6　對相關交易和帳戶餘額的審計方案

| 受影響的交易和帳戶餘額 | 完整性(控制測試結果/需從實質性程序中獲取的保證程度) | 發生/存在(控制測試結果/需從實質性程序中獲取的保證程度) | 準確性/計價和分攤(控制測試結果/需從實質性程序中獲取的保證程度) | 截止(控制測試結果/需從實質性程序中獲取的保證程度) | 權利和義務(控制測試結果/需從實質性程序中獲取的保證程度) | 分類(控制測試結果/需從實質性程序中獲取的保證程度) | 列報(控制測試結果/需從實質性程序中獲取的保證程度) |
|---|---|---|---|---|---|---|---|
| 應付帳款 | 不支持/高 | 支持/低 | 支持/低 | — | 支持/低 | — | 不支持/高 |
| 管理費用 | 不支持/高 | 支持/低 | 支持/低 | 不支持/高 | — | 支持/低 | 不支持/高 |
| 存貨 | 不支持/高 | 支持/低 | 支持/低 | 不支持/高 | — | 支持/低 | 不支持/高 |

（其他略。）

## 第四節　採購與付款循環的實質性程序

### 一、應付帳款的實質性程序

對於一般以營利為導向的企業，採購與付款交易的重大錯報風險常見的是通過低估費用和應付帳款，高估利潤、粉飾財務狀況。某些企業在經營情況和預算完成情況較好的年度，為平滑各年度利潤，則高估費用和負債可能是註冊會計師對其相關年度審計時需要應對的重大錯報風險。

應付帳款是企業在正常經營過程中，因購買材料、商品和接受勞務供應等經營活動而應付給供應商的款項。註冊會計師應結合賒購交易進行應付帳款的審計。

（一）應付帳款的審計目標

應付帳款的審計目標如下：

（1）確定資產負債表中記錄的應付帳款是否存在（存在認定）。

（2）確定所有應當記錄的應付帳款是否都已記錄（完整性認定）。

（3）確定資產負債表中記錄的應付帳款是否為被審計單位應當履行的現時義務。

（4）確定應付帳款是否以恰當的金額包括在財務報表中，與之相關的計價調整是否已恰當記錄（計價認定）。

（5）確定應付帳款是否已按照企業會計準則的規定在財務報表中做出恰當的列報。

應付帳款審計目標與相關認定對應關係如表 11-7 所示。

表 11-7　應付帳款審計目標與相關認定對應關係

| 審計目標 | 財務報表認定 ||||| 
|---|---|---|---|---|---|
| | 存在 | 完整性 | 權利和義務 | 計價和分攤 | 與列報和披露相關的認定 |
| 確定資產負債表中記錄的應付帳款是否存在 | √ | | | | |
| 確定所有應當記錄的應付帳款是否均已記錄 | | √ | | | |
| 確定資產負債表中記錄的應付帳款是否為被審計單位應當履行的現時義務 | | | √ | | |
| 確定應付帳款是否以恰當的金額包括在財務報表中，與之相關的計價調整是否已恰當記錄 | | | | √ | |
| 確定應付帳款是否已按照企業會計準則的規定在財務報表中做出恰當的列報 | | | | | √ |

審計目標與審計程序對應關係如表 11-8 所示。

表 11-8　審計目標與審計程序對應關係

| 可供選擇的審計程序 | 審計目標（相關認定） |
|---|---|
| 獲取被審計單位與其供應商之間的對帳單以及被審計單位編製的差異調節表，確定應付帳款餘額的準確性 | 完整性、計價和分攤 |
| 針對資產負債表日後付款項目，檢查銀行對帳單及有關付款憑證，詢問被審計單位內部或外部的知情人員，查找有無未及時入帳的應付帳款 | 完整性 |
| 結合存貨監盤程序，檢查被審計單位在資產負債日前後的存貨入庫資料（驗收報告或入庫單），檢查是否有大額料到而單未到的情況，確認相關負債是否計入了正確的會計期間 | 完整性 |
| 檢查資產負債表日後應付帳款明細帳貸方發生額的相應憑證，關注其購貨發票的日期，確認其入帳時間是否合理 | 完整性 |
| 選擇應付帳款的重要項目，函證其餘額和交易條款，對未回函的再次發函或實施替代的檢查程序 | 存在權利和義務 |

(二) 應付帳款的實質性程序
(1) 註冊會計師應獲取或編製應付帳款明細表，並執行以下工作：
①復核加計是否正確，並與報表數、總帳數和明細帳合計數核對是否相符。
②檢查非記帳本位幣應付帳款的折算匯率及折算是否正確。
③分析出現借方餘額的項目，查明原因，必要時，建議做重分類調整。
④結合預付帳款、其他應付款等往來項目的明細餘額，調查有無針對同一交易在應付帳款和預付帳款同時記帳的情況、異常餘額或與購貨無關的其他款項（如關聯方帳戶或雇員帳戶），如有，應做出記錄，必要時建議做調整。

（2）函證應付帳款。註冊會計師應獲取適當的供應商相關清單，如本期採購量清單、所有現存供應商名單或應付帳款明細帳；詢問該清單是否完整並考慮該清單是否應包括預期負債等附加項目。註冊會計師應選取樣本進行測試並執行如下程序：

①註冊會計師應向債權人發送詢證函。註冊會計師應根據審計準則的規定對詢證函保持控制，包括確定需要確認或填列的信息、選擇適當的被詢證者、設計詢證函，包括正確填列被詢證者的姓名和地址以及被詢證者直接向註冊會計師回函的地址等信息，必要時再次向被詢證者寄發詢證函等。

②註冊會計師應將詢證函回函確認的餘額與已記錄金額相比較，如存在差異，檢查支持性文件，評價已記錄金額是否適當。

③註冊會計師應對未做回復的函證實施替代程序，如檢查至付款文件（如現金支出、電匯憑證和支票複印件），相關的採購文件（如採購訂單、驗收單、發票和合同）或其他適當文件。

④如果認為回函不可靠，註冊會計師應評價對評估的重大錯報風險及其他審計程序的性質、時間安排和範圍的影響。

（3）檢查應付帳款是否計入了正確的會計期間，是否存在未入帳的應付帳款。

①對本期發生的應付帳款增減變動，註冊會計師應檢查至相關支持性文件，確認會計處理是否正確。

②註冊會計師應檢查資產負債表日後應付帳款明細帳貸方發生額的相應憑證，關注其驗收單、購貨發票的日期，確認其入帳時間是否合理。

③註冊會計師應獲取並檢查被審計單位與其供應商之間的對帳單以及被審計單位編製的差異調節表，確定應付帳款金額的準確性。

④註冊會計師應針對資產負債表日後付款項目，檢查銀行對帳單及有關付款憑證（如銀行匯款通知、供應商收據等），詢問被審計單位內部或外部的知情人員，查找有無未及時入帳的應付帳款。

⑤註冊會計師應結合存貨監盤程序，檢查被審計單位在資產負債表日前後的存貨入庫資料（驗收報告或入庫單），檢查相關負債是否計入了正確的會計期間。

如果註冊會計師通過這些審計程序發現某些未入帳的應付帳款，應將有關情況詳細記入審計工作底稿，並根據其重要性確定是否需建議被審計單位進行相應的調整。

（4）尋找未入帳負債的測試。註冊會計師應獲取期後收取、記錄或支付的發票明細，包括獲取支票登記簿、電匯報告、銀行對帳單（根據被審計單位情況不同）以及入帳的發票和未入帳的發票。註冊會計師應從中選取項目（盡量接近審計報告日）進行測試並實施以下程序：

①檢查支持性文件，如相關的發票、採購合同或申請、收貨文件以及接受勞務明細，以確定收到商品或接受勞務的日期及應在期末之前入帳的日期。

②追蹤已選取項目至應付帳款明細帳、貨到票未到的暫估入帳或預提費用明細表，並關注費用計入的會計期間。調查並跟進所有已識別的差異。

③評價費用是否被記錄於正確的會計期間，並相應確定是否存在期末未入帳負債。

（5）註冊會計師應檢查應付帳款長期掛帳的原因並做出記錄，對確實無需支付的應付款的會計處理是否正確。

（6）如存在應付關聯方的款項，瞭解交易的商業理由；檢查證實交易的支持性文件（如發票、合同、協議及入庫和運輸單據等相關文件）；檢查被審計單位與關聯方的對帳記錄或向關聯方函證。

（7）檢查應付帳款是否已按照企業會計準則的規定在財務報表中做出恰當列報和披露。

**二、除折舊/攤銷、人工費用以外的一般費用的實質性程序**

折舊/攤銷和人工費用一般分別在固定資產循環、人力資源和職工薪酬循環中涵蓋，此處提及的是除這些以外的一般費用。

（一）一般費用的審計目標

一般費用的審計目標通常包括：確定利潤表中記錄的一般費用是否確認發生（發生認定）；確定所有應當記錄的費用是否都已記錄（完整性認定）；確定一般費用是否以恰當的金額包括在財務報表中（準確性認定）；確定費用是否已計入恰當的會計期間（截止認定）。

（二）一般費用的實質性程序

（1）註冊會計師應獲取一般費用明細表，復核其加計數是否正確，並與總帳和明細帳合計數核對是否正確。

（2）實質性分析程序如下：

①註冊會計師應考慮可獲取信息的來源、可比性、性質和相關性以及與信息編製相關的控制，評價在對記錄的金額或比率做出預期時使用數據的可靠性。

②註冊會計師應將費用細化到適當層次，根據關鍵因素和相互關係（如本期預算、費用類別與銷售數量、職工人數的變化之間的關係等）設定預期值，評價預期值是否足夠精確以識別重大錯報。

③註冊會計師應確定已記錄金額與預期值之間可接受的、無需做進一步調查的可接受的差異額。

④註冊會計師應將已記錄金額與期望值進行比較，識別需要進一步調查的差異。

⑤註冊會計師應調查差異，詢問管理層，針對管理層的答復獲取適當的審計證據；根據具體情況在必要時實施其他審計程序。

（3）註冊會計師應從資產負債表日後的銀行對帳單或付款憑證中選取項目進行測試，檢查支持性文件（如合同或發票），關注發票日期和支付日期，追蹤已選取項目至相關費用明細表，檢查費用所計入的會計期間，評價費用是否被記錄於正確的會計期間。

（4）註冊會計師應對本期發生的費用選取樣本，檢查其支持性文件，確定原始憑證是否齊全，記帳憑證與原始憑證是否相符以及帳務處理是否正確。

（5）註冊會計師應抽取資產負債表日前後的憑證，實施截止測試，評價費用是否被記錄於正確的會計期間。

（6）註冊會計師應檢查一般費用是否已按照企業會計準則及其他相關規定在財

務報表中做出恰當的列報和披露。

## 本章小結

　　本章主要介紹採購與付款循環涉及的各項業務活動以及常見的重大錯報風險。註冊會計師應當對其中各環節的風險評估設計不同的進一步審計方案，注意掌握常見的控制測試流程及實質性程序，特別要注意前後審計思路的連貫。當實質性程序發現重大錯報時，註冊會計師應要考慮控制測試的結論是否可靠。

## 本章思維導圖

　　本章思維導圖如圖 11-9 所示。

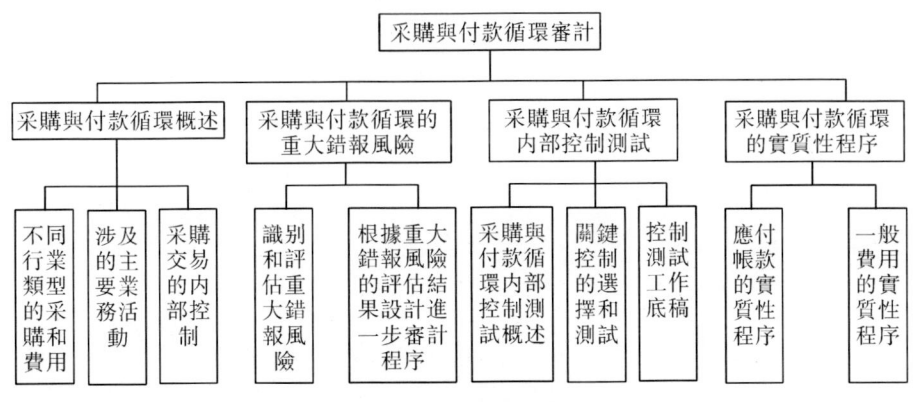

```
                    采購與付款循環審計
    ┌──────────┬──────────┬──────────┬──────────┐
  采購與付款    采購與付款    采購與付款    采購與付款
  循環概述      循環的         循環        循環
              重大錯報風險   內部控制測試   的實質性程序
  ┌──┬──┐   ┌──┬──┐    ┌──┬──┬──┐   ┌──┬──┐
 不同 涉及 采購  識別 根據重    采購 關鍵 控制    應付 一般
 行業 的主 交易  和評 大錯報    與付 控制 測試    帳款 費用
 類型 要業 的內  估重 風險的    款循 的選 工作    的實 的實
 的采 務活 部控  大錯 評估結    環內 擇和 底稿    質性 質性
 購和 動   制   報風 果設計    部控 測試         程序 程序
 費用            險   進一步    制測
                     審計      試概
                     程序      述
```

圖 11-9　本章思維導圖

# 第十二章
# 生產與存貨循環審計

## 學習目標

1. 掌握生產與存貨循環審計的總體思路。
2. 瞭解生產與存貨循環的主要單據和會計記錄。
3. 熟悉一般製造業生產與存貨循環的相關交易和可能存在的重大錯報風險。
4. 掌握根據重大錯報風險的評估結果設計進一步審計程序。
5. 熟悉測試生產與存貨循環的內控制。
6. 掌握存貨項目的實質性程序。

## 案例導入

S公司於2002年設立，從事電子產品生產和銷售，現有員工2,000人，生產部門共1,400人，2017年資產負債表中列示存貨14,000萬元，其中原材料4,000萬元，庫存商品6,000萬元，在產品2,000萬元，存貨跌價準備300萬元。S公司設有生產及存貨管理制度，對存貨生產、收發、保存等都有相應規定。註冊會計師陳磊受託進行2018年年度報表審計，對生產與存貨循環進行內部控制測試。陳磊在檢查中發現12月入庫單遺失13,012號到13,200號，出庫單遺失53,322號到53,330號；在抽查的入庫單中有10張未見驗收人簽字。此外，會計部門未填寫存貨貨齡分析表。

問題：S公司內部控制存在何種問題？在設計內控測試和實質性程序時，應如何考慮？

## 第一節　生產與存貨循環概述

### 一、不同行業類型的存貨性質

生產與存貨循環的活動主要指由原材料轉化為產成品的有關活動。在不同類型的行業，生產與存貨循環有很大的差別。不同行業類型的存貨性質如表12-1所示。

表 12-1　不同行業類型的存貨性質

| 行業類型 | 存貨性質 |
|---|---|
| 一般製造業 | 採購的原材料、易耗品和配件等，生成的半成品和產成品 |
| 貿易行業 | 從廠商、批發商或其他零售商處採購的商品 |

## 二、涉及的主要憑證與會計記錄

本章以一般製造業企業為例進行介紹，表 12-2 針對生產與存貨循環中的兩個主要方面，即生產及成本核算和存貨管理兩個方面，分別簡要列示了該循環通常涉及的財務報表項目、主要業務活動以及常見的主要憑證和會計記錄。

表 12-2　生產與存貨循環涉及的交易類別、財務報表項目、
主要業務活動及常見的主要憑證和會計記錄匯總表

| 交易類別 | 涉及的財務報表項目 | 主要業務活動 | 常見的主要憑證和會計記錄 |
|---|---|---|---|
| 生產 | 存貨 | 計劃和安排生產<br>發出原材料<br>生產產品和成本核算 | 生產通知單<br>原材料通知單<br>領料單<br>產量統計記錄表<br>生產統計報告<br>入庫單<br>材料費用分配表<br>工時統計記錄表<br>人工費用分配匯總表<br>製造費用分配匯總表<br>存貨明細帳 |
| 存貨管理 | 存貨<br>營業成本<br>資產減值損失 | 產成品入庫及存貨保管<br>發出產成品<br>提取存貨跌價準備 | 驗收單<br>入庫單<br>存貨臺帳<br>盤點計劃<br>盤點表單<br>盤點明細表<br>出庫單<br>營業成本明細帳<br>存貨貨齡分析表<br>可變現淨值計算表 |

## 三、瞭解內部控制

對於一般製造業企業而言，生產和存貨通常是重大的業務循環，註冊會計師需要在審計計劃階段瞭解該循環涉及的業務活動及相關的內部控制。註冊會計師通常通過實施下列程序，瞭解生產和存貨循環的業務活動與相關內部控制：

（1）詢問參與生產和存貨循環各業務活動的被審計單位人員，一般包括生產部門、倉儲部門、人事部門和財務部門的員工與管理人員。

（2）獲取並閱讀企業的相關業務流程圖或內部控制手冊等資料。

（3）觀察生產和存貨循環中特定控制的運用，如觀察生產部門如何將完工產品移送入庫並辦理手續。

（4）檢查文件資料，如檢查原材料領料單、成本計算表、產成品出入庫單等。

（5）實施穿行測試，即追蹤一筆交易在財務報告信息系統中的處理過程，如選取某種產成品，追蹤該產品制訂生產計劃、領料生產、成本核算、完工入庫的整個過程。

### 四、主要業務活動和相關內部控制

在審計工作的計劃階段，註冊會計師應當對生產與存貨循環中的業務活動進行充分瞭解和記錄，通過分析業務流程中可能發生重大錯報的環節，進而識別和瞭解被審計單位為應對這些可能的錯報而設計的相關控制，並通過諸如穿行測試等方法對這些流程和相關控制加以證實。

我們以一般製造型企業為例簡要地介紹生產和存貨循環通常涉及的主要業務活動及相關的內部控制。

生產與存貨循環涉及的主要業務活動包括計劃和安排生產、發出原材料、生產產品、核算產品成本、產成品入庫及儲存、發出產成品、存貨盤點、計提存貨跌價準備等。上述業務活動通常涉及生產計劃部門、倉儲部門、生產部門、人事部門、銷售部門、貨運部門、會計部門等。

（一）計劃和安排生產

生產計劃部門的職責是根據客戶訂購單或對銷售預測和產品需求的分析來決定生產授權。生產計劃部門如決定授權生產，即簽發預先順序編號的生產通知單。該部門通常應將發出的所有生產通知單順序編號並加以記錄控制。

對於計劃和安排生產這項主要業務活動，有些被審計單位的內部控制要求根據經審批的月度生產計劃書，由生產計劃經理簽發預先按順序編號的生產通知單。

（二）發出原材料

倉儲部門的責任是根據從生產部門收到的領料單發出原材料。領料單通常需一式三聯。倉庫發料後，倉儲部門將其中一聯連同材料交給領料部門，一聯留在倉庫部門登記材料明細帳，一聯交會計部門進行材料收發核算和成本核算。

對於發出原材料這項主要業務活動，有些被審計單位的內部控制要求如下：

（1）領料單應當經生產主管批准，倉庫管理員憑經批准的領料單發料。領料單一式三聯，分別作為生產部門存根聯、倉庫聯和財務聯。

（2）倉庫管理員應把領料單編號、領用數量、規格等信息輸入計算機系統，經倉儲經理復核並以電子簽名方式確認後，系統自動更新材料明細臺帳。

（三）生產產品

生產部門在收到生產通知單及領取原材料後，據以執行生產任務。生產工人完成生產任務後，將完成的產品交生產部門查點，之後轉交檢驗員驗收並辦理入庫手續；或者將完成的產品移交下一個部門，做進一步加工。

（四）核算產品成本

為了正確核算並有效控制產品成本，一方面，生產過程中的各種記錄、生產通

知單、領料單、計工單、入庫單等文件資料都要匯集到會計部門，由會計部門對其進行檢查和核對，瞭解和控制生產過程中存貨的實物流轉；另一方面，會計部門要設置相應的會計帳戶，會同有關部門對生產過程中的成本進行核算和控制。

對於生產產品和核算產品成本這兩項主要業務活動，有些被審計單位的內部控制要求如下：

（1）生產成本記帳員應根據原材料領料單財務聯，編製原材料領用日報表，與計算機系統自動生成的生產記錄日報表核對材料耗用和流轉信息；由會計主管審核無誤後，生成記帳憑證並過帳至生產成本及原材料明細帳和總分類帳。

（2）生產部門記錄生產各環節所耗用工時數，包括人工工時數和機器工時數，並將工時信息輸入生產記錄日報表。

（3）每月末，由生產車間與倉庫核對原材料和產成品的轉出與轉入記錄，如有差異，倉庫管理員應編製差異分析報告，經倉儲經理和生產經理簽字確認後交會計部門進行調整。

（4）每月末，由計算機系統對生產成本中各項組成部分進行歸集，按照預設的分攤公式和方法，自動將當月發生的生產成本在完工產品和在產品之間按比例分配；同時，將完工產品成本在各不同產品類別之間分配，由此生成產品成本計算表和生產成本分配表；由生產成本記帳員編製成生產成本結轉憑證，經會計主管審核批准後進行帳務處理。

（五）產成品入庫及儲存

產成品入庫必須由倉儲部門先行點驗和檢查，之後簽收。簽收後，倉儲部門將實際入庫數量通知會計部門。

對於產成品入庫和儲存這項主要業務活動，有些被審計單位的內部控制要求如下：

（1）產成品入庫時，質量檢驗員應檢查並簽發預先按順序編號的產成品驗收單，由生產小組將產成品送交倉庫，倉庫管理員應檢查產成品驗收單，並清點產成品數量，填寫預先順序編號的產成品入庫單經質檢經理、生產經理和倉儲經理簽字確認後，由倉庫管理員將產成品入庫單信息輸入計算機系統，計算機系統自動更新產成品明細臺帳並與採購訂購單編號核對。

（2）存貨存放在安全的環境（如上鎖、使用監控設備）中，只有經過授權的工作人員可以接觸及處理存貨。

（六）發出產成品

產成品的發出必須由獨立的發運部門進行。發運部門裝運產成品時必須持有經有關部門核准的發運通知單，並據此編製出庫單。出庫單一般為一式四聯，一聯交倉儲部門，一聯由發運部門留存，一聯送交客戶，一聯作為開發票的依據。

有些被審計單位可能設計以下內部控制要求：

（1）產成品出庫時，由倉庫管理員填寫預先順序編號的出庫單，並將產成品出庫單信息輸入計算機系統，經倉儲經理復核並以電子簽名方式確認後，計算機系統自動更新產成品明細臺帳並與發運通知單編號核對。

（2）產成品裝運發出前，由運輸經理獨立檢查出庫單、銷售訂購單和發運通知

單，確定從倉庫提取的商品附有經批准的銷售訂購單，並且所提取商品的內容與銷售訂購單一致。

(3) 月末生產成本記帳員根據計算機系統內狀態為「已處理」的訂購單數量，編製銷售成本結轉憑證，結轉相應的銷售成本，經會計主管審核批准後進行帳務處理。

(七) 存貨盤點

管理人員編製盤點指令，安排適當人員對存貨實物（包括原材料、在產品和產成品等所有存貨類別）進行定期盤點，將盤點結果與存貨帳面數量進行核對，調查差異並進行適當調整。

對於盤點存貨這項業務活動，有些被審計單位的內部控制要求如下：

(1) 生產部門和倉儲部門在盤點日前對所有存貨進行清理和歸整，便於盤點順利進行。

(2) 每一組盤點人員中應包括倉儲部門以外的其他部門人員，即不能由負責保管存貨的人員單獨負責盤點存貨，安排不同的工作人員分別負責初盤和復盤。

(3) 盤點表和盤點標籤事先連續編號，發放給盤點人員時登記領用人員，盤點結束後回收並清點所有已使用和未使用的盤點表與盤點標籤。

(4) 為防止存貨被遺漏或重複盤點，所有盤點過的存貨貼盤點標籤，註明存貨品名、數量和盤點人員，完成盤點前檢查現場確認所有存貨都已貼上盤點標籤。

(5) 倉儲部門將不屬於本單位的代其他方保管的存貨單獨堆放並做標示，將盤點期間需要領用的原材料或出庫的產成品分開堆放並做標示。

(6) 倉儲部門匯總盤點結果，與存貨帳面數量進行比較，調查分析差異原因，並對認定的盤盈和盤虧提出帳務調整，經倉儲經理、生產經理、財務經理和總經理復核批准後入帳。

(八) 計提存貨跌價準備

財務部門根據存貨貨齡分析表信息及相關部門提供的有關存貨狀況的信息，結合存貨盤點過程中對存貨狀況的檢查結果，對出現損毀、滯銷、跌價等降低存貨價值的情況進行分析計算，計提存貨跌價準備。

對於計提存貨跌價準備這項業務活動，有些被審計單位的內部控制要求如下：

(1) 財務部門定期編製存貨貨齡分析表，管理人員復核該分析表，確定是否有必要對滯銷存貨計提存貨跌價準備，並計算存貨可變現淨值，據此計提存貨跌價準備。

(2) 生產部門和倉儲部門每月上報「殘、次、冷、背」存貨明細，採購部門和銷售部門每月上報原材料和產成品最新價格信息，財務部門據此分析存貨跌價風險並計提跌價準備，由財務經理和總經理復核批准並入帳。

## 第二節　生產與存貨循環的重大錯報風險

### 一、生產與存貨循環存在的重大錯報風險

對存貨年末餘額的測試，通常是審計中最複雜也最費時的部分。對存貨存在和存貨價值的評估常常十分困難。相應地，實施存貨項目審計的註冊會計師應具備較高的專業素質和豐富的相關業務知識，分配較多的審計工時，運用多種有針對性的審計程序。

註冊會計師必須對被審計單位的生產與存貨循環的重大錯報風險有一定認識，並詳細瞭解被審計單位有關生產與存貨核算和管理的內部控制是否能預防、檢查和糾正重大錯報風險，在此基礎上設計並實施進一步審計程序，才能有效應對重大錯報風險。

（一）存貨審計複雜的主要原因

（1）存貨通常是資產負債表中的一個主要項目，而且是構成營運資本的最大項目。

（2）存貨往往存放於不同的地點，這使得對存貨的實物控制和盤點都很困難。企業必須將存貨置放於便於產品生產和銷售的地方，但是這種分散也帶來了審計的困難。

（3）存貨項目的多樣性也給審計帶來了困難。例如，化學製品、寶石、電子元件以及其他的高科技產品。

（4）存貨的陳舊以及成本分配也使得存貨的估價存在困難。

（5）不同企業採用的存貨計價方法存在多樣性。

（二）導致存貨重大錯報風險的因素

1. 交易的數量和複雜性

一般製造業企業的交易數量龐大、業務複雜，這就增加了錯誤和舞弊的風險。

2. 成本核算的複雜性

一般製造業企業的成本核算比較複雜，雖然原材料和直接人工等直接成本的歸集與分配比較簡單，但間接費用的分配可能較為複雜，並且同一行業中的不同企業也可能採用不同的認定和計量基礎。

3. 產品的多元化

產品存在多樣化，這可能要求請專家來驗證其質量、狀況或價值。另外，計算庫存存貨數量的方法也可能是不同的。例如，計量煤堆、筒倉裡的穀物或糖、黃金或貴重寶石、化工品和藥劑產品的存儲量的方法都可能不一樣。

4. 某些存貨項目的可變現淨值難以確定

例如，價格受全球經濟供求關係影響的存貨，由於其可變現淨值難以確定，因此會影響存貨採購價格和銷售價格的確定，並將影響註冊會計師評估與存貨計價和分攤認定有關的風險。

5. 將存貨存放在很多地點

大型企業可能將存貨存放在很多地點，並且可以在不同的地點之間配送存貨，這將增加商品途中毀損或遺失的風險，或者導致存貨在兩個地點被重複列示，還可能產生轉移定價的錯誤或舞弊。

6. 寄存的存貨

有時候存貨雖然還存放在企業，但可能已經不歸企業所有。反之，企業的存貨也可能被寄存在其他企業。

由於存貨與企業各項經營活動的緊密聯繫，存貨的重大錯報風險往往與財務報表其他項目的重大錯報風險緊密相關。例如，收入確認的錯報風險往往與存貨的錯報風險共存，採購交易的錯報風險往往與存貨的錯報風險共存，存貨成本核算的錯報風險往往與營業成本的錯報風險共存等。

（三）存貨重大錯報風險影響的認定

（1）存貨實物可能不存在。
（2）屬於被審計單位的存貨可能未在帳面上反應。
（3）存貨的所有權可能不屬於被審計單位。
（4）存貨的單位成本可能存在計算錯誤。
（5）存貨的帳面價值可能無法實現，即跌價損失準備的計提可能不充分。

## 二、根據重大錯報風險評估結果設計進一步審計程序

註冊會計師基於生產與存貨循環的重大錯報風險評估結果，制訂實施進一步審計程序的總體方案，包括綜合性方案和實質性方案（見表12-3），繼而實施控制測試和實質性程序，以應對識別出的認定層次的重大錯報風險。

表12-3　生產和存貨循環的重大錯報風險和進一步審計程序總體方案

| 重大錯報風險描述 | 相關財務報表項目及認定 | 風險程度 | 是否信賴控制 | 進一步審計程序的總體方案 | 擬從控制測試中獲取的保證程度 | 擬從實質性程序中獲取的保證程度 |
|---|---|---|---|---|---|---|
| 存貨實物可能不存在 | 存貨存在 | 特別 | 是 | 綜合性 | 中 | 高 |
| 存貨單位成本可能存在計算錯誤 | 存貨計價和分攤,營業成本準確性 | 一般 | 是 | 綜合性 | 中 | 低 |
| 已銷售產品成本可能沒有準確結轉至營業成本 | 存貨計價和分攤,營業成本準確性 | 一般 | 是 | 綜合性 | 中 | 低 |
| 存貨的帳面價值可能無法實現 | 存貨計價和分攤 | 特別 | 否 | 實質性 | 無 | 高 |

然而，無論是採用綜合性方案還是實質性方案，獲取的審計證據都應當能夠從認定層次應對所識別的重大錯報風險，直至針對該風險涉及的全部相關認定都已獲取了足夠的保證程度。我們將在接下來的章節中，說明內部控制測試和實質性程序

是如何通過「認定」與識別的重大錯報風險相對應的。

## 第三節　生產與存貨循環內部控制測試

### 一、生產與存貨循環內部控制測試概述

當計劃採用綜合性方案時，註冊會計師需要進行內部控制測試。表 12-4 以一般製造業企業為例，選取上述生產與存貨循環的一些環節，說明註冊會計師實施控制測試時常見的具體控制測試流程。

表 12-4　生產與存貨循環的風險及對應的控制測試程序

| 環節 | 可能發生錯報（風險） | 相關認定 | 內部控制測試程序 |
| --- | --- | --- | --- |
| 1. 發出原材料 | 原材料的發出可能未經授權 | 生產成本：發生 | 選取領料單，檢查是否有生產主管的簽字授權 |
| 2. 生產產品 | 生產工人的人工成本可能未得到準確反應 | 生產成本：準確性 | 所有員工有專屬員工代碼和部門代碼，員工考勤記錄計入相應員工代碼。檢查系統中員工的部門代碼設置是否與其實際職責相符。詢問並檢查財務經理復核工資費用分配表的過程和記錄 |
| 3. 核算產品成本 | 生產成本和製造費用在不同產品之間、在產品和產成品之間的分配可能不正確 | 存貨：計價和分攤<br>營業成本：準確性 | 詢問財務經理如何執行復核及調查。選取產品成本計算表及相關資料，檢查財務經理的復核記錄 |
| 4. 產成品入庫及儲存 | 已完工產品的生產成本可能沒有轉移到產成品中 | 存貨：計價和分攤 | 詢問和檢查成本會計將產成品收發存報表和成本計算表進行核對的過程和記錄 |
| 5. 發出產成品 | 銷售發出的產成品可能沒有準確轉入營業成本 | 存貨：計價和分攤<br>營業成本：準確性 | 檢查系統設置的自動結轉功能是否正常運行，成本結轉方式是否符合公司成本核算政策。通常，財務經理和總經理每月對毛利率進行比較分析，對異常波動進行調查和處理。詢問和檢查其分析的過程和記錄，並對異常波動的調查和處理結果進行核實 |
| 6. 存貨盤點 | 存貨可能被盜，因材料領用或產品銷售未入帳而出現帳實不符 | 存貨：存在 | 檢查倉庫與會計月末和年末的盤點表，檢查簽名是否齊全，及對差異結果的處理 |
| 7. 計提存貨跌價準備 | 可能存在「殘、次、冷、背」的存貨，影響存貨的價值 | 存貨：計價和分攤<br>資產減值損失：完整性 | 詢問財務經理識別減值風險並確定減值準備的過程，檢查總經理的復核批准記錄 |

## 二、關鍵控制的選擇和測試

實施控制測試時，註冊會計師應考慮被審計單位的實際情況進行選擇和測試，不能千篇一律。一方面，被審計單位所處行業不同、規模不一、內部控制制度的設計和執行方式不同，以前期間接受審計的情況也各不相同；另一方面，受審計時間、審計成本的限制，註冊會計師除了確保審計質量、審計效果外，還需要提高審計效率，盡可能地消除重複的測試程序，保證檢查某一憑證時能夠一次完成對該憑證的全部審計測試程序，並按最有效的順序實施審計測試。因此，在審計實務工作中，註冊會計師需要從實際出發，設計適合被審計單位具體情況的實用高效的控制測試計劃。

另外，由於生產與存貨循環和其他業務循環的緊密聯繫，生產與存貨循環中某些審計程序，特別是對存貨餘額的審計程序，與其他相關業務循環的審計程序同時進行將更為有效。例如，原材料的採購和記錄是作為採購與付款循環的一部分進行測試的，人工成本（包括直接人工成本和製造費用中的人工費用）是作為工薪循環的一部分進行測試的。因此，在對生產與存貨循環的內部控制實施測試時，註冊會計師要考慮其他業務循環的控制測試是否與本循環相關，避免重複測試。

# 第四節　生產與存貨循環的實質性程序

在完成控制測試之後，註冊會計師基於控制測試的結果（控制運行是否有效），確定從控制測試中已獲得的審計證據及其保證程度，確定是否需要對具體審計計劃中設計的實質性程序的性質、時間安排和範圍做出適當調整。例如，如果控制測試的結果表明內部控制未能有效運行，註冊會計師需要從實質性程序中獲取更多的相關審計證據，註冊會計師可以修改實質性程序的性質，如採用細節測試而非實質性分析程序、獲取更多的外部證據等，或者修改實質性審計程序的範圍，如擴大樣本規模。

## 一、存貨審計的內容與目標

### （一）存貨審計的內容

存貨審計涉及數量和單價兩個方面。

（1）針對存貨數量的實質性程序主要是存貨監盤（庫存），包括對第三方保管（代管）的存貨實施函證等程序，對在途存貨檢查相關憑證和期後入庫記錄等。

（2）針對存貨單價的實質性程序包括對購買及生產成本（價值構成）的審計程序和對存貨可變現淨值（價值實現）的審計程序。

### （二）存貨審計的目標

（1）帳面存貨餘額對應的實物是否真實存在。

（2）屬於被審計單位的存貨是否都已入帳。

（3）存貨是否屬於被審計單位。

（4）存貨單位成本的計量是否準確。
（5）存貨的帳面價值是否可以實現。

## 二、存貨的一般審計程序

註冊會計師應獲取年末存貨餘額明細表，並執行以下工作：
（1）復核單項存貨金額的計算（單位成本×數量）和明細表的加總計算是否準確。
（2）將本年末存貨餘額與上年末存貨餘額進行比較，總體分析變動原因。

註冊會計師應實施實質性分析程序。存貨的實質性分析程序中較常見的是對存貨週轉天數的實質性分析程序。其程序如下：
（1）根據對被審計單位的經營活動、供應商、貿易條件、行業慣例和行業現狀的瞭解，確定存貨週轉天數的預期值。
（2）根據對本期存貨餘額組成、實際經營情況、市場情況、存貨採購情況等的瞭解，確定可接受的差異額。
（3）計算實際存貨週轉天數和預期週轉天數之間的差異。
（4）通過詢問管理層和相關員工，調查存在重大差異的原因，並評估差異是否表明存在重大錯報風險，是否需要設計恰當的細節測試程序以識別和應對重大錯報風險。

## 三、存貨監盤

註冊會計師進行存貨監盤的目的在於獲取有關存貨數量和狀況的審計證據。如果存貨對財務報表是重要的，註冊會計師應當實施相應的審計程序，對存貨的存在和狀況獲取充分、適當的審計證據。

（一）存貨監盤計劃

有效的存貨監盤需要制訂周密、細緻的計劃。為了避免誤解並有助於有效地實施存貨監盤，註冊會計師通常需要與被審計單位就存貨監盤等問題達成一致意見。因此，註冊會計師首先應當充分瞭解被審計單位存貨的特點、盤存制度和存貨內部控制的有效性等情況，並在獲取、審閱和評價被審計單位預定的盤點程序的基礎上，編製存貨監盤計劃，對存貨監盤做出合理安排。

1. 制訂存貨監盤計劃應考慮的相關事項

（1）與存貨相關的重大錯報風險。存貨通常具有較高水準的重大錯報風險，影響重大錯報風險的因素具體包括存貨的數量和種類、成本歸集的難易程度、陳舊過時的速度或易損壞程度、遭受失竊的難易程度。

（2）與存貨相關的內部控制的性質。在制訂存貨監盤計劃時，註冊會計師應當瞭解被審計單位與存貨相關的內部控制，並根據內部控制的完善程度確定進一步審計程序的性質、時間安排和範圍。

（3）管理層對存貨盤點是否制定了適當的程序，並下達了正確的指令。註冊會計師一般需要復核或與管理層討論其存貨盤點程序。在復核或與管理層討論其存貨盤點程序時，註冊會計師應當考慮下列主要因素，以評價其能否合理地確定存貨的

數量和狀況；盤點的時間安排；存貨盤點範圍和場所的確定；盤點人員的分工及勝任能力；盤點前的會議及任務布置；存貨的整理和排列，對毀損、陳舊、過時、殘次及所有權不屬於被審計單位的存貨的區分；存貨的計量工具和計量方法；在產品完工程度的確定方法；存放在外單位的存貨的盤點安排；存貨收發截止的控制；盤點期間存貨移動的控制；盤點表單的設計、使用與控制；盤點結果的匯總以及盤盈或盤虧的分析、調查與處理。如果認為被審計單位的存貨盤點程序存在缺陷，註冊會計師應當提請被審計單位調整。

（4）存貨盤點的時間安排。如果存貨盤點在財務報表日以外的其他日期進行，註冊會計師除實施存貨監盤相關審計程序外，還應當實施其他審計程序，以獲取審計證據，確定存貨盤點日與財務報表日之間的存貨變動是否已得到恰當的記錄。

（5）被審計單位是否一貫採用永續盤存制。存貨數量的盤存制度一般分為實地盤存制和永續盤存制。存貨盤存制度不同，註冊會計師需要做出的存貨監盤安排也不同。如果被審計單位通過實地盤存制確定存貨數量，則註冊會計師要參加此種盤點。如果被審計單位採用永續盤存制，註冊會計師應在年度中一次或多次參加盤點。

（6）存貨的存放地點（包括不同存放地點的存貨的重要性和重大錯報風險），以確定適當的監盤地點。如果被審計單位的存貨存放在多個地點，註冊會計師可以要求被審計單位提供一份完整的存貨存放地點清單（包括期末庫存量為零的倉庫、租賃的倉庫以及第三方代被審計單位保管存貨的倉庫等），並考慮其完整性。

（7）是否需要專家協助。註冊會計師可能不具備其他專業領域專長與技能。在確定資產數量或資產實物狀況（如礦石堆），或者在收集特殊類別存貨（如藝術品、稀有玉石、房地產、電子器件、工程設計等）的審計證據時，註冊會計師可以考慮利用專家的工作。

2. 存貨監盤計劃的主要內容

（1）存貨監盤的目標、範圍以及時間安排。

①存貨監盤的主要目標包括獲取被審計單位資產負債表日有關存貨數量和狀況以及有關管理層存貨盤點程序可靠性的審計證據，檢查存貨數量是否真實完整，是否歸屬被審計單位，存貨有無毀損、陳舊、過時、殘次和短缺等狀況。

②存貨監盤範圍的大小取決於存貨的內容、性質以及與存貨相關的內部控制的完善程度和重大錯報風險的評估結果。

③存貨監盤的時間，包括實地察看盤點現場的時間、觀察存貨盤點的時間和對已盤點存貨實施檢查的時間等，應當與被審計單位實施存貨盤點的時間相協調。

（2）存貨監盤的要點及關注的事項。存貨監盤的要點主要包括註冊會計師實施存貨監盤程序的方法、步驟，各個環節應注意的問題以及所要解決的問題。

註冊會計師需要重點關注的事項包括盤點期間的存貨移動、存貨的狀況、存貨的截止確認、存貨的各個存放地點及金額等。

（3）參加存貨監盤人員的分工。註冊會計師應當根據被審計單位參加存貨盤點人員分工、分組情況、存貨監盤工作量的大小和人員素質情況，確定參加存貨監盤的人員組成以及各組成人員的職責和具體的分工情況，並加強督導。

（4）檢查存貨的範圍。註冊會計師應當根據對被審計單位存貨盤點和對被審計

單位內部控制的評價結果確定檢查存貨的範圍。在實施觀察程序後，如果認為被審計單位內部控制設計良好且得到有效實施，存貨盤點組織良好，註冊會計師可以相應縮小實施檢查程序的範圍。

（二）存貨監盤程序

1. 評價管理層用以記錄和控制存貨盤點結果的指令和程序

註冊會計師需要考慮這些指令和程序是否包括下列方面：

（1）適當控制活動的運用。例如，收集已使用的存貨盤點記錄，清點未使用的存貨盤點表單，實施盤點和復盤程序。

（2）準確認定在產品的完工程度，流動緩慢（呆滯）、過時或毀損的存貨項目以及第三方擁有的存貨（如寄存貨物）。

（3）在適用的情況下用於估計存貨數量的方法，如可能需要估計煤堆的重量。

（4）對存貨在不同存放地點之間的移動以及截止日前後出入庫的控制。

2. 觀察管理層制定的盤點程序的執行情況

例如，對存貨盤點時及其前後的存貨移動的控制程序的觀察，有助於註冊會計師獲取有關管理層指令和程序是否得到適當設計與執行的審計證據。儘管盤點存貨時最好能保持存貨不發生移動，但在某些情況下存貨的移動是難以避免的。如果在盤點過程中被審計單位的生產經營仍將持續進行，註冊會計師應通過實施必要的檢查程序，確定被審計單位是否已經對此設置了相應的控制程序，確保在適當的期間內對存貨做出了準確記錄。獲取有關截止性信息（如存貨移動的具體情況）的複印件，有助於日後對存貨移動的會計處理實施審計程序。

（1）註冊會計師一般應當獲取盤點日前後存貨收發及移動的憑證，檢查庫存記錄與會計記錄期末截止是否正確。

（2）在存貨入庫和裝運過程中採用連續編號的憑證時，註冊會計師應當關注盤點日前的最後編號。

（3）如果被審計單位使用運貨車廂或拖車進行存儲、運輸或驗收入庫，註冊會計師應當詳細列出存貨場地上滿載和空載的車廂或拖車，並記錄各自的存貨狀況。

3. 檢查存貨

在監盤中檢查存貨不一定確定存貨的所有權，但有助於確定存貨的存在以及識別過時、毀損或陳舊的存貨。註冊會計師應把所有過時、毀損或陳舊存貨的詳細情況記錄下來。這既便於進一步追查這些存貨的處置情況，也能為測試被審計單位存貨跌價資金準備計提的準確性提供證據。

4. 執行抽盤

（1）抽查方向。註冊會計師可以從存貨盤點記錄中選取項目追查至存貨實物以及從存貨實物中選取項目追查至盤點記錄，以獲取有關盤點記錄準確性和完整性的審計證據。

（2）抽查範圍。註冊會計師應盡量避免讓被審計單位事先瞭解抽盤的存貨項目。

（3）處理差異。因為檢查的存貨通常僅是已盤點存貨的一部分，所以在檢查中發現的錯誤很可能意味著被審計單位的存貨盤點還存在其他錯誤。一方面，註冊會

計師應查明原因，及時提請被審計單位更正；另一方面，註冊會計師應考慮錯誤的潛在範圍和重大程度，在可能的情況下，擴大檢查範圍以減少錯誤的發生。

5. 需要特別關注的情況

（1）存貨盤點範圍。在盤點存貨前，註冊會計師應當觀察盤點現場，確定應納入盤點範圍的存貨是否已經適當整理和排列，並附有盤點標示，防止遺漏或重複盤點。對未納入盤點範圍的存貨，註冊會計師應當查明未納入的原因。

（2）所有權不屬於被審計單位的存貨。對所有權不屬於被審計單位的存貨，註冊會計師應取得其規格、數量等有關資料，觀察這些存貨實際存放情況，確定是否已單獨存放、標明，且未被納入盤點範圍。

即使被審計單位聲明不存在受託代存存貨，註冊會計師在存貨監盤時也應當關注是否存在某些存貨不屬於被審計單位的跡象，以避免盤點範圍不當。

（3）對特殊類型存貨的監盤。在審計實務中，註冊會計師應當根據被審計單位所處行業的特點、存貨的類別和特點以及內部控制等具體情況，並在通用的存貨監盤程序基礎上，設計特殊類型存貨監盤程序（見表12-5）。

表12-5 特殊類型存貨監盤程序

| 存貨類型 | 盤點方法與潛在問題 | 可供實施的審計程序 |
| --- | --- | --- |
| 木材、鋼筋盤條、管子 | 通常無標籤，但在盤點時會做上標記或用粉筆標示。難以確定存貨的數量或等級 | 檢查標記或標示。利用專家或被審計內部有經驗人員的工作 |
| 堆積型存貨（如糖、煤、鋼廢料） | 通常既無標籤也不做標記。在估計存貨數量時存在困難 | 運用工程估測、幾何計算、高空勘測，並依賴詳細的存貨記錄 |
| 使用磅秤測量的存貨 | 在估計存貨數量時存在困難 | 在監盤前和監盤過程中都應檢驗磅秤的精準度，並留意磅秤的位置移動與重新調校程序。將檢查和重新稱量程序相結合。檢查稱量尺度的換算問題 |
| 散裝物品（如貯窖存貨，使用桶、箱、罐、槽等容器儲存的液體、氣體、谷類糧食、流體存貨等） | 在盤點時通常難以識別和確定。在估計存貨數量時存在困難。在確定存貨質量時存在困難 | 使用容器進行監盤或通過預先編號的清單列表加以確定。使用浸蘸、測量棒、工程報告以及依賴永續存貨記錄。選擇樣品進行化驗與分析，或利用專家的工作 |
| 貴金屬、石器、藝術品、收藏品 | 在存貨辨認與質量確定方面存在困難 | 選擇樣品進行化驗與分析，或者利用專家的工作 |
| 生產紙漿用木材、牲畜 | 在存貨辨認與數量確定方面存在困難。可能無法對此類存貨的移動實施控制 | 通過高空攝影以確定其存在性，對不同時點的數量進行比較，並依賴永續存貨記錄 |

6. 存貨監盤結束時的工作

存貨盤點結束前，註冊會計師應當做好以下幾個方面的工作：

（1）再次觀察盤點現場，以確定所有應納入盤點範圍的存貨是否都已盤點。

（2）取得並檢查已填用、作廢以及未使用盤點表單的號碼記錄，確定其是否連續編號，查明已發放的表單是否都已收回，並與存貨盤點的匯總記錄進行核對。

（3）如果存貨盤點日不是資產負債表日，註冊會計師應當實施適當的審計程序，確定盤點日與資產負債表日之間存貨的變動是否已得到恰當的記錄。

註冊會計師可以實施的程序示例包括：

（1）比較盤點日和財務報表日之間的存貨信息以識別異常項目，並對其執行適當的審計程序（如實地查看等）。

（2）對存貨週轉率或存貨銷售週轉天數等實施實質性分析程序。

（3）對盤點日至財務報表日之間的存貨採購和存貨銷售分別實施雙向檢查。例如，註冊會計師對存貨採購從入庫單查至其相應的永續盤存記錄及從永續盤存記錄查至其相應的入庫單等支持性文件，對存貨銷售從貨運單據查至其相應的永續盤存記錄及從永續盤存記錄查至其相應的貨運單據等支持性文件。

（4）測試存貨銷售和採購在盤點日和財務報表日的截止是否正確。

7. 特殊情況的處理

（1）存貨盤點日不是資產負債表日。註冊會計師應當實施適當的審計程序，確定盤點日與資產負債表日之間存貨的變動是否已得到恰當的記錄。註冊會計師可以實施的程序如下：

①比較盤點日和財務報表日之間的存貨信息以識別異常項目，並對其執行適當的審計程序。

②對存貨週轉率或存貨銷售週轉天數等實施實質性分析程序。

③對盤點日至財務報表日之間的存貨採購和存貨銷售分別實施雙向檢查。

④測試存貨銷售和採購在盤點日與財務報表日的截止是否正確。

（2）在存貨盤點現場實施存貨監盤不可行。如果在現場進行存貨監盤不可行，註冊會計師應實施替代審計程序，以獲取有關存貨的存在和狀況的充分、適當的審計證據，如檢查盤點日後出售、盤點日之前取得或購買的特定存貨的文件記錄。如果無法實施替代程序或替代程序不可行，註冊會計師應考慮按規定發表非無保留審計意見。

（3）因不可預見的情況導致無法實施現場監盤。如果因不可預見情況無法在存貨盤點現場實施監盤，註冊會計師應當另擇日期監盤，並對間隔期內的交易實施審計程序。

（4）由第三方保管或控制的存貨。如果由第三方保管或控制的存貨對財務報表是重要的，註冊會計師應實施下列一項或兩項審計程序，以獲取該存貨存在狀況的充分、適當的審計證據：

①有被審計單位存貨的第三方函證存貨的數量和狀況。

②實施檢查或其他適合具體情況的審計程序。

其他審計程序包括：

①實施或安排其他註冊會計師實施對第三方的存貨監盤。

②獲取其他註冊會計師或服務機構註冊會計師針對用以保證存貨得到恰當盤點和保管的內部控制的適當性而出具的報告。

③檢查與第三方持有的存貨相關的文件記錄，如倉儲單。
④當存貨被作為抵押品時，要求其他機構或人員進行確認。
⑤考慮由第三方保管存貨的商業理由的合理性，檢查被審計單位和第三方所簽署的存貨保管協議的相關條款、復核被審計單位調查以及評價第三方工作的程序等。

**四、存貨計價測試**

存貨監盤程序主要是對存貨的數量進行測試。為驗證財務報表上存貨餘額的真實性，註冊會計師還應當對存貨的計價進行審計。

存貨計價測試包括存貨單位成本測試與存貨跌價損失準備測試兩個方面。

（一）存貨單位成本測試

1. 原材料的單位成本測試

註冊會計師通常基於企業的原材料計價方法（如先進先出法、加權平均法等），結合原材料的歷史購買成本，測試其帳面成本是否準確，測試程序包括核對原材料採購的相關憑證（主要是與價格相關的憑證，如合同、採購訂單、發票等）以及驗證原材料計價方法的運用是否正確。

2. 產成品和在產品的單位成本測試

針對產成品和在產品的單位成本，註冊會計師需要對成本核算過程實施測試，包括測試直接材料成本、直接人工成本、製造費用和生產成本在當期完工產品與在產品之間分配四項內容。

（1）直接材料成本測試。對採用定額單耗的企業，註冊會計師可以選擇某一成本報告期若干種具有代表性的產品成本計算單，獲取樣本的生產指令或產量統計記錄及其直接材料單位消耗定額，根據材料明細帳或採購業務測試審計工作底稿中各該直接材料的單位實際成本，計算直接材料的總消耗量和總成本，與該樣本成本計算單中的直接材料成本核對。

對未採用定額單耗的企業，註冊會計師可以獲取材料費用分配匯總表、材料發出匯總表（或領料單）、材料明細帳（或採購業務測試審計工作底稿）中各項直接材料的單位成本，做如下檢查：成本計算單中直接材料成本與材料費用分配匯總表中該產品負擔的直接材料費用是否相符，分配標準是否合理；將抽取的材料發出匯總表或領料單中若干種直接材料的發出總量和各該種材料的實際單位成本之積，與材料費用分配匯總表中各該種材料費用進行比較。

對採用標準成本法的企業，註冊會計師可以獲取樣本的生產指令或產量統計記錄、直接材料單位標準用量、直接材料標準單價以及發出材料匯總表或領料單，檢查下列事項：根據生產量、直接材料單位標準用量和標準單價計算的標準成本與成本計算單中的直接材料成本核對是否相符；直接材料成本差異的計算與帳務處理是否正確。

（2）直接人工成本測試。對採用計時工資制的企業，註冊會計師應獲取樣本的實際工時統計記錄、員工分類表和員工工薪手冊（工資率）及人工費用分配匯總表，做如下檢查：成本計算單中直接人工成本與人工費用分配匯總表中該樣本的直接人工費用核對是否相符；樣本的實際工時統計記錄與人工費用分配匯總表中該樣

本的實際工時核對是否相符；抽取生產部門若干天的工時臺帳與實際工時統計記錄核對是否相符。當沒有實際工時統計記錄時，註冊會計師應根據員工分類表及員工薪手冊中的工資率，計算復核人工費用分配匯總表中該樣本的直接人工費用是否合理。

對採用計件工資制的企業，註冊會計師應獲取樣本的產量統計報告、個人（小組）產量記錄和經批准的單位工薪標準或計件工資制度，檢查下列事項：根據樣本的統計產量和單位工薪標準計算的人工費用與成本計算單中直接人工成本核對是否相符；抽取若干個直接人工（小組）的產量記錄，檢查是否被匯總計入產量統計報告。

對採用標準成本法的企業，註冊會計師應獲取樣本的生產指令或產量統計報告、工時統計報告和經批准的單位標準工時、標準工時工資率、直接人工的工薪匯總表等資料，檢查下列事項：根據產量和單位標準工時計算的標準工時總量與標準工時工資率之積同成本計算單中直接人工成本核對是否相符；直接人工成本差異的計算與帳務處理是否正確，並注意直接人工的標準成本在當年內有無重大變更。

（3）製造費用測試。註冊會計師應獲取樣本的製造費用分配匯總表、按項目分列的製造費用明細帳與製造費用分配標準有關的統計報告以及其相關原始記錄，做如下檢查：製造費用分配匯總表中，樣本分擔的製造費用與成本計算單中的製造費用核對是否相符；製造費用分配匯總表的合計數與樣本所屬成本報告期的製造費用明細帳總計數核對是否相符；製造費用分配匯總表選擇的分配標準（機器工時數、直接人工工資、直接人工工時數、產量等）與相關的統計報告或原始記錄核對是否相符，並對費用分配標準的合理性做出評估。如果企業採用預計費用分配率分配製造費用，註冊會計師應針對製造費用分配過多或過少的差額，檢查其是否做了適當的帳務處理。如果企業採用標準成本法，註冊會計師應檢查樣本中標準製造費用的確定是否合理，計入成本計算單的數額是否正確，製造費用差異的計算與帳務處理是否正確，並注意標準製造費用在當年度內有無重大變更。

（4）生產成本在當期完工產品與在產品之間分配的測試。註冊會計師應檢查成本計算單中在產品數量與生產統計報告或在產品盤存表中的數量是否一致；檢查在產品約當產量計算或其他分配標準是否合理；計算復核樣本的總成本和單位成本。

（二）存貨跌價損失準備測試

註冊會計師應充分關注管理層對存貨可變現淨值的確定及存貨跌價準備的計提。

1. 識別需要計提跌價損失準備的存貨項目

（1）註冊會計師可以通過詢問管理層和相關部門員工，瞭解被審計單位如何收集有關滯銷、過時、陳舊、毀損、殘次存貨的信息並為之計提必要的跌價損失準備。

（2）如果被審計單位編製存貨貨齡分析表，註冊會計師可以通過審閱分析表識別滯銷或陳舊的存貨。

（3）註冊會計師應結合存貨監盤過程中檢查存貨狀況而獲取的信息，以判斷被審計單位的存貨跌價損失準備計算表是否有遺漏。

2. 檢查可變現淨值的計量是否合理

在存貨計價審計中，由於被審計單位對期末存貨採用成本與可變現淨值孰低的

方法計價，因此註冊會計師應充分關注其對存貨可變現淨值的確定及存貨跌價準備的計提。

可變現淨值是指企業在日常活動中，存貨的估計售價減去至完工時估計將要發生的成本、估計的銷售費用以及相關稅費後的金額。企業確定存貨的可變現淨值，應當以取得的確鑿證據為基礎，並考慮持有存貨的目的以及資產負債表日後事項的影響等因素。

## 本章小結

首先，本章介紹生產與存貨循環中的主要業務活動，以便於學生學習控制測試流程。其次，在開展生產與存貨循環審計工作前，註冊會計師應先進行風險評估，對被審計單位可能存在的重大錯報風險進行瞭解，並設計審計方案。再次，在控制測試時，註冊會計師應注意選擇關鍵控制環節進行測試；在實質性程序中，註冊會計師應注意掌握對存貨的數量與計價兩方面不同的取證方法。對存貨監盤工作量大、涉及工作人員多，註冊會計師應注意整體把控，事前計劃、事中控制、事後復核都要謹慎進行。註冊會計師應在計價測試時應注意結合不同企業所採用的不同的計價方法進行檢查，並注意是否符合一貫性原則。最後，註冊會計師應對存貨跌價準備，並注意結合監盤等多方證據進行檢查。

## 本章思維導圖

本章思維導圖如圖 12-1 所示。

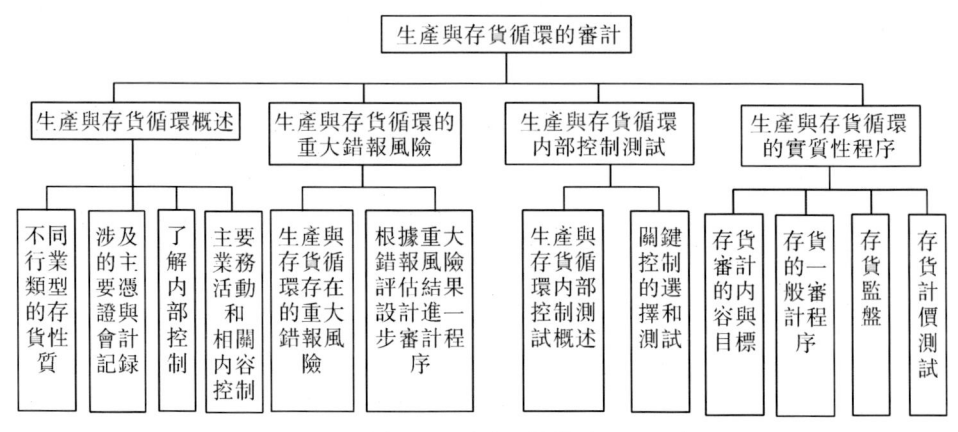

圖 12-1　本章思維導圖

# 第十三章
# 銷售與收款循環審計

## 學習目標

1. 熟悉銷售與收款循環的業務流程。
2. 掌握銷售與收款循環存在的重大錯報風險。
3. 掌握銷售與收款循環的審計目標。
4. 熟悉銷售與收款循環的審計測試邏輯。
5. 掌握銷售與收款循環相關的控制測試和實質性程序。

## 案例導入

　　ABC 公司是一家生產日用品的公司，並向全國各地的各種客戶（包括大型超市、小型零售商以及個人客戶）銷售。ABC 公司擁有一個大型製造廠、三個大型倉庫和一個總部。日用品一經生產，就儲存在其中一個倉庫裡，直到送抵客戶。客服人員接到電話訂單時先把訂單信息寫在一張白紙上，之後再手動輸入訂單系統中，由系統生成正式的訂單。在輸入訂單前，客服人員需向倉庫確認一下是否有貨，如果缺貨，則給客戶回電話取消訂單。另一種方式是網上訂單，客戶直接在網上下單，下單後系統自動生成正式的銷售訂單，訂單網站連結公司的庫存狀況，系統會自動檢查是否有貨，有貨狀態下方可成功下單，但是訂單可以超過客戶的信用額度 20%。銷售訂單生成後，系統按客戶地址對訂單進行排序。為完成 2018 年銷售額增長 30% 的目標，公司決定對當年所有客戶（包括新增客戶）不需經過信用審核即可賒銷。訂單生成後，系統自動生成的發貨清單和按順序編號的發貨單（GDN）傳送到倉庫。倉庫根據發貨清單中將貨物打包，並同時負責貨物發運。貨物發送後，系統將一份 GDN 副本發送給總部，由開票員工根據 GDN 和價目表開具連續編號的銷售發票，公司有一份價目表，每三年更新一次。較大的客戶可以享受折扣，由開票員工在開具發票時手動輸入折扣比例。發票開具後由專人在當天把發票送到會計部，如果當天的發票數量較少則與下一天的發票一起送，會計人員根據銷售發票記帳。

　　問題：（1）ABC 公司的銷售業務流程中是否存在控制缺陷？有哪些控制缺陷？
　　（2）這些控制缺陷該如何改善？

# 第一節　瞭解銷售與收款業務流程及風險評估

## 一、銷售與收款循環業務流程

銷售與收款循環業務流程如圖 13-1 所示。

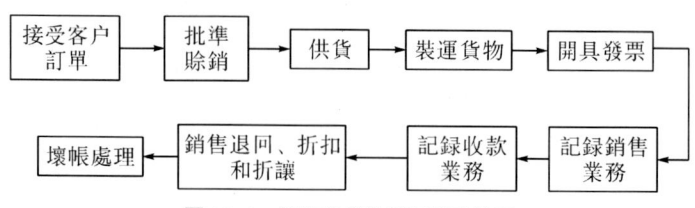

```
接受客戶 → 批准 → 供貨 → 裝運貨物 → 開具發票
 訂單      賒銷                              ↓
                                         記錄銷售
壞帳處理 ← 銷售退回、折扣 ← 記錄收款 ← 業務
          和折讓            業務
```

**圖 13-1　銷售與收款循環業務流程**

### (一) 接受客戶訂單

客戶提出訂貨要求是整個銷售與收款循環的起點，客戶的訂購單只有在符合企業管理層的授權標準時才能被接受，通常由銷售單管理部門的主管來決定是否同意銷售，批准了客戶訂購單之後，銷售單管理部門根據審批後的客戶訂購單編製連續編號的銷售單。銷售單是證明管理層有關銷售交易的「發生」認定的憑據之一，也是此筆銷售的交易軌跡的起點之一。

### (二) 批准賒銷

賒銷業務需經過信用管理部門根據管理層的賒銷政策在每個客戶的已授權的信用額度內進行審核。企業的信用管理部門通常應對每個新客戶進行信用調查，包括獲取信用評審機構對客戶信用等級的評定報告。無論是否批准賒銷，都要求被授權的信用管理部門人員在銷售單上簽署意見，然後再將已簽署意見的銷售單送回銷售單管理部門。信用批准控制的目的是降低壞帳風險，因此這些控制與應收帳款帳面餘額的「計價和分攤」認定有關。

### (三) 供貨

已獲批准的銷售單的一聯送到倉庫，倉庫按銷售單供貨，並編製連續編號的出庫單。設立這項控制程序的目的是防止倉庫在未經授權的情況下擅自發貨。

### (四) 裝運貨物

發運部門按經批准的銷售單裝運貨物。發運部門與倉儲部門的職責應當分離，有助於避免負責裝運貨物的職員在未經授權的情況下裝運產品。

### (五) 開具發票

開具帳單部門開具並向客戶寄送事先連續編號的銷售發票。開具帳單部門職員需注意：在編製每張銷售發票之前，獨立檢查是否存在發運憑證和相應的經批准的銷售單；依據已授權批准的商品價目表開具銷售發票；獨立檢查銷售發票計價和計算的正確性；將發運憑證上的商品總數與相對應的銷售發票上的商品總數進行比較。

### (六) 記錄銷售業務

會計部門根據附有有效裝運憑證、銷售單的銷售發票記錄銷售業務。在手工會

計系統中，記錄銷售的過程包括區分賒銷、現銷，按銷售發票編製轉帳憑證或現金、銀行存款收款憑證，再據以登記銷售明細帳和應收帳款明細帳或庫存現金、銀行存款日記帳。

（七）記錄收款業務

處理貨幣資金收入時最重要的是要保證全部貨幣資金都必須如數、及時地記入庫存現金、銀行存款日記帳或應收帳款明細帳，並如數、及時地將現金存入銀行。

（八）銷售退回、折扣和折讓

客戶如果對商品不滿意，銷售企業一般都會接受退貨，或者給予一定的銷售折讓。客戶如果提前支付貨款，銷售企業可能會給予一定的銷售折扣。發生此類事項時，銷售企業必須經授權批准，並應確保與辦理此類事項有關的部門和職員各司其職，分別控制實物和進行會計處理。

（九）壞帳處理

根據應收帳款可回收性計提足額的壞帳準備，提取的數額必須能夠抵補企業以後無法收回的銷貨款，若客戶因經營不善、宣告破產、死亡等原因而不支付貨款，銷售企業認為某項貨款再也無法收回，就必須註銷這筆貨款，經適當審批後及時進行會計調整。

銷售與收款循環涉及的主要業務活動、憑證、重要控制以及相關認定如表13-1所示。

表13-1　銷售與收款循環涉及的主要業務活動、憑證、重要控制以及相關認定

| 主要業務活動 | 涉及憑證及記錄 | 相關主要部門 | 重要控制 | 主要涉及的認定 |
| --- | --- | --- | --- | --- |
| 1.接受客戶訂單 | 客戶訂貨單、銷售單 | 銷售部門 | ①客戶訂單已被授權審批；②銷售單連續編號 | 營業收入「發生」認定、「完整性」認定 |
| 2.批准賒銷 | 銷售單 | 信用管理部門 | ①信用管理部門與銷售部門職責分離；②信用審核後，信用管理部門經理在銷售單上簽字 | 應收帳款的「計價和分攤」認定 |
| 3.（按銷售單）供貨 | 出庫單（銷售單） | 倉儲部門 | ①根據已批准的銷售單供貨；②編製連續編號的出庫單 | 營業收入「發生」認定、「完整性」認定 |
| 4.(按銷售單)裝運貨物 | （銷售單）發運憑證 | 裝運部門 | ①裝運部門與倉儲部門的職責分離；②裝運部門按經批准的銷售單裝運貨物；③（企業設立自己的裝運部門情況下）發運憑證連續編號 | 營業收入「發生」認定、「完整性」認定 |

表13-1(續)

| 主要業務活動 | 涉及憑證及記錄 | 相關主要部門 | 重要控制 | 主要涉及的認定 |
|---|---|---|---|---|
| 5. 開具發票 | (銷售單、發運憑證)、商品價目表、銷售發票 | 開票部門(或崗位) | ①根據發運憑證、相應的經批准的銷售以及已授權批准的商品價目表開具銷售發票;②發票事先連續編號;③獨立檢查銷售發票計價和計算的正確性 | 營業收入的「發生」認定、「完整性」認定、「準確性」認定 |
| 6. 記錄銷售業務 | 銷售發票、明細帳、收款憑證、轉帳憑證、顧客月末對帳單 | 會計部門 | ①記錄銷售的職責應與處理銷售交易的其他職責相分離;②只依據附有有效裝運憑證、銷售單的銷售發票記錄銷售業務;③定期獨立檢查應收帳款的明細帳與總帳的一致性;④定期向客戶寄送對帳單 | 營業收入的「發生」認定、「完整性」認定、「準確性」認定 |
| 7. 辦理和記錄現金及銀行存款收入 | 匯款通知書、收款憑證、現金日記帳、銀行存款日記帳 | 會計部門 | ①關注貨幣資金失竊的可能性;②收取貨款與記錄貨款的職責分離 | 銀行存款「完整性」認定、應收帳款「存在」認定 |
| 8. 辦理和記錄銷貨退回 | 貸項通知書、入庫單 | 會計部門、倉庫 | ①必須授權批准;②控制實物流;③根據有效的貸項通知書和入庫單做會計處理; | 應收帳款「存在」認定、「計價和分攤」認定、營業收入「發生」認定、「完整性」認定、存貨「存在」認定、「完整性」認定等 |
| 9. 註銷壞帳 | 壞帳審批表 | 賒銷部門、會計部門 | ①獲取貨款無法收回的確鑿證據;②適當審批 | 應收帳款的「計價和分攤」認定 |
| 10. 提取壞帳準備 | 應收帳款帳齡分析表 | 會計部門 | 壞帳準備提取數額必須能抵補企業以後無法收回的貨款 | 應收帳款的「計價和分攤」 |

## 二、銷售與收款循環存在的重大錯報風險

銷售與收款循環涉及的財務報表項目包括營業收入、應收帳款、應收票據、預收帳款、長期應收款、應交稅費、稅金及附加等，主要項目是營業收入和應收帳款。以一般製造業企業為例，銷售與收款循環存在的重大錯報風險主要包括：

（1）收入的舞弊風險。收入是利潤的來源，直接關係到企業的財務狀況和經營

成果。有的企業為了隱瞞真實的盈利情況，通過虛增（應收帳款的「存在」認定、營業收入的「發生」認定）或隱匿（應收帳款、營業收入的「完整性」認定）收入來粉飾財務報表。在財務報表舞弊案件中，收入確認往往是註冊會計師審計的高風險領域。

（2）收入的複雜性導致容易出現錯誤。由於有的企業產品的特殊性或銷售方式特殊性，因此管理層可能對這些特殊情況下涉及的交易風險缺乏經驗判斷，收入確認上就容易出現錯誤。

（3）銷售交易可能未計入正確的會計期間，尤其是報表日前後期間發生的銷售交易。處理不及時或錯誤及其他因素使得銷售交易未確認於正確的會計期間，從而導致財務報表上列報的收入金額存在高估或低估的可能性。另外，銷售退回可能未得到恰當會計處理出現截止性問題。

（4）發生的銷售交易未能得到準確的記錄。例如，被審計單位未按照經過授權批准的商品價目表上的單價、未仔細核對發運憑證上記錄的實際發貨數量開具發票、計算錯誤等原因導致收入入帳金額不正確。

（5）可能未計入恰當的會計帳戶。把屬於營業收入性質的銷售交易計入了營業外收入帳戶，或者把不屬於營業收入性質的交易計入了營業收入帳戶，導致分類錯誤。

（6）應收帳款壞帳準備計提不正確。

（7）應收帳款存在質押、貼現或者已出售的情況卻沒有恰當的列報和披露。

## 第二節　銷售與收款循環的審計測試

### 一、涉及的財務報表項目和認定

銷售與收款循環涉及的主要財務報表項目和認定如表 13-2 所示。

表 13-2　銷售與收款循環涉及的主要財務報表項目和認定

| 認定類別 | 具體認定 |
| --- | --- |
| 與交易或事項相關的認定 | 發生：所有已記錄的銷售交易都已發生並與被審計單位相關 |
|  | 完整：本會計年度所有已發生的銷售交易都已記錄 |
|  | 準確：與銷售交易相關的金額都得到恰當的記錄 |
|  | 截止：所有銷售交易都記錄在正確的會計期間 |
|  | 分類：所有銷售交易都記錄於恰當的會計帳戶 |
|  | 列報和披露：所有銷售交易和事項都已得到恰當的列報和披露 |

表13-2(續)

| 認定類別 | 具體認定 |
|---|---|
| 與帳戶餘額相關的認定 | 存在：記錄的應收帳款都是真實存在的 |
| | 權利和義務：被審計單位記錄的應收帳款是其擁有或控制的 |
| | 完整：所有應當記錄的應收帳款都已記錄 |
| | 計價和分攤：所有應收帳款的金額都得到恰當記錄 |
| | 列報和披露：所有應收帳款餘額已得到恰當的列報和披露 |

## 二、常用的審計測試程序

常用的控制測試和實質性程序如表13-3所示。

表13-3　常用的控制測試和實質性程序

| 認定 | 常用的控制測試 | 常用的實質性程序 |
|---|---|---|
| 銷售交易的「發生」、應收帳款的「存在」 | 檢查發票是否附有發運憑證及銷售單（或客戶訂購單）；<br>檢查客戶的賒購是否經過授權批准；<br>詢問是否寄發對帳單，並檢查其顧客的回函檔案 | 追查主營業務收入明細帳中的分錄至銷售發票及發運憑證；<br>將發運憑證與存貨永續記錄中的發運分錄進行核對；<br>復核主營業務收入總帳、明細帳以及應收帳款明細帳；<br>對應收帳款執行函證程序 |
| 銷售交易、應收帳款的「完整性」 | 檢查發運憑證是否連續編號；<br>檢查銷售發票是否連續編號；<br>檢查未處理訂單是否有序管理 | 追查發運憑證、銷售發票至主營業務收入明細帳和應收帳款明細帳中的分錄；<br>將本年的毛利率與上一年以及行業平均水準進行比較，並調查分析重大異常；<br>核對主營業務收入或應收帳款明細帳至總帳；<br>核對客戶對帳單回函與被審計單位的會計記錄 |
| 銷售交易的「準確性」 | 檢查銷售發票是否有復核人簽字；<br>檢查對帳單是否定期寄出；<br>觀察發票開具過程，確認開票人是否仔細核對商品價目表和發運憑證後開票 | 抽選部分銷售發票進行核對至商品價目表的單價和發運憑證的商品數量，並重新計算開票金額，確認金額計算的準確性；<br>復核加計主營業務收入明細帳金額，並核對至總帳金額；<br>將本年度營業收入總額與上一年以及行業平均水準進行比較，並調查分析重大異常；<br>復核應收帳款借方累計發生額與主營業務收入關係是否合理 |

表13-3(續)

| 認定 | 常用的控制測試 | 常用的實質性程序 |
| --- | --- | --- |
| 應收帳款的「計價和分攤」 | 檢查商品價目表是否適時更新並經過適當批准；檢查賒銷是否經過授權批准；詢問是否定期做應收帳款帳齡分析，根據具體情況計提壞帳準備 | 追查主營業務收入明細帳中的記錄至銷售發票；追查銷售發票上的詳細信息至發運憑證、經批准的商品價目表和客戶訂購單；將本期壞帳準備計提額與上期進行對比分析，並調查分析重大異常；檢查壞帳的衝銷和轉回是否屬實，是否經過授權批准，有關會計處理是否正確；計算應收帳款週轉率、週轉天數等指標，與上期數、行業同期指標進行對比，並調查分析重大異常；復核加計應收帳款明細帳，並核對至總帳，檢查是否相符 |
| 銷售交易的「分類」 | 詢問被審計單位是否適時復核和更新帳戶列表；檢查有關憑證上內部復核和檢查的標記 | 抽取部分會計分錄，結合原始憑證內容，檢查會計科目是否適當；檢查有無特殊的銷售行為，如附有銷售退回條件的商品銷售、委託代銷、售後回購、以舊換新、商品需要安裝和檢驗的銷售、分期收款銷售、出口銷售、售後租回等，選擇恰當的審計程序進行審核 |
| 銷售交易的「截止」 | 詢問被審計單位人員裝運憑證是否每天及時送達開票部門開票，銷售發票是否每天及時送達會計部門記錄 | 抽取報表日前後一段時間的銷售交易憑證，檢查裝運憑證、銷售發票以及記帳憑證三者的日期是否同屬一個會計期間 |
| 列報和披露 | — | 檢查財務報表上銷售與收款循環相關的交易和帳戶餘額是否符合企業會計準則的披露要求，如果被審計單位是上市公司，還需檢查其披露是否符合證券監管部門的特別規定 |

### 三、主要實質性程序

(一) 應收帳款的主要實質性程序

應收帳款餘額審計一般包括應收帳款帳面餘額審計和相應的壞帳準備審計兩部分。

(1) 向被審計單位獲取或編製應收帳款明細表。註冊會計師應復核加計檢查是否正確，並與總帳數和明細帳合計數核對是否相符；結合壞帳準備科目與報表數核

對是否相符；檢查非記帳本位幣應收帳款的折算匯率及折算是否正確；分析有貸方餘額的項目，查明原因，必要時，建議做重分類調整；結合其他應收款、預收款項等往來項目的明細餘額，調查有無同一客戶多處掛帳、異常餘額或與銷售無關的其他款項（如代銷帳戶、關聯方帳戶或員工帳戶）；如有，應做出記錄，必要時提出調整建議。

（2）對應收帳款執行分析程序。

①註冊會計師應復核應收帳款借方累計發生額與主營業務收入關係是否合理，並將當期應收帳款借方發生額占主營業務收入淨額的百分比與管理層考核指標和被審計單位相關賒銷政策比較，分析是否存在重大異常並查明原因。

②註冊會計師應計算應收帳款週轉率、應收帳款週轉天數等指標，並與被審計單位相關賒銷政策、被審計單位以前年度指標、同行業同期相關指標對比，分析是否存在重大異常並查明原因。

（3）檢查應收帳款帳齡分析是否正確。應收帳款的帳齡通常是指資產負債表中的應收帳款從銷售實現、產生應收帳款之日起，至資產負債表日止所經歷的時間。應收帳款帳齡分析表的合計數減去已計提的相應壞帳準備後的淨額，應該等於資產負債表中的應收帳款項目餘額。

（4）對應收帳款實施函證程序。應收帳款函證程序是註冊會計師就資產負債表日未結算的應收帳款餘額直接向被審計單位的客戶獲取書面確認。這個程序主要證實應收帳款餘額的存在、權利和義務認定。

①函證決策。除非有充分證據表明應收帳款對被審計單位財務報表而言是不重要的，或者函證很可能是無效的，否則註冊會計師應當對應收帳款進行函證。

②函證範圍。註冊會計師不需要對被審計單位所有應收帳款進行函證。函證數量的大小、範圍由應收帳款在全部資產中的重要程度、被審計單位內部控制的有效性、以前期間的函證結果等因素決定。一般情況下，註冊會計師應選擇以下項目作為函證對象：大額或帳齡較長的項目；與債務人發生糾紛的項目；重大關聯方項目；主要客戶（包括關係密切的客戶）；新增客戶項目；交易頻繁，但期末餘額較小甚至為零的項目；可能產生重大錯報或舞弊的非正常的項目。

③函證方式。函證方式分為積極的函證方式和消極的函證方式。註冊會計師可以採用積極的函證方式或消極的函證方式實施函證，也可將兩種方式結合使用。

④函證時間。註冊會計師通常以資產負債表日為截止日，在資產負債表日後適當時間內實施函證。

⑤函證的控制。註冊會計師通常利用被審計單位提供的應收帳款明細帳戶名稱及客戶地址等資料據以編製詢證函，但註冊會計師應當對確定需要確認或填列的信息、選擇適當的被詢證者、設計詢證函以及發出和跟進（包括收回）詢證函等方面保持控制。

⑥對不符事項的處理。收回的詢證函若有差異，註冊會計師要進行分析，查找原因，確定是否構成錯報。如果不符事項構成錯報，註冊會計師應當評價該錯報是否表明存在舞弊，並重新考慮所實施審計程序的性質、時間和範圍。

對應收帳款而言，登記入帳的時間不同而產生的不符事項主要表現為：詢證函

發出時，債務人已經付款，而被審計單位尚未收到貨款；詢證函發出時，被審計單位的貨物已經發出並已做銷售記錄，但貨物仍在途中，債務人尚未收到貨物；債務人由於某種原因將貨物退回，而被審計單位尚未收到；債務人對收到的貨物的數量、質量及價格等方面有異議而全部或部分拒付貨款等。

⑦對函證結果的總結和評價。重新考慮對內部控制的原有評價是否適當，控制測試的結果是否適當，分析程序的結果是否適當，相關的風險評價是否適當等。

如果函證結果表明沒有審計差異，註冊會計師可以合理地推論，全部應收帳款總體是正確的。

如果函證結果表明存在審計差異，則應當估算應收帳款總額中可能出現的累計差錯是多少，估算未被選中進行函證的應收帳款的累計差錯是多少。為取得對應收帳款累計差錯更加準確的估計，註冊會計師也可以進一步擴大函證範圍。

註冊會計師應當將詢證函回函作為審計證據，納入審計工作底稿管理，詢證函回函的所有權歸屬所在會計師事務所。

（5）對未函證的應收帳款實施替代審計程序。註冊會計師應抽查有關原始憑據，如銷售合同、銷售訂購單、銷售發票副本、發運憑證及回款單據等，以驗證與其相關的應收帳款的真實性。

（6）檢查壞帳的確認和處理。

①取得或編製壞帳準備明細表，復核加計是否正確，與壞帳準備總帳數、明細帳合計數核對是否相符。

②將應收帳款壞帳準備本期計提數與資產減值損失相應明細項目的發生額核對是否相符。

③檢查應收帳款壞帳準備計提和核銷的批准程序，取得書面報告等證明文件，評價計提壞帳準備依據的資料、假設以及方法。

（7）檢查是否有不屬於結算業務的債權。不屬於結算業務的債權，不應在應收帳款中進行核算。

（8）檢查應收帳款的所有權和控制權情況。被審計單位存在貼現、質押或出售等情況不具有所有權或者控制權的應收帳款不能確認為其應收帳款。

（9）確定應收帳款的列報是否恰當。

（二）主營業務收入的主要實質性程序

（1）實施實質性分析程序。

①註冊會計師應將本期的主營業務收入與上期的主營業務收入、銷售預算或預測數等進行比較，分析主營業務收入及其構成的變動是否異常，並調查異常變動的原因。

②註冊會計師應計算本期重要產品的毛利率，與上期或預算、預測數據比較，檢查是否存在異常，各期之間是否存在重大波動，並查明原因。

③註冊會計師應比較本期各月各類主營業務收入的波動情況，分析其變動趨勢是否正常，是否符合被審計單位季節性、週期性的經營規律，查明異常現象和重大波動的原因。

④註冊會計師應將本期重要產品的毛利率與同行業企業進行對比，分析是否存

在重大異常並查明原因。

（2）實施檢查程序。

①註冊會計師應獲取產品價格目錄，抽查售價是否符合價格政策，並注意銷售給關聯方或關係密切的重要客戶的產品價格是否合理，有無以低價或高價結算的方法相互之間轉移利潤的現象。

②註冊會計師應抽取本期一定數量的發運憑證，審查存貨出庫日期、品名、數量等是否與銷售發票、銷售合同、記帳憑證等一致。

③註冊會計師應抽取本期一定數量的記帳憑證，審查入帳日期、品名、數量、單價、金額等是否與銷售發票、發運憑證、銷售合同等一致。

④註冊會計師應檢查有無特殊的銷售行為，如附有銷售退回條件的商品銷售、委託代銷、售後回購、以舊換新、商品需要安裝和檢驗的銷售、分期收款銷售、出口銷售、售後租回等，選擇恰當的審計程序進行審核。

（5）實施函證程序。註冊會計師應結合對應收帳款實施的函證程序，選擇主要客戶函證本期銷售額。

（6）實施銷售的截止測試。對銷售實施截止測試的主要目的在於確認被審計單位主營業務收入的會計記錄歸屬期是否正確。測試的關鍵是檢查發票開具日期、記帳日期和發貨日期這三個日期是否歸屬於同一適當會計期間。

註冊會計師可以考慮選擇以下審計路線實施主營業務收入的截止測試：

①以主營業務收入的帳簿記錄為起點。從資產負債表日前後若干天的帳簿記錄查至記帳憑證，檢查發票存根與發運憑證，目的是證實已入帳主營業務收入是否在同一期間已開具銷售發票並發貨，有無多計主營業務收入。這種方法主要是為了查找多計的收入。

②以發運憑證為起點。從資產負債表日前後若干天的已經客戶簽收的發運憑證查至銷售發票開具情況與帳簿記錄，確定主營業務收入是否已計入恰當的會計期間。這種方法主要是為了查找少計的收入。

③以銷售發票為起點。從財務報表日前後若干天的銷售發票存根查至發運憑證與帳簿記錄，確定已開具銷售發票的貨物是否已發貨並於同一會計期間確認收入。這種方法主要是為了查找少計的收入。

（7）註冊會計師應確定主營業務收入的列報是否恰當。

## 本章小結

本章主要介紹了銷售與收款循環的業務流程、該流程中各個環節涉及的主要業務活動和憑證以及關鍵控制點、可能存在的重大錯報風險以及受影響的交易、帳戶餘額、相關披露等，並列舉了與之相對應的常用的控制測試和實質性程序。最後本章重點介紹了應收帳款和主營業務收入的一些主要實質性程序。

## 本章思維導圖

本章思維導圖如圖 13-2 所示。

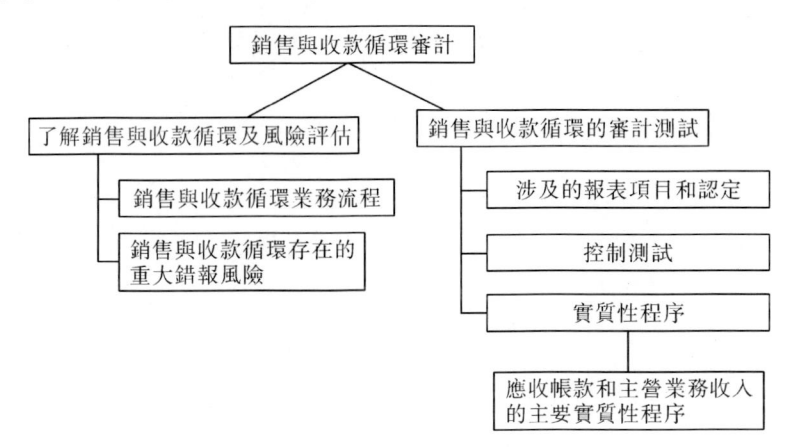

```
                    銷售與收款循環審計
                   /                  \
     了解銷售與收款循環及風險評估      銷售與收款循環的審計測試
              |                              |
              ├── 銷售與收款循環業務流程      ├── 涉及的報表項目和認定
              |                              |
              └── 銷售與收款循環存在的        ├── 控制測試
                  重大錯報風險                |
                                             ├── 實質性程序
                                             |
                                             └── 應收帳款和主營業務收入
                                                 的主要實質性程序
```

圖 13-2　本章思維導圖

# 第十四章
# 貨幣資金審計

## 學習目標

1. 掌握貨幣資金審計的含義。
2. 熟悉貨幣資金的內部控制。
3. 掌握庫存現金審計和銀行存款審計的主要實質性測試程序。
4. 瞭解貨幣資金審計的基本理論框架。

## 案例導入

甲公司與ABC會計師事務所簽訂了審計業務約定書，由ABC會計師事務所對甲公司2017年財務報表進行審計。A註冊會計師負責對甲公司2017年財務報表實施審計，審計過程中對甲公司的貨幣資金內部控制進行瞭解，並對甲公司的貨幣資金審計，有關貨幣資金內部控制及貨幣資金審計的部分事項如下：

（1）甲公司設立現金出納崗和銀行出納崗。現金出納員負責辦理現金收支業務和現金日記帳登記，並兼任會計稽核、檔案保管等職務。銀行出納員負責辦理銀行存款收支業務，並登記銀行存款日記帳。月末，銀行出納員取得銀行對帳單並編製銀行存款餘額調節表。

（2）甲公司採取分散收款方式。各部門收款員所收現金每隔3天向財務部門出納員匯總審批手續。出納員直接從所收現金中預付給某出差人員3,000元，其餘現金當日送存銀行。

（3）A註冊會計師對甲公司的庫存現金進行監盤庫存現金，並取得甲公司2017年12月31日銀行存款餘額調節表以及開戶銀行2018年1月31日的銀行對帳單。

（4）A註冊會計師向開戶銀行寄發銀行詢證函，並直接收取寄回的詢證函回函。

問題：（1）針對上述事項（1）和事項（2），甲公司貨幣資金內部控制是否存在缺陷？如果存在，簡要說明理由。甲公司可以採取哪些措施建立一個良性貨幣資金內部控制？

（2）監盤庫存現金，除了可以證實資產負債表中列示庫存現金是否存在之外，還可以實現哪些審計目標？

（3）A註冊會計師向開戶銀行發詢證函，銀行存款函證是指什麼？向開戶銀行詢證的作用有哪些？

## 第一節　貨幣資金審計概述

貨幣資金是企業流動性最強的一種資產，是企業開展經營活動的重要支付手段和流通方式。貨幣資金高流動性的特點，使得控制貨幣資金的風險也相應增高。因此，加強貨幣資金合規、高效營運，防範貨幣資金丟失、被盜、挪用等事項出現，成為企業資金管理的重要內容。

貨幣資金審計主要包括庫存現金、銀行存款和其他貨幣資金的審計。開展貨幣資金審計，有利於減少貨幣資金涉及各項業務中舞弊的發生，從而進一步完善內部控制制度的有效性，對於企業資金管理具有十分重要的作用。

### 一、貨幣資金審計涉及的主要憑證與會計記錄

貨幣資金審計涉及的主要憑證和會計記錄如下：
（1）現金盤點表。
（2）銀行對帳單。
（3）銀行存款餘額調節表。
（4）有關科目的記帳憑證（如庫存現金收付款憑證、銀行收付款憑證）。
（5）有關會計帳簿（如庫存現金日記帳、銀行存款日記帳）。

### 二、貨幣資金與業務循環的關係

貨幣資金的增減涉及多個業務循環，一般貨幣資金的收入審計主要體現在銷售與收款循環、投資與籌資循環審計中，貨幣資金的支付審計主要體現在採購與付款循環、生產與存貨循環、人力資源與工薪循環和投資與籌資循環審計中。貨幣資金與各業務循環的關係如圖 14-1 所示。

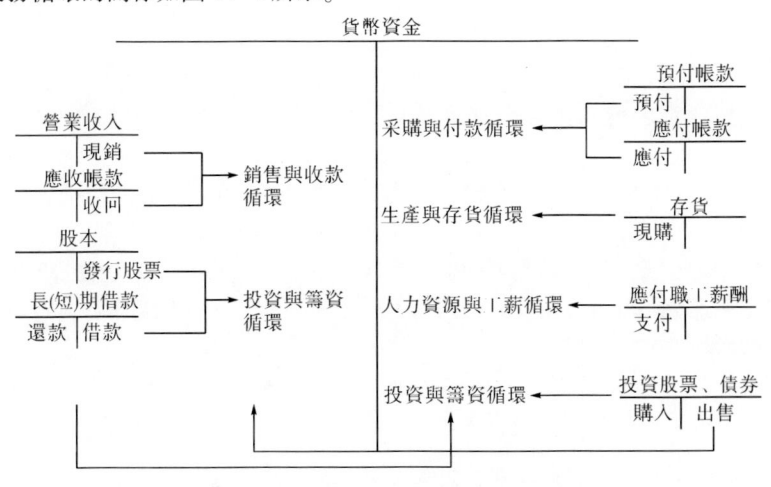

圖 14-1　貨幣資金與各業務循環的關係

## 第二節　貨幣資金內部控制及控制測試

### 一、貨幣資金內部控制概述

為了保證企業貨幣資金的管理合法合規、安全完整，企業必須建立健全相關的內部控制制度，並且保證內部控制的設計與運行有效滿足企業的經營發展目標的實現。儘管不同的企業間性質、規模、人員情況等存在差異，但貨幣資金內部控制制度存在共性。通常，一個企業良好的貨幣資金內部控制包括但不限於以下內容：

（一）崗位分離與授權審批

（1）企業應當建立貨幣資金崗位分工制度，明確出納與會計核算人員的職責範圍，實現帳錢分管，即出納人員不得兼任收入、支出、費用、債權債務帳目及總帳的登記工作。

（2）企業應當對貨幣資金業務建立嚴格的授權審批制度，明確審批人對貨幣資金業務授權審批的方式、權限、流程等相關內容，嚴禁超越授權範圍辦理審批業務。

（3）企業應當按照有關規定開展貨幣資金的支付業務，即支付申請、支付審批、支付復核和辦理支付。

①支付申請。企業有貨幣資金支付需求的部門或人員提出支付申請，準確詳細說明款項的用途、金額、支付渠道等內容，並附相關的證明資料。

②支付審批。審批人應根據其職責、權限進行審核批准。涉及審批人員存在多個層級的情況下，需由所有審批人員都審批完，該支付業務才算審批結束。對不合規定的貨幣支付申請，審批人應拒絕批准。

③支付復核。財務會計部應當對批准後的貨幣資金支付申請進行復核，復核貨幣資金支付申請的批准範圍、權限是否正確，手續及相關文件是否齊備，支付方式、支付單位是否妥當等。復核無誤後，出納人員辦理支付手續。

④辦理支付。出納人員應當根據復核無誤的支付申請，按規定辦理貨幣資金支付手續，並及時登記庫存現金日記帳和銀行存款日記帳。

（4）對於重大的貨幣資金支付業務，企業通常在審批工作開展前進行集體決策。

（5）企業嚴禁未經授權的機構或人員辦理貨幣資金業務或直接接觸貨幣資金。

（二）庫存現金和銀行存款的管理

（1）企業應當對庫存現金進行限額管理，一旦超出限額需及時存入銀行帳戶。

（2）企業應明確現金開支的範圍，不屬於現金開支範圍的業務應當通過銀行辦理轉帳結算。

（3）企業不得坐支現金，如遇特殊情況，應及時報開戶銀行審批。

（4）企業取得的貨幣資金收入應及時入帳，不得私設「小金庫」，不得帳外設帳，嚴禁收款不入帳。

（5）企業應當嚴格按照《支付結算辦法》等有關規定，加強銀行帳戶的管理，

嚴格按照規定開立帳戶，辦理存款、取款和結算。銀行帳戶的開立應當符合企業經營管理實際需要。企業不得隨意開立多個帳戶，禁止企業內設管理部門自行開立銀行帳戶。企業應當定期檢查、清理銀行帳戶的開立及使用情況，發現問題應及時處理。企業應當加強對銀行結算憑證的填製、傳遞以及保管等環節的管理與控制。

（6）不準簽發沒有資金保證的票據或支票，不準簽發、取得和轉讓沒有真實交易和債權債務的票據，不準違反規定開立和使用帳戶、辦理存取款和結算業務。

（7）企業應當指定專人定期核對銀行帳戶（每月至少核對一次），編製銀行存款餘額調節表，使銀行存款帳面餘額與銀行對帳單調節相符。如調節不符，企業應查明原因，及時處理。

出納人員一般不得同時從事銀行對帳單的獲取、銀行存款餘額調節表的編製工作。確需出納人員辦理上述工作的，企業應當指定其他人員定期進行審核、監督。

實行網上交易、電子支付等方式辦理資金支付業務的企業，應當與承辦銀行簽訂網上銀行操作協議，明確雙方在資金安全方面的責任與義務、交易範圍等。操作人員應當根據操作授權和密碼進行規範操作。使用網上交易、電子支付方式的企業辦理資金支付業務，不應因支付方式的改變而隨意簡化、變更必需的授權審批程序。企業在嚴格實行網上交易、電子支付操作人員不相容崗位相互分離控制的同時，應當配備專人加強對交易和支付行為的審核。

（8）企業應當定期和不定期對庫存現金進行盤點，確保庫存現金帳目餘額與實際庫存現金餘額相符。

（三）票據及有關印章的管理

（1）企業應當加強與貨幣資金相關票據的管理，明確各類票據的購買、保管、領用、背書轉讓、註銷等環節的職責權限和流程，並根據類別、用途等專設登記簿進行記錄，防止空白票據遺失和被盜。

（2）企業應當加強銀行預留印章、財務專用章和個人名章的管理。財務專用章應由專人保管，個人名章必須由本人或其授權人員保管。企業嚴禁一人保管貨幣資金支付款項所需的全部印章。按規定需要有關負責人簽字或蓋章審批的經濟業務，必須嚴格履行蓋章或簽字手續。

（四）監督檢查

（1）企業應當建立貨幣資金業務的監督檢查制度，明確監督檢查機構或人員的職責權限，應定期或不定期地進行監查，及時發現問題，優化貨幣資金管理機制。

（2）貨幣資金監督檢查的內容主要包括：

①貨幣資金業務相關崗位及人員的設置情況。企業應重點檢查是否存在貨幣資金業務職務不相容的現象。

②貨幣資金授權批准制度的執行情況。企業應重點檢查貨幣資金支出的授權批准手續是否齊全、是否存在越權審批行為以及是否存在按規定應審批而略過審批的不合規行為。

③支付款項印章的保管情況。企業應重點檢查是否存在辦理付款業務所需的全部印章交由一人保管的現象。

④票據的保管情況。企業應重點檢查票據的購買、領用、保管手續流程是否清

晰合理，登記記錄是否及時完整，是否存在管理漏洞。

**二、貨幣資金內部控制的控制測試**

通過對貨幣資金內部控制的控制測試，註冊會計師可以合理確定貨幣資金相關項目實質性程序的性質、時間安排和範圍。

（一）瞭解貨幣資金內部控制

註冊會計師可以通過檢查被審計單位有關內部控制的規章制度、手冊等資料，或者詢問被審計單位會計、出納等相關財務人員，瞭解貨幣資金內部控制的設計和實際執行情況，包括貨幣資金崗位分工、授權批准、支付流程、監督檢查等情況。一般通過詢問和觀察等調查手段收集到足夠信息後，註冊會計師將根據已知的調查情況編製流程圖，也可以採用編寫貨幣資金內部控制文字說明的方法。如果以前年度的審計工作底稿中有流程圖，註冊會計師可以根據本次調查結果進行有關修正，以檢查貨幣資金內部控制是否有效執行。

（二）抽取並檢查收款憑證

註冊會計師為了測試貨幣資金收款的內部控制，通常應從收款憑證中選取適當數量的樣本，並對其進行以下檢查與核對：

（1）核對收款憑證與存入銀行帳戶的日期和金額是否相符。
（2）核對收款憑證與庫存現金、銀行存款日記帳的日期、金額是否相符。
（3）核對收款憑證與銀行對帳單是否相符。
（4）核對收款憑證與應收帳款等相關明細帳的有關記錄是否相符。
（5）核對實收貨幣資金的收款憑證、銷貨發票、銷貨清單等相關憑證是否一致。

（三）抽取並檢查付款憑證

註冊會計師為了測試貨幣資金收款的內部控制，通常應從收款憑證中選取適當數量的樣本，並對其進行以下檢查與核對：

（1）檢查付款的授權批准手續是否符合規定。
（2）核對庫存現金、銀行存款日記帳的付出金額是否正確。
（3）核對付款憑證與銀行對帳單是否相符。
（4）核對付款憑證與應付帳款等相關明細帳的記錄是否一致。
（5）核對實付金額與購貨發票等相關憑據是否相符。

（四）抽取一定期間的庫存現金、銀行存款日記帳與總帳核對

首先，註冊會計師應抽取一定期間的庫存現金、銀行存款日記帳，重新計算以判斷金額是否出現加總錯誤的情況。如果存在計算錯誤的情況，尤其是發現錯誤問題較多，則說明被審計單位貨幣資金的會計記錄可靠性不足。其次，註冊會計師應當根據檢查日記帳中得出的線索信息，進一步核對總帳中庫存現金、銀行存款、應收帳款、應付帳款等有關帳戶的記錄情況。

（五）抽取一定期間的銀行存款餘額調節表進行檢查

註冊會計師應檢查被審計單位是否定期與銀行進行逐筆對帳，且按月編製銀行存款餘額調節表並復核。註冊會計師應當抽取一定期間的銀行存款餘額調節表，核

對銀行存款日記帳、銀行對帳單以及未達帳項的情況，比較被審計單位和銀行記錄的金額與時間是否相符，確定被審計單位是否按月正確編製並復核銀行存款餘額調節表。如果檢查發現相差很大，被審計對象就可能存在收入未及時存入銀行的情況。

（六）評價貨幣資金的內部控制

註冊會計師在完成上述程序後，根據收集的各項審計證據，對貨幣資金內部控制的設計與運行整體情況進行評價，以確定現行的貨幣資金內部控制的可靠性以及存在的薄弱環節，之後據此更有針對性地確定貨幣資金實質性程序中的性質、時間安排和範圍，以降低檢查風險。

## 第三節　庫存現金審計

庫存現金包括企業的人民幣現金和外幣現金。庫存現金是企業流動性最強的資產。庫存現金審計是對庫存現金及其收付款業務和保管情況的真實性、合法性進行的審查與核實。根據現金管理制度，企業可以留用的現款通常金額較小，在企業資產總額中的占比不大，但是企業收付款業務繁多、流動性強，導致庫存現金管理易發生錯誤與舞弊事件。因此，註冊會計師應當重視庫存現金的審計。

### 一、庫存現金審計的目標

庫存現金審計的目標一般包括確定被審計單位資產負債表中的現金在財務報表日是否確實存在、是否為被審計單位所擁有；確定被審計單位在特定期間內發生的現金收支業務是否都已記錄完畢，有無遺漏；確定現金餘額是否正確；確定現金在財務報表中的披露是否恰當。

### 二、庫存現金的實質性測試

庫存現金的實質性測試程序如圖 14-2 所示，一般包括以下內容：

（1）核對現金日記帳與總帳的餘額是否相符。註冊會計師測試現金餘額的起點是核對現金日記帳與總帳的餘額是否相符，編製貨幣資金審定表。如果不相符，註冊會計師應查明原因，並建議做出適當調整。

（2）盤點庫存現金。盤點庫存現金是證實資產負債表所列現金是否存在的一項重要程序。盤點庫存現金通常包括對已收到但未存入銀行的現金、零用金、找換金等的盤點。盤點庫存現金的時間和人員應視被審計單位的具體情況而定，但必須有出納員和被審計單位會計主管人員參加，並由註冊會計師進行監督。盤點庫存現金的步驟和方法如下：

①查看被審計單位制訂的監盤計劃，以確定監盤時間。註冊會計師對庫存現金的監盤最好實施突擊性的檢查，時間最好選擇在上午上班前或下午下班時，監盤範圍一般包括被審計單位各部門經管的所有現金。

②查閱庫存現金日記帳並同時與現金收付憑證相核對。一方面，註冊會計師檢查庫存現金日記帳的記錄與憑證的內容和金額是否相符；另一方面註冊會計師瞭解

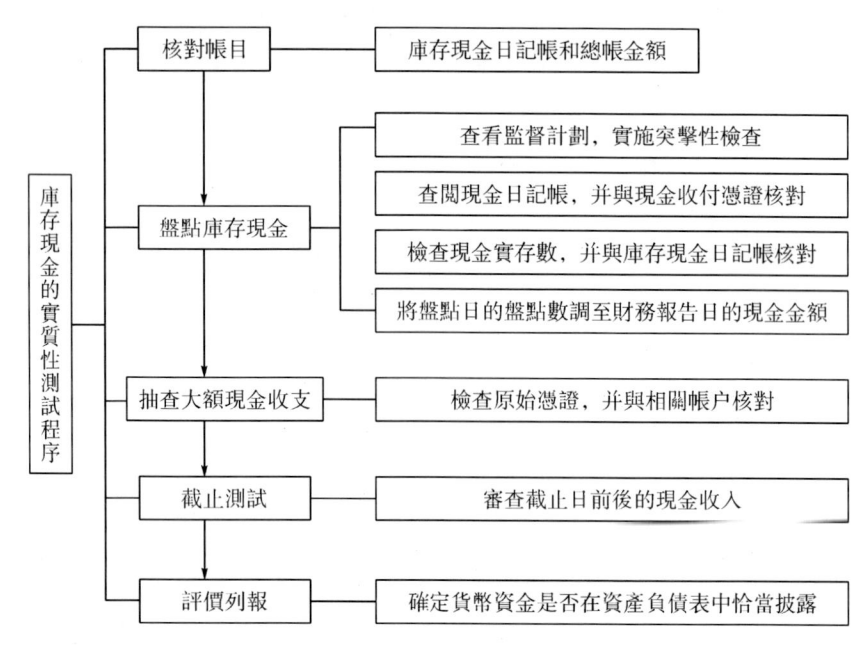

```
                    ┌─ 核對帳目 ──── 庫存現金日記帳和總帳金額
                    │
                    │                ┌─ 查看監督計劃，實施突擊性檢查
                    │                │
庫                  │                ├─ 查閱現金日記帳，并與現金收付憑證核對
存                  │                │
現    ├─ 盤點庫存現金 ┼─ 檢查現金實存數，并與庫存現金日記帳核對
金                  │                │
的                  │                └─ 將盤點日的盤點數調至財務報告日的現金金額
實 ──┤
質                  ├─ 抽查大額現金收支 ── 檢查原始憑證，并與相關帳戶核對
性                  │
測                  ├─ 截止測試 ──── 審查截止日前後的現金收入
試                  │
程                  └─ 評價列報 ──── 確定貨幣資金是否在資產負債表中恰當披露
序
```

圖 14-2　庫存現金的實質性測試程序

憑證日期與庫存現金日記帳日期是否相符或接近。

③檢查被審計單位現金實存數，並將該監盤金額與庫存現金日記帳餘額進行核對。如有差異，註冊會計師應要求被審計單位查明原因，必要時應提請被審計單位做出調整。如無法查明原因，註冊會計師應要求被審計單位按管理權限批准後做出調整。若有沖抵庫存現金的借條、未提現支票、未做報銷的原始憑證，註冊會計師應在庫存現金監盤表中註明，必要時應提請被審計單位做出調整。

④在非資產負債表日進行監盤時，註冊會計師應將監盤金額調整至資產負債表日的金額（結帳日的應結存數＝盤點日的盤點數－結帳至盤點期間的增加數＋結帳至盤點期間的減少數），並對變動情況實施程序。

（3）抽查大額現金收支。註冊會計師應抽查大額現金收支的原始憑證內容是否完整、有無授權批准，並核對相關帳戶的進帳情況。如有與被審計單位生產經營業務無關的收支事項，註冊會計師應查明原因，並做相應的記錄。

（4）檢查現金收支的正確截止。被審計單位資產負債表上的現金數額，應以結帳日實有數額為準。因此，註冊會計師必須驗證現金收支的正確截止日期。通常，註冊會計師可以對結帳日前後一段時期內現金收支憑證進行審計，以確定是否存在跨期事項。

（5）檢查庫存現金是否在資產負債表中恰當披露。根據規定，庫存現金在資產負債表中「貨幣資金」項下反應，註冊會計師應在實施上述審計程序後，確定庫存現金帳戶的期末餘額是否恰當，據以確定貨幣資金是否在資產負債表中恰當披露。

## 第四節　銀行存款審計

銀行存款是企業存放在銀行或其他非銀行金融機構的各種款項。按照國家有關規定，凡是獨立核算的企業都必須在當地銀行開設帳戶。企業在銀行開設帳戶後，除按規定的限額保留庫存現金外，超過限額部分都應及時存入銀行。企業一切支出，除規定可以用現金直接支付外，在經營過程中發生的一切貨幣收支結算業務都必須通過銀行存款帳戶進行結算。相比於現金結算，企業通過銀行存款結算辦理的業務涉及面更廣、內容更複雜、金額更大、收付款憑證數量更多，是貨幣資金審計的重要組成部分。

### 一、銀行存款審計的目標

銀行存款審計的目標主要包括確定被審計單位資產負債表中的銀行存款在財務報表日是否確實存在、是否為被審計單位所擁有；確定被審計單位在特定期間內發生的銀行存款收支業務是否都已記錄完畢，有無遺漏；確定銀行存款的餘額是否正確；確定銀行存款在財務報表中的披露是否恰當。

### 二、銀行存款的實質性測試

註冊會計師對銀行存款的實質性測試程序如圖14-3所示，一般包括以下幾個方面：

（1）核對銀行存款日記帳餘額與總帳餘額是否相符。註冊會計師在審查銀行存款餘額時，首先應做的是核對銀行存款日記帳餘額與總帳餘額是否相符。如果不相符，註冊會計師應查明原因，將其作為繼續審查銀行存款餘額的基礎。

（2）實施分析程序。註冊會計師應比較銀行存款餘額的本期實際數與預算數以及與上年度帳戶的差異變動，對本期數字與上期實際數或本期預算數的異常差異或顯著波動必須進一步追查原因，確定審計重點。註冊會計師應通過計算銀行存款累計餘額應收利息收入，分析比較被審計單位銀行存款應收利息收入與實際利息收入的差異是否恰當，評估利息收入的合理性，檢查是否存在高息資金拆借。如存在高息資金拆借，註冊會計師應進一步分析拆出資金的安全性。

（3）取得並檢查銀行存款對帳單。註冊會計師可以考慮對銀行存款對帳單的信息實施以下程序：

①獲取相關帳戶相關期間的全部銀行對帳單，分析是否存在銀行日記帳漏記交易的可能性。

②如果對被審計單位銀行對帳單的真實性存有疑慮，註冊會計師可以在被審計單位的協助下親自到銀行獲取銀行對帳單。在獲取銀行對帳單時，註冊會計師要全程關注銀行對帳單的打印過程。

③從銀行對帳單中選取交易的樣本與被審計單位銀行日記帳記錄進行核對，從被審計單位銀行存款日記帳上選取樣本，核對至銀行對帳單。

④瀏覽銀行對帳單，選取大額異常交易。如果銀行對帳單上有一收一付相同金額或分次轉出相同金額等，註冊會計師應檢查被審計單位銀行存款日記帳上有無該

```
                    ┌─ 核對帳目 ──────── 銀行存款日記帳和總帳金額
                    │
                    ├─ 實施分析程序 ──── 比較銀行存款餘額本期數與上期數或預算數
                    │
                    │                  ┌─ 1. 分析銀行存款日記帳漏記交易的可能性
銀                  │                  │
行                  │                  ├─ 2. 判斷銀行對帳單的真實性
存                  ├─ 檢查并取得銀行存款對帳單 ─┤
款                  │                  ├─ 3. 抽樣核對銀行對帳單與銀行存款日記帳
的                  │                  │
實                  │                  └─ 4. 檢查是否存在大額異常交易
質                  │
性                  │                  ┌─ 1. 核實調節表的正確性
測                  ├─ 審查銀行存款餘額調節表 ─┤
試                  │                  └─ 2. 調查未達帳項的真實性
程                  │
序                  ├─ 函證銀行存款餘額 ─ 函證信息包括銀行存款、銀行借款、擔保等
                    │
                    ├─ 抽查大額收支 ──── 檢查原始憑證，并與相關帳戶核對
                    │
                    ├─ 截止測試 ──────── 選取財務報告日前後幾天的銀行存款收支憑證
                    │
                    └─ 評價列報 ──────── 檢查銀行存款是否在財務報表中恰當列報
```

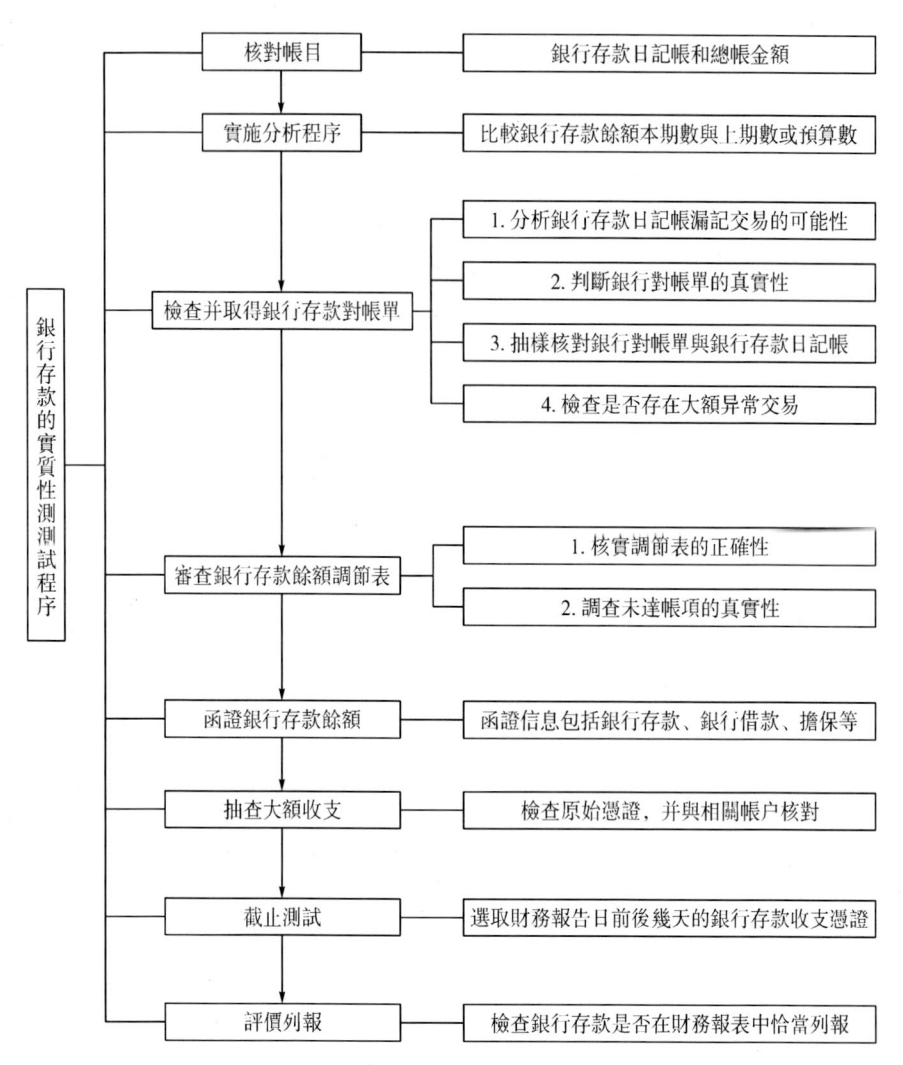

圖 14-3　銀行存款的實質性測試程序

項收付金額記錄。

　　(4) 審查銀行存款餘額調節表。審查結算日銀行存款餘額調節表是證實資產負債表所列貨幣資金中銀行存款是否存在的一個重要方法。銀行存款餘額調節表通常應由被審計單位根據不同的銀行帳戶及貨幣種類分別編製。其格式如表 14-1 所示。

　　對銀行存款餘額調節表的審計內容一般包括以下幾項：

　　①核實銀行存款餘額調節表數據計算的正確性。註冊會計師對銀行存款餘額調節表數據計算正確性的核實，主要應從以下幾個方面來進行：第一，核實行對帳單、銀行存款餘額調節表上的列示是否正確。第二，將銀行對帳單記錄與銀行日記帳逐筆核對，核實銀行存款餘額調節表上各調節項目的列示是否真實完整，任何漏記、多記調節項目的現象都應引起註冊會計師的高度警惕。第三，在核對銀行存款日記

帳帳面餘額和銀行對帳單餘額的基礎上，復核上述未達帳項及其加減調節情況，並驗證調節後兩者的餘額計算是否正確、是否相符，如不相符，應說明其中一方或雙方存在記帳差錯，並要進一步追查原因，擴大測試範圍。

②調查未達帳項的真實性。未達帳項的真實性調查主要包括以下幾個方面：第一，列示未兌現支票清單，註明開票日期和收款人姓名或單位，並調查金額較大的未兌現支票、可提現的未兌現支票以及註冊會計師認為較為重要的未兌現支票。第二，追查截止日銀行對帳單上的在途存款，並在銀行存款餘額調節表上註明存款日期。第三，審查至截止日銀行已收、被審計單位未收的款項的性質及其款項來源。第四，審查至截止日銀行已付、被審計單位未付款項的性質及其款項來源。

表 14-1　銀行存款餘額調節表

單位名稱：　　　　　　　　編製人：　　　　　　　　日期：
帳號：　　　　　　　　　　復核人：　　　　　　　　日期：
開戶行：　　　　　　　　　　　　　　　　　　　　　幣別：

| 項目 | 金額 | 項目 | 金額 |
| --- | --- | --- | --- |
| 銀行對帳單餘額<br>（　年　月　日） | | 企業銀行存款日記帳餘額<br>（　年　月　日） | |
| 加：企業已收、銀行尚未入帳金額 | | 加：銀行已收、企業尚未入帳金額 | |
| 其中：1.<br>　　　2.<br>　　　…… | | 其中：1.<br>　　　2.<br>　　　…… | |
| 減：企業已付、銀行尚未入帳金額 | | 減：銀行已付、企業尚未入帳金額 | |
| 其中：1.<br>　　　2.<br>　　　…… | | 其中：1.<br>　　　2.<br>　　　…… | |
| 調整後銀行對帳單餘額 | | 調整後企業銀行存款日記帳餘額 | |

經辦會計人員（簽字）：　　　　　　會計主管（簽字）：

對於未達帳項（包括銀行方面的未達帳項和被審計單位方面的未達帳項），註冊會計師一般應追查至此年年初的銀行對帳單，查清年終的銀行對帳單，查明年終的未達帳項，並從日期上進一步判斷業務發生的真實性，注意被審計單位有無利用未達帳項來掩飾某種舞弊行為。

一般而言，銀行存款餘額調節表應由被審計單位編製並向註冊會計師提供，但在某些情況下（如被審計單位內部控制比較薄弱），註冊會計師也可以親自編製銀行存款餘額調節表。

（5）函證銀行存款餘額。函證是指註冊會計師在執行審計業務過程中，需要以

被審計單位名義向有關單位發函詢證，以驗證被審計單位的銀行存款是否真實、合法、完整。註冊會計師在執行審計業務時，可以用被審計單位的名義向有關單位發函詢證。各商業銀行、政策性銀行、非銀行金融機構要在收到詢證函之日起10個工作日內，根據函證的具體要求，及時回函並可以按照國家的有關規定收取詢證費用。各有關企業或單位應根據函證的具體要求回函。

函證銀行存款餘額是證實資產負債表所列銀行存款是否存在的重要程序。通過向往來銀行進行函證，註冊會計師不僅可以瞭解被審計單位資產的存在，同時可以瞭解其欠銀行的債務。函證還可以用於發現被審計單位未登記的銀行借款和未披露的或有負債。

函證時，註冊會計師應向被審計單位在本年存過款（含外埠存款、銀行匯票存款、銀行本票存款、信用證存款）的所有銀行發函，其中包括被審計單位存款帳戶已結清的銀行，因為有可能存款帳戶已結清，但仍有銀行借款或其他負債存在。同時，雖然註冊會計師已直接從某一銀行取得了銀行對帳單和所有已付支票，但仍應向該銀行進行函證。

銀行詢證函

×××銀行：

本公司聘請×××會計師事務所正在對本公司×××年度財務報表進行審計，按照中國註冊會計師執業準則的要求，應當詢證本公司與貴行的存款、借款往來等事項。下列數據出自本公司帳簿記錄，如與貴行記錄相符，請在本函下端「信息證明無誤」處簽章證明；如有不符，請在「信息不符」處列明不符金額。有關詢證費用可直接從本公司×××存款帳戶中收取。回函請直接寄至×××會計師事務所。

回函地址：×××　　　　　　　　郵編：×××

電話：×××　傳真：×××　　　聯繫人：×××

截至××年××月××日，本公司與貴行相關的信息列示如下：

1. 銀行存款（見表14-2）

表14-2　銀行存款

| 帳戶名稱 | 銀行帳號 | 幣種 | 利率 | 餘額 | 起止日期（活期/定期/保證金） | 是否被抵押或質押 | 備註 |
|---|---|---|---|---|---|---|---|
|  |  |  |  |  |  |  |  |
|  |  |  |  |  |  |  |  |

除以上所述，本公司並無其他在貴行的存款。

2. 銀行借款（見表14-3）

表14-3　銀行借款

| 帳戶名稱 | 幣種 | 餘額 | 借款日期 | 還款日期 | 利率 | 擔保人 | 備註 |
|---|---|---|---|---|---|---|---|
|  |  |  |  |  |  |  |  |
|  |  |  |  |  |  |  |  |

除以上所述，本公司並無其他自貴行的借款。

3. 截至函證日之前的 12 個月內已註銷的帳戶（見表 14-4）

表 14-4　已註銷的帳戶

| 帳戶名稱 | 銀行帳號 | 幣種 | 註銷帳戶日 |
| --- | --- | --- | --- |
|  |  |  |  |
|  |  |  |  |

除以上所述，本公司並無其他截至函證日的年度內已註銷的帳戶。

4. 委託存款（見表 14-5）

表 14-5　委託存款

| 帳戶名稱 | 銀行帳號 | 借款方 | 幣種 | 利率 | 餘額 | 存款起止日期 | 備註 |
| --- | --- | --- | --- | --- | --- | --- | --- |
|  |  |  |  |  |  |  |  |
|  |  |  |  |  |  |  |  |

除以上所述，本公司並無其他通過貴行辦理的委託存款。

5. 委託貸款（見表 14-6）

表 14-6　委託貸款

| 帳戶名稱 | 銀行帳號 | 貸款方 | 幣種 | 利率 | 餘額 | 貸款起止日期 | 備註 |
| --- | --- | --- | --- | --- | --- | --- | --- |
|  |  |  |  |  |  |  |  |
|  |  |  |  |  |  |  |  |

除以上所述，本公司並無其他通過貴行辦理的委託貸款。

6. 擔保（如採用抵押或質押方式提供擔保的，應在備註中說明抵押物或質押物情況，見表 14-7）

表 14-7　擔保

| 被擔保人 | 擔保方式 | 擔保金額 | 擔保期限 | 擔保事由 | 備註 |
| --- | --- | --- | --- | --- | --- |
|  |  |  |  |  |  |
|  |  |  |  |  |  |

除以上所述，本公司並無其他向貴行提供的擔保。

7. 尚未支付的銀行承兌匯票（見表 14-8）

表 14-8　尚未支付的銀行承兌匯票

| 銀行承兌匯票號碼 | 票面金額 | 出票日 | 到期日 |
| --- | --- | --- | --- |
|  |  |  |  |
|  |  |  |  |

除以上所述，本公司並無其他由貴行承兌而尚未支付的銀行承兌匯票。
8. 已貼現而尚未到期的商業匯票（見表4-9）

表14-9　已貼現而尚未到期的商業匯票

| 商業匯票號碼 | 付款人名稱 | 承兌人名稱 | 票面金額 | 票面利率 | 出票日 | 到期日 | 貼現日 | 貼現率 | 貼現淨額 |
|---|---|---|---|---|---|---|---|---|---|
|  |  |  |  |  |  |  |  |  |  |
|  |  |  |  |  |  |  |  |  |  |

除以上所述，本公司並無其他向貴行已貼現而尚未到期的商業匯票。
9. 貴行托收的商業匯票（見表14-10）

表14-10　貴行托收的商業匯票

| 商業匯票號碼 | 承兌人名稱 | 票面金額 | 出票日 | 到期日 |
|---|---|---|---|---|
|  |  |  |  |  |
|  |  |  |  |  |

除以上所述，本公司並無其他由貴行托收的商業匯票。
10. 未完成的已開具而不能撤銷的信用證（見表14-11）

表14-11　未完成的已開具而不能撤銷的信用證

| 信用證號碼 | 受益人 | 信用證金額 | 到期日 | 未使用金額 |
|---|---|---|---|---|
|  |  |  |  |  |
|  |  |  |  |  |

除以上所述，本公司並無其他由貴行開具而不能撤銷的信用證。
11. 未完成的外匯買賣合約（見表14-12）

表14-12　未完成的外匯買賣合約

| 類別 | 合約號碼 | 買賣幣種 | 未履行的合約買賣金額 | 匯率 | 交收日期 |
|---|---|---|---|---|---|
| 貴行賣予本公司 |  |  |  |  |  |
| 本公司賣予貴行 |  |  |  |  |  |

除以上所述，本公司並無其他與貴行未完成的外匯買賣合約。
12. 存放於銀行的有價證券或其他產權文件（見表14-13）

表14-13　存放於銀行的有價證券或其他產權文件

| 有價證券名稱 | 數量 | 金額 |
|---|---|---|
|  |  |  |
|  |  |  |

除以上所述，本公司並無其他存放貴行的有價證券。

13. 其他相關重大事項——（如無除前面所述外的其他相關重大事項，則應填寫「無」）

經辦人：<br>
（公司蓋章）<br>
年　月　日

以下僅供被函證銀行使用

結論：

| |
|---|
| 信息證明無誤。<div align="right">經辦人：<br>（銀行蓋章）<br>年　月　日</div> |
| 信息不符。請列明不符金額及具體內容。<div align="right">經辦人：<br>（銀行蓋章）<br>年　月　日</div> |

（6）檢查一年以上定期存款或限定用途存款。一年以上的定期存款或限定用途的銀行存款，不屬於企業的流動資產，應列於其他資產類下。對此，註冊會計師應查明情況，做出相應的記錄。

（7）抽查大額現金和銀行存款的收支。註冊會計師應抽查大額現金收支、銀行存款（含外埠存款、銀行匯票存款、銀行本票存款、信用證存款）收支的原始憑證內容是否完整，有無授權批准，並核對相關帳戶的進帳情況。如果有與被審計單位生產經營業務無關的收支事項，註冊會計師應查明原因並做相應的記錄。

（8）檢查銀行存款收支的正確截止。被審計單位資產負債表中的現金數額應以結帳日實有數額為準。因此，註冊會計師必須驗證現金收支的截止日期。通常，註冊會計師可以對結帳日前後一段時期內現金收支憑證進行審計，以確定是否存在跨期事項。

企業資產負債表中銀行存款數字應當包括當年最後一天收到的所有存放在銀行的款項，而不得包括其後收到的款項；同樣，企業年終前開出的支票，不得在年後入帳。為了確保銀行存款收付的正確截止，註冊會計師應當在清點支票及支票存根時，確定各銀行帳戶最後一張支票的號碼，同時查實該號碼之前的所有支票都已開出。在結帳日未開出的支票及其後開出的支票，都不得作為結帳日的存款收付入帳。

（9）檢查銀行存款是否在資產負債表中恰當披露。根據規定，企業的銀行存款在資產負債表中「貨幣資金」項目下反應。因此，註冊會計師應在實施上述審計程序後，確定銀行存款帳戶的期末餘額是否恰當，從而確定資產負債表中「貨幣資金」項目中的數字是否得到恰當披露。

## 第五節　其他貨幣資金審計

其他貨幣資金包括企業到外地進行臨時或零星採購而匯往採購地銀行開立採購專戶的款項所形成的外埠款項、企業為取得銀行匯票按照規定存入銀行的款項所形成的銀行匯票存款、企業為取得銀行本票按照規定存入銀行的款項而形成的銀行本票存款、在途貨幣資金和信用證存款等。

### 一、其他貨幣資金審計的目標

其他貨幣資金審計的目標主要包括確定被審計單位資產負債表中的其他貨幣資金在財務報表日是否確實存在、是否為被審計單位所擁有；確定被審計單位在特定期間內發生的其他貨幣資金收支業務是否都已記錄完畢，有無遺漏；確定其他貨幣資金的金額是否正確；確定其他貨幣資金在財務報表中的披露是否恰當。

### 二、其他貨幣資金的實質性測試

註冊會計師對其他貨幣資金的實質性測試程序主要如下：
（1）核對外埠存款、銀行匯票存款、銀行本票存款、在途貨幣資金等各明細帳期末合計數與總帳數是否相符。
（2）函證外埠存款戶、銀行匯票存款戶、銀行本票存款戶期末餘額。
（3）抽查一定樣本量的原始憑證進行測試，檢查其經濟內容是否完整，有無適當的審批授權，並核對相關帳戶的進帳情況。
（4）抽取資產負債表日後的大額收支憑證進行截止測試，如有跨期收支事項，應做適當調整。
（5）檢查其他貨幣資金在財務報表中的披露是否恰當。

## 本章小結

貨幣資金是企業資產的重要組成部分，是企業資產中流動性最強的一種資產。根據貨幣資金存放地點及用途的不同，貨幣資金分為庫存現金、銀行存款及其他貨幣資金。

貨幣資金審計涉及的憑證和會計記錄主要有庫存現金盤點表、銀行對帳單、銀行存款餘額調節表、有關科目的記帳憑證、有關會計帳簿等。

貨幣資金內部控制內容包括崗位分工及授權批准制度、庫存現金和銀行存款的管理制度、票據及有關印章的管理制度和監督檢查制度。

對貨幣資金的內部控制進行控制測試的主要程序包括瞭解貨幣資金內部控制；抽取並檢查收款憑證；抽取並檢查付款憑證；抽取一定期間的庫存現金、銀行存款日記帳與總帳核對；抽取一定期間的銀行存款餘額調節表，查驗其是否按月正確編製並核對；評價貨幣資金內部控制。

貨幣資金審計主要包括庫存現金、銀行存款和其他貨幣資金審計。在庫存現金

審計中，監盤庫存現金、檢查收付款憑證等是主要的審計程序。銀行存款審計中，檢查銀行存款餘額對帳單和銀行存款餘額調節表、函證銀行存款等是主要的審計程序。

## 本章思維導圖

本章思維導圖如圖 14-4 所示。

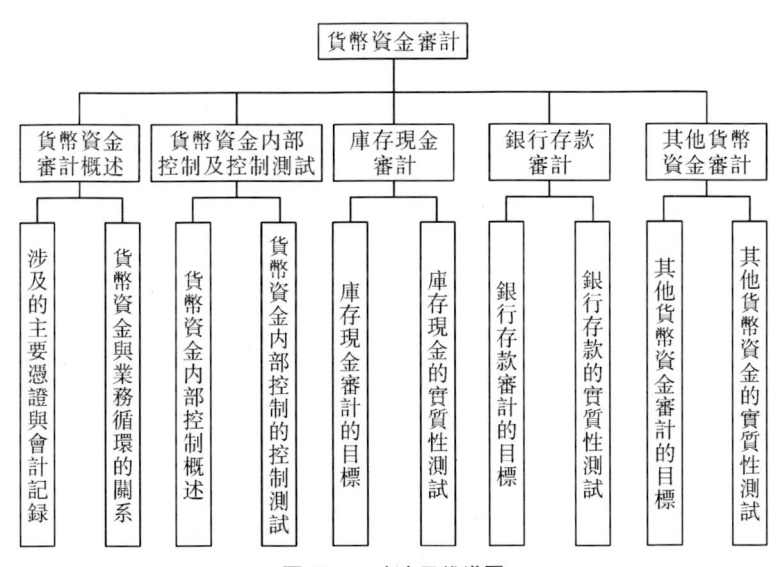

```
                          貨幣資金審計
     ┌─────────┬────────────┬──────┬──────┬─────────┐
   貨幣資金    貨幣資金內部   庫存現金  銀行存款   其他貨幣
   審計概述    控制及控制測試   審計     審計     資金審計
   ┌──┬──┐   ┌────┬────┐   ┌──┬──┐  ┌──┬──┐  ┌──┬──┐
 涉及的 貨幣  貨幣  貨幣   庫存 庫存  銀行 銀行   其他 其他
 主要  資金  資金  資金   現金 現金  存款 存款   貨幣 貨幣
 憑證  與業  內部  內部   審計 審計  審計 存款   資金 資金
 與會  務循  控制  控制   的目 的實  的目 的實   審計 審計
 計記  環的  概述  的控   標   質性  標   質性   的目 的實
 錄    關系        制測        測試       測試   標   質性
                   試                                測試
```

**圖 14-4　本章思維導圖**

# 第十五章
# 完成審計工作

## 學習目標

1. 掌握持續經營假設的概念。
2. 掌握期後事項的概念。
3. 掌握審計人員應該運用哪些程序對期後事項進行審計。
4. 理解什麼是管理當局的書面聲明書及聲明書的內容。
5. 掌握公司治理層的概念。
6. 熟悉審計人員應該和公司治理層溝通的問題。

## 案例導入

### 註冊會計師要採取質疑的思維方式，對引起疑慮的情形保持警覺

2014年12月18日，中國註冊會計師協會（以下簡稱中註協）發布通知，要求證券資格會計師事務所及註冊會計師做好上市公司2014年年報審計工作。中註協表示，在2014年年度財務報表審計過程中，註冊會計師要特別關注ST公司、所處行業與當前宏觀經濟形勢具有較強相關性的公司的持續經營能力。

獨立性是註冊會計師執行審計業務的靈魂，也是執業道德的精髓。對此，中註協要求，會計師事務所要嚴格執行審計報告簽字註冊會計師和質量控制復核人等關鍵人員的定期輪換、禁止股票交易以及向審計客戶提供非鑒證服務時的獨立性要求，持續強化獨立性監控，切實做到從實質上和形式上始終保持自身的獨立性，維護執業的客觀和公正。

職業懷疑是註冊會計師綜合技能不可或缺的一部分。對此，中註協要求註冊會計師要在審計的各個階段始終保持高度的職業懷疑態度和應有的關注，採取質疑的思維方式，對引起疑慮的情形保持警覺；要對管理層和治理層進行客觀評價，不盲目依賴以往對管理層和治理層誠信形成的判斷；要充分關注重大風險領域，尤其是涉及主觀判斷和估計的事項，審慎評價審計證據。

值得關注的是，在2014年年度財務報表審計過程中，中註協特別要求註冊會計師要準確把握企業會計準則的最新變化，應當特別注意幾個方面事項，實施恰當的審計程序，獲取充分、適當的審計證據。

在收入的確認與計量方面，註冊會計師應當關注收入的真實性和準確性，收入確認的時點、依據是否恰當；通過比率或趨勢分析、非財務信息和財務數據之間的

關係分析，關注收入異常波動情況及偶發的、交易價格明顯偏離市場價格或商業理由明顯不合理的交易；通過銀行存款、應收帳款、存貨等其他項目的審計，對收入的合理性進行佐證。

在關聯方關係及其交易方面，註冊會計師要關注重大或異常交易的對方是否是未披露的關聯方，警惕管理層利用關聯方虛構銷售及關聯方交易的非關聯化。對於管理層以前未識別或未向註冊會計師披露的關聯方或重大關聯交易，註冊會計師應當重新評估被審計單位識別關聯方的內部控制是否有效以及是否存在管理層舞弊導致的重大錯報風險。

在持續經營方面，註冊會計師要特別關注 ST 公司、所處行業與當前宏觀經濟形勢具有較強相關性的公司的持續經營能力，充分關注可能導致被審計單位持續經營能力產生重大疑慮的事項並實施進一步程序。註冊會計師應當瞭解管理層對其持續經營能力的評估及是否計劃採取或者正在採取改善持續經營能力的相關措施，並考慮改善措施能否消除對其持續經營能力的重大疑慮，要對公司持續經營改善措施的可行性做出獨立的職業判斷，並考慮對審計報告意見類型的影響。此外，註冊會計師需要特別注意的還包括資產減值、會計政策和會計估計變更、政府補助、重大非常規交易、集團審計、審計報告等。

2014 年 3 月 25 日，中註協發布上市公司 2013 年年報審計情況快報。快報顯示，截至 2014 年 3 月 24 日，12 家會計師事務所共出具非標準審計報告 20 份，其中非標準財務報表審計報告 13 份，非標準內部控制審計報告 7 份。上述 20 份非標準審計報告總共涉及 19 家上市公司，其中「＊ST 長油」因淨資產為 -200,258.77 萬元，流動負債高於流動資產 580,341.15 萬元，持續經營能力產生重大疑慮的重大不確定性而被出具非標準審計意見。

快報顯示，「＊ST 長油」2013 年度發生虧損 591,863.98 萬元，截至 2013 年 12 月 31 日，淨資產為 -200,258.77 萬元，流動負債高於流動資產 580,341.15 萬元。這些情況表明存在可能導致對「＊ST 長油」持續經營能力產生重大疑慮的重大不確定性。註冊會計師提醒財務報表使用者對上述事項予以關注。

快報稱，「＊ST 長油」子公司長航油運（新加坡）有限公司以前年度與境外船東公司簽訂了不可撤銷的油輪長期期租合同，本年新加坡公司對長期期租合同確認了預計損失。由於無法獲取充分、適當的審計證據，註冊會計師無法確定該事項對「＊ST 長油」財務報表的影響是否恰當。據瞭解，財務報表被出具非標準審計意見可能有諸多後果，其中之一便是上市公司再融資受到影響。

問題：(1) 請問註冊會計師為什麼要特別關注 ST 公司？

(2) 持續經營能力會對被審計單位造成什麼影響？如何影響註冊會計師實施的審計計劃、審計程序和發表的審計意見？

## 第一節 完成審計工作概述

### 一、評價審計中的重大發現

審計完成階段是審計的最後一個階段。註冊會計師按業務循環完成財務報表各項目的審計測試和一些特殊項目的審計工作後，在審計完成階段應匯總審計測試結果，進行更具綜合性的審計工作。在審計完成階段，項目合夥人和審計項目組考慮重大發現與事項。

註冊會計師在審計計劃階段對重要性的判斷，與其在評估審計差異時對重要性的判斷是不同的。如果在審計完成階段確定的修訂後的重要性水準遠遠低於在計劃階段確定的重要性水準，註冊會計師應重新評估已獲取的審計證據的充分性和適當性。

### 二、匯總審計差異

註冊會計師應根據審計重要性原則對審計差異予以初步確定並匯總，並建議被審計單位進行調整，使經審計的財務報表所載信息能夠公允地反應被審計單位的財務狀況、經營成果和現金流量。對審計差異內容的「初步確定並匯總」直至形成「經審計的財務報表」的過程，主要是通過編製審計差異調整表和編製試算平衡表得以完成的（見圖15-1）。

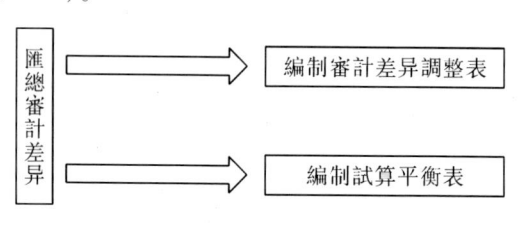

匯總審計差異 → 編制審計差異調整表

匯總審計差異 → 編制試算平衡表

圖 15-1 匯總審計差異

（一）編製審計差異調整表

審計差異內容按是否需要調整帳戶記錄可分為核算錯誤和重分類錯誤。核算錯誤是因企業對經濟業務進行了不正確的會計核算而引起的錯誤，用審計重要性原則來衡量每一項核算錯誤，又可以把這些核算錯誤區分為建議調整的不符事項和不建議調整的不符事項（未調整不符事項）。重分類錯誤是由於企業未按照適用的財務報告基礎列報財務報表而引起的錯誤。

1. 建議調整的不符事項

（1）單筆核算誤差超過所涉及會計報表項目（或帳項）層次的重要性水準的。

（2）單筆核算誤差低於所涉及會計報表項目（或帳項）層次的重要性水準，但性質重要的。

（3）單筆核算錯誤大大低於所涉及財務報表項目（或帳項）層次的重要性水

準，並且性質不重要的事項，一般應視為未調整不符事項。但是當若干筆同類型未調整不符事項匯總數超過財務報表項目（或帳項）層次的重要性水準時，註冊會計師應從中選取幾筆轉為建議調整的不符事項，過入調整分錄匯總表，使未調整不符事項匯總金額降至重要性水準之下。註冊會計師最後要將建議調整的不符事項匯總至帳項調整分錄匯總表中。

2. 不建議調整的不符事項

（1）在一般情況下，單筆核算誤差低於所涉及會計報表項目（或帳項）層次的重要性水準，但性質不重要的。

（2）在特殊情況下，如果若干筆同類型未調整的不符事項匯總數超過會計報表項目（或帳項）層次的重要性水準時，註冊會計師應從中選取幾筆轉為建議調整的不符事項。註冊會計師最後將不需調整的不符事項匯總登記在未更正錯報匯總表中。

3. 重分類錯誤

註冊會計師在審計會計報表時要求對一些項目進行重新分類，因此要編製重分類分錄。重分類分錄只要求調整報表，不需調整帳戶。為了匯總重分類分錄，註冊會計師要編製重分類分錄匯總表。

需要重分類的帳戶主要有應收帳款和預收帳款，應付帳款和預付帳款，長期債權投資中屬於一年內到期的長期債權投資，長期借款、應付債券中屬於一年內到期的長期負債，貨幣資金中一年以上的銀行定期存款。

無論是建議調整的不符事項、重分類錯誤還是未調整的不符事項，在審計工作底稿中通常都是以會計分錄的形式反應的。註冊會計師應編製帳項調整分錄匯總表、重分類調整分錄匯總表、未更正錯報匯總表。

註冊會計師確定了建議調整的不符事項和重分類錯誤後，應以書面方式及時徵求被審計單位對需要調整財務報表事項的意見。若被審計單位予以採納，註冊會計師應取得被審計單位同意調整的書面確認；若被審計單位不予採納，註冊會計師應分析原因，並根據未調整不符事項的性質和重要程度，確定是否在審計報告中予以反應以及如何反應。

註冊會計師應針對被審計單位錯誤的處理，形成調整分錄。調整分錄的編製按照「調表不調帳」的原則，將發現的審計差異直接調整財務報表的相關項目，即使涉及損益項目也不應通過「以前年度損益調整」科目調整。註冊會計師編製審計差異調整表的流程如圖 15-2 所示。

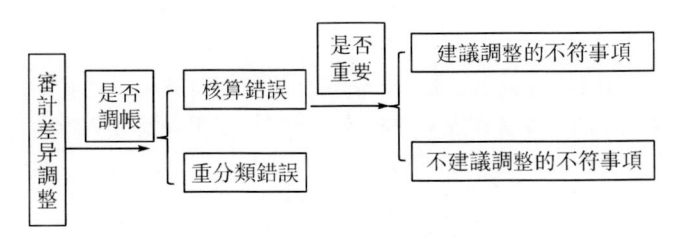

圖 15-2　編製審計差異調整表的流程

(二) 編製試算平衡表

調整分錄匯總表（見表15-1）和重分類分錄匯總表（見表15-2）編製完成，註冊會計師再據以編製資產負債表試算平衡表工作底稿和利潤及利潤分配表試算平衡表工作底稿。會計報表最終反應的數額應以試算平衡表調整後數額為準。

(1) 期末未審數（審計前金額）根據被審計單位提供的未審財務報表填列。

(2) 帳項調整根據註冊會計師編製的帳項調整分錄匯總表中的調整分錄（被審計單位同意調整的）填列。

(3) 重分類調整根據註冊會計師編製的重分類調整分錄匯總表填列。

(4) 審定金額根據審計前金額±調整金額填列。

表 15-1　調整分錄匯總表　　　　　　　　　　單位：萬元

| 序號 | 調整內容及項目 | 索引號 | 調整金額 借方 | 調整金額 貸方 | 影響利潤 | 備註 |
|---|---|---|---|---|---|---|
| 1 | 資產減值損失 | | 45.7 | | -45.7 | |
| | 應收帳款 | | | 15 | | |
| | 其他應收款 | | | 15 | | |
| | 預付帳款 | | | 15.7 | | |
| 2 | …… | | | | | |
| 合計 | | | | | | |

表 15-2　重分類分錄匯總表　　　　　　　　　　單位：元

| 序號 | 重分類內容及項目 | 索引號 | 調整金額 借方 | 調整金額 貸方 | 備註 |
|---|---|---|---|---|---|
| 1 | 預付帳款 | | 2,000 | | |
| | 應付帳款 | | | 2,000 | |
| 2 | 應收帳款 | | 1,600 | | |
| | 預收帳款 | | | 1,600 | |
| 3 | …… | | | | |
| 合計 | | | | | |

在編製完試算平衡表後，註冊會計師應注意核對財務報表相應的勾稽關係。例如，資產負債表試算平衡表左邊的未審數、審定數、報表反應的各欄合計數應分別等於其右邊相應各欄合計數；資產負債表試算平衡表左邊的調整金額欄中的借方合計數與貸方合計數之差應等於右邊的調整金額欄中的貸方合計數與借方合計數之差；資產負債表試算平衡表左邊的重分類金額欄中的借方合計數與貸方合計數之差應等於右邊的重分類金額欄中的貸方合計數與借方合計數之差；等等。

資產負債表試算平衡表、利潤表試算平衡表分別如表15-3、表15-4所示。

### 表15-3 資產負債表試算平衡表

客戶　　　　　　　　　　　簽名　　　　　　　　　　　　日期
項目試算平衡表工作底稿（T/B）　編製　　　　　　　　　　索引號
會計期間　　　　　　　　　　復核　　　　　　　　　　　　頁次

| 項目 | 未審數 | 調整金額 借方 | 調整金額 貸方 | 重分類金額 借方 | 重分類金額 貸方 | 審定數 | 項目 | 未審數 | 調整金額 借方 | 調整金額 貸方 | 重分類金額 借方 | 重分類金額 貸方 | 審定數 |
|---|---|---|---|---|---|---|---|---|---|---|---|---|---|
| 流動資產： | | | | | | | 流動負債： | | | | | | |
| 貨幣資金 | | | | | | | 短期借款 | | | | | | |
| 交易性金融資產 | | | | | | | 交易性金融負債 | | | | | | |
| 衍生金融資產 | | | | | | | 衍生金融負債 | | | | | | |
| 應收票據及應收帳款 | | | | | | | 應付票據及應付帳款 | | | | | | |
| 預付款項 | | | | | | | 預收款項 | | | | | | |
| 其他應收款 | | | | | | | 合同負債 | | | | | | |
| 存貨 | | | | | | | 應付職工薪酬 | | | | | | |
| 合同資產 | | | | | | | 應交稅費 | | | | | | |
| 持有待售資產 | | | | | | | 其他應付款 | | | | | | |
| 一年內到期的非流動資產 | | | | | | | 持有待售負債 | | | | | | |
| 其他流動資產 | | | | | | | 一年內到期的非流動負債 | | | | | | |
| 流動資產合計 | | | | | | | 其他流動負債 | | | | | | |
| 非流動資產： | | | | | | | 流動負債合計 | | | | | | |
| 債權投資 | | | | | | | 非流動負債： | | | | | | |
| 其他債權投資 | | | | | | | 長期借款 | | | | | | |
| 長期應收款 | | | | | | | 應付債券 | | | | | | |
| 長期股權投資 | | | | | | | 長期應付款 | | | | | | |
| 其他權益工具投資 | | | | | | | 預計負債 | | | | | | |
| 其他非流動金融資產 | | | | | | | 遞延收益 | | | | | | |
| 投資性房地產 | | | | | | | 遞延所得稅負債 | | | | | | |
| 固定資產 | | | | | | | 其他非流動負債 | | | | | | |
| 在建工程 | | | | | | | 非流動負債合計 | | | | | | |
| 生產性生物資產 | | | | | | | 負債合計 | | | | | | |
| 油氣資產 | | | | | | | 所有者權益（或股東權益）： | | | | | | |
| 無形資產 | | | | | | | 實收資本（或股本） | | | | | | |
| 開發支出 | | | | | | | 其他權益工具 | | | | | | |
| 商譽 | | | | | | | 資本公積 | | | | | | |
| 長期待攤費用 | | | | | | | 其他綜合收益 | | | | | | |
| 遞延所得稅資產 | | | | | | | 盈餘公積 | | | | | | |
| 其他非流動資產 | | | | | | | 未分配利潤 | | | | | | |
| 非流動資產合計 | | | | | | | 所有者權益（或股東權益）合計 | | | | | | |
| 資產總計 | | | | | | | 負債和所有者權益（或股東權益）合計 | | | | | | |

表 15-4　利潤表試算平衡表

客戶　　　　　　　　　　　　　　簽名　　　　　　　　　　　　日期
項目試算平衡表工作底稿（T/B）　　編製　　　　　　　　　　　　索引號
會計期間　　　　　　　　　　　　　復核　　　　　　　　　　　　頁次

| 項目 | 未審數 | 調整金額 借方 | 調整金額 貸方 | 重分類金額 借方 | 重分類金額 貸方 | 審定數 |
|---|---|---|---|---|---|---|
| 一、營業收入 | | | | | | |
| 　減：營業成本 | | | | | | |
| 　　　稅金及附加 | | | | | | |
| 　　　銷售費用 | | | | | | |
| 　　　管理費用 | | | | | | |
| 　　　研發費用 | | | | | | |
| 　　　財務費用 | | | | | | |
| 　　　資產減值損失 | | | | | | |
| 　加：其他收益 | | | | | | |
| 　　　投資收益（損失以「-」號填列） | | | | | | |
| 　　　其中：對聯營企業和合營企業的投資收益 | | | | | | |
| 　　　公允價值變動收益（損失以「-」號填列） | | | | | | |
| 二、營業利潤（虧損以「-」號填列） | | | | | | |
| 　加：營業外收入 | | | | | | |
| 　減：營業外支出 | | | | | | |
| 三、利潤總額（虧損總額以「-」號填列） | | | | | | |
| 　減：所得稅費用 | | | | | | |
| 四、淨利潤（淨虧損以「-」號填列） | | | | | | |
| 五、其他綜合收益的稅後淨額 | | | | | | |
| 六、綜合收益總額 | | | | | | |
| 七、每股收益 | | | | | | |
| 　（一）基本每股收益 | | | | | | |
| 　（二）稀釋每股收益 | | | | | | |

### 三、復核審計工作底稿和財務報表

（一）對財務報表總體合理性進行總體復核

註冊會計師對財務報表總體合理性進行總體復核的目的是確定調整後的報表整體是否與對被審單位的瞭解一致且是否合理，並評估已實施審計程序的充分性。

（二）評價審計結果

（1）註冊會計師對重要性和審計風險進行最終評價。

（2）註冊會計師對財務報表形成審計意見並草擬審計報告。

（三）復核審計工作底稿

對重要性和審計風險進行終評，對已審報表形成審計意見，草擬審計報告。

### 四、檢查企業持續經營能力

註冊會計師對持續經營假設進行審計是為了確定被審單位以持續經營假設為基礎編製財務報表是否合理。

（一）管理層的責任和註冊會計師的責任

1. 管理層的責任

管理層應當根據企業會計準則的規定，對持續經營能力做出評估，考慮運用持續經營假設編製財務報表的合理性。

2. 註冊會計師的責任

註冊會計師應當按照審計準則的要求，實施必要的審計程序，獲取充分、適當的審計證據，確定可能導致對持續經營能力產生重大疑慮的事項或情況是否存在重大不確定性，並考慮對審計報告的影響。

（二）計劃審計工作與實施風險評估程序

註冊會計師應當考慮是否存在可能導致對持續經營能力產生重大疑慮的事項或情況以及相關的經營風險，評價管理層對持續經營能力做出的評估，並考慮已識別的事項或情況對重大錯報風險評估的影響。

（三）評價管理層對持續經營能力做出的評估

管理層對持續經營能力的評估應考慮管理層做出評估的過程、依據的假設、應對的計劃及其實施的可行性。

（1）管理層對持續經營能力的合理評估期間應是自資產負債表日起的下一個會計期間末。

（2）如果管理層沒有對持續經營能力做出初步評估，註冊會計師應當與管理層討論運用持續經營假設的理由。

（四）超出管理層評估期間的事項或情況

詢問管理層是否知悉超出評估期間的、可能導致對持續經營能力產生重大疑慮的事項或情況以及相關經營風險。除實施詢問程序外，註冊會計師沒有責任設計其他審計程序。

（五）實施追加的審計程序

當識別出可能導致對持續經營能力產生重大疑慮的事項或情況時，註冊會計師

應當實施進一步審計程序。

（1）如果被審計單位不能持續經營，但財務報表仍按照持續經營假設編製，審計人員應出具否定意見的審計報告。

（2）如果認為被審計單位選取假設不再適當而選用了其他基礎編製財務報表，審計人員應當實施補充的審計程序。

（3）如果管理層拒絕審計人員的要求，審計人員應將其視為審計範圍受限，考慮出具保留意見或無法表示意見的審計報告。

## 第二節　期後事項

一、期後事項的含義及種類

（一）期後事項的含義

期後事項是指資產負債表日至審計報告日之間發生的事項以及註冊會計師在審計報告日後知悉的事實（見圖15-3）。

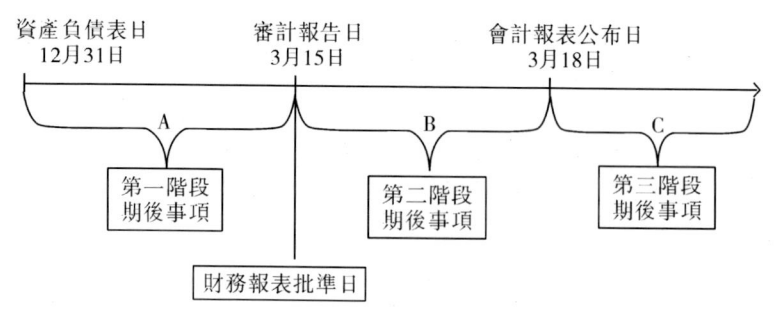

```
資產負債表日        審計報告日        會計報表公布日
12月31日            3月15日           3月18日
        A                  B                 C
    第一階段          第二階段          第三階段
    期後事項          期後事項          期後事項
                  財務報表批准日
```

圖15-3　期後事項示意圖

（二）期後事項的種類

1. 資產負債表日後調整事項

資產負債表日後調整事項是指對資產負債表日已經存在的情況提供了新的或進一步證據的事項。這類事項影響財務報表金額，需要提請被審計單位管理層調整財務報表及與之相關的披露信息。比較常見的資產負債表日後調整事項如下：

（1）資產負債表日後訴訟案件結案。

（2）資產負債表日後取得確鑿證據，表明某項資產在資產負債表日已發生減值或需要調整已確認的減值。

（3）資產負債表日後進一步確認了資產負債表日前購入資產的成本或售出資產的收入。

（4）資產負債表日後發現了財務報表舞弊或差錯。

2. 資產負債表日後非調整事項

資產負債表日後非調整事項是指表明資產負債表日後發生的情況的事項。這類

事項雖然不影響財務報表金額，但是可能影響對財務報表的正確理解，需提請被審計單位管理層在財務報表附註中做適當披露。此類事項主要如下：

(1) 資產負債表日後發生重大訴訟、仲裁、承諾。
(2) 資產負債表日後因自然災害導致資產發生重大損失。
(3) 資產負債表日後資產價格、稅收政策、外匯匯率發生重大變化。
(4) 資產負債表日後發行股票和債券以及其他巨額舉債。
(5) 資產負債表日後資本公積轉增資本。
(6) 資產負債表日後發生巨額虧損。
(7) 資產負債表日後發生企業合併或處置子公司。
(8) 資產負債表日後企業利潤分配方案中擬分配的以及經審議批准宣告發放的股利或利潤。

**二、註冊會計師對期後事項的審計責任及程序**

(一) 第一時段：資產負債表日至審計報告日
(1) 審計責任：主動識別。
(2) 採取的措施及處理：瞭解管理層為確保識別期後事項而建立的程序；詢問是否發生期後事項；查閱股東會等在資產負債表日後舉行的會議紀要；查閱近期的中期財務報表及會計記錄與往來信函；查閱資產負債表日後近期內的預算、現金流量預測等；諮詢律師；獲得管理層聲明書。
(3) 處理：拒絕修改（保留意見或否定意見）。

(二) 第二時段：審計報告日至會計報表公布日
(1) 審計責任：被動識別。
(2) 採取的措施及處理：被審單位修改報表時，應獲取充分、適當的審計證據，簽署雙重日期或出具新的審計報告；被審單位不修改報表時，考慮出具保留意見或否定意見的審計報告；若報告已提交，通知治理層不得報出；若已經報出，應採取措施防止他人信賴報表。
(3) 處理：同意修改，注意修改審計報告日。不同意修改，若已提交，應阻止對外報出，防止信賴報告；若未提交，修改審計報告及報告日期。

(三) 第三時段：會計報表公布之後
(1) 審計責任：沒有義務識別。
(2) 採取的措施及處理：被審單位修改報表時，實施必要審計程序；復核管理層採取的措施是否確保所有收到原報表和報告人士瞭解情況；延伸實施審計程序；修改或出具新審計報告。管理層未採取任何行動時，採取措施防止他人信賴報告，並將採取的措施通知治理層。
(3) 處理：同意修改，重新出具報告，加強調事項段，調整報告日期；不同意修改，防止信賴報告；臨近下期公布，按照法律法規的規定處理。

# 第三節　與治理層的溝通

根據《中國註冊會計師審計準則第 1151 號——與治理層的溝通》的規定，在上市公司審計中，註冊會計師應當就自身的獨立性與治理層進行書面溝通。此外，註冊會計師還應當及時向治理層通報審計中發現的與治理層監督財務報告過程的責任相關的重大事項。保持有效的雙向溝通關係，有利於註冊會計師與治理層履行各自的職責。

需要特別強調的是，除法律法規和審計準則另有規定的情形之外，溝通函文件僅供被審計單位董事會使用，會計師事務所對第三方使用不承擔任何責任，未經會計師事務所的事先書面同意，溝通函文件不得被引用、提及或向其他人披露。註冊會計師與治理層溝通的事項如下：

## 一、註冊會計師與財務報表審計相關的責任

註冊會計師應當與治理層溝通註冊會計師與財務報表審計相關的責任。
（1）註冊會計師負責對管理層在治理層監督下編製的財務報表形成和發表意見。
（2）財務報表審計並不減輕管理層或治理層的責任。
註冊會計師與財務報表審計相關的責任通常包含在審計業務約定書或記錄審計業務約定條款的其他適當形式的書面協議中。

## 二、計劃的審計範圍和時間安排

在與治理層就計劃的審計範圍和時間安排進行溝通時，尤其是在治理層部分或全部成員參與管理被審計單位的情況下，註冊會計師需要保持職業謹慎，避免損害審計的有效性。
溝通的事項可能包括以下內容：
（1）註冊會計師擬如何應對由於舞弊或錯誤導致的特別風險。
（2）註冊會計師對與審計相關的內部控制採取的方案。
（3）在審計中對重要性概念的運用。
此外，溝通的事項還包括可能適合與治理層討論的計劃方面的其他事項。

## 三、審計中發現的重大問題

註冊會計師應當與治理層溝通審計中發現的下列重大問題：
（1）註冊會計師對被審計單位會計實務（包括會計政策、會計估計和財務報表披露）重大方面的質量的看法。
（2）審計工作中遇到的重大困難。
（3）已與管理層討論或需要書面溝通的審計中出現的重大事項以及註冊會計師要求提供的書面聲明，除非治理層全部成員參與管理被審計單位。

（4）審計中出現的、根據職業判斷認為對監督財務報告過程重大的其他事項，可能包括已更正的、含有已審計財務報表的文件中的其他信息存在的對事實的重大錯報或重大不一致。

### 四、值得關注的內部控制缺陷

值得關注的內部控制缺陷是指註冊會計師根據職業判斷認為足夠重要從而值得治理層關注的內部控制的一個缺陷或多個缺陷的組合。註冊會計師應當以書面形式及時向治理層通報審計過程中識別出的值得關注的內部控制缺陷。

### 五、註冊會計師的獨立性

註冊會計師需要遵守與財務報表審計相關的職業道德要求，包括對獨立性的要求。其通常包括以下內容：
①對獨立性的不利影響。
②法律法規和職業規範規定的防範措施、被審計單位採取的防範措施以及會計師事務所內部自身的防範措施。

### 六、補充事項

註冊會計師可能注意到一些補充事項，其不一定與監督財務報告流程有關，但對治理層監督被審計單位的戰略方向或與被審計單位受託責任相關的義務很可能是重要的。這些事項可能包括與治理結構或過程有關的重大問題、缺乏適當授權的高級管理層做出的重大決策或行動。

## 本章小結

本章主要介紹完成審計工作的相關知識，通過本章的學習，學生應瞭解完成審計工作的概述，包括如何評價審計中的重大發現、匯總差異、復核審計工作底稿和財務報表以及評估企業持續經營能力。通過本章的學習，學生應對期後事項的概念和種類進行瞭解，知道在不同階段註冊會計師的責任及採取的不同處理方式。通過本章的學習，學生應瞭解註冊會計師需要與治理層溝通的事項。本章內容屬於基礎理論知識，知識要點比較多，需要認真學習掌握。

**本章思維導圖**

本章思維導圖如圖 15-4 所示。

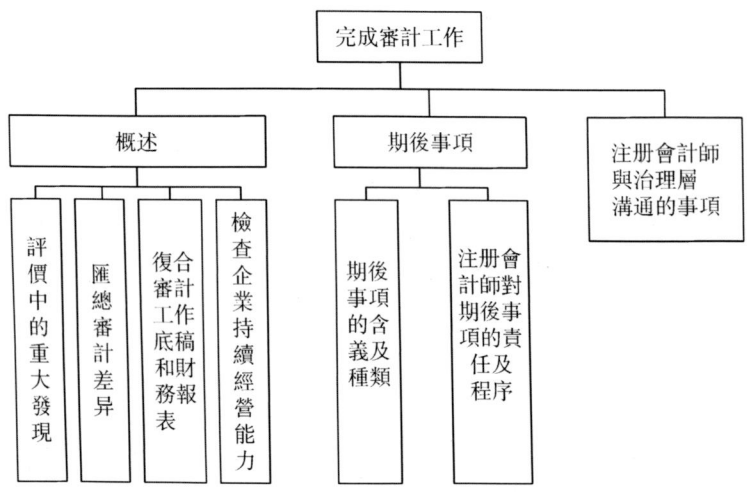

图 15-4　本章思維導圖

# 第十六章
# 審計報告

## 學習目標

1. 瞭解審計報告的含義和特徵以及審計報告的作用。
2. 理解什麼是溝通關鍵審計事項。
3. 理解無保留意見的含義，掌握審計報告的意見類型。
4. 掌握非無保留意見的區分。
5. 瞭解什麼是帶強調事項段和其他事項段的審計意見。

## 案例導入

### 出具審計報告存虛假記載，信永中和被中國證監會罰沒 450 萬元

中國證監會對信永中和會計師事務所（特殊普通合夥，以下簡稱信永中和）出具行政處罰決定書。經查明，信永中和（註冊會計師郭晉龍、夏斌）在懷集登雲汽配股份有限公司（以下簡稱登雲股份）首次公開發行股票（IPO）財務報表審計服務中存在以下違法事實：

一、信永中和為登雲股份 IPO 及 2014 年年報提供審計服務過程中違反依法制定的業務規則

（一）信永中和在審計過程中未對三包索賠費用予以充分關注，未充分追查函證回函差異、執行函證替代程序不充分等，導致函證程序失效

登雲股份 2011—2013 年的三包索賠費用存在巨幅波動：2011 年較 2010 年大幅增長，2012 年後又呈逐年明顯下降趨勢，特別是 2013 年上半年三包索賠費用僅 3.4 萬元。信永中和的審計工作底稿中均未取得相應證據核實登雲股份給出的解釋。

三包索賠費用客戶的回函存在以下問題：對於濰柴動力回函蓋章不符的情況未做出有效解釋；未充分追查廣西玉柴機器股份有限公司、東風康明斯發動機有限公司函證回函差異；在未收到東風朝陽朝柴動力有限公司回函的情況下，執行函證替代程序不充分。

（二）未對登雲股份與江蘇申源特鋼有限公司資金往來的性質持續保持應有的職業審慎，從而未能發現登雲股份少確認貼現費用的情形

按照合同約定，登雲股份向江蘇申源特鋼有限公司（以下簡稱申源特鋼）以承兌匯票方式支付貨款的金額不得超過總採購金額的 70%。2013 年 1 月至 6 月登雲股份向申源特鋼的採購金額為 3,258.72 萬元（含稅），登雲股份實際向申源特鋼支付

的承兑匯票為3,926.01萬元,超出合同約定可使用承兑匯票限額1,644.9萬元;2014年登雲股份向申源特鋼的採購金額為6,545.59萬元(含稅),登雲股份實際向申源特鋼支付的承兑匯票為10,030.06萬元,超出合同約定可使用承兑匯票限額5,448.15萬元。

信永中和對登雲股份與申源特鋼資金往來的性質持續保持應有的職業審慎,未發現登雲股份少確認貼現費用的情形。

(三) 未對登雲股份2013年6月的銷售收入進行充分核查

信永中和在對登雲股份2012年年報的審計工作中,在登雲股份美國子公司(以下簡稱美國登雲)主營業務收入科目審計工作底稿部分,註冊會計師抽憑範圍包括發票號碼、裝箱單、運單等單據是否齊全,裝箱單、運單的型號和數量與記帳憑證是否一致,快遞是否到達目的地,提貨單是否齊全。信永中和在對登雲股份2013年年報的審計工作中,在美國登雲主營業務收入科目審計底稿部分,註冊會計師抽憑範圍包括與發票信息是否一致,提貨單或快遞單是否簽字,單據是否齊全,發票號、訂單號、裝箱單號或快遞單號。信永中和僅僅抽查了2013年6月15日、6月21日美國登雲業務的是否製作了裝箱單、是否提供發票兩項內容,抽憑範圍不恰當。

信永中和檢查了登雲股份對美國登雲兩筆業務的銷售發票和發貨清單,兩批貨物在登雲股份登記的出具發票日期為6月15日和6月16日,發貨時間也為6月15日和6月16日,而美國登雲對金色能源(Golden Engine)公司的銷售發票日期分別顯示為6月15日和6月21日,美國登雲確認收入的時間與登雲股份發貨時間相差無幾,明顯不符合正常海運週期。信永中和未對上述異常情況保持職業謹慎,未按規定對登雲股份2013年6月末的銷售收入進行充分核查。

(四) 報告簽署情況

信永中和對登雲股份2010年年報、2011年年報、2012年年報、2013年半年報、2014年年報出具了無保留意見的審計報告,簽字註冊會計師為郭晉龍和夏斌。

二、信永中和未勤勉盡責,對登雲股份2013年年報出具的審計報告存在虛假記載

信永中和未充分關注三包索賠費用的異常情況,未考慮到三包索賠費用回函差異的影響,未進一步採取恰當核查措施,導致未能發現登雲股份三包索賠費用未入帳的情況。登雲股份2013年三包索賠費5,020,406.98元未計入當年銷售費用,其中信永中和因未勤勉盡責而未能發現的三包索賠費用為2,422,328.73元。

信永中和未對發行人與申源特鋼資金往來的性質持續保持應有的職業審慎,從而未能發現登雲股份少確認貼現費用的情形。登雲股份2013年貼現票據產生的利息未計提費用為2,929,311.2元。

信永中和未保持應有的職業審慎,未對相關公司進行充分核查或者追加必要的審計程序,導致2013年未能發現山東旺特、山東富達美、廣州富匡全貿易有限公司(以下簡稱廣州富匡全)、肇慶市達美汽車零件有限公司(以下簡稱肇慶達美)、APC公司等與登雲股份的關聯關係及關聯交易。

信永中和對登雲股份2013年年報出具了無保留意見的審計報告,簽字註冊會計

師為郭晉龍和夏斌。以上事實，有信永中和的審計工作底稿、審計報告、詢證函、會計憑證、購銷合同、提貨單、企業工商登記資料、相關人員詢問筆錄等證據證明，足以認定。

三、責任認定

信永中和未勤勉盡責，出具的登雲股份 2013 年審計報告存在虛假記載，構成《中華人民共和國證券法》（以下簡稱《證券法》）第二百二十三條所述「證券服務機構未勤勉盡責，所製作、出具的文件有虛假記載」的行為，郭晉龍、夏斌是直接負責的主管人員。

中國證監會認為，會計師事務所和註冊會計師作為資本市場的「守門人」，應當依法履行職責，註冊會計師作為具體實施審計工作的人員，應當在職責範圍內發表獨立的專業意見並承擔相應的法律責任。註冊會計師在對企業 IPO 和年報審計過程中出具的審計報告是廣大投資者獲取發行人和上市公司真實信息的重要渠道，也是投資者做出投資決策的重要參考，更是監管部門發行核准和上市公司監管的重要基礎。註冊會計師應當保持足夠的職業審慎，勤勉盡責地開展工作，恪守執業準則，保證所出具的法律文件不存在虛假記載、誤導性陳述和重大遺漏。

第一，信永中和未對三包索賠費用予以充分關注，未充分追查函證回函差異，執行函證替代程序不充分，未對登雲股份與申源特鋼資金往來的性質持續保持應有的職業審慎，未對登雲股份部分銷售收入進行充分核查，在相關公司存在異常關聯線索的情況下，未保持應有的職業審慎，未進行充分核查或追加必要的審計程序。上述行為均屬違反審計準則的行為，構成「未勤勉盡責」。中國證監會在做出行政處罰決定時已考慮了審計的固有限制。中國證監會評判註冊會計師工作的標準是註冊會計師是否按照審計準則的規定恰當地計劃和執行了審計工作，而非要求註冊會計師對審計對象的財務報表提供絕對保證。因此，中國證監會對此項申辯意見不予採納。

第二，中國證監會嚴格按照《證券法》等法律法規及中國註冊會計師執業準則等相關規定認定會計師事務所及其簽字註冊會計師的違法責任，並區分上市公司的會計責任與註冊會計師的審計責任。登雲股份財務造假的會計責任與註冊會計師的審計責任是相互獨立的，中國證監會追究註冊會計師行政責任的依據並非登雲股份的財務造假行為，而是註冊會計師自身在執業過程中違反業務規則、未勤勉盡責、出具的文件存在虛假記載的行為。因此，中國證監會對此項申辯意見不予採納。

信永中和對登雲股份 IPO 及 2014 年年報提供審計服務的過程中違反依法制定的業務規則，構成《證券法》第二百二十六條所述「證券服務機構違反本法規定或者依法制定的業務規則」的行為。根據當事人違法行為的事實、性質、情節與社會危害程度，依據《證券法》第二百二十六條的規定，中國證監會決定：責令信永中和改正，沒收違法所得 188 萬元，並處以 188 萬元罰款。

信永中和未勤勉盡責，出具的登雲股份 2013 年審計報告存在虛假記載，構成《證券法》第二百二十三條所述「證券服務機構未勤勉盡責，所製作、出具的文件有虛假記載」的行為，郭晉龍、夏斌是直接負責的主管人員。根據當事人違法行為的事實、性質、情節與社會危害程度，依據《證券法》第二百二十三條的規定，中

國證監會決定：責令信永中和改正，沒收業務收入32萬元，並處以32萬元罰款；對郭晉龍、夏斌給予警告，並分別處以5萬元罰款。

綜上所述，我中國證監會決定：

第一，責令信永中和改正，沒收業務收入32萬元，沒收違法所得188萬元，並處以220萬元罰款。

第二，對郭晉龍、夏斌給予警告，並分別處以5萬元罰款。

問題：（1）請問這個案例給你什麼啓發？
（2）審計報告意見類型有哪些？不同情況下如何出具審計報告？
（3）註冊會計師對發表的審計報告承擔什麼責任？

## 第一節　審計報告概述

### 一、審計報告的含義及特徵

（一）審計報告的含義

審計報告是指註冊會計師按照審計準則的要求，在執行完審計工作後，對財務報表發表審計意見的一種書面文件。註冊會計師要在該意見中表述清楚財務報表整體是否在所有重大方面按照財務報告的編製基礎編製以及是否實現了公允反應。

（二）審計報告的特徵

（1）註冊會計師應當按照審計準則的規定執行審計工作。

（2）註冊會計師必須在實施審計工作的基礎上，滿足出具審計報告的要求才能出具審計報告。

（3）註冊會計師通過對財務報表發表審計意見來完成審計業務約定書的責任。

（4）註冊會計師應當以書面形式出具審計報告。

註冊會計師應該在實施審計程序、獲取審計證據的基礎上得出審計結論，完成審計工作，對被審計單位的財務報表發表審計意見。註冊會計師在審計報告上簽名並蓋章，就表示對其出具的審計報告負責。

註冊會計師應當將已審計的財務報表附於審計報告之後，以便財務報表使用者正確理解和使用審計報告，並防止被審計單位替換、更改已審計的財務報表。

### 二、審計報告的作用

（一）鑒證作用

註冊會計師以獨立公正的第三方身分簽發審計報告，對被審計單位財務報表的合法性和公允性發表審計意見，最後出具相應的審計意見。這種審計意見具有鑒證作用。

（二）保護作用

註冊會計師作為獨立的第三方，站在公正公允的角度上通過實施審計程序、獲取審計證據，對被審計單位的財務報表在所有重大方面是否存在重大錯報發表不同

的審計意見。經註冊會計師審計以後的財務報表，可以提高或降低財務報表使用者對財務報表的信賴程度，在一定程度上對被審計單位的財產、債權人和股東的權益及企業利害關係人的利益起到保護作用。

(三) 證明作用

最終出具的審計報告，表明註冊會計師已經完成了審計的相關工作。審計報告是對註冊會計師審計任務完成情況及其結果所做的總結，表明審計工作的質量並明確註冊會計師的審計責任。

審計報告的作用如圖 16-1 所示。

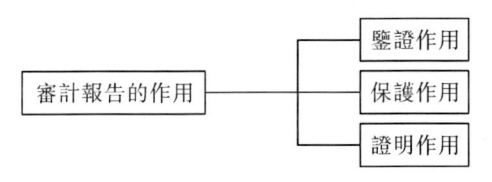

圖 16-1　審計報告的作用

## 第二節　審計報告的基本內容

審計報告應當包括下列十大要素：標題，收件人，審計意見段，形成審計意見的基礎，管理層對財務報表的責任段，註冊會計師的責任段，按照相關要求履行財務報表責任（如適用），註冊會計師的簽名和蓋章，會計師事務所的名稱、地址和蓋章，報告日期。

### 一、要素一：標題

審計報告具有統一的標題，標題統一規範為「審計報告」。

### 二、要素二：收件人

審計報告的收件人是指註冊會計師按照業務約定書的要求致送審計報告的對象，一般是指審計業務的委託人。審計報告應當按照審計業務的合同約定載明收件人的名稱，並且要求寫明全稱，不能寫簡稱。為了防止在此問題上發生分歧和糾紛或審計報告被委託人濫用，一般委託方和受託方在簽訂審計業務約定書時，會將審計報告的致送對象進行明確。針對整套通用目的財務報表出具的審計報告，審計報告的致送對象通常為被審計單位的股東或治理層（董事會和監事會）。不同性質的企業的收件人有所不同，具體如表 16-1 所示。

表 16-1　不同性質的企業的收件人

| 公司性質 | 收件人 |
| --- | --- |
| 股份有限公司 | ABC 股份有限公司全體股東 |

表16-1(續)

| 公司性質 | 收件人 |
|---|---|
| 有限責任公司 | ABC 有限責任公司全體董事會成員 |
| 合夥企業 | ABC 合夥企業全體合夥人 |
| 獨資企業 | ABC 公司 |

### 三、要素三：審計意見段

審計意見段由兩部分構成：第一部分指出已審計的財務報表，第二部分說明註冊會計師發表的審計意見。

（一）第一部分：已審計的財務報表

已審計的財務報表應當包括下以下五個方面的內容：

（1）被審計單位的名稱，如 ABC 股份有限公司。

（2）表明財務報表已經審計，如「我們審計了」。

（3）構成整套財務報表的每一財務報表的名稱，如資產負債表、利潤表、股東權益變動表、現金流量表。

（4）提及財務報表附註和重要會計政策概要以及其他解釋性信息，如財務報表附註。

（5）指明構成整套財務報表的每一財務報表的日期或涵蓋的期間。

（二）第二部分：註冊會計師發表的審計意見

如果對財務報表發表無保留意見，審計意見應當使用「我們認為，財務報表在所有重大方面按照適用的財務報告編製基礎（企業會計準則）編製，公允反應了 ABC 公司……」的措辭（法律法規另有規定除外）。審計意見要說明財務報表是否在所有重大方面按照適用的財務報告編製基礎編製，是否公允反應了企業的財務狀況、經營成果和現金流量。審計報告的類型對應的審計意見如表 16-2 所示。

表 16-2 審計報告的類型對應的審計意見

| 審計報告的類型 | 審計意見 |
|---|---|
| 標準的無保留意見 | 我們認為，A 公司財務報表已經按照企業會計準則的規定編製，在所有重大方面公允反應了 A 公司 2019 年 12 月 31 日的財務狀況以及 2019 年度的經營成果和現金流量 |
| 帶強調事項段 | 我們提醒財務報表使用者關注，如財務報表附註所述，截止財務報表批准日，甲公司對 A 公司提出的訴訟尚在審理當中，其結果具有較大的不確定性。本段內容並不影響已發表的審計意見 |
| 帶其他事項段 | 甲公司以 2019 年 12 月 31 日為會計期間截止日的年度財務報表由乙會計師事務所審計，乙註冊會計師對其 2019 年的財報於 2020 年 4 月 30 日出具了無保留意見審計報告 |

表16-2(續)

| 審計報告的類型 | 審計意見 |
|---|---|
| 保留意見 | 我們認為，除「形成保留意見的基礎部分」所述事項可能產生的影響外，A公司財務報表已經按照企業會計準則的規定編製，在所有重大方面公允反應了 A 公司 2019 年 12 月 31 日的財務狀況以及 2019 年度的經營成果和現金流量 |
| 否定意見 | 我們認為，由於「形成否定意見的基礎部分」所述事項的重要性，A 公司財務報表並沒有在所有重大方面按照企業會計準則編製，未能公允反應了 A 公司 2019 年 12 月 31 日的財務狀況以及 2019 年度的經營成果和現金流量 |
| 無法表示意見 | 我們認為，由於「形成無法表示意見的基礎部分」所述事項的重要性，我們無法獲取充分、適當的審計證據以為發表審計意見提供基礎，因此我們無法對 A 公司的財務報表發表審計意見。 |

四、要素四：形成審計意見的基礎

審計報告應當包含標題為「形成審計意見的基礎」的部分。該部分提供關於審計意見的重要背景，應當緊接在審計意見部分之後。其具體應該包括以下內容：

（1）註冊會計師是否按照審計準則的要求執行了審計工作。

（2）提及註冊會計師責任的部分。

（3）註冊會計師是否遵守了職業道德，特別是對被審計單位是否保持了獨立性。適用的職業道德準則是中國註冊會計師職業道德守則。

（4）註冊會計師是否獲取了充分、適當的審計證據，是否為發表審計意見提供了基礎。

五、要素五：管理層對財務報表的責任段

審計報告應當包含標題為「管理層對財務報表的責任」的部分。管理層對財務報表的責任段應當說明編製財務報表是管理層的責任。這種責任包括以下幾個方面的內容：

（1）按照適用的財務報告編製基礎編製財務報表，並使其實現公允反應。

（2）設計、執行和維護必要的內部控制，以使財務報表不存在由於舞弊或錯誤導致的重大錯報。

（3）評估被審計單位的持續經營能力和使用持續經營假設是否適當，並披露與持續經營相關的事項（如適用）。

審計報告中對管理層責任的說明包括提及以上責任，這有助於向財務報表使用者解釋執行審計工作的前提。如果管理層不明確其責任或不願簽署書面文件確認其責任，那麼註冊會計師承接此類業務是不恰當的。

六、要素六：註冊會計師的責任段

審計報告應當包含標題為「註冊會計師對財務報表審計責任」的部分。註冊會計師的責任段主要是明確註冊會計師應該承擔的責任同時也有助於向財務報表使用

者解釋執行審計工作的前提。註冊會計師的責任段應該包括以下幾個方面的內容：

（1）註冊會計師的責任是合理保證財務報表不存在由於舞弊或錯誤而導致的重大錯報（運用重要性原則進行判定），並針對審計結果發表審計意見，出具審計報告。

（2）合理保證是一種高水準的保證程度，但不是一種絕對保證，不能完全消除重大錯報，經審計後被審計單位的財務報表還有重大錯報風險的可能性。

（3）註冊會計師在執行審計業務時要運用職業判斷，並保持職業懷疑。

（4）註冊會計師在執行審計工作時具體的責任還包括以下幾個方面的內容：

①識別和評估重大錯報風險，並針對識別出的重大錯報風險設計和實施審計程序，以應對識別出的重大錯報風險。註冊會計師需要運用職業判斷選擇恰當的審計程序、收集審計證據並相信獲取的審計證據是充分、適當的，為其發表審計意見提供了基礎。

②瞭解與審計相關的內部控制，以設計恰當的審計程序，但目的並非對內部控制有效性發表審計意見。在進行風險評估時，註冊會計師考慮與財務報表編製和公允列報相關的內部控制，以設計恰當的審計程序，但目的並非對內部控制的有效性發表意見，只是針對審計部分涉及的內控部分進行瞭解，不是全面的內控審計而是財務報表審計，重點並非在全面內控上。

③對管理層使用持續經營假設的恰當性得出結論。註冊會計師應獲取充分、適當的審計證據來判斷是否存在可能影響被審計單位持續經營能力的事項或情況以及是否存在重大的不確定性。

④審計工作還包括評價管理層選用會計政策的恰當性和做出會計估計的合理性以及評價財務報表的總體列報。

（5）註冊會計師和治理層就審計計劃的內容進行溝通，包括審計的範圍、時間安排、審計重大發現以及識別出的內部控制缺陷。

（6）對於上市實體財務報表審計，註冊會計師對遵守職業道德的要求向治理層提供聲明，並和治理層溝通可能影響職業道德、獨立性的事項，除非法律法規禁止披露或披露這些事項帶來的負面後果超過正面效果，因此決定不在審計報告中溝通該事項。

（7）構成關鍵審計事項的部分需要明確，應當在審計報告中描述這些事項，除非法律法規禁止披露或披露這些事項帶來的負面後果超過正面效果，因此決定不在審計報告中溝通該事項。

### 七、要素七：按照相關要求履行財務報表責任（如適用）

除審計準則規定的註冊會計師對財務報表出具審計報告的責任外，相關法律法規可能對註冊會計師設定了其他報告責任。在某些情況下，相關法律法規可能要求或允許註冊會計師將對這些其他責任的報告作為對財務報表出具的審計報告的一部分。在另外一些情況下，相關法律法規可能要求或允許註冊會計師在單獨出具的報告中進行報告。

### 八、要素八：註冊會計師的簽名和蓋章

審計報告應當由註冊會計師簽名並蓋章。註冊會計師在審計報告上簽名並蓋章，主要是為了明確法律責任。會計師事務所應當建立健全全面質量控制制度與程序以及各審計項目的質量控制程序，嚴格按照有關規定和要求在審計報告上簽名蓋章。

審計報告簽名必須要「雙簽」。「雙簽」是指由兩名具備相關業務資格的註冊會計師簽名，並經會計師事務所蓋章後審計報告才有效。這裡要求由兩名具有簽字權的註冊會計師簽名，相互之間可以起到監督的作用，註冊會計師太多則容易導致責任的相互推諉。

不同體制的會計師事務所，簽字人員會存在差異。合夥制的會計師事務所，應當由一名對審計項目負最終復核責任的合夥人和一名負責該項目的註冊會計師簽名並蓋章。有限責任制的會計師事務所，應當由會計師事務所的主任會計師或其授權的副主任會計師和一名負責該項目的註冊會計師簽名並蓋章。

### 九、要素九：會計師事務所的名稱、地址和蓋章

審計報告應當載明會計師事務所的名稱和地址，並加蓋會計師事務所公章。註冊會計師在審計報告中載明會計師事務所地址時，標明會計師事務所所在的城市即可。在實務中，審計報告通常會載於會計師事務所統一印刷的、標有該所詳細通信地址的信箋上，因此無需在審計報告中註明詳細地址。

### 十、要素十：報告日期

審計報告應當註明報告日期。審計報告的日期指完成審計工作的日期。審計報告日不應早於註冊會計師獲取充分、適當的審計證據（包括管理層認可對財務報表的責任且批准財務報表報告的日期），並在此基礎上對財務報表形成審計意見的日期。

在確定審計報告日時，註冊會計師應當確信已獲取下列兩方面的審計證據：
（1）構成整套財務報表的所有報表（包括附註）已編製完成。
（2）被審計單位的董事會、管理層或類似機構已經認可其對財務報表負責。

只有在註冊會計師獲取證據證明構成整套財務報表的所有報表（包括附註）已經編製完成，並且管理層已認可其對財務報表責任的情況下，註冊會計師才能得出已經獲取充分、適當的審計證據的結論。在實務中，註冊會計師在正式簽署審計報告前，通常把審計報告草稿和已審計財務報表草稿一同提交給管理層。如果管理層批准並簽署已審計財務報表，註冊會計師即可簽署審計報告。註冊會計師簽署審計報告的日期通常與管理層簽署已審計財務報表的日期為同一天，或者晚於管理層簽署已審計財務報表的日期。

## 第三節　溝通關鍵審計事項

《中國註冊會計師審計準則第1504號——在審計報告中溝通關鍵審計事項》要求，在上市實體的審計報告中，註冊會計師需要逐個披露關鍵審計事項，包括認定其是審計中最為重要的事項之一的原因及該事項在審計中的應對情況等。該準則要求註冊會計師在上市實體整套通用目的的財務報表審計報告中以及註冊會計師決定、委託方要求或法律法規要求在審計報告中溝通關鍵審計事項的審計報告中，增設「關鍵審計事項」段，用以描述關鍵審計事項。該準則定義了關鍵審計事項，並就如何在審計報告中恰當表述關鍵審計事項做出了規範。

### 一、溝通關鍵審計事項的含義

關鍵審計事項是指註冊會計師根據職業判斷認為對本期財務報表審計最為重要的事項。關鍵審計事項從註冊會計師與治理層溝通過的事項中選取。未被溝通過的事項不得作為關鍵審計事項。

溝通關鍵審計事項旨在通過提高已執行審計工作的透明度增加審計報告的溝通價值。溝通關鍵審計事項能夠為財務報表預期使用者提供額外的信息，以幫助其瞭解註冊會計師根據職業判斷認為對本期財務報表審計最為重要的事項。溝通關鍵審計事項還能夠幫助財務報表預期使用者瞭解被審計單位以及已審計財務報表中涉及重大管理層判斷的領域。

在審計報告中溝通關鍵審計事項，能夠為財務報表預期使用者就被審計單位、已審計財務報表或已執行審計工作相關的事項進一步與管理層和治理層溝通提供基礎。以治理層溝通的事項作為起點確定關鍵審計事項如圖16-2所示。

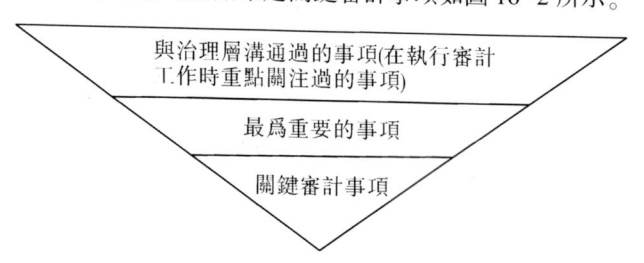

圖16-2　以治理層溝通的事項作為起點確定關鍵審計事項

在審計報告中溝通關鍵審計事項以註冊會計師就財務報表整體形成審計意見為背景。在審計報告中溝通關鍵審計事項不能代替下列事項：

（1）管理層按照適用的財務報告編製基礎在財務報表中做出的披露，或者為使財務報表實現公允反應而做出的披露（如適用）。

（2）註冊會計師按照《中國註冊會計師審計準則第1502號——在審計報告中發表非無保留意見》的規定，根據審計業務的具體情況發表非無保留意見。

（3）當可能導致被審計單位持續經營能力產生重大疑慮的事項或情況存在重大不確定性時，註冊會計師按照《中國註冊會計師審計準則第1324號——持續經營》的規定進行報告。

在審計報告中溝通關鍵審計事項也不是註冊會計師就單一事項單獨發表意見。

## 二、溝通關鍵審計事項的確定

註冊會計師應當從與治理層溝通過的事項中確定在執行審計工作時重點關注過的事項。在確定關鍵審計事項時，從性質上可以從以下三個方面考慮是否屬於關鍵審計事項：

（一）識別到的特別風險和具有較高重大錯報風險的領域

特別風險通常與重大的非常規交易和判斷事項有關，通常是註冊會計師重點關注過的事項。但需要注意的是，並非所有的特別風險都一定是註冊會計師重點關注過的。

（二）與涉及重要管理層判斷（包括具有高度不確定性的會計估計）的財務報表領域有關的重要的審計判斷

通常情況下，涉及重大管理層判斷的領域是註冊會計師重點關注過的，一般也會被認定為特別風險。除此之外，對於那些雖然未被認定為特別風險但具有高度不確定性的會計估計，註冊會計師也需要考慮是否是在執行審計工作時重點關注過的事項。這類會計估計通常較為複雜，且高度依賴管理層的判斷，某些情況下還可能涉及管理層的專家和註冊會計師的專家的參與。註冊會計師還需要特別關注對財務報表有重大影響的會計政策以及會計政策變更，特別是被審計單位採用的會計政策與行業內其他公司存在重大差異的情況。

（三）本期發生的重大事項或交易對審計的影響

這些重大交易或事項往往也是管理層做出複雜判斷的領域，這些事項可能會對註冊會計師整體審計策略產生重大影響，也很有可能被認定為特別風險，如關聯方交易、在公司正常經營過程之外的重大或異常交易等。因此，註冊會計師在確定重點需要關注的事項時需要特別考慮該方面。

「最為重要的事項」並不意味著只有一項，其數量受被審計單位規模和複雜程度、業務和經營環境的性質以及審計業務具體事實和情況的影響。註冊會計師需要以被審計單位和審計工作為背景，綜合考慮就相關事項與治理層溝通的性質和程度、該事項對預期使用者理解財務報表整體的重要程度、與該事項相關的會計政策的複雜程度或主觀程度、與該事項相關的錯報的性質和重要程度、為應對該事項需要付出的審計努力的性質和程度（包括利用專家的工作、向項目組以外的成員諮詢等）、執業人員遇到的困難的性質和嚴重程度、與該事項相關的控制缺陷的嚴重程度、該事項是否涉及多項相聯繫的審計考慮等因素，確定這些事項的相對重要程度，以確定多少以及哪些事項是「最為重要的事項」。

### 三、關鍵審計事項與審計報告其他要素之間的關係

**（一）導致發表非無保留意見的事項和與持續經營相關的重大不確定性優先於關鍵審計事項**

《中國註冊會計師審計準則 1504 號——在審計報告中溝通關鍵審計事項》強調，在審計報告中溝通關鍵審計事項不能代替以下情況：

（1）註冊會計師按照《中國註冊會計師審計準則第 1502 號——在審計報告中發表非無保留意見》的規定發表非無保留意見。

（2）當可能導致對被審計單位持續經營能力產生重大疑慮的事項或情況存在重大不確定性時，註冊會計師按照《中國註冊會計師審計準則第 1324 號——持續經營》的規定進行報告。

以上兩種情況，就其性質而言都屬於關鍵審計事項。但是，這些事項不得在審計報告的關鍵審計事項部分進行描述，而應當分別在形成保留（否定）意見的基礎部分或與持續經營相關的重大不確定性部分進行描述，並在關鍵審計事項部分提及形成保留（否定）意見的基礎部分或與持續經營相關的重大不確定性部分。

**（二）關鍵審計事項優先於強調事項和其他事項**

根據《中國註冊會計師審計準則第 1503 號——在審計報告中增加強調事項段和其他事項段》的規定，註冊會計師在審計報告中增加強調事項段和其他事項段的前提條件是該事項未被確定為在審計報告中溝通的關鍵審計事項。

如果某事項構成關鍵審計事項，除上述導致發表非無保留意見的事項和與持續經營相關的重大不確定性之外，註冊會計師應在關鍵審計事項部分描述，而不得在強調事項段或其他事項段描述。

### 四、關鍵審計事項的溝通

《中國註冊會計師審計準則第 1151 號——與治理層的溝通》要求註冊會計師與被審計單位治理層溝通審計過程中的重大發現，包括註冊會計師對被審計單位會計實務（包括會計政策、會計估計和財務報表披露）重大方面的質量的看法以及審計過程中遇到的重大困難等，以便於治理層履行其監督財務報告過程的職責，也便於註冊會計師履行審計職責。在現行準則規範下，除非註冊會計師針對這些事項發表無保留意見，否則這部分溝通事項將不在審計報告中披露。

（1）不在審計報告中溝通某項關鍵審計事項的情形。

《中國註冊會計師審計準則第 1504 號——在審計報告中溝通關鍵審計事項》對在特殊情況下不在審計報告中溝通關鍵審計事項的情形做出了以下規範：

①法律法規禁止公開披露某事項。

②在極少數情形下，如果合理預期在審計報告中溝通某事項造成的負面後果超過在公眾利益方面產生的益處。如果被審計單位已公開披露與該事項有關的信息，則本情形不適用。

（2）如果確定不在審計報告中溝通某項關鍵審計事項，註冊會計師應當考慮取得有關法律的建議，並考慮從管理層獲取關於公開披露該事項為何不適當的書面聲

明，包括管理層對這種溝通可能帶來的負面後果的嚴重程度的看法。

### 五、關鍵審計事項的舉例

下面列舉的關鍵審計事項披露在 XYZ 會計師事務所對上市公司 ABC 公司 2019 年度財務報表出具的審計報告中。XYZ 會計師事務所在與 ABC 公司治理層溝通過的事項中，選出在執行審計工作時重點關注過的事項，又從這些重點關注過的事項中選出下述事項作為關鍵審計事項，並在審計報告中披露。

（一）案例一：商譽減值

2019 年 12 月 31 日，合併財務報表中商譽的帳面價值為 8,464,284,038.91 元。根據企業會計準則的規定，管理層必須至少每年對商譽進行減值測試。由於每個被收購的子公司都是唯一可從該次企業合併的協同效應中受益的資產組，因此形成的商譽被分配至相對應的子公司以進行減值測試。減值測試以包含商譽的資產組的可收回金額為基礎，資產組的可收回金額按照資產組的預計未來現金流量的現值與資產的公允價值減去處置費用後的淨額兩者之間較高者確定，其預計的未來現金流量以 5 年期財務預算為基礎來確定。由於商譽減值過程涉及重大判斷和估計，因此該事項對於我們的審計而言是重要的。

該事項在審計中的應對如下：

我們的審計程序已包括但不限於邀請內部評估專家評估管理層所採用的假設和方法，特別是資產組現金流量預測所用的折現率和 5 年以後的現金流量增長率。我們就所採用的現金流量預測中的未來收入和經營成果通過比照相關資產組的歷史表現以及經營發展計劃進行了特別關注。我們同時關注了對商譽減值披露的充分性。

（二）案例二：壞帳準備

截至 2019 年 12 月 31 日，如 ABC 公司財務報表所述，ABC 公司應收帳款餘額為 370,143,508.49 元，壞帳準備金額為 57,526,523.22 元，帳面價值較高。ABC 公司管理層在確定應收帳款預計可收回金額時，需要運用重大會計估計和判斷，若應收帳款不能按期收回或無法收回而發生壞帳對財務報表影響重大，為此我們確定應收帳款的壞帳準備為關鍵審計事項。

該事項在審計中的應對如下：

（1）對 ABC 公司信用政策及應收帳款管理相關內部控制的設計和運行有效性進行了評估和測試。

（2）分析 ABC 公司應收帳款壞帳準備會計估計的合理性，包括確定應收帳款組合的依據、金額重大的判斷、單獨計提壞帳準備的判斷等。

（3）分析計算 ABC 公司資產負債表日壞帳準備金額與應收帳款餘額之間的比率，比較前期壞帳準備計提數和實際發生數，分析應收帳款壞帳準備計提是否充分。

（4）通過分析 ABC 公司應收帳款的帳齡和客戶信譽情況，並執行應收帳款函證程序及檢查期後回款情況，評價應收帳款壞帳準備計提的合理性。

（5）獲取 ABC 公司壞帳準備計提表，檢查計提方法是否按照壞帳政策執行，重新計算壞帳計提金額是否準確。

### （三）案例三：使用壽命不確定的無形資產減值

2019 年 12 月 31 日，合併財務報表中使用壽命不確定的無形資產（商標權以及特許經營權）的帳面價值為 1,158,876,520.99 元。根據企業會計準則的規定，管理層必須至少每年對使用壽命不確定的無形資產進行減值測試。減值測試以單項無形資產或其所屬的資產組為基礎估計其可收回金額，無形資產或其所屬的資產組的可收回金額按照其產生的預計未來現金流量的現值與其公允價值減去處置費用後的淨額兩者之間較高者確定，其預計的未來現金流量以 5 年期財務預算為基礎來確定。由於使用壽命不確定的無形資產減值過程涉及重大判斷和估計，該事項對於我們的審計而言是重要的。

該事項在審計中的應對如下：

我們的審計程序已包括但不限於邀請內部評估專家評估管理層所採用的假設和方法，特別是單項無形資產或其所屬的資產組現金流量預測所用的折現率和 5 年以後現金流量增長率。我們就所採用的現金流量預測中的未來收入和經營成果通過比照相關單項無形資產或其所屬的資產組產生現金流量的歷史表現以及對應的產品銷售計劃進行了特別關注。我們同時關注了對使用壽命不確定的無形資產減值披露的充分性。

## 第四節　其他信息

### 一、其他信息的含義

《中國註冊會計師準則第 1521 號——註冊會計師對其他信息的責任》規定，其他信息是指註冊會計師對被審計單位年度報告中包含的除財務報表和審計報告之外的其他信息的責任，無論其他信息是財務信息還是非財務信息。

其他信息主要包括管理層或治理層的經營報告、財務數據摘要、員工情況數據、計劃的資本性支出、財務比率、董事和高級管理人員的姓名、擇要列示的季度數據。

根據其他信息的含義，我們可以總結以下幾點：

（1）其他信息首先是被審計單位以年度為基礎編製的年度報告。

（2）年度報告包含或隨附財務報表和審計報告，通常包括實體的發展，未來前景、風險和不確定事項，治理層聲明以及包含治理事項的報告等信息。

（3）其他信息不包括財務信息初步公告和證券發行文件，包括招股說明書。

### 二、註冊會計師對其他信息的責任

（一）註冊會計師應當閱讀其他信息

雖然註冊會計師對財務報表發表的審計意見不涵蓋其他信息，但是註冊會計師應當閱讀和考慮其他信息。如果其他信息與已審計財務報表存在重大不一致，或者其他信息存在對事實的重大錯報，將會影響財務報表使用者對已審計財務報表的信賴程度。因此，註冊會計師對其他信息應予以必要的關注。註冊會計師應當通過與管理層討論，確定哪些文件組成年度報告，應當就及時獲取組成年度報告的文件的最終版本與管理層做出適當安排。

註冊會計師閱讀其他信息時的考慮以下幾個方面：
（1）其他信息和財務報表之間存在重大不一致。
（2）其他信息和在審計中瞭解到的情況存在重大不一致。
（3）與以上不相關的其他信息存在重大錯報的跡象。
（二）應對措施
存在重大不一致或其他信息存在重大錯報時註冊會計師應採取相應的應對措施。如果註冊會計師識別出似乎存在重大不一致，或者知悉其他信息似乎存在重大錯報，註冊會計師應當與管理層討論該事項，必要時，執行其他程序來確定：
（1）其他信息是否存在重大錯報。
（2）財務報表是否存在重大錯報。
（3）註冊會計師對被審計單位及其環境的瞭解是否需要更新。

### 三、什麼情況下需要在審計報告中包含其他信息段

如果在審計報告日存在下列兩種情況之一，審計報告應當包括一個單獨部分，以「其他信息」為標題：
（1）對於上市實體財務報表審計，註冊會計師已獲取或預期將獲取其他信息。
（2）對於上市實體以外其他被審計單位的財務報表審計，註冊會計師已獲取部分或全部其他信息。

對於上市實體，如果識別出其他信息，註冊會計師在審計報告日無論是否獲取其他信息，都要在審計報告中披露其他信息段。對於非上市實體，無論是否識別出其他信息，註冊會計師在審計報告日未獲取其他信息，在審計報告中不披露其他信息段是不違反審計準則的。

審計報告包含的其他信息部分應當包括管理層對其他信息負責的說明。同時其他信息部分還應指明以下事項：
（1）註冊會計師於審計報告日前已獲取的其他信息。
（2）對於上市實體財務報表審計，註冊會計師預期將於審計報告日後獲取的其他信息。
（3）說明註冊會計師的審計意見未涵蓋其他信息，因此對其他信息不發表審計意見或任何形式的鑒證結論。
（4）描述註冊會計師根據審計準則的要求，對其他信息進行閱讀、考慮和報告的責任。
（5）如果在審計報告日前已經獲取其他信息，註冊會計師選擇下列兩種做法之一進行說明：第一，說明註冊會計師無任何需要報告的事項；第二，如認為其他信息存在未更正的重大錯報，說明這些未更正重大錯報。

例如，（1）上市實體半年報審計，審計報告隨附在被審計單位編製的上市公司半年報當中，雖然不是年度報告，但根據相關規定，需要披露其他信息段。
（2）上市實體重組目的的審計，如註冊會計師在季報公告之後對被審計單位1~9月財務報表出具審計報告，該審計報告並未隨附於企業公告的季報當中，該季報不屬於審計準則定義的「年度報告」，註冊會計師無需在審計報告中披露其他信息段。

（3）上市實體收購標的公司的審計，如註冊會計師對標的公司一年一期財務報表出具審計報告，審計報告單獨披露，標的公司並未編製與已審計的一年一期財務報告相配套的「年度報告」，雖然按照相關規定註冊會計師應在審計報告中披露關鍵審計事項段，但無需披露其他信息段。

（4）IPO審計，如前所述，招股說明書不是審計準則規範的其他信息，IPO審計報告無需披露其他信息段。

### 四、具體舉例

當註冊會計師在審計報告日前已獲取所有其他信息，且未識別出其他信息存在重大錯報時，適用於任何被審計單位，無論是上市實體還是非上市實體的無保留意見審計報告。

審計報告

ABC股份有限公司全體股東：

一、對財務報表審計的報告

（一）審計意見（略）

（二）形成審計意見的基礎（略）

（三）關鍵審計事項（略）

（四）其他信息

管理層對其他信息負責。其他信息包括年度報告中涵蓋的信息，但不包括財務報表和我們的審計報告。

我們對財務報表發表的審計意見不涵蓋其他信息，我們也不對其他信息發表任何形式的鑒證結論。

結合我們對財務報表的審計，我們的責任是閱讀其他信息，在此過程中，考慮其他信息是否與財務報表或我們在審計過程中瞭解到的情況存在重大不一致或者似乎存在重大錯報。基於我們已執行的工作，如果我們確定其他信息存在重大錯報，我們應當報告該事實。在這方面，我們無任何事項需要報告。

（五）管理層和治理層對財務報表的責任（略）

（六）註冊會計師對財務報表審計的責任（略）

二、按照相關法律和監管的要求報告的事項

|  |  |
|---|---|
| ××會計師事務所 | 中國註冊會計師：××× |
| （蓋章） | （簽名並蓋章） |
|  | 中國註冊會計師：××× |
|  | （簽名並蓋章） |
| 中國××市 | 二〇一九年×月×日 |

## 第五節　審計意見的形成與審計報告的分類

### 一、審計意見的形成

註冊會計師應當就財務報表是否在所有重大方面按照適用的財務報告編製基礎編製並形成審計意見。為了形成審計意見，註冊會計師應該針對財務報表整體（不是部分），去判斷財務報表是否不存在由於舞弊或錯誤導致的重大錯報，註冊會計師應當得出結論，並確定是否已就此獲取合理保證。

在形成審計結論、發表審計意見時，註冊會計師應當從以下幾個方面考慮發表的審計意見是否恰當：

（1）按照《中國註冊會計師審計準則第1231號——針對評估的重大錯報風險採取的應對措施》的規定，是否已獲取充分、適當的審計證據。

（2）按照《中國註冊會計師審計準則第1251號——評價審計過程中識別出的錯報》的規定，未更正錯報單獨或匯總起來是否構成重大錯報，是否超過重要性水準。

（3）評價財務報表是否在所有重大方面按照適用的財務報告編製基礎編製，評價財務報表編製的合規性。

（4）評價財務報表是否實現公允反應。

（5）評價財務報表是否恰當提及或說明適用的財務報告編製基礎。財務報表的編製要符合適用的財務報告的編製基礎。

### 二、審計報告的分類

從大類上審計報告分為無保留意見的審計報告和非無保留意見的審計報告。

無保留意見的審計報告是指當註冊會計師認為財務報表在所有重大方面都按照適用的財務報告編製基礎編製並實現公允反應時發表的審計意見。

非無保留意見的審計報告包括保留意見的審計報告、否定意見的審計報告和無法表示意見的審計報告。

無保留意見的審計報告的參考格式如下：

審計報告

ABC 股份有限公司全體股東：

（一）審計意見

我們審計了後附的 ABC 股份有限公司（以下簡稱 ABC 公司）的財務報表，包括 2019 年 12 月 31 日的資產負債表、2019 年度的利潤表、股東權益變動表和現金流量表以及財務報表附註。

我們認為，後附的財務報表在所有重大方面都按照企業會計準則的規定編製，公允反應了 ABC 公司 2019 年 12 月 31 日的財務狀況以及 2019 年度的經營成果和現金流量。

（二）形成審計意見的基礎

我們按照中國註冊會計師審計準則的規定執行了審計工作。審計報告的「註冊會計師對財務報表審計的責任」部分進一步闡述了我們在這些準則下的責任。按照中國註冊會計師職業道德守則的要求，我們獨立於 ABC 公司，並履行了職業道德方面的其他責任。我們相信，我們獲取的審計證據是充分、適當的，為發表審計意見提供了基礎。

（三）關鍵審計事項

關鍵審計事項是根據我們的職業判斷，認為對本期財務報表審計最為重要的事項。這些事項是在對財務報表整體進行審計並形成意見的背景下進行處理的，我們不對這些事項提供單獨的意見。

（按照《中國註冊會計師審計準則第 1504 號——在審計報告中溝通關鍵審計事項》的規定描述每一關鍵審計事項。）

（四）其他信息

管理層對其他信息負責。其他信息包括年度報告中涵蓋的信息，但不包括財務報表和我們的審計報告。

我們對財務報表發表的審計意見不涵蓋其他信息，我們也不對其他信息發表任何形式的鑑證結論。

結合我們對財務報表的審計，我們的責任是閱讀其他信息，在此過程中，考慮其他信息是否與財務報表或我們在審計過程中瞭解到的情況存在重大不一致或者似乎存在重大錯報。基於我們已執行的工作，如果我們確定其他信息存在重大錯報，我們應當報告該事實。在這方面，我們無任何事項需要報告。

（五）管理層和治理層對財務報表的責任

管理層負責按照企業會計準則的規定編製財務報表，使其實現公允反應，並設計、執行和維護必要的內部控制，以使財務報表不存在由於舞弊或錯誤導致的重大錯報。

在編製財務報表時，管理層負責評估 ABC 公司的持續經營能力，披露與持續經營相關的事項（如適用），並運用持續經營假設，除非計劃清算 ABC 公司、停止營運或別無其他現實的選擇。

治理層負責監督 ABC 公司的財務報告過程。

（六）註冊會計師對財務報表審計的責任

我們的目標是對財務報表整體是否不存在由於舞弊或錯誤導致的重大錯報獲取合理保證，並出具包含審計意見的審計報告。合理保證是高水準的保證，但並不能保證按照審計準則執行的審計在某一重大錯報存在時總能發現。錯報可能由於舞弊或錯誤導致，如果合理預期錯報單獨或匯總起來可能影響財務報表使用者依據財務報表做出的經濟決策，則通常認為錯報是重大的。

在按照審計準則執行審計的過程中，我們運用了職業判斷，保持了職業懷疑。我們同時：

　　（1）識別和評估由於舞弊或錯誤導致的財務報表重大錯報風險；對這些風險有針對性地設計和實施審計程序；獲取充分、適當的審計證據，作為發表審計意見的基礎。由於舞弊可能涉及串通、偽造、故意遺漏、虛假陳述或凌駕於內部控制之上，未能發現由於舞弊導致的重大錯報的風險高於未能發現由於錯誤導致的重大錯報的風險。

　　（2）瞭解與審計相關的內部控制，以設計恰當的審計程序，但目的並非對內部控制的有效性發表意見。

　　（3）評價管理層選用會計政策的恰當性和做出會計估計及相關披露的合理性。

　　（4）對管理層使用持續經營假設的恰當性得出結論。我們根據獲取的審計證據，就可能導致對 ABC 公司持續經營能力產生重大疑慮的事項或情況是否存在重大不確定性得出結論。如果我們得出結論認為存在重大不確定性，審計準則要求我們在審計報告中提請報表使用者注意財務報表中的相關披露；如果披露不充分，我們應當發表非無保留意見。我們的結論基於審計報告日可獲得的信息。然而，未來的事項或情況可能導致 ABC 公司不能持續經營。

　　（5）評價財務報表的總體列報、結構和內容（包括披露），並評價財務報表是否公允反應相關交易和事項。

　　我們與治理層就計劃的審計範圍、時間安排和重大審計發現（包括我們在審計中識別的值得關注的內部控制缺陷）等事項進行溝通。

　　我們還就遵守關於獨立性的相關職業道德要求向治理層提供聲明，並就可能被合理認為影響我們獨立性的所有關係和其他事項以及相關的防範措施（如適用）與治理層進行溝通。

　　從與治理層溝通的事項中，我們確定哪些事項對本期財務報表審計最為重要，因而構成關鍵審計事項。我們在審計報告中描述這些事項，除非法律法規禁止公開披露這些事項，或者在極其罕見的情形下，如果合理預期在審計報告中溝通某事項造成的負面後果超過在公眾利益方面產生的益處，我們確定不應在審計報告中溝通該事項。

　　××會計師事務所　　　　　中國註冊會計師：×××（簽名並蓋章）
　　　　（蓋章）　　　　　　　中國註冊會計師：×××（簽名並蓋章）
　　中國××市　　　　　　　　　　　　二〇二〇年二月一日

## 第六節　非無保留意見的審計報告

### 一、非無保留意見

保留意見、否定意見或無法表示意見統稱為非無保留意見。

當存在下列情形之一時，註冊會計師應當在審計報告中發表非無保留意見：

（1）根據獲取的審計證據，得出財務報表整體存在重大錯報的結論，可能導致出具保留意見或否定意見，主要看其影響是否廣泛。

（2）無法獲取充分、適當的審計證據，不能得出財務報表整體不存在重大錯報的結論，可能導致註冊會計師出具保留意見或無法表示意見，同樣也是看其影響是否廣泛。

下列情形可能導致註冊會計師無法獲取充分、適當的審計證據，也稱為審計範圍受到限制：

（1）超出被審計單位控制的情形，如會計記錄被毀損或會計記錄被無限期查封。

（2）與註冊會計師工作的性質或時間安排相關的情形。例如，被審計單位屬於高度自動化企業，審計證據的收集依賴於內部控制的有效性，僅實施實質性程序不能獲取到充分的審計證據，但被審計單位的內部控制卻無法信賴。

（3）管理層施加限制的情形及管理層不配合或積極阻撓相關審計程序的實施。例如，管理層找諸多理由不讓註冊會計師去實施存貨監盤。

表16-3列示了導致發生非無保留意見的事項的性質和這些事項對財務報表影響的廣泛性以及註冊會計師發表審計報告的類型。

表16-3　非無保留意見

| 導致發生非無保留意見的事項的性質 | 這些事項對財務報表產生或可能產生影響的廣泛性 ||
|---|---|---|
| | 重大但不具有廣泛性 | 重大且具有廣泛性 |
| 財務報表存在重大錯報 | 保留意見 | 否定意見 |
| 無法獲取充分、適當的審計證據 | 保留意見 | 無法表示意見 |

### 二、保留意見

（一）出具保留意見的情形

（1）註冊會計師根據獲取的審計證據，得出財務報表整體存在重大錯報的結論，但其影響不具有廣泛性時出具保留意見。

（2）註冊會計師無法獲取充分、適當的審計證據，不能得出財務報表整體不存在重大錯報的結論，影響不具有廣泛性時出具保留意見。

（二）出具保留意見的舉例

1. 因未調整事項而發表保留意見的審計報告

例如，經審計，我們發現貴公司20××年12月預付的下年度財產保險費××元，

全部作為當期費用處理。我們認為，按照企業會計準則的規定，預付的財產保險費應作為待攤費用處理，但貴公司未接受我們的意見。該事項使貴公司20××年12月31日資產負債表的流動資產減少××元，該年度利潤表的淨利潤減少××元。

2. 因審計範圍受到限制而發表保留意見的審計報告

例如，在審計過程中，由於我們無法利用滿意的審計程序證實期初存貨數量和價值，期初存貨的某些調整將影響該年度的淨利潤。

3. 因不符合一貫性原則的事項而發表保留意見的審計報告

經審計，我們發現貴公司在該年度內對原材料計價採用先進先出法，而上年度採用的是後進先出法。上述存貨計價方法的變更，致使貴公司該年度淨利潤增加××萬元。

（三）出具保留意見的審計報告的格式

由於財務報表存在重大錯報而發表保留意見時，註冊會計師應當根據適用的財務報告編製基礎在審計意見段中說明。註冊會計師認為，除了導致保留意見的事項段所述事項產生的影響外，財務報表在所有重大方面按照適用的財務報告編製基礎編製，並實現公允反應。審計報告中要新增一個「形成保留意見的基礎」段，說明導致保留意見的事項；同時，該意見段要緊跟審計意見段。保留意見的審計報告的參考格式如下：

審計報告

ABC 股份有限公司全體股東：

（一）保留意見

我們審計了後附的 ABC 股份有限公司（以下簡稱 ABC 公司）的財務報表，包括 2019 年 12 月 31 日的資產負債表，2019 年度的利潤表、股東權益變動表和現金流量表以及財務報表附註。

我們認為，除「形成保留意見的基礎」部分所述事項可能產生的影響外，後附的 ABC 公司的財務報表在所有重大方面都按照企業會計準則的規定編製，公允反應了 ABC 公司 2019 年 12 月 31 日的財務狀況以及 2019 年度的經營成果和合併現金流量。

（二）形成保留意見的基礎

ABC 公司海外項目應收帳款壞帳準備的計提如財務報表附註××所述，ABC 公司對與海外項目相關的應收帳款按帳齡組合計提壞帳準備。2018 年 12 月 31 日，該項應收帳款帳面餘額為 484,945.82 萬元，計提壞帳準備 87,254.62 萬元。該項應收帳款形成與買方信貸模式有關，款項的收回取決於 ABC 公司的擔保能力。我們未能獲取管理層對該款項單項進行減值測試的測試記錄及相關資料，無法預估 ABC 公司在何時具有買方信貸模式下的擔保能力。因此，我們無法確認與海外項目相關應收帳款的壞帳準備計提是否充分，亦無法確定是否有必要做出調整建議以及無法確定應調整的金額。

我們按照中國註冊會計師審計準則的規定執行了審計工作。審計報告的「註冊會計師對財務報表審計的責任」部分進一步闡述了我們在這些準則下的責任。按照中國註冊會計師職業道德守則的要求，我們獨立於 ABC 公司，並履行了職業道德方面的其他責任。我們相信，我們獲取的審計證據是充分、適當的，為發表審計意見提供了基礎。

（三）關鍵審計事項

關鍵審計事項是根據我們的職業判斷，認為對本期財務報表審計最為重要的事項。這些事項是在對財務報表整體進行審計並形成意見的背景下進行處理的，我們不對這些事項提供單獨的意見。

（按照《中國註冊會計師審計準則第 1504 號——在審計報告中溝通關鍵審計事項》的規定描述每一關鍵審計事項。）

（四）其他信息

管理層對其他信息負責。其他信息包括年度報告中涵蓋的信息，但不包括財務報表和我們的審計報告。

我們對財務報表發表的審計意見不涵蓋其他信息，我們也不對其他信息發表任何形式的鑒證結論。

結合我們對財務報表的審計，我們的責任是閱讀其他信息，在此過程中，考慮其他信息是否與財務報表或我們在審計過程中瞭解到的情況存在重大不一致或者似乎存在重大錯報。基於我們已執行的工作，如果我們確定其他信息存在重大錯報，我們應當報告該事實。在這方面，我們無任何事項需要報告。

（五）管理層和治理層對財務報表的責任

管理層負責按照企業會計準則的規定編製財務報表，使其實現公允反應，並設計、執行和維護必要的內部控制，以使財務報表不存在由於舞弊或錯誤導致的重大錯報。

在編製財務報表時，管理層負責評估 ABC 公司的持續經營能力，披露與持續經營相關的事項（如適用），並運用持續經營假設，除非計劃清算 ABC 公司、停止營運或別無其他現實的選擇。

治理層負責監督 ABC 公司的財務報告過程。

（六）註冊會計師對財務報表審計的責任

我們的目標是對財務報表整體是否不存在由於舞弊或錯誤導致的重大錯報獲取合理保證，並出具包含審計意見的審計報告。合理保證是高水準的保證，但並不能保證按照審計準則執行的審計在某一重大錯報存在時總能發現。錯報可能由於舞弊或錯誤導致，如果合理預期錯報單獨或匯總起來可能影響財務報表使用者依據財務報表做出的經濟決策，則通常認為錯報是重大的。

在按照審計準則執行審計的過程中，我們運用了職業判斷，保持了職業懷疑。我們同時：

（1）識別和評估由於舞弊或錯誤導致的財務報表重大錯報風險；對這些風險有針對性地設計和實施審計程序；獲取充分、適當的審計證據，作為發表審計意見的

基礎。由於舞弊可能涉及串通、偽造、故意遺漏、虛假陳述或凌駕於內部控制之上，未能發現由於舞弊導致的重大錯報的風險高於未能發現由於錯誤導致的重大錯報的風險。

（2）瞭解與審計相關的內部控制，以設計恰當的審計程序，但目的並非對內部控制的有效性發表意見。

（3）評價管理層選用會計政策的恰當性和做出會計估計及相關披露的合理性。

（4）對管理層使用持續經營假設的恰當性得出結論。我們根據獲取的審計證據，就可能導致對 ABC 公司持續經營能力產生重大疑慮的事項或情況是否存在重大不確定性得出結論。如果我們得出結論認為存在重大不確定性，審計準則要求我們在審計報告中提請報表使用者注意財務報表中的相關披露；如果披露不充分，我們應當發表非無保留意見。我們的結論基於審計報告日可獲得的信息。然而，未來的事項或情況可能導致 ABC 公司不能持續經營。

（5）評價財務報表的總體列報、結構和內容（包括披露），並評價財務報表是否公允反應相關交易和事項。

我們與治理層就計劃的審計範圍、時間安排和重大審計發現（包括我們在審計中識別的值得關注的內部控制缺陷）等事項進行溝通。

我們還就遵守關於獨立性的相關職業道德要求向治理層提供聲明，並就可能被合理認為影響我們獨立性的所有關係和其他事項以及相關的防範措施（如適用）與治理層進行溝通。

從與治理層溝通的事項中，我們確定哪些事項對本期財務報表審計最為重要，因而構成關鍵審計事項。我們在審計報告中描述這些事項，除非法律法規禁止公開披露這些事項，或者在極其罕見的情形下，如果合理預期在審計報告中溝通某事項造成的負面後果超過在公眾利益方面產生的益處，我們確定不應在審計報告中溝通該事項。

　　××會計師事務所　　　　　　　中國註冊會計師：×××（簽名並蓋章）
　　　　（蓋章）　　　　　　　　　中國註冊會計師：×××（簽名並蓋章）
　　　中國××市　　　　　　　　　　　　　　二〇二〇年二月一日

## 三、否定意見

（一）出具否定意見的情形

註冊會計師根據獲取的審計證據，得出財務報表整體存在重大錯報的結論。其影響具有廣泛性時，註冊會計師出具否定意見的審計報告。

當發表否定意見時，註冊會計師應當根據適用的財務報告編製基礎在審計意見段中說明，註冊會計師認為，由於導致否定意見的事項段所述事項的重要性，財務報表沒有在所有重大方面按照適用的財務報告編製基礎編製，未能實現公允反應。

《中國註冊會計師審計準則第 1324 號——持續經營》中明確說明：如果財務報

表已在持續經營基礎上編製，但根據判斷認為管理層在財務報表中運用持續經營假設是不適當的，註冊會計師應當發表否定意見。

（二）出具否定意見的舉例

會計處理方法嚴重違反企業會計準則和國家其他有關財務會計法規的規定，被審計單位拒絕進行調整。

例如，2019年12月ABC公司旗下全資子公司A開發有限公司支付B開發有限公司××元，資產去向不明，該事項經實質控制人審批支付，未經董事會、股東大會審批，A開發有限公司實質控制人凌駕於內部控制之上。

會計報表嚴重歪曲了被審計單位的財務狀況、經營成果和現金流量情況，被審計單位拒絕進行調整。

經審計，我們發現貴公司欠付銀行××元的貸款利息應計提入帳。我們提出了調整意見，但貴公司拒絕採納。

（三）出具否定意見的審計報告的格式

由於財務報表存在重大錯報而發表否定意見時，註冊會計師應當根據適用的財務報告編製基礎在審計意見段中說明。註冊會計師認為，被審計單位的財務報表出現了重大錯報，沒有在所有重大方面按照適用的財務報告編製基礎編製，沒有使其公允反應。審計報告中要新增一個「形成否定意見的基礎」段，說明導致否定意見的事項；同時，該意見段要緊跟審計意見段。否定意見的審計報告的參考格式如下：

審計報告

ABC股份有限公司全體股東：

（一）否定意見

我們審計了後附的ABC股份有限公司（以下簡稱ABC公司）的財務報表，包括2019年12月31日的資產負債表，2019年度的利潤表、股東權益變動表和現金流量表以及財務報表附註。

我們認為，由於「形成否定意見的基礎」部分所述事項的重要性，後附的ABC公司的財務報表沒有在所有重大方面按照企業會計準則的規定編製，未能公允反應ABC公司2019年12月31日的財務狀況以及2019年度的經營成果和現金流量。

（二）形成否定意見的基礎

經審計，我們發現ABC公司的資產負債表未反應聯營企業的投資，金額共計××萬元，在利潤表上也未反應相應的投資收益。我們認為，這種會計處理方法違反企業會計準則和企業會計制度的規定。我們提出了調整意見，貴公司拒絕採納。

我們按照中國註冊會計師審計準則的規定執行了審計工作。審計報告的「註冊會計師對財務報表審計的責任」部分進一步闡述了我們在這些準則下的責任。按照中國註冊會計師職業道德守則的要求，我們獨立於ABC公司，並履行了職業道德方面的其他責任。我們相信，我們獲取的審計證據是充分、適當的，為發表審計意見提供了基礎。

（三）關鍵審計事項

關鍵審計事項是根據我們的職業判斷，認為對本期財務報表審計最為重要的事項。這些事項是在對財務報表整體進行審計並形成意見的背景下進行處理的，我們不對這些事項提供單獨的意見。

（按照《中國註冊會計師審計準則第 1504 號——在審計報告中溝通關鍵審計事項》的規定描述每一關鍵審計事項。）

（四）其他信息

管理層對其他信息負責。其他信息包括年度報告中涵蓋的信息，但不包括財務報表和我們的審計報告。

我們對財務報表發表的審計意見不涵蓋其他信息，我們也不對其他信息發表任何形式的鑒證結論。

結合我們對財務報表的審計，我們的責任是閱讀其他信息，在此過程中，考慮其他信息是否與財務報表或我們在審計過程中瞭解到的情況存在重大不一致或者似乎存在重大錯報。基於我們已執行的工作，如果我們確定其他信息存在重大錯報，我們應當報告該事實。在這方面，我們無任何事項需要報告。

（五）管理層和治理層對財務報表的責任

管理層負責按照企業會計準則的規定編製財務報表，使其實現公允反應，並設計、執行和維護必要的內部控制，以使財務報表不存在由於舞弊或錯誤導致的重大錯報。

在編製財務報表時，管理層負責評估 ABC 公司的持續經營能力，披露與持續經營相關的事項（如適用），並運用持續經營假設，除非計劃清算 ABC 公司、停止營運或別無其他現實的選擇。

治理層負責監督 ABC 公司的財務報告過程。

（六）註冊會計師對財務報表審計的責任

我們的目標是對財務報表整體是否不存在由於舞弊或錯誤導致的重大錯報獲取合理保證，並出具包含審計意見的審計報告。合理保證是高水準的保證，但並不能保證按照審計準則執行的審計在某一重大錯報存在時總能發現。錯報可能由於舞弊或錯誤導致，如果合理預期錯報單獨或匯總起來可能影響財務報表使用者依據財務報表做出的經濟決策，則通常認為錯報是重大的。

在按照審計準則執行審計的過程中，我們運用了職業判斷，保持了職業懷疑。我們同時：

（1）識別和評估由於舞弊或錯誤導致的財務報表重大錯報風險；對這些風險有針對性地設計和實施審計程序；獲取充分、適當的審計證據，作為發表審計意見的基礎。由於舞弊可能涉及串通、偽造、故意遺漏、虛假陳述或凌駕於內部控制之上，未能發現由於舞弊導致的重大錯報的風險高於未能發現由於錯誤導致的重大錯報的風險。

（2）瞭解與審計相關的內部控制，以設計恰當的審計程序，但目的並非對內部控制的有效性發表意見。

（3）評價管理層選用會計政策的恰當性和做出會計估計及相關披露的合理性。

（4）對管理層使用持續經營假設的恰當性得出結論。我們根據獲取的審計證據，就可能導致對 ABC 公司持續經營能力產生重大疑慮的事項或情況是否存在重大不確定性得出結論。如果我們得出結論認為存在重大不確定性，審計準則要求我們在審計報告中提請報表使用者注意財務報表中的相關披露；如果披露不充分，我們應當發表非無保留意見。我們的結論基於審計報告日可獲得的信息。然而，未來的事項或情況可能導致 ABC 公司不能持續經營。

（5）評價財務報表的總體列報、結構和內容（包括披露），並評價財務報表是否公允反應相關交易和事項。

我們與治理層就計劃的審計範圍、時間安排和重大審計發現（包括我們在審計中識別的值得關注的內部控制缺陷）等事項進行溝通。

我們還就遵守關於獨立性的相關職業道德要求向治理層提供聲明，並就可能被合理認為影響我們獨立性的所有關係和其他事項以及相關的防範措施（如適用）與治理層進行溝通。

從與治理層溝通的事項中，我們確定哪些事項對本期財務報表審計最為重要，因而構成關鍵審計事項。我們在審計報告中描述這些事項，除非法律法規禁止公開披露這些事項，或者在極其罕見的情形下，如果合理預期在審計報告中溝通某事項造成的負面後果超過在公眾利益方面產生的益處，我們確定不應在審計報告中溝通該事項。

|  |  |
| --- | --- |
| ××會計師事務所 | 中國註冊會計師：×××（簽名並蓋章） |
| （蓋章） | 中國註冊會計師：×××（簽名並蓋章） |
| 中國××市 | 二〇二〇年二月一日 |

### 四、無法表示意見

（一）出具無法表示意見的情形

註冊會計師無法獲取充分、適當的審計證據，不能得出財務報表整體不存在重大錯報的結論，同時影響具有廣泛性時，應出具無法表示意見的審計報告。

由於無法獲取充分、適當的審計證據而發表無法表示意見時，註冊會計師應當在審計意見段中說明，由於導致無法表示意見的事項段所述事項的重要性，註冊會計師無法獲取充分、適當的審計證據以為其發表審計意見提供基礎，因此，註冊會計師無法對這些財務報表發表審計意見。例如，註冊會計師要對存貨實施監盤審計程序，但因為某些不可抗因素導致存貨無法實施監盤，也無法實施替代性的審計程序，註冊會計師不能獲取到存貨充分、適當的審計證據，應該視為審計範圍受限，發表無法表示意見。

《中國註冊會計師審計準則第 1101 號——註冊會計師的總體目標和審計工作的

基本要求》要求在任何情況下，如果不能獲取合理保證，並且在審計報告中發表保留意見也不足以實現向財務報表預期使用者報告的目的，註冊會計師應當按照審計準則的規定出具無法表示意見的審計報告，或者在法律法規允許的情況下終止審計業務或解除業務約定。

《中國註冊會計師審計準則第 1311 號——對存貨、訴訟和索賠、分部信息等特定項目獲取審計證據的具體考慮》規定，如果評估識別出的訴訟或索賠事項存在重大錯報風險，或者實施的審計程序表明可能存在其他重大訴訟或索賠事項，註冊會計師除實施其他審計準則規定的審計程序外，還應當尋求與被審計單位外部法律顧問進行直接溝通。註冊會計師應當通過親自寄發由管理層編製的詢證函，要求外部法律顧問直接與註冊會計師溝通。如果法律法規禁止被審計單位外部法律顧問與註冊會計師進行直接溝通，註冊會計師應當實施替代審計程序。

如果管理層不同意註冊會計師與外部法律顧問溝通或會面，或者外部法律顧問拒絕對詢證函恰當回復或被禁止回復，並且註冊會計師無法通過實施替代審計程序獲取充分、適當的審計證據，註冊會計師應當在審計報告中發表無法表示意見。

（二）出具無法表示意見審計報告的格式

審計報告中要新增一個「無法表示意見」段，說明導致無法表示意見的事項；同時，該意見段要緊跟審計意見段。無法表示意見的審計報告的參考格式如下：

審計報告

ABC 股份有限公司全體股東：

（一）無法表示意見

我們接受業務委託，審計了 ABC 股份有限公司（以下簡稱 ABC 公司）的財務報表，包括 2019 年 12 月 31 日的資產負債表、2019 年度的利潤表、股東權益變動表和現金流量表以及財務報表附註。

我們不對後附的公司財務報表發表審計意見。由於「形成無法表示意見的基礎」部分所述事項的重要性，我們無法獲取充分、適當的審計證據以作為發表審計意見的基礎。

（二）形成無法表示意見的基礎

我們於 2019 年接受 ABC 公司的委託審計，因而未能對 ABC 公司 2018 年年初金額為×萬元的存貨和年末金額為×萬元的存貨實施存貨監盤程序。此外，我們也無法實施替代審計程序獲取充分、適當的審計證據。ABC 公司於 2018 年 9 月採用新的應收帳款電算化系統，由於存在系統缺陷導致應收帳款出現大量錯誤。截至報告日，管理層還在糾正系統缺陷並更正錯誤，我們也無法實施替代審計程序。我們無法對截至 2018 年 12 月 31 日的應收帳款總金額為×萬元獲取充分、適當的審計證據。因此，我們無法確定是否有必要對存貨、應收帳款以及財務報表其他項目做出調整，也無法確定應調整的金額。

（三）關鍵審計事項

關鍵審計事項是根據我們的職業判斷，認為對本期財務報表審計最為重要的事項。這些事項是在對財務報表整體進行審計並形成意見的背景下進行處理的，我們

不對這些事項提供單獨的意見。

（按照《中國註冊會計師審計準則第 1504 號——在審計報告中溝通關鍵審計事項》的規定描述每一關鍵審計事項。）

（四）其他信息

管理層對其他信息負責。其他信息包括年度報告中涵蓋的信息，但不包括財務報表和我們的審計報告。

我們對財務報表發表的審計意見不涵蓋其他信息，我們也不對其他信息發表任何形式的鑒證結論。

結合我們對財務報表的審計，我們的責任是閱讀其他信息，在此過程中，考慮其他信息是否與財務報表或我們在審計過程中瞭解到的情況存在重大不一致或者似乎存在重大錯報。基於我們已執行的工作，如果我們確定其他信息存在重大錯報，我們應當報告該事實。在這方面，我們無任何事項需要報告。

（五）管理層和治理層對財務報表的責任

管理層負責按照企業會計準則的規定編製財務報表，使其實現公允反應，並設計、執行和維護必要的內部控制，以使財務報表不存在由於舞弊或錯誤導致的重大錯報。

在編製財務報表時，管理層負責評估 ABC 公司的持續經營能力，披露與持續經營相關的事項（如適用），並運用持續經營假設，除非計劃清算 ABC 公司、停止營運或別無其他現實的選擇。治理層負責監督 ABC 公司的財務報告過程。

（六）註冊會計師對財務報表審計的責任

我們的目標是對財務報表整體是否不存在由於舞弊或錯誤導致的重大錯報獲取合理保證，並出具包含審計意見的審計報告。合理保證是高水準的保證，但並不能保證按照審計準則執行的審計在某一重大錯報存在時總能發現。錯報可能由於舞弊或錯誤導致，如果合理預期錯報單獨或匯總起來可能影響財務報表使用者依據財務報表做出的經濟決策，則通常認為錯報是重大的。

在按照審計準則執行審計的過程中，我們運用了職業判斷，保持了職業懷疑。我們同時：

（1）識別和評估由於舞弊或錯誤導致的財務報表重大錯報風險；對這些風險有針對性地設計和實施審計程序；獲取充分、適當的審計證據，作為發表審計意見的基礎。由於舞弊可能涉及串通、偽造、故意遺漏、虛假陳述或凌駕於內部控制之上，未能發現由於舞弊導致的重大錯報的風險高於未能發現由於錯誤導致的重大錯報的風險。

（2）瞭解與審計相關的內部控制，以設計恰當的審計程序，但目的並非對內部控制的有效性發表意見。

（3）評價管理層選用會計政策的恰當性和做出會計估計及相關披露的合理性。

（4）對管理層使用持續經營假設的恰當性得出結論。我們根據獲取的審計證據，就可能導致對 ABC 公司持續經營能力產生重大疑慮的事項或情況是否存在重大不確定性得出結論。如果我們得出結論認為存在重大不確定性，審計準則要求我們

在審計報告中提請報表使用者注意財務報表中的相關披露；如果披露不充分，我們應當發表非無保留意見。我們的結論基於審計報告日可獲得的信息。然而，未來的事項或情況可能導致 ABC 公司不能持續經營。

（5）評價財務報表的總體列報、結構和內容（包括披露），並評價財務報表是否公允反應相關交易和事項。

我們與治理層就計劃的審計範圍、時間安排和重大審計發現（包括我們在審計中識別的值得關注的內部控制缺陷）等事項進行溝通。

我們還就遵守關於獨立性的相關職業道德要求向治理層提供聲明，並就可能被合理認為影響我們獨立性的所有關係和其他事項以及相關的防範措施（如適用）與治理層進行溝通。

從與治理層溝通的事項中，我們確定哪些事項對本期財務報表審計最為重要，因而構成關鍵審計事項。我們在審計報告中描述這些事項，除非法律法規禁止公開披露這些事項，或者在極其罕見的情形下，如果合理預期在審計報告中溝通某事項造成的負面後果超過在公眾利益方面產生的益處，我們確定不應在審計報告中溝通該事項。

××會計師事務所　　　　　中國註冊會計師：×××（簽名並蓋章）
　　（蓋章）　　　　　　　中國註冊會計師：×××（簽名並蓋章）
中國××市　　　　　　　　二〇二〇年二月一日

# 第七節　審計報告中的強調事項段和其他事項段

包含其他報告責任段，但不含有強調事項段或其他事項段的無保留意見的審計報告也被視為標準審計報告。強調事項段和其他事項段的目的都是提醒相關財務報表的使用人，關注財務表中已披露的事項（對閱讀財務報表十分重要的信息）和財務報表中未披露的事項（該事項能夠幫助財務報表的使用人理解審計工作、註冊會計師的責任和其他事項等）。

**一、增加強調事項段的情形**

強調事項段是指審計報告中含有的一個段落，該段落提及已在財務報表中恰當列報或披露的事項。根據註冊會計師的判斷，該事項對使用者理解財務報表至關重要。強調事項段關注的內容在財務報表的列報和披露部分。在審計報告中，如果出現需要強調的事項，註冊會計師在形成審計意見之後，應當用一個獨立的段落去描述。已經發表的審計意見不會因為強調事項段而發生改變。一般出現以下幾種情況時，註冊會計師會增加強調事項段：

（1）被審計單位發生了重大的不確定性事項，如異常訴訟或監管行動並且未來

結果存在較大的不確定性。

（2）在法律法規允許的情況下，提前應用對財務報表有廣泛影響的新會計準則，導致被審計單位存在較大的不穩定性。

（3）存在已經或持續對被審計單位財務狀況產生重大影響的特大災難，並影響被審計單位的持續經營。

審計準則中對以下內容明確規定應該在強調事項段部分進行說明：

《中國註冊會計師審計準則第 1111 號——就審計業務約定條款達成一致意見》要求，如果被審計單位的財務報告編製基礎不可接受，為了避免財務報告的使用人對財務報表產生誤導，管理層應在財務報表中做出額外披露。註冊會計師會在審計報告中增加強調事項段，以提醒使用者關注額外的披露。

《中國註冊會計師審計準則第 1324 號——持續經營》要求，如果被審計單位出現了影響持續經營的事項，註冊會計師應該在財務報表附註中做出充分的披露，同時可能導致註冊會計師發表無保留意見。註冊會計師在審計報告中應增加強調事項段，強調可能導致對持續經營能力產生重大疑慮的事項或情況存在重大不確定性的事實，並提醒財務報表使用者關注財務報表附註。

《中國註冊會計師審計準則第 1332 號——期後事項》要求，如果因為某種原因註冊會計師出具了新的或經修改的審計報告，在強調事項段或其他事項段中說明註冊會計師對期後事項實施的審計程序僅限於財務報表相關附註所述的修改。

註冊會計師應當在新的或經修改的審計報告中增加強調事項段或其他事項段，提醒財務報表使用者關注財務報表附註中有關修改原財務報表的詳細原因和註冊會計師提供的原審計報告。

《中國註冊會計師審計準則第 1601 號——對按照特殊目的編製基礎編製的財務報表審計的特殊考慮》要求，註冊會計師對特殊目的編製的財務報表出具的審計報告應當增加強調事項段或其他事項段，提醒財務報表的使用人關注財務報表附註中有關修改原財務報表的詳細原因和註冊會計師提供的原審計報告。

以下列舉了不同情形下帶強調事項段的具體實例：

情況一：

我們提醒財務報表使用者關注，如財務報表附註所述，A 公司在 2019 年發生虧損 3,000 萬元，在 2019 年 12 月 31 日，流動負債高於資產總額 2,000 萬元。A 公司已在財務報表附註充分披露了擬採取的改善措施，但其持續經營能力仍然存在重大不確定性。本段內容不影響已發表的審計報告意見類型。

情況二：

我們提醒財務報表使用者關注，如財務報表附註所述，截至財務報表批准日，XYZ 公司對 ABC 公司提出的訴訟尚在審理中，其結果具有不確定性。本段內容不影響已發表的審計意見。

情況三：

我們提醒財務報表使用者關注，如 A 集團公司財務報表附註二「財務報表的編製基礎」和附註十四「其他重要事項」所述，A 集團公司 2019 年度的財務報表編製基礎——持續經營假設截至本報告日仍具有不確定性。由於面臨嚴重債務危機，

2019 年 11 月 16 日，A 集團公司被債權人向法院申請破產重整，並被法院依法宣告進入破產重整程序，我們也因為 A 集團公司 2017 年和 2018 年嚴重的債務危機與經營狀況使其持續經營存在重大不確定性以及審計範圍受限等原因對 A 集團公司 2017 年和 2018 年度財務報表出具了無法表示意見的審計報告。2019 年 12 月 21 日，A 集團公司債權人會議通過了重整計劃草案，並於 2019 年 12 月 24 日經××市第三中級人民法院××號民事裁定書批准，A 集團公司管理人自此開始實施重整計劃草案。2020 年 3 月 31 日，××市第三中級人民法院在收到 A 集團公司管理人執行重整計劃完畢後報送的《關於 A 集團公司重整計劃執行情況的監督報告》後出具××市第三中級人民法院函。根據該函，除債權人未依照《中華人民共和國企業破產法》規定申報的債權，A 集團公司仍有按照債權本金 10% 的償還義務外，其他債務及其相關義務已全部解除，債務危機不再存在。重組方 B 實業集團有限公司承諾注入的資產尚在執行之中，未實施完畢，雖然在本報告出具日之前參與重組相關工作的各方在其工作中並未發現重大障礙，但仍不能完全排除未來實施可能面臨的不確定性。本段內容不影響已發表的審計意見。

## 二、增加其他事項段的情形

其他事項段是指審計報告中含有的一個段落，該段落提及未在財務報表中列報或披露的事項，根據註冊會計師的判斷，該事項與使用者理解審計工作、註冊會計師的責任或審計報告相關。

對於未在財務報表中列報或披露，但根據職業判斷認為與財務報表使用者理解審計工作、註冊會計師的責任或審計報告相關且未被法律法規禁止的事項，如果認為有必要溝通，註冊會計師應當在審計報告中增加其他事項段，並使用「其他事項」或其他適當標題。

註冊會計師應當將其他事項段緊接著形成審計意見之後，如果被審計單位同時有強調事項段和其他事項段，那麼其他事項段應該放在強調事項段之後。需要特別注意的是，註冊會計師如果擬在審計報告中增加強調事項段或其他事項段，應當就該事項和擬使用的措辭與治理層溝通。

如果其他事項段的內容與其他報告責任部分相關，這一段落也可以置於審計報告的其他位置。（參考《中國註冊會計師審計準則第 1503 號——在審計報告中增加強調事項段和其他事項段》第九條）

具體來講，需要在審計報告中增加其他事項段的情形如下：
（1）與使用者理解審計工作相關的情形。
（2）與使用者理解註冊會計師的責任或審計報告相關的情形。
（3）對兩套以上財務報表出具審計報告的情形。
（4）限制審計報告分發和使用的情形。

審計準則中對以下內容明確規定應該在其他事項段部分進行說明：

《中國註冊會計師審計準則第 1332 號——期後事項》的要求參考本節「一、強調事項段的情形」部分內容。

《中國註冊會計師審計準則第 1511 號——比較信息：對應數據和比較財務報

表》要求，如果上期財務報表已由前任註冊會計師審計，註冊會計師在審計報告中可以提及前任註冊會計師對對應數據出具的審計報告。

註冊會計師決定提及其他事項段，應當在審計報告的其他事項段中說明以下內容：

（1）上期財務報表已由前任註冊會計師審計。

（2）前任註冊會計師發表的審計意見的類型（如果是非無保留意見，應當說明發表非無保留意見的理由）。

（3）前任註冊會計師出具的審計報告的日期。

註冊會計師在審計報告日前獲取的其他信息中識別出重大不一致，並且需要對其他信息做出修改，但管理層拒絕修改，註冊會計師可能採取的措施之一即在審計報告中增加其他事項段，說明重大不一致（參考《中國註冊會計師審計準則第1521號——註冊會計師對含有已審計財務報表的文件中的其他信息的責任》第十二條的要求）。

## 第八節　公司持續經營能力對審計報告的影響

在持續經營的假設前提下，財務報表是基於被審計單位持續經營並在可預見的將來繼續經營下去的假設編製的。註冊會計師的責任是考慮管理層在編製財務報表時運用持續經營假設的適當性，並考慮是否存在需要在財務報表中披露的有關持續經營能力的重大不確定性。

### 一、公司持續經營能力對審計報告的影響概述

（一）持續經營能力對審計報告的影響

1. 出具無保留意見審計報告的情形

如果運用持續經營假設是適當的，但存在重大不確定性，且財務報表對重大不確定性已做出充分披露，註冊會計師應當發表無保留意見，並在審計報告中增加以「與持續經營相關的重大不確定性」為標題的單獨部分，以提醒財務報表使用者關注財務報表附註中對所述事項的披露；說明這些事項或情況表明存在可能導致對被審計單位持續經營能力產生重大疑慮的重大不確定性，並說明該事項並不影響發表的審計意見。

2. 出具無法表示意見審計報告的情形

在極少數情況下，當存在多項對財務報表整體具有重要影響的重大不確定性時，註冊會計師可能認為發表無法表示意見而非增加以「持續經營相關的重大不確定性」為標題的單獨部分是適當的。

《中國註冊會計師審計準則第1502號——在審計報告中發表非無保留意見》規定，在極其特殊的情況下，可能存在多個不確定事項。儘管註冊會計師對每個單獨的不確定事項獲取了充分、適當的審計證據，但由於不確定事項之間可能存在相互影響以及可能對財務報表產生累積影響，註冊會計師不可能對財務報表形成審計意

見。在這種情況下，註冊會計師應當發表無法表示意見。

3. 出具保留意見或否定意見審計報告的情形

如果財務報表未做出充分披露，註冊會計師應當發表保留意見或否定意見。註冊會計師應當在審計報告中說明，存在可能導致對被審計單位持續經營能力產生重大疑慮的重大不確定性。

(二) 持續經營假設不適當

1. 出具否定意見審計報告的情形

如果財務報表按照持續經營基礎編製，而註冊會計師運用職業判斷認為管理層在編製財務報表時運用持續經營假設是不適當的，則無論財務報表中對管理層運用持續經營假設的不適當性是否做出披露，註冊會計師都應發表否定意見。

2. 採用替代基礎編製財務報表發表無保留意見

（1）如果在具體情況下運用持續經營假設是不適當的，但管理層被要求或自願選擇編製財務報表，則可以採用替代基礎（如清算基礎）編製財務報表。

（2）註冊會計師可以對財務報表進行審計，前提是註冊會計師確定替代基礎在具體情況下是可接受的編製基礎。

（3）如果財務報表對此做出了充分披露，註冊會計師可以發表無保留意見，但也可能認為在審計報告中增加強調事項段是適當的或必要的，以提醒財務報表使用者注意替代基礎及其使用理由。

(三) 嚴重拖延對財務報表的批准

（1）如果管理層或治理層在財務報表日後嚴重拖延對財務報表的批准，註冊會計師應當詢問拖延的原因。

（2）如果認為拖延可能涉及與持續經營評估相關的事項或情況，註冊會計師有必要實施前述識別出可能導致對持續經營能力產生重大疑慮的事項或情況時追加的審計程序，並就存在的重大不確定性考慮對審計結論的影響。

二、具體舉例

當註冊會計師確定存在重大不確定性，且財務報表由於未做出充分披露而存在重大錯報時，註冊會計師應出具保留或否定意見的審計報告。

審計報告

ABC 股份有限公司全體股東：

(一) 保留意見

我們審計了 ABC 股份有限公司（以下簡稱公司）的財務報表，包括 2019 年 12 月 31 日的資產負債表、2019 年度的利潤表、現金流量表、股東權益變動表以及財務報表附註。

我們認為，除「形成保留意見的基礎」部分所述的對相關信息披露不完整的事項外，後附的財務報表在所有重大方面按照企業會計準則的規定編製，公允反應了公司 2019 年 12 月 31 日的財務狀況以及 2019 年度的經營成果和現金流量。

(二) 形成保留意見的基礎

如財務報表附註××所述，公司融資協議期滿，且未償付餘額將於2020年3月19日到期。公司未能重新商定協議或獲取替代性融資。這種情況表明存在可能導致對公司持續經營能力產生重大疑慮的重大不確定性。財務報表對這一事項並未做出充分披露。

我們按照中國註冊會計師審計準則的規定執行了審計工作。審計報告的「註冊會計師對財務報表審計的責任」部分進一步闡述了我們在這些準則下的責任。按照中國註冊會計師職業道德守則的規定，我們獨立於公司，並履行了其他道德方面的責任。我們相信，我們獲取的審計證據是充分、適當的，為發表保留意見提供了基礎。

(三) 關鍵審計事項

關鍵審計事項是我們根據職業判斷，認為對本期財務報表審計最為重要的事項。這些事項是在對財務報表整體進行審計並形成意見的背景下進行處理的，我們不對這些事項提供單獨的意見。除「形成保留意見的基礎」部分所述事項外，我們確定下列事項是需要在審計報告中溝通的關鍵審計事項。

(按照《中國註冊會計師審計準則第1504號——在審計報告中溝通關鍵審計事項》的規定描述每一關鍵審計事項。)

(四) 其他信息

管理層對其他信息負責。其他信息包括年度報告中涵蓋的信息，但不包括財務報表和我們的審計報告。

我們對財務報表發表的審計意見不涵蓋其他信息，我們也不對其他信息發表任何形式的鑒證結論。

結合我們對財務報表的審計，我們的責任是閱讀其他信息，在此過程中，考慮其他信息是否與財務報表或我們在審計過程中瞭解到的情況存在重大不一致或者似乎存在重大錯報。基於我們已執行的工作，如果我們確定其他信息存在重大錯報，我們應當報告該事實。在這方面，我們無任何事項需要報告。

(五) 管理層和治理層對財務報表的責任

管理層負責按照企業會計準則的規定編製財務報表，使其實現公允反應，並設計、執行和維護必要的內部控制，以使財務報表不存在由於舞弊或錯誤導致的重大錯報。

在編製財務報表時，管理層負責評估ABC公司的持續經營能力，披露與持續經營相關的事項（如適用），並運用持續經營假設，除非計劃清算ABC公司、停止營運或別無其他現實的選擇。

治理層負責監督ABC公司的財務報告過程。

(六) 註冊會計師對財務報表審計的責任

我們的目標是對財務報表整體是否不存在由於舞弊或錯誤導致的重大錯報獲取合理保證，並出具包含審計意見的審計報告。合理保證是高水準的保證，但並不能保證按照審計準則執行的審計在某一重大錯報存在時總能發現。錯報可能由於舞弊

或錯誤導致，如果合理預期錯報單獨或匯總起來可能影響財務報表使用者依據財務報表做出的經濟決策，則通常認為錯報是重大的。

在按照審計準則執行審計的過程中，我們運用了職業判斷，保持了職業懷疑。我們同時：

（1）識別和評估由於舞弊或錯誤導致的財務報表重大錯報風險；對這些風險有針對性地設計和實施審計程序；獲取充分、適當的審計證據，作為發表審計意見的基礎。由於舞弊可能涉及串通、偽造、故意遺漏、虛假陳述或凌駕於內部控制之上，未能發現由於舞弊導致的重大錯報的風險高於未能發現由於錯誤導致的重大錯報的風險。

（2）瞭解與審計相關的內部控制，以設計恰當的審計程序，但目的並非對內部控制的有效性發表意見。

（3）評價管理層選用會計政策的恰當性和做出會計估計及相關披露的合理性。

（4）對管理層使用持續經營假設的恰當性得出結論。我們根據獲取的審計證據，就可能導致對 ABC 公司持續經營能力產生重大疑慮的事項或情況是否存在重大不確定性得出結論。如果我們得出結論認為存在重大不確定性，審計準則要求我們在審計報告中提請報表使用者注意財務報表中的相關披露；如果披露不充分，我們應當發表非無保留意見。我們的結論基於審計報告日可獲得的信息。然而，未來的事項或情況可能導致 ABC 公司不能持續經營。

（5）評價財務報表的總體列報、結構和內容（包括披露），並評價財務報表是否公允反應相關交易和事項。

我們與治理層就計劃的審計範圍、時間安排和重大審計發現（包括我們在審計中識別的值得關注的內部控制缺陷）等事項進行溝通。

我們還會遵守關於獨立性的相關職業道德要求向治理層提供聲明，並就可能被合理認為影響我們獨立性的所有關係和其他事項以及相關的防範措施（如適用）與治理層進行溝通。

從與治理層溝通的事項中，我們確定哪些事項對本期財務報表審計最為重要，因而構成關鍵審計事項。我們在審計報告中描述這些事項，除非法律法規禁止公開披露這些事項，或者在極其罕見的情形下，如果合理預期在審計報告中溝通某事項造成的負面後果超過在公眾利益方面產生的益處，我們確定不應在審計報告中溝通該事項。

　　　　××會計師事務所　　　　　　　中國註冊會計師：×××
　　　　　　（蓋章）　　　　　　　　　　（簽名並蓋章）
　　　　　　　　　　　　　　　　　　　中國註冊會計師：×××
　　　　　　　　　　　　　　　　　　　　　（簽名並蓋章）
　　　　　　中國××市　　　　　　　　　二〇二〇年四月一日

## 本章小結

本章主要討論了審計報告的相關知識，通過本章的學習，學生應主要掌握審計報告的定義、特點和作用以及審計報告的基本構成要素，特別是對審計報告的收件人、註冊會計師的責任、管理層責任、註冊會計師的簽名和報告日期等要素加以重點瞭解和區分。學生還應掌握出具無保留意見和非無保留意見審計報告的要求，重點掌握和區分非無保留意見下的否定意見、無法表示意見和保留意見的區分以及這些審計意見如何在審計報告上列示的。本章還涉及了溝通關鍵審計事項的理解，強調事項段、其他事項段的區分等都是學生應掌握的知識點。本章是重點章節，需要學生重點理解和掌握。

## 本章思維導圖

本章思維導圖如圖 16-3 所示。

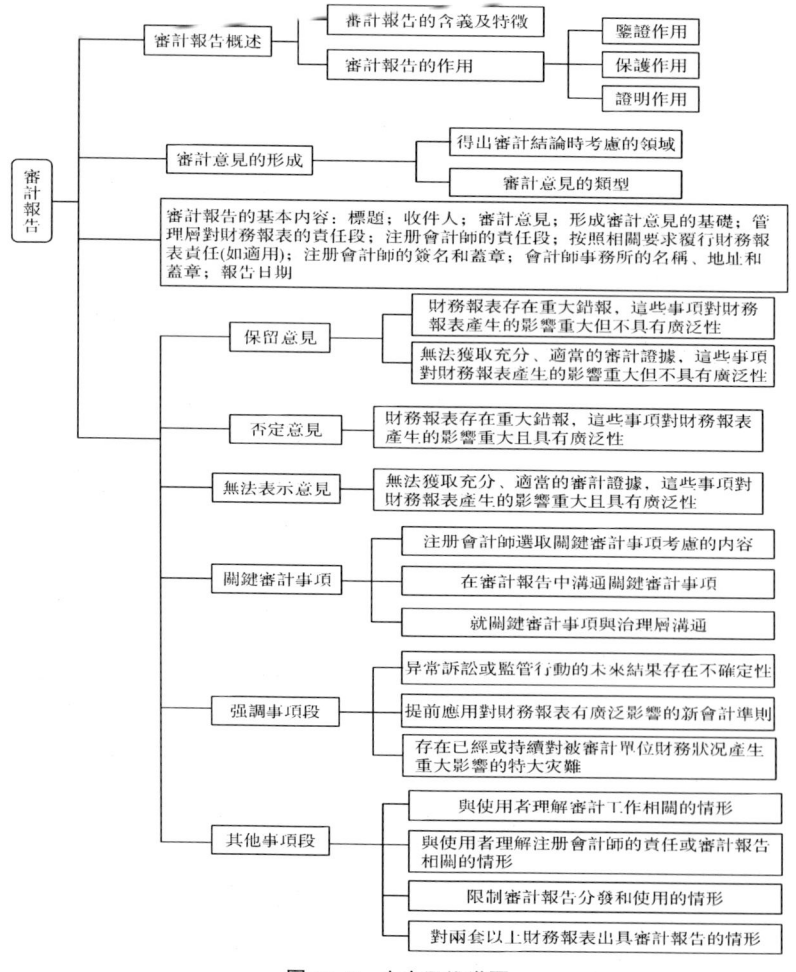

```
                              ┌─ 審計報告的含義及特徵
            ┌─ 審計報告概述 ──┤
            │                 │                    ┌─ 鑒證作用
            │                 └─ 審計報告的作用 ───┼─ 保護作用
            │                                      └─ 證明作用
            │
            │                    ┌─ 得出審計結論時考慮的領域
            ├─ 審計意見的形成 ───┤
            │                    └─ 審計意見的類型
            │
            ├─ 審計報告的基本內容：標題；收件人；審計意見；形成審計意見的基礎；管
審           │    理層對財務報表的責任段；註冊會計師的責任段；按照相關要求履行財務報
計           │    表責任（如適用）；註冊會計師的簽名和蓋章；會計師事務所的名稱、地址和
報           │    蓋章；報告日期
告           │
            │                 ┌─ 財務報表存在重大錯報，這些事項對財務
            ├─ 保留意見 ──────┤    報表產生的影響重大但不具有廣泛性
            │                 └─ 無法獲取充分、適當的審計證據，這些事項
            │                     對財務報表產生的影響重大但不具有廣泛性
            │
            ├─ 否定意見 ─────── 財務報表存在重大錯報，這些事項對財務報表
            │                     產生的影響重大且具有廣泛性
            │
            ├─ 無法表示意見 ─── 無法獲取充分、適當的審計證據，這些事項對
            │                     財務報表產生的影響重大且具有廣泛性
            │
            │                    ┌─ 註冊會計師選取關鍵審計事項考慮的內容
            ├─ 關鍵審計事項 ────┼─ 在審計報告中溝通關鍵審計事項
            │                    └─ 就關鍵審計事項與治理層溝通
            │
            │                    ┌─ 異常訴訟或監管行動的未來結果存在不確定性
            ├─ 強調事項段 ──────┼─ 提前應用對財務報表有廣泛影響的新會計準則
            │                    └─ 存在已經或持續對被審計單位財務狀況產生
            │                        重大影響的特大災難
            │
            │                    ┌─ 與使用者理解審計工作相關的情形
            └─ 其他事項段 ──────┼─ 與使用者理解註冊會計師的責任或審計報告
                                 │    相關的情形
                                 ├─ 限制審計報告分發和使用的情形
                                 └─ 對兩套以上財務報表出具審計報告的情形
```

圖 16-3　本章思維導圖

# 第十七章
# 內部控制審計

## 學習目標

1. 瞭解企業內部控制審計出現的背景。
2. 掌握企業內部控制審計的內容、具體程序和方法。
3. 掌握內部控制缺陷的認定。
4. 熟悉內部控制審計報告的類型及主要內容。

## 案例導入

2018年5月，大連電瓷公司在未完全按照公司採購相關的內控制度審核菲迪貿易有限公司（以下簡稱菲迪貿易）供應商資質的情況下，經大連電瓷公司董事長的批准，與菲迪貿易簽訂原材料購銷合同，合同總價為5,750萬元。大連電瓷公司於合同簽訂後，即向菲迪貿易支付2,300萬元預付款（占合同總價的40%）。截至內部控制審計報告出具日，菲迪貿易仍未按合同要求向大連電瓷公司提供貨物，亦未退回上述預付款項。大連電瓷公司於付款之前未曾與菲迪貿易存在業務合作關係，因此菲迪貿易屬於新增供應商，但大連電瓷公司未對菲迪貿易的履約能力、資信情況等進行調查，未按照公司內部控制相關規定執行新增供應商評審程序。大連電瓷公司與菲迪貿易簽訂購銷合同，未經過生產、採購等部門的審核，未按照公司內部控制相關規定執行合同審批程序。大連電瓷公司與菲迪貿易首次合作，即支付了40%的合同預付款，與以往採購付款模式顯著不同。該筆款項支付前未按照公司內部控制相關規定經採購部門、財務部門審核。

上述情況違反了大連電瓷公司合同管理辦法、物資採購管理制度和供方管理標準的相關規定，導致大連電瓷公司採購相關內部控制失效，並且可能給大連電瓷公司造成金額較大的壞帳損失，因此大華會計師事務所認為該事項屬於財務報告內部控制重大缺陷。大連電瓷公司（股票代碼002606）在2018年內部控制審計中，被出具否定意見的內部控制審計報告。

問題：內部控制審計與財務報表審計有哪些共同點，又有哪些區別？

## 第一節　內部控制審計概述

### 一、內部控制審計的背景

21世紀初接連發生的跨國公司由於公司治理失敗而導致的財務醜聞，引起了關於外部審計獨立性和內部審計有效性的熱議。例如，在2001年爆發的「安然事件」中，作為外部審計師的安達信會計師事務所的審計失敗，其重要根源之一被認為是安達信會計師事務所為安然公司同時提供審計及諮詢業務（包括內部審計外包）而產生的獨立性缺失。同時，安然公司內部審計對財務報表真實性提出的質疑，沒有引起外部審計的高度重視。為了加強上市公司的內外部治理，2002年7月，美國國會通過《薩班斯法案》（Sarbanes-Oxley Act），其中第404款要求發行者管理層對其內部控制進行自我評估，並要求由出具財務報表審計報告的會計師事務所對管理層的自我評估進行獨立鑒證並出具報告。2004年3月，美國公眾公司會計監督委員會（PCAOB）發布第2號審計準則，對《薩班斯法案》的原則性規定做出更加明確的要求，為註冊會計師執業提供可操作性的標準。2006年10月，美國公眾公司會計監督委員會提出第5號審計準則，取代第2號審計準則。

中國個別上市公司的財務醜聞和一些會計師事務所外部審計的審計失敗，同樣引起了社會的廣泛關注。2008年7月，中國財政部會同證監會等五部門發布《企業內部控制基本規範》。2010年4月26日，財政部會同證監會等五部門發布《企業內部控制應用指引第1號——組織架構》等18項應用指引、《企業內部控制評價指引》和《企業內部控制審計指引》，要求執行企業內部控制規範體系的企業，應當對本企業內部控制的有效性進行自我評價，披露年度自我評價報告，同時聘請具有證券期貨業務資格的會計師事務所依照相關審計標準對其財務報告內部控制的有效性進行審計，出具審計報告。上述要求自2011年1月1日起首先在境內外同時上市的公司施行，自2012年1月1日起擴大到在上海證券交易所、深圳證券交易所主板上市的公司施行；在此基礎上，擇機在中小板和創業板上市公司施行；同時，鼓勵非上市大中型企業提前執行。

財政部和證監會辦公廳於2012年8月14日發布《關於2012年主板上市公司分類分批實施企業內部控制規範體系的通知》，要求如下：

（1）中央和地方國有控股上市公司，應於2012年全面實施企業內部控制規範體系，並在披露2012年公司年報的同時，披露董事會對公司內部控制的自我評價報告以及註冊會計師出具的財務報告內部控制審計報告。

（2）非國有控股主板上市公司，且於2011年12月31日公司總市值（證監會算法）在50億元以上，同時2009—2011年平均淨利潤在3,000萬元以上的，應在披露2013年公司年報的同時，披露董事會對公司內部控制的自我評價報告以及註冊會計師出具的財務報告內部控制審計報告。

（3）其他主板上市公司，應在披露2014年公司年報的同時，披露董事會對公

司內部控制的自我評價報告以及註冊會計師出具的財務報告內部控制審計報告。

（4）特殊情況：一是主板上市公司因進行破產重整、借殼上市或重大資產重組，無法按照規定時間建立健全內控體系的，原則上應在相關交易完成後的下一個會計年度年報披露的同時，披露內部控制自我評價報告和審計報告，且不早於參照上述（1）~（3）項原則確定的披露時間。二是新上市的主板上市公司應於上市當年開始建設內控體系，並在上市的下一年度年報披露的同時，披露內部控制自我評價報告和審計報告，且不早於參照上述（1）~（3）項原則確定的披露時間。

## 二、企業內部控制與內部控制審計

### （一）企業內部控制

1. 內部控制的概念

內部控制是由企業董事會、監事會、經理層和全體員工實施的、旨在實現控制目標的過程。

2. 內部控制的目標

內部控制的目標是合理保證企業經營管理合法合規、資產安全、財務報告及相關信息真實完整，提高經營效率和效果，促進企業實現發展戰略。

3. 內部控制的內容

根據美國反虛假財務報告委員會下屬的發起人委員會（COSO）發布的內部控制框架，內部控制包括下列五個要素：控制環境、風險評估過程、控制活動、與財務報告相關的信息系統和溝通、內部監督。

根據中國《企業內部控制基本規範》及配套指引的相關規定，內部控制包括下列五個要素：內部環境、風險評估、控制活動、信息與溝通、內部監督（見圖17-1）。

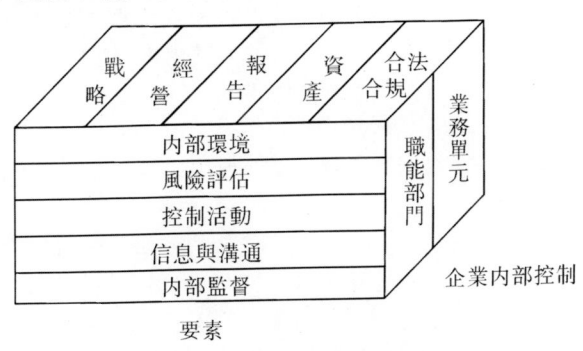

圖 17-1 企業內部控制的要素

### （二）內部控制審計

1. 內部控制審計的概念

內部控制審計是指會計師事務所接受委託，對特定基準日內部控制設計與運行的有效性進行審計。

建立健全和有效實施內部控制，評價內部控制的有效性是企業董事會的責任。按照《企業內部控制審計指引》的要求，在實施審計工作的基礎上對內部控制的有

效性發表審計意見，是註冊會計師的責任。

2. 內部控制審計意見覆蓋的範圍

《企業內部控制審計指引》總原則中指出，註冊會計師執行內部控制審計工作，應當獲取充分、適當的證據，為發表內部控制審計意見提供合理保證。註冊會計師應當對財務報告內部控制的有效性發表審計意見，並對內部控制審計過程中注意到的非財務報告內部控制的重大缺陷，在內部控制審計報告中增加「非財務報告內部控制重大缺陷描述段」予以披露。

需要特別說明的是，儘管這裡提及的是內部控制審計，但無論從國外審計規定和實踐看，還是從中國的相關規定來看，註冊會計師執行的內部控制審計嚴格限定在財務報告內部控制審計。從註冊會計師的專業勝任能力、審計成本效益的約束以及投資者對財務信息質量的需求來看，財務報告內部控制審計是服務的核心要求。

### 三、內部控制審計的內容

根據上述內部控制審計意見覆蓋的範圍來看，註冊會計師內部控制審計的內容主要涉及財務報告內部控制和非財務報告內部控制，其中以財務報告內部控制審計為核心。

（一）財務報告內部控制的內容

財務報告內部控制是指公司的董事會、監事會、經理層以及全體員工實施的旨在合理保證財務報告及相關信息真實、完整而設計和運行的內部控制以及用於保護資產安全的內部控制中與財務報告可靠性目標相關的控制。

從註冊會計師審計的角度，財務報告內部控制包括以下內容：

1. 企業層面的內部控制

（1）與控制環境相關的控制，如對誠信和道德價值的溝通與落實、對勝任能力的重視、治理層的參與程度、管理層的理念和經營風格、組織結構、職權與責任的分配、人力資源政策與實務等。

（2）針對管理層和治理層凌駕於內部控制之上的風險而設計的內部控制，如針對重大非常規交易的控制、針對關聯方交易的控制、減弱偽造或不恰當操作財務結果的動機和壓力的控制等。

（3）被審計單位的風險評估過程，如識別經營風險、估計經營風險的重要性、評估經營風險的發生的可能性、採取措施應對和管理經營風險及其結果等。

（4）對內部信息傳遞和期末財務報告流程的控制，如會計政策選擇和運用的程序、調整分錄和合併分錄的編製與批准、編製財務報表的程序等。

（5）對控制有效性的內部監督（監督其他控制的控制）和內部控制評價。

（6）集中化的處理和控制、監控經營成果的控制以及重大經營控制和風險管理實務的政策。

2. 業務流程、應用系統或交易層面的內部控制

（1）授權與審批。

（2）信息技術應用控制。

（3）實物控制，如保護資產的實物安全、對接觸計算機程序和數據文檔設置授

權、定期盤點並將盤點記錄與控制記錄相核對等。

(4) 復核和調節。

(二) 財務報告內部控制與非財務報告內部控制的區分

財務報告內部控制以外的其他內部控制，屬於非財務報告內部控制。

註冊會計師考慮某一控制是否是財務報告內部控制的關鍵依據是控制目標，財務報告內部控制是那些與企業的財務報告可靠性目標相關的內部控制。例如，《企業內部控制應用指引第 9 號——銷售業務》第十二條要求：「企業應當指定專人通過函證等方式，定期與客戶核對應收帳款、應收票據、預收帳款等往來款項。」企業為此建立的定期對帳及差異處理控制與其往來款項的存在、權利和義務、計價和分攤等認定相關，屬於財務報告內部控制。《企業內部控制應用指引第 8 號——資產管理》第十一條要求：「企業應當根據各種存貨採購間隔期和當期庫存，綜合考慮企業生產經營計劃、市場供求等因素，充分利用信息系統，合理確定存貨採購日期和數量，確保存貨處於最佳庫存狀態。」企業為達到最佳庫存的經營目標而建立的對存貨採購間隔時間進行監控的相關控制與經營效率效果相關，而不直接與財務報表的認定相關，屬於非財務報告內部控制。

當然，相當一部分的內部控制能夠實現多種目標，主要與經營目標或合規性目標相關的控制可能同時也與財務報告可靠性目標相關。因此，不能僅僅因為某一控制與經營目標或合規性目標相關而認定其屬於非財務報告內部控制，註冊會計師需要考慮特定控制在特定企業環境中的目標、性質以及作用，根據職業判斷考慮該控制在具體情況下是否屬於財務報告內部控制。

需要指出的是，在實務中註冊會計師對財務報告內部控制的考慮是融於其採用的自上而下的審計方法過程中的。《企業內部控制審計指引實施意見》要求註冊會計師採用自上而下的方法選擇擬測試的內部控制，其中包括從財務報表層次初步瞭解內部控制整體風險，識別、瞭解和測試企業層面控制，基於財務報表層次識別重要帳戶、列報及其相關認定，瞭解潛在錯報的來源，並識別企業用於應對這些錯報或潛在錯報的控制，然後選擇擬測試的內部控制。基於自上而下的方法，註冊會計師需要識別財務報表的重要帳戶和列報及其相關認定以及與相關認定有關的業務流程中可能發生重大錯報的環節。鑒於註冊會計師識別的相關認定及可能發生重大錯報的環節都與財務報表相關，註冊會計師針對這些錯報或潛在錯報來源識別的相應內部控制通常是財務報告內部控制。

四、內部控制審計基準日

(一) 內部控制審計基準日的定義

內部控制審計基準日是指註冊會計師評價內部控制在某一時日是否有效所涉及的基準日，也是被審計單位評價基準日，即最近一個會計期間截止日。

(二) 針對基準日發表意見

註冊會計師是對基準日內部控制的有效性發表意見，而不是對財務報表涵蓋的整個期間的內部控制的有效性發表意見。

註冊會計師不可能對企業內部控制在某個期間段（如一年）內每天的運行情況

進行描述，然後發表審計意見，這樣做不切實際，並且無法向信息使用者提供準確清晰的信息（考慮到中間對內部控制缺陷的糾正），甚至會誤導使用者。

（三）並非僅測試基準日這一天

（1）考察足夠長一段時間。對特定基準日內部控制的有效性發表意見，並不意味著註冊會計師只測試特定基準日這一天的內部控制，註冊會計師需要考察足夠長一段時間內部控制設計和運行的情況。

（2）對控制有效性的測試涵蓋的期間越長，提供的控制有效性的審計證據越多。

（3）在整合審計中，控制測試涵蓋的期間應當盡量與財務報表審計中擬信賴內部控制的期間保持一致。

**五、財務報表審計與內部控制審計**

註冊會計師可以單獨進行內部控制審計，也可將內部控制審計與財務報表審計整合進行（以下簡稱整合審計）。在整合審計中，註冊會計師應當對內部控制設計與運行的有效性進行測試，以同時實現下列目標：

（1）獲取充分、適當的證據，支持其在內部控制審計中對內部控制有效性發表的意見。

（2）獲取充分、適當的證據，支持其在財務報表審計中對控制風險的評估結果。

（一）財務報表審計與內部控制審計的聯繫

（1）兩者的終極目的一致。雖然各有側重，但兩者的終極目的都是提高財務報表預期使用者對財務報表的信賴程度。

（2）兩者都採用風險導向審計方法。註冊會計師首先實施風險評估程序，識別和評估財務報表重大錯報風險（包括由於舞弊導致的重大錯報風險），在此基礎上針對評估的重大錯報風險，通過設計和實施恰當的應對措施，獲取充分、適當的審計證據。

（3）兩者運用的重要性水準相同。註冊會計師在財務報表審計中運用重要性水準，旨在計劃和執行財務報表審計工作，評價識別出的錯報對審計的影響以及未更正錯報對財務報表和審計意見的影響，以對財務報表整體是否不存在重大錯報獲取合理保證。註冊會計師在內部控制審計中運用重要性水準，旨在計劃和執行內部控制審計工作，評價識別出的內部控制缺陷單獨或組合起來是否構成內部控制重大缺陷，以對被審計單位是否在所有重大方面保持了有效的內部控制獲取合理保證。

由於內部控制的目標是合理保證財務報告及相關信息的真實、完整，因此對於同一財務報表，註冊會計師在兩種審計中運用的重要性水準應當相同。

（4）兩者識別的重要帳戶、列報及其相關認定相同。註冊會計師在識別重要帳戶、列報及其相關認定時應當評價的重大錯報風險因素對於內部控制審計和財務報表審計而言是相同的，因此對於同一財務報表，註冊會計師在兩種審計中識別的重要帳戶、列報及其相關認定應當相同。

（5）兩者瞭解和測試內部控制設計與運行有效性的基本方法相同，都可能實施

詢問、觀察、檢查以及重新執行等程序。

（二）財務報表審計與內部控制審計的區別

內部控制審計是對內部控制的有效性發表審計意見，並對內部控制審計過程中注意到的非財務報告內部控制重大缺陷進行披露。財務報表審計是對財務報表是否在所有重大方面按照適用的財務報告編製基礎編製發表審計意見。

雖然內部控制審計和財務報表審計存在多方面的共同點，但財務報表審計是對財務報表進行審計，重在審計「結果」，而內部控制審計是對保證財務報表質量的內部控制的有效性進行審計，重在審計「過程」。發表審計意見的對象不同，使得兩者存在區別。

1. 對內部控制進行瞭解和測試的目的不同

在財務報表審計和內部控制審計中，註冊會計師都需要瞭解與審計相關的內部控制，並都可能涉及測試相關內部控制運行的有效性，但兩者的目的不同。註冊會計師在財務報表審計中瞭解和測試內部控制，是為了識別、評估和應對重大錯報風險，據此確定實質性程序的性質、時間安排和範圍，並獲取與財務報表是否在所有重大方面按照適用的財務報告編製基礎編製相關的審計證據，以支持對財務報表發表的審計意見。註冊會計師在內部控制審計中瞭解和測試內部控制，是為了對內部控制的有效性發表審計意見。

2. 測試內部控制運行有效性的範圍要求不同

在財務報表審計中，針對評估的認定層次重大錯報風險，註冊會計師可能選擇採用實質性方案或綜合性方案。如果採用實質性方案，註冊會計師可以不測試內部控制的運行有效性。如果採用綜合性方案，註冊會計師綜合運用控制測試和實質性程序，因此需要測試內部控制的運行有效性。根據《中國註冊會計師審計準則第1231號——針對評估的重大錯報風險採取的應對措施》的相關規定，當存在下列情形之一時，註冊會計師應當設計和實施控制測試，針對相關控制運行的有效性，獲取充分、適當的審計證據：

（1）在評估認定層次重大錯報風險時，預期控制的運行是有效的（在確定實質性程序的性質、時間安排和範圍時，註冊會計師擬信賴控制運行的有效性）。

（2）僅實施實質性程序並不能夠提供認定層次充分、適當的審計證據。

也就是說，如果以上兩種情況均不存在，註冊會計師可能對部分認定，甚至全部認定都不測試內部控制的運行有效性。

在內部控制審計中，註冊會計師應當針對所有重要帳戶和列報的每一個相關認定獲取控制設計和運行有效性的審計證據，以便對內部控制整體的有效性發表審計意見。

3. 內部控制測試的期間要求不同

在財務報表審計中，針對評估的認定層次重大錯報風險，如果註冊會計師選擇綜合性方案，需要獲取內部控制在整個擬信賴期間運行有效的審計證據，而在內部控制審計中，註冊會計師對於基準日的內部控制運行有效性發表意見，則僅需要對內部控制在基準日前足夠長的時間（可能短於整個審計期間）內的運行有效性獲取審計證據。

儘管連續審計時註冊會計師在財務報表審計和內部控制審計中都可以考慮以前審計中所瞭解和測試的情況，但在執行內部控制審計時，註冊會計師不得採用《中國註冊會計師審計準則第1231號——針對評估的重大錯報風險採取的應對措施》第十四條中提及的「每三年至少對控制測試一次」的方法，而應當在每一年度審計中測試內部控制（對自動化應用控制在滿足特定條件情況下採用的與基準相比較策略除外）。

4. 對控制缺陷的評價不同

在內部控制審計中，註冊會計師應當評價識別出的內部控制缺陷是否構成一般缺陷、重要缺陷或重大缺陷。在財務報表審計中，註冊會計師需要確定識別出的內部控制缺陷單獨或連同其他缺陷是否構成值得關注的內部控制缺陷。

5. 溝通要求不同

在財務報表審計中，註冊會計師應當以書面形式及時向治理層通報值得關注的內部控制缺陷，致送書面溝通文件的時間可能根據註冊會計師對治理層履行監督責任需要的考慮確定（對於上市實體，治理層可能需要在批准財務報表前收到註冊會計師的溝通文件；對於其他實體，註冊會計師可能會在較晚日期致送書面溝通文件，但需要滿足完成最終審計檔案的歸檔要求）。註冊會計師還應當及時向相應層級的管理層通報以下事項：

（1）已向或擬向治理層通報的值得關注的內部控制缺陷，除非在具體情況下不適合直接向管理層通報。此事項應採用書面方式通報。

（2）在審計過程中識別出的、其他方未向管理層通報而註冊會計師根據職業判斷認為足夠重要從而值得管理層關注的內部控制其他缺陷。此事項對溝通形式沒有強制要求，可以採用書面或口頭形式。

在內部控制審計中，對於重大缺陷和重要缺陷，註冊會計師應當以書面形式與管理層和治理層溝通，書面溝通應在註冊會計師出具內部控制審計報告前進行。如果註冊會計師認為審計委員會和內部審計機構對內部控制的監督無效，應當就此以書面形式直接與董事會溝通。此外，註冊會計師應當以書面形式與管理層溝通其在審計過程中識別的所有其他內部控制缺陷（包括注意到的非財務報告內部控制缺陷），並在溝通完成後告知治理層。

6. 審計報告的形式和內容以及所包括的意見類型不同

內部控制審計報告的形式和內容不同於財務報表審計報告。註冊會計師應當分別按照中國註冊會計師審計準則和《企業內部控制審計指引》及《企業內部控制審計指引實施意見》的相關規定，出具財務報表審計報告和內部控制審計報告。此外，內部控制審計報告不存在保留意見的意見類型，如果內部控制存在一項或多項重大缺陷，除非審計範圍受到限制，註冊會計師應當對內部控制發表否定意見。如果審計範圍受到限制，註冊會計師應當解除業務約定或出具無法表示意見的內部控制審計報告。

（三）整合審計

整合審計是將企業財務報表審計與企業內部控制審計兩項業務有機結合在一起實施審計，最終分別出具財務報表審計報告和內部控制審計報告。

財務報表審計和內部控制審計存在多方面的共同點。註冊會計師基於統一的風險評估，為財務報表審計和內部控制審計制訂整合的審計計劃，有助於實現整合審計的目標，減少重複工作，提高審計效率和效果。

具體而言，財務報表審計與內部控制審計至少在以下幾個方面是可以整合共享的：

(1) 重要性水準的確定。
(2) 固有風險的評估。
(3) 集團審計中重要組成部分和非重要組成部分的確定。
(4) 重要帳戶、列報及其相關認定的確定。
(5) 內部控制設計與運行有效性的測試。
(6) 內部控制缺陷的識別和評價。

在審計工作的具體執行過程中，註冊會計師還需要按照《企業內部控制審計指引實施意見》第九部分中有關「審計證據和結論的相互參照」的要求，在財務報表審計中考慮內部控制審計中實施的、所有針對內部控制設計與運行有效性的測試結果對所計劃實施的實質性程序性質、時間安排和範圍的影響。同時，註冊會計師也要在內部控制審計中評價財務報表審計中實施實質性程序的結果對控制有效性結論的影響。

在實務中，在整合審計的情況下，註冊會計師可以只編製一套整合的審計工作底稿，將內部控制審計和財務報表審計的整合考慮貫穿審計的整個過程，以更有效地實現整合審計的目標，並同時滿足財務報表審計和內部控制審計的需要。

整合審計流程如圖 17-2 所示。

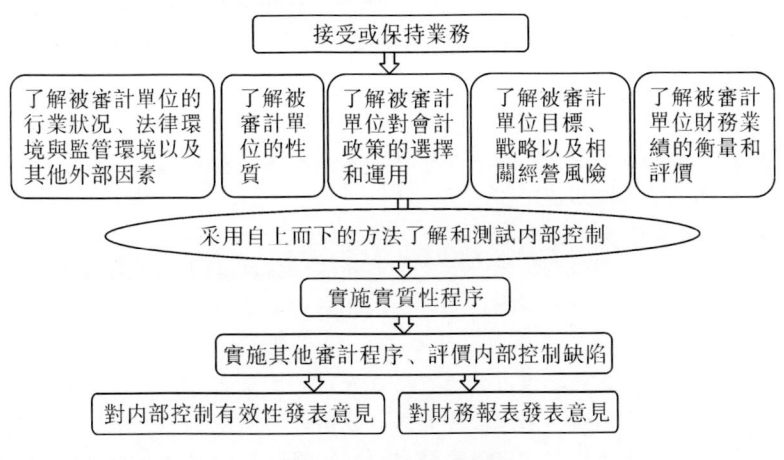

```
                    ┌──────────────┐
                    │  接受或保持業務  │
                    └──────────────┘
    ┌─────────┐ ┌─────────┐ ┌─────────┐ ┌─────────┐ ┌─────────┐
    │了解被審計│ │了解被  │ │了解被審│ │了解被審│ │了解被審│
    │單位的行業│ │審計單  │ │計單位對│ │計單位目│ │計單位財│
    │狀況、法律│ │位的性  │ │會計政策│ │標、戰略│ │務業績的│
    │環境與監管│ │質      │ │的選擇和│ │以及相關│ │衡量和評│
    │環境以及其│ │        │ │運用    │ │經營風險│ │價      │
    │他外部因素│ │        │ │        │ │        │ │        │
    └─────────┘ └─────────┘ └─────────┘ └─────────┘ └─────────┘
              ╲         ╲        │        ╱        ╱
                採用自上而下的方法了解和測試內部控制
                          │
                    實施實質性程序
                          │
                實施其他審計程序、評價內部控制缺陷
                      ╱         ╲
          對內部控制有效性發表意見    對財務報表發表意見
```

圖 17-2　整合審計流程

## 第二節　計劃審計工作

註冊會計師應當恰當地計劃內部控制審計工作，配備具有專業勝任能力的項目組，並對助理人員進行適當的督導。

合理地計劃內部控制審計工作，有助於註冊會計師關注重點審計領域、及時發現和解決潛在問題、恰當地組織和管理內部控制審計工作；同時還可以幫助註冊會計師對項目組成員進行恰當地分工、指導、監督和復核，協調其他註冊會計師和外部專家的工作。

### 一、計劃審計工作時應當考慮的事項

在計劃審計工作時，註冊會計師應當評價下列事項對內部控制、財務報表以及審計工作的影響。

（一）與企業相關的風險

註冊會計師通常通過詢問被審計單位的高級管理人員、考慮宏觀形勢對企業的影響並結合以往的審計經驗，瞭解企業在經營活動中面臨的各種風險，並重點關注那些對財務報表可能產生重要影響的風險以及這些風險當年的變化。例如，在國家貨幣政策趨於緊縮的形勢下，企業可能較以前年度難以獲得銀行的貸款而普遍面臨資金短缺的壓力，如果被審計單位的應收帳款餘額較高且當年逾期應收帳款有明顯上升時，被審計單位的壞帳風險很可能高於往年。這時註冊會計師應考慮應收帳款壞帳風險將導致認定層次重大錯報風險。在整合審計中，註冊會計師在審計計劃階段既需要關注應收帳款的壞帳準備這一重要帳戶，又需要關注被審計單位計提應收帳款壞帳準備的這一重大業務流程的內部控制，將此設定為內部控制審計的一個重大風險。因此，瞭解企業面臨的風險可以幫助註冊會計師識別重大錯報風險，繼而幫助註冊會計師識別重要帳戶、重要列報和相關認定以及識別重大業務流程，對內部控制審計的重大風險形成初步評價。

（二）相關法律法規和行業概況

註冊會計師應當瞭解與被審計單位業務相關的法律法規及其合規性。在整合審計中，註冊會計師應當重點關注可能直接影響財務報表金額與披露的法律法規，如稅法、高度監管行業的監管法規（如適用）等。同時，註冊會計師通過詢問董事會、管理人員和相關部門人員以及檢查被審計單位與監管部門的往來函件，關注被審計單位的違法違規情況，考慮違法違規行為可能導致的罰款、訴訟及其他可能對企業財務報表產生重大影響的事件，並初步判斷是否可能造成非財務報告內部控制的重大缺陷。

另外，註冊會計師應瞭解行業因素以確定其對被審計單位經營環境的影響。例如，註冊會計師應考慮以下事項：

（1）被審計單位的競爭環境，如市場容量、市場份額、競爭優勢、季節性因素等。

（2）被審計單位與客戶及供應商的關係，如信用條件、銷售渠道、是否為關聯方等。

（3）技術的發展，如與企業產品、能源供應以及成本有關的技術發展。

（三）企業組織結構、經營特點和資本結構等相關重要事項

註冊會計師應當瞭解被審計單位的股權結構、企業的實際控制人及關聯方；企業的子公司、合營公司、聯營公司以及財務報表合併範圍；企業的組織機構、治理結構；業務及區域的分部設置和管理架構；企業的負債結構和主要條款，包括資產負債表外的籌資安排和租賃安排等。註冊會計師瞭解企業的這些情況，以便評價企業是否存在重大的、可能引起重大錯報的非常規業務和關聯交易，是否構成重大錯報風險以及相關的內部控制是否可能存在重大缺陷。

（四）企業內部控制最近發生變化的程度

註冊會計師應當瞭解被審計單位本期內部控制發生的變化及變化的程度，從而相應地調整審計計劃。這些變化包括新增的業務流程、原有的業務流程的更新、內部控制執行人的變更等。企業內部控制的變化將會直接影響註冊會計師內部控制審計程序的性質、時間安排和範圍。例如，針對企業新增業務的重大業務流程，註冊會計師應當安排有經驗的審計人員瞭解該業務流程，並在實施審計工作中的前期識別該流程相關控制，以盡早地與企業溝通該流程中的相關控制是否可能存在重大的設計缺陷。

（五）與企業溝通過的內部控制缺陷

註冊會計師應當瞭解被審計單位對以前年度審計中發現的內部控制缺陷所採取的改進措施及改進結果，並相應適當地調整本年的內部控制審計計劃。如果以前年度發現的內部控制缺陷未得到有效整改，則註冊會計師需要評價這些缺陷對當期的內部控制審計意見的影響。

註冊會計師應當閱讀企業當期的內部審計報告，評價內部審計報告中發現的控制缺陷是否與內部控制審計相關，評價其對內部控制審計程序和審計意見的影響。對於在內部審計報告中提及的可能導致財務報表發生重大錯報的內部控制缺陷，註冊會計師應當將其記錄在內部控制缺陷匯總中，關注企業相應的整改計劃和實施情況，並評價其對內部控制審計意見的影響。

（六）重要性、風險等與確定內部控制重大缺陷相關的因素

註冊會計師應當對與確定內部控制重大缺陷相關的重要性、風險及其他因素進行初步判斷。

對於已識別的風險，註冊會計師應當評價其對財務報表和內部控制的影響程度。註冊會計師應當更多地關注內部控制審計的高風險領域，而沒有必要測試那些即使有缺陷也不可能導致財務報表重大錯報的控制。

通常，對企業整體風險的評估和把握由富有經驗的項目組成員完成。風險評估結果的變化將體現在具體審計步驟及關注點的變化中。

（七）對內部控制有效性的初步判斷

註冊會計師綜合上述考慮及借鑑以前年度的審計經驗，形成對企業內部控制有效性的初步判斷。

對於內部控制可能存在重大缺陷的領域，註冊會計師應給予充分的關注，具體表現在：對相關的內部控制親自進行測試而非利用他人工作；在接近內部控制評價基準日的時間測試內部控制；選擇更多的子公司或業務部門進行測試；增加相關內部控制的控制測試量；等等。

(八) 可獲取的、與內部控制有效性相關的證據的類型和範圍

註冊會計師應當瞭解可獲取的、與內部控制有效性相關的證據的類型和範圍。例如，第三方證據還是內部證據，書面證據還是口頭證據，所獲得的證據可以覆蓋所有測試領域還是僅能覆蓋部分領域。註冊會計師應當根據《中國註冊會計師審計準則第1301號——審計證據》對可獲取的審計證據的充分性和適當性進行評價，以更好地計劃內部控制測試的時間、性質和範圍。內部控制的特定領域存在重大缺陷的風險越高，註冊會計師所需獲取的審計證據客觀性、可靠性越強。

**二、總體審計策略和具體審計計劃**

內部控制審計計劃分為總體審計策略和具體審計計劃兩個層次。

(一) 總體審計策略

1. 總體審計策略的內容

(1) 確定審計業務的特徵，以界定審計範圍。

(2) 明確審計業務的報告目標，以計劃審計的時間安排和所需溝通的性質。

(3) 根據職業判斷，考慮用以指導項目組工作方向的重要因素。

(4) 考慮初步業務活動的結果，並考慮對被審計單位執行其他業務時獲得的經驗是否與內部控制審計業務相關。

(5) 確定執行業務所需資源的性質、時間安排和範圍。

2. 總體審計策略的作用

總體審計策略用以總結計劃階段的成果，確定審計的範圍、時間和方向，並指導具體審計計劃的制訂。制定總體審計策略的過程有助於註冊會計師結合風險評估程序的結果確定下列事項：

(1) 向具體審計領域分配資源的類別和數量，包括向高風險領域分派經驗豐富的項目組成員，向高風險領域分配的審計時間預算等。

(2) 何時分配這些資源，包括是在期中審計階段還是在關鍵日期調配資源等。

(3) 如何管理、指導和監督這些資源，包括預期何時召開項目組預備會和總結會，預期項目合夥人和經理如何進行復核，是否需要實施項目質量控制復核等。

(二) 具體審計計劃

具體審計計劃比總體審計策略更加詳細，內容包括項目組成員擬實施的審計程序的性質、時間安排和範圍。計劃這些審計程序，會隨著具體審計計劃的制訂逐步深入，並貫穿於審計的整個過程。註冊會計師應當在具體審計計劃中體現下列內容：

(1) 瞭解和識別內部控制的程序的性質、時間安排和範圍。

(2) 測試控制設計有效性的程序的性質、時間安排和範圍。

(3) 測試控制運行有效性的程序的性質、時間安排和範圍。

## 第三節　實施審計工作

註冊會計師應當按照自上而下的方法實施審計工作。自上而下的方法是註冊會計師識別風險、選擇擬測試控制的基本思路。註冊會計師在實施審計工作時，可以將企業層面控制和業務層面控制的測試結合進行。

### 一、風險識別與評估——自上而下的方法

自上而下的方法始於財務報表層次，以註冊會計師對財務報告內部控制整體風險的瞭解開始，然後將關注重點放在企業層面的控制上，並將工作逐漸下移至重要帳戶、列報及其相關認定。隨後，自上而下的方法確認其對被審計單位業務流程中風險的瞭解，並選擇能足以應對評估的每個相關認定的重大錯報風險的控制進行測試。

自上而下的方法分為下列步驟：

（一）識別、瞭解和測試企業層面控制

1. 企業層面控制的內涵

企業的內部控制分為企業層面的控制和業務流程、應用系統或交易層面的控制兩個層面。

企業層面的控制通常為應對企業財務報表整體層面的風險而設計，或者作為其他控制運行的「基礎設施」，通常在比業務流程更高的層面上乃至整個企業範圍內運行。其作用比較廣泛，通常不局限於某個具體認定。企業層面的控制包括下列內容：

（1）與控制環境（內部環境）相關的控制。
（2）針對管理層和治理層凌駕於控制之上的風險而設計的控制。
（3）被審計單位的風險評估過程。
（4）對內部信息傳遞和期末財務報告流程的控制。
（5）對控制有效性的內部監督（監督其他控制的控制）和內部控制評價。

此外，集中化的處理和控制（包括共享的服務環境）、監控經營成果的控制以及針對重大經營控制及風險管理實務的政策也屬於企業層面的控制。

業務流程、應用系統或交易層面的控制為應對交易和帳戶餘額認定的重大錯報風險而設計，通常在業務流程內的交易或帳戶餘額層面上運行，其作用通常能夠對應到具體某類交易和帳戶餘額的具體認定。業務流程、應用系統或交易層面的控制主要針對交易的生成、記錄、處理和報告等環節。

2. 企業層面的控制對其他控制及其測試的影響

註冊會計師可以考慮在執行業務的早期階段對企業層面的控制進行測試。

企業層面的控制對其他控制及其測試的影響表現在以下三個方面：

（1）可能影響。某些企業層面的控制可能影響擬測試的其他控制及其對其他控制所執行程序的性質、時間安排和範圍。例如，與控制環境相關的控制。

（2）可能減少。某些企業層面的控制能夠監督其他控制的有效性。當這些控制運行有效時，可以減少原擬對其他控制有效性進行的測試。例如，財務總監定期審閱經營收入的詳細月度分析報告。如果這個控制有效，可能可以使註冊會計師修改其原本擬對其他控制進行的測試程序。

（3）可能代替。某些企業層面的控制本身能精確到足以及時防止或發現一個或多個相關認定中存在的重大錯報。註冊會計師可能可以不必測試與該風險相關的其他控制。例如，被審計單位設立了銀行餘額調節表的監督審閱流程，並且對下屬所有分級機構做出定期檢查。如果這個程序足夠精確，註冊會計師可能不必對下屬每個單位的銀行餘額調節表相關控制進行測試。

（二）識別重要帳戶、列報及其相關認定

1. 概念

在確定重要性水準後，註冊會計師應當識別重要帳戶、列報及其相關認定。

（1）重要帳戶、列報。如果某帳戶、列報可能存在一個錯報，該錯報單獨或連同其他錯報將導致財務報表發生重大錯報，則該帳戶、列報為重要帳戶、列報。

（2）相關認定。如果某財務報表認定可能存在一個或多個錯報，這個或這些錯報將導致財務報表發生重大錯報，則該認定為相關認定。

2. 評價

在識別重要帳戶、列報及其相關認定時，註冊會計師應當從定性和定量兩個方面做出評價，包括考慮舞弊的影響。

（1）定量評價。超過財務報表整體重要性的帳戶，無論是在內部控制審計還是財務報表審計中，通常情況下被認定為重要帳戶。

一個帳戶或列報，即使從性質方面考慮與之相關的風險較小，其金額超過財務報表整體重要性越多，該帳戶或列報被認定為重要帳戶或列報的可能性就越大。

一個帳戶或列報的金額超過財務報表整體重要性，並不必然表明其屬於重要帳戶或列報，因為註冊會計師還需要考慮定性的因素。

同理，定性的因素也可能導致註冊會計師將低於財務報表整體重要性的帳戶或列報認定為重要帳戶或列報。

（2）定性評價。從性質上說，註冊會計師可能因為某帳戶或列報受固有風險或舞弊風險的影響而將其確定為重要帳戶或列報，因為即使該帳戶或列報從金額上看並不重大，但這些固有風險或舞弊風險很有可能導致重大錯報（該錯報單獨或連同其他錯報將導致財務報表發生重大錯報）。例如，某負債類帳戶很可能被顯著低估，則該負債類帳戶應被確定為重要帳戶。

在識別重要帳戶、列報及其相關認定時，註冊會計師不應考慮控制的影響，因為內部控制審計的目標本身就是評價控制的有效性。

（3）根據以前年度審計中瞭解的情況評價。以前年度審計中瞭解到的情況影響註冊會計師對固有風險的評估，因此註冊會計師應當在確定重要帳戶、列報及其相關認定時加以考慮。以前年度審計中識別的錯報會影響註冊會計師對某帳戶、列報及其相關認定固有風險的評估。

（4）綜合評價。在確定某帳戶、列報是否重要和某認定是否相關時，註冊會計

師應當將所有可獲得的信息加以綜合考慮。例如，在識別重要帳戶、列報及其相關認定時，註冊會計師還應當確定重大錯報的可能來源。註冊會計師可以通過考慮在特定的重要帳戶或列報中錯報可能發生的領域和原因，確定重大錯報的可能來源。

（三）瞭解潛在錯報的來源並識別相應的控制

1. 瞭解潛在錯報的來源

註冊會計師應當實施下列程序，以進一步瞭解潛在錯報的來源，並為選擇擬測試的控制奠定基礎：

（1）瞭解與相關認定有關的交易的處理流程，包括這些交易如何生成、批准、處理以及記錄。

（2）驗證註冊會計師識別出的業務流程中可能發生重大錯報（包括由於舞弊導致的錯報）的環節。

（3）識別被審計單位用於應對這些錯報或潛在錯報的控制。

（4）識別被審計單位用於及時防止或發現並糾正未經授權的、導致重大錯報的資產取得、使用或處置的控制。

註冊會計師應當親自執行能夠實現上述目標的程序，或者對執行該程序的審計人員提供督導。

2. 實施穿行測試

（1）穿行測試的性質。穿行測試通常是實現上述目標和評價控制設計的有效性以及確定控制是否得到執行的有效方法。

穿行測試是指追蹤某筆交易從發生到最終被反映在財務報表中的整個處理過程。

在內部控制審計中，註冊會計師應當實施程序以瞭解被審計單位流程中可能導致潛在錯報的來源和識別管理層為應對這些潛在錯報風險而執行的控制。

（2）需要實施穿行測試的情況。在某些特定情況下，註冊會計師一般會實施穿行測試，這些情況如下：

①存在較高固有風險的複雜領域。

②以前年度審計中識別出的缺陷（需要考慮缺陷的嚴重程度）。

③由於引入新的人員、新的系統、收購和採取新的會計政策而導致流程發生重大變化。

如果註冊會計師首次接受委託執行內部控制審計，通常預期註冊會計師會對重要流程實施穿行測試（在實施穿行測試時，註冊會計師可以利用他人的工作）。

（3）穿行測試的規模。一般而言，對每個重要流程，註冊會計師選取一筆交易或事項實施穿行測試即可。

如果被審計單位採用集中化的系統為多個組成部分執行重要流程，註冊會計師則可能不必在每個重要的經營場所或業務單位選取一筆交易或事項實施穿行測試。

（四）選擇擬測試的控制

1. 選擇擬測試的控制的基本要求

註冊會計師應當針對每一相關認定獲取控制有效性的審計證據，以便對內部控制整體的有效性發表意見，但沒有責任對單項控制的有效性發表意見。

註冊會計師沒有必要測試與某項相關認定有關的所有控制。

註冊會計師應當對被審計單位的控制是否足以應對評估的每個相關認定的錯報風險形成結論。因此，註冊會計師應當選擇對形成這一評價結論具有重要影響的控制進行測試。

在確定是否測試某項控制時，註冊會計師應當考慮該項控制單獨或連同其他控制，是否足以應對評估的某項相關認定的錯報風險，而不論該項控制的分類和名稱如何。

2. 選擇擬測試的控制的考慮因素

註冊會計師在選取擬測試的控制時，通常不會選取整個流程中的所有控制，而是選擇關鍵控制，即能夠為一個或多個重要帳戶或列報的一個或多個相關認定提供最有效果或最有效率的證據的控制。

每個重要帳戶、認定或重大錯報風險至少應當有一個對應的關鍵控制。

在選擇關鍵控制時，註冊會計師要考慮哪些控制是不可缺少的？哪些控制直接針對相關認定？哪些控制可以應對錯誤或舞弊導致的重大錯報風險？控制的運行是否足夠精確。

選取關鍵控制需要註冊會計師做出職業判斷。註冊會計師無需測試那些即使有缺陷也合理預期不會導致財務報表重大錯報的控制。

如果識別並選取了能夠充分應對重大錯報風險的控制，註冊會計師則不需要再測試針對同樣認定的其他控制。

註冊會計師在考慮是否有必要測試業務流程、應用系統或交易層面的控制之前，先要考慮測試那些與重要帳戶的認定相關的企業層面控制的有效性（自上而下的方法）。

如果企業層面控制是有效的且得到精確執行，能夠及時防止或發現並糾正影響一個或多個認定的重大錯報，註冊會計師可能不必就所有流程、交易或應用層面的控制的運行有效性獲取審計證據。

**二、控制測試**

（一）控制測試的有效性

1. 內部控制的有效性

內部控制的有效性包括內部控制設計的有效性和內部控制運行的有效性。

（1）設計的有效性。如果某項控制由擁有有效執行控制所需的授權和專業勝任能力的人員按規定的程序和要求執行，能夠實現控制目標，從而有效地防止或發現並糾正可能導致財務報表發生重大錯報的錯誤或舞弊，則表明該項控制的設計是有效的。

（2）運行的有效性。如果某項控制正在按照設計運行，執行人員擁有有效執行控制所需的授權和專業勝任能力，能夠實現控制目標，則表明該項控制的運行是有效的。

註冊會計師獲取的有關控制運行有效性的審計證據包括控制在所審計期間的相關時點是如何運行的、控制是否得到一貫執行、控制是由誰或以何種方式執行的。

2. 與控制相關的風險

在測試所選定控制的有效性時，註冊會計師應當根據與控制相關的風險，確定所需獲取的審計證據。

與控制相關的風險包括一項控制可能無效的風險以及如果該控制無效，可能導致重大缺陷的風險。與控制相關的風險越高，註冊會計師需要獲取的審計證據就越多。

3. 測試控制有效性的程序

註冊會計師在測試控制設計與運行的有效性時，應當綜合運用詢問適當人員、觀察經營活動、檢查相關文件和重新執行等方法。

（1）詢問。雖然詢問是一種有用的手段，但它必須與其他測試手段結合使用才能發揮作用。註冊會計師僅實施詢問程序不能為某一特定控制的有效性提供充分、適當的證據，其本身並不足以提供充分、適當的證據。

（2）觀察。通常，註冊會計師運用觀察程序來測試運行不留下書面記錄的控制，也可用於測試對實物的控制，但有一定的局限性。

（3）檢查。通常，註冊會計師運用檢查程序來確認控制是否得以執行。但是，檢查記錄和文件可以提供可靠程度不同的審計證據（性質和來源不同），而且其可靠性取決於生成該記錄或文件的內部控制的有效性（未審核而直接簽名）。

（4）重新執行。重新執行的目的是評價控制的有效性而不是測試特定交易或餘額的存在或準確性，即定性而非定量。重新執行一般不必選取大量的項目，也不必特意選取金額重大的項目進行測試。

例如，測試管理層審核銀行餘額調節表這一控制時，根據測試目的，註冊會計師可以檢查銀行餘額調節表是否存在、瀏覽調節事項是否得到適當處理以及檢查調節表上是否有編製者和審批者的簽字。如果需要更多的審計證據，如發現調節表上有非正常項目時，註冊會計師可以考慮重新執行調節過程以確定控制是否有效。

重新執行通常包括重新執行審核者實施的步驟，例如將調節表上的金額與相關支持性文件進行核對；查看與非正常調節項目相關的支持性文件及對有關調節事項做進一步調查等。如果註冊會計師認為銀行調節表編製不當但審核者仍然簽名，就需要跟進瞭解為什麼在這種情況下審核者仍然認可調節表，以便決定這種審核是否有效。

4. 控制測試的時間安排

註冊會計師應當獲取內部控制在基準日之前一段足夠長的期間內有效運行的審計證據。對控制有效性測試的實施時間越接近基準日，提供的控制有效性的審計證據越有力。

（1）在整合審計中，註冊會計師控制測試涵蓋的期間應盡量與財務報表審計中擬信賴內部控制的期間保持一致。

（2）與所測試的控制相關的風險較低，註冊會計師對該控制實施期中測試就可以為其運行有效性提供充分、適當的審計證據。相反，如果與所測試的控制相關的風險較高，註冊會計師應當取得一部分更接近基準日的證據。

（3）期中測試對補充證據的要求。如果已獲取有關控制在期中運行有效性的審

計證據，註冊會計師應當確定還需要獲取哪些補充審計證據，以證實剩餘期間控制的運行情況。例如，基準日之前測試的特定控制、期中獲取的有關證據的充分性和適當性、剩餘期限的長短、期中測試後內部控制發生重大變化的可能性、擬減少實質性審計程序的程度、控制環境等。

（4）信息技術的影響。如果信息技術一般控制有效且關鍵的自動化控制未發生任何變化，註冊會計師就不需要對該自動化控制實施前推測試。但是，如果註冊會計師在期中對重要的信息技術一般控制實施了測試，通常還需要對其實施前推程序。

5. 控制測試的範圍

（1）測試人工控制的最小樣本規模（假設控制的運行偏差率預期為零，否則擴大規模）。測試人工控制的最小樣本規模區間如表17-1所示。

表17-1　測試人工控制的最小樣本規模區間

| 控制運行頻率 | 控制運行的總次數（次） | 測試的最小樣本規模區間（次） |
| --- | --- | --- |
| 每年1次 | 1 | 1 |
| 每季1次 | 4 | 2 |
| 每月1次 | 12 | 2~5 |
| 每週1次 | 52 | 5~15 |
| 每天1次 | 250 | 20~40 |
| 每天多次 | 大於250 | 25~60 |

在下列情況下，註冊會計師可以使用表17-1中測試的最小樣本規模區間的最低值（如對於每天運行多次的控制，選擇25個樣本規模）：

①與帳戶及其認定相關的固有風險和舞弊風險為低水準。
②日常控制，執行時需要的判斷很少。
③從穿行測試得出的結論和以前年度審計的結果表明未發現控制缺陷。
④管理層針對該項控制的測試結果表明未發現控制缺陷。
⑤存在有效的補償性控制，且管理層針對補償性控制的測試結果為運行有效。
⑥根據對控制的性質以及內部審計人員客觀性和勝任能力的考慮，註冊會計師擬更多地利用他人的工作。

（2）測試自動化應用控制的最小樣本規模。信息技術處理具有內在一貫性，除非系統發生變動，一項自動化應用控制應當一貫運行。註冊會計師可能只需要對自動化應用控制的每一相關屬性進行一次系統查詢，以檢查其系統設置，即可得出所測試自動化應用控制是否運行有效的結論。

對於自動化應用控制，一旦確定在執行，註冊會計師通常無需擴大控制測試的範圍，但註冊會計師需要考慮執行下列測試，以確定自動化應用控制持續有效運行：

①測試與該應用控制有關的一般控制的運行有效性。
②確定系統是否發生變動，如果發生變動，是否存在適當的系統變動控制。
③確定對交易的處理是否使用授權批准的軟件版本。

（3）發現偏差時的處理。如果發現控制偏差，註冊會計師應當確定對下列事項的影響：

①與所測試控制相關的風險的評估。
②需要獲取的審計證據。
③控制運行有效性的結論。

評價控制偏差的影響需要職業判斷，並受到控制的性質和發現偏差數量的影響。如果發現控制偏差是系統性偏差或者是人為有意造成的偏差，註冊會計師應當考慮可能舞弊的跡象及對審計方案的影響。

由於有效的內部控制不能為實現控制目標提供絕對保證，單項控制並非一定要毫無偏差地運行，才被認為有效。

在評價控制測試中發現的某項控制偏差是否為控制缺陷時，註冊會計師可以考慮的因素如下：

①該偏差是如何被發現的。
②該偏差是與某一特定的地點、流程或應用系統相關，還是對被審計單位有廣泛影響。
③就被審計單位的內部政策而言，該控制出現偏差的嚴重程度。
④與控制運行頻率相比，偏差發生的頻率大小。

（二）企業層面的控制測試

1. 與控制環境相關的控制

控制環境包括治理職能和管理職能以及治理層和管理層對內部控制及其重要性的態度、認識和行動。在內部控制審計時註冊會計師可以先瞭解控制環境的各個要素，應當考慮其是否得到執行。在此基礎上，註冊會計師可以選擇那些對財務報告內部控制有效性的結論產生重要影響的企業層面的控制進行測試。

2. 針對管理層和治理層凌駕於控制之上的風險而設計的控制

針對管理層和治理層凌駕於控制之上的風險而設計的控制，對所有企業保持有效的財務報告相關的內部控制都有重要的影響。

一般而言，針對凌駕風險採用的控制可以包括但不限於以下幾項：

（1）針對重大的異常交易（尤其是那些導致會計分錄延遲或異常的交易）的控制。
（2）針對關聯方交易的控制。
（3）與管理層的重大估計相關的控制。
（4）能夠減弱管理層偽造或不恰當操縱財務結果的動機及壓力的控制。
（5）建立內部舉報投訴制度。

3. 被審計單位的風險評估過程

風險評估過程包括識別與財務報告相關的經營風險及針對這些風險採取的措施。被審計單位需要有充分的內部控制去識別來自外部環境的風險，充分且適當的風險評估過程應當包括對重大風險的估計、對風險發生可能性的評定以及確定應對方法。

4. 對內部信息傳遞和期末財務報告流程的控制

期末財務報告流程包括將交易總額登入總分類帳的程序；與會計政策選擇和運

用相關的程序；對分類帳中的會計分錄編製、批准等處理的程序；對財務報表進行調整的程序；編製財務報表的程序；等等。

由於期末財務報告流程通常發生在管理層評價日之後，註冊會計師一般只能在該日之後測試相關控制。註冊會計師應當從下列方面評價期末財務報告流程：

（1）被審計單位財務報告的編製流程，包括輸入、處理以及輸出。
（2）期末財務報告流程中運用信息技術的程度。
（3）管理層中參與期末財務報告流程的人員。
（4）納入財務報表編製範圍的組成部分。
（5）調整分錄及合併分錄的類型。
（6）管理層和治理層對期末財務報告流程進行監督的性質及範圍。

5. 對控制有效性的內部監督和內部控制評價

管理層對控制的監督包括考慮控制是否按計劃運行以及控制是否根據情況的變化做出恰當的修改。對控制的監督可能包括對營運報告的復核和核對、與外部人士的溝通、其他未參與控制執行人員的監控活動以及信息系統記錄的數據和實物資產的核對等。

在對被審計單位對控制有效性的內部監督進行瞭解和對其有效性進行測試時，註冊會計師還可以特別考慮如下因素：

（1）管理層是否定期將會計系統中記錄的數額和實物資產進行核對（帳實核對）。
（2）管理層是否為保證內部審計活動的有效性而建立了相應的控制（內部審計控制）。
（3）管理層是否建立了相關內部控制以保證自我評價和定期系統評價的有效性。
（4）管理層是否建立了相關的控制以保證監督性控制能夠在一個集中的地點有效進行，以監督分散地點的控制。

6. 集中化的處理和控制（包括共享的服務環境）

集中化的財務管理可能有助於降低財務報表錯報的風險。註冊會計師先瞭解服務對象、服務範圍並分析其服務對象的重大錯報風險。針對這些風險，註冊會計師可以分析被審計單位是否有相關的內部控制用以降低其下屬單位和分部財務報表發生重大錯報風險。

一般而言，特定服務對象單位與財務報表相關的風險越大，註冊會計師在進行內部控制測試過程中可能更需要到共享服務中心或其服務對象單位測試與特定服務對象單位相關的內部控制。

由於共享服務中心的內部控制的影響較大，註冊會計師可以考慮在內部控制審計工作初期就開始分析其內部控制的性質、對被審計單位的影響等，並且考慮在較早的階段執行對共享服務中心內部控制的有效性測試。

7. 監督經營成果的控制

一般而言，管理層對於各個單位或業務部門經營情況的監控是企業層面的主要內部控制之一。在瞭解該控制時，註冊會計師可以從性質上分析這些監督經營成果

的控制是否有足夠的精確程度以取代對業務流程、應用系統或交易層面的控制的測試。如果這些監督經營成果的內部控制是有效的，註冊會計師可以考慮減少對其他控制的測試。

8. 重大經營控制及風險管理實務的政策考慮因素

（1）企業是否建立了重大風險預警機制，明確界定哪些風險是重大風險、哪些事項一旦出現必須啟動應急處理機制。

（2）企業是否建立了突發事件應急處理機制，確保突發事件得到及時妥善處理。

（三）業務層面的控制測試

1. 瞭解企業經營活動和業務流程

註冊會計師應根據經營活動劃分業務循環，針對每個循環瞭解業務活動，並詢問業務活動的流程。

2. 識別可能發生錯報的環節

註冊會計師通過設計一系列關於控制目標是否實現的問題，從而確認某項業務流程中需要加以控制的環節，進而確定是否存在控制來防止錯報的發生，或者發現並糾正錯報。

註冊會計師在此時通常不考慮列報認定，此類認定通常在財務報告流程中予以考慮。

3. 識別和瞭解相關控制

（1）預防性控制與檢查性控制。預防性控制通常用於正常業務流程的每一項交易，以防止錯報的發生。與簡單的業務流程相比，對於較複雜的業務流程，被審計單位通常更依賴自動控制。預防性控制的舉例如表 17-2 所示。

表 17-2　預防性控制的舉例

| 對控制的描述 | 擬防止的錯報 |
| --- | --- |
| 計算機程序自動生成收貨報告，同時更新採購檔案 | 防止出現購貨漏記帳的情況 |
| 在更新採購檔案之前必須先有收貨報告 | 防止記錄未收到貨物的採購交易 |
| 銷貨發票上的價格根據價格清單上的信息確定 | 防止銷貨計價錯誤 |
| 計算機將各憑證上的帳戶號碼與會計科目表對比，然後進行一系列的邏輯測試 | 防止出現分類錯報 |

建立檢查性控制的目的是發現流程中可能發生的錯報。被審計單位通過檢查性控制，監督其流程和相應的預防性控制能否有效地發揮作用；檢查性控制通常是管理層用來監督實現流程目標的控制。

檢查性控制通常並不適用於所有交易，而適用於一般業務流程以外的已經處理或部分處理的某類交易，可能一年只運行幾次，如每月將應收帳款明細帳與總帳比較；也可能每週運行，甚至一天運行幾次。例如，試算平衡、季末盤點、銀存調節、與客戶對帳、盤點現金、復核發票。與預防性控制相比，不同被審計單位之間檢查性控制差別很大。檢查性控制的舉例如表 17-3 所示。

表 17-3　檢查性控制的舉例

| 對控制的描述 | 檢查性控制的錯報 |
| --- | --- |
| 定期編製銀行存款餘額調節表，跟蹤調查調節項目 | 在對其他項目進行審核的同時，查找銀收企未收項目、銀付企未付項目或虛構小帳的不真實的銀行收支項目以及未及時入帳或未正確匯總分類的銀行收支項目 |
| 計算機每天比較運出貨物的數量和開票數量。如果發現差異，產生報告，由開票主管復核和追查 | 查找沒有開票和記錄的出庫貨物以及與真實發貨無關的發票 |
| 每季度復核應收帳款貸方餘額並找出原因 | 查找沒有記錄的發票和銷售與現金收入中的分類錯誤 |

　　如果確信存在以下情況，註冊會計師就可以將檢查性控制作為一個主要手段，來合理保證某特定認定發生重大錯報的可能性較小：
　　①控制檢查的數據是完整、可靠的。
　　②控制對於發現重大錯報足夠敏感。
　　③發現的所有重大錯報都將被糾正。
　　（2）識別和瞭解的方法。識別和瞭解控制採用的主要方法是詢問被審計單位各級別的負責人員。
　　業務流程越複雜，註冊會計師越有必要詢問信息系統人員，以辨別有關的控制。
　　通常，註冊會計師應先詢問那些級別較高的人員，再詢問級別較低的人員，以確定他們認為應該運行哪些控制以及哪些控制是重要的。這種「從高到低」的詢問方法使註冊會計師能迅速地辨別被審計單位重要的控制，特別是檢查性控制。
　　從級別較低人員處獲取的信息，應向級別較高的人員核實其完整性，以確定他們是否與級別較高的人員理解的預定控制相符。
　　註冊會計師並不需要瞭解與每一控制目標相關的所有控制。如果多項控制能夠實現同一目標，註冊會計師不必瞭解與該目標相關的每一項控制。
　　4. 記錄相關控制
　　在被審計單位已設置的控制中，如果有可以對應「哪個環節需設置控制」問題的，註冊會計師應將其記錄於審計工作底稿，同時記錄由誰執行該控制。註冊會計師可以通過備忘錄、筆記或複印被審計單位相關資料而逐步使信息趨於完整。
　　（四）信息系統控制的測試
　　在信息技術環境下，手工控制的基本原理與方式並不會發生實質性的改變，註冊會計師仍需要按照標準執行相關的審計程序。對於自動控制，註冊會計師需要從信息技術一般控制與信息技術應用控制兩方面進行考慮。
　　1. 信息技術一般控制
　　信息技術一般控制是指為了保證信息系統的安全，對整個信息系統以及外部各種環境要素實施的、對所有的應用或控制模塊具有普遍影響的控制措施。
　　信息技術一般控制通常會對實現部分或全部財務報告認定做出間接貢獻。在有些情況下，信息技術一般控制也可能對實現信息處理目標和財務報告認定做出直接貢獻。

信息技術一般控制包括程序開發、程序變更、程序和數據訪問以及計算機運行四個方面。

由於程序變更控制、計算機操作控制以及程序數據訪問控制影響到系統驅動組件的持續有效運行，註冊會計師需要對這三個領域實施控制測試。如果信息技術一般控制存在缺陷，註冊會計師就可能不能信賴應用控制。

2. 信息技術應用控制

信息技術應用控制關注信息處理目標的四個要素：完整性、準確性、經過授權和訪問限制。

信息技術應用控制造成的影響程度比信息技術一般控制要顯著得多，並且需要進一步手工調查。

所有的信息技術應用控制都會有一個手工控制與之相對應。每個信息技術系統控制都要與其對應的手工控制一起進行測試，才能得到控制是否可信賴的結論。

## 第四節　評價內部控制缺陷

內部控制缺陷按其成因分為設計缺陷和運行缺陷，按其影響程度分為重大缺陷、重要缺陷和一般缺陷。註冊會計師應當評價其識別的各項內部控制缺陷的嚴重程度，以確定這些缺陷單獨或組合起來是否構成重大缺陷。

### 一、內部控制缺陷的分類

（一）設計缺陷和運行缺陷

內部控制缺陷按其成因分為設計缺陷和運行缺陷。

設計缺陷是指缺少為實現控制目標必需的控制，或者現有控制設計不適當，即使正常運行也難以實現預期的控制目標。

運行缺陷是指現存設計適當的控制沒有按設計意圖運行，或者執行人員沒有獲得必要授權或缺乏勝任能力，無法有效地實施內部控制。

（二）重大缺陷、重要缺陷和一般缺陷

內部控制缺陷按其嚴重程度分為重大缺陷、重要缺陷和一般缺陷。

重大缺陷是內部控制中存在的、可能導致不能及時防止或發現並糾正財務報表出現重大錯報的一項控制缺陷或多項控制缺陷的組合。

重要缺陷是內部控制中存在的、其嚴重程度不如重大缺陷但足以引起負責監督被審計單位財務報告的人員（如審計委員會或類似機構）關注的一項控制缺陷或多項控制缺陷的組合。

一般缺陷是內部控制中存在的、除重大缺陷和重要缺陷之外的控制缺陷。

### 二、評價控制缺陷的嚴重程度

註冊會計師應當評價其識別的各項控制缺陷的嚴重程度，以確定這些缺陷單獨或組合起來，是否構成內部控制的重大缺陷。

控制缺陷的嚴重程度取決於以下事項：
（1） 控制不能防止或發現並糾正帳戶或列報發生錯報的可能性的大小。
（2） 因一項或多項控制缺陷導致的潛在錯報的金額大小。
表明內部控制可能存在重大缺陷的跡象，主要包括以下事項：
（1） 註冊會計師發現董事、監事和高級管理人員舞弊。
（2） 企業更正已經公布的財務報表。
（3） 註冊會計師發現當期財務報表存在重大錯報，而內部控制在運行過程中未能發現該錯報。
（4） 企業審計委員會和內部審計機構對內部控制的監督無效。
需要注意以下各項：
第一，在計劃和實施審計工作時，不要求註冊會計師尋找單獨或組合起來不構成重大缺陷的控制缺陷。
第二，控制缺陷的嚴重程度與錯報是否發生無關，而取決於控制不能防止或發現並糾正錯報的可能性的大小。
第三，在評價一項控制缺陷或多項控制缺陷的組合是否可能導致帳戶或列報發生錯報時，註冊會計師應當考慮的風險因素。
第四，評價控制缺陷是否可能導致錯報時，註冊會計師無需將錯報發生的概率量化為某特定的百分比或區間。
第五，註冊會計師應當確定，對同一重要帳戶、列報及其相關認定或內部控制要素產生影響的各項控制缺陷，組合起來是否構成重大缺陷。
第六，在評價潛在錯報的金額大小時，帳戶餘額或交易總額的最大多報金額通常是已記錄的金額，但其最大少報金額可能超過已記錄的金額。通常，小金額錯報比大金額錯報發生的概率更高。
第七，在確定一項控制缺陷或多項控制缺陷的組合是否構成重大缺陷時，註冊會計師應當評價補償性控制的影響。在評價補償性控制是否能夠彌補控制缺陷時，註冊會計師應當考慮補償性控制是否有足夠的精確度以防止或發現並糾正可能發生的重大錯報。

### 三、控制缺陷評價舉例

案例一：A 註冊會計師執行甲公司內部控制審計，財務報表整體重要性確定為 2,000 萬元，實際執行的重要性水準為 1,000 萬元。在對付款授權進行控制測試時，其中一項程序是檢查付款發票是否有適當的審批且有相關的文件對其進行支持這一關鍵控制。這項控制活動與 1,600 萬元的發票交易相關，選擇 25 筆付款並測試它們是否經過了適當的審批，理想狀態下應沒有異常。但測試結果表明有 1 筆付款（與維修維護相關）未經過授權。

控制缺陷評價流程如圖 17-3 所示。

第十七章 內部控制審計

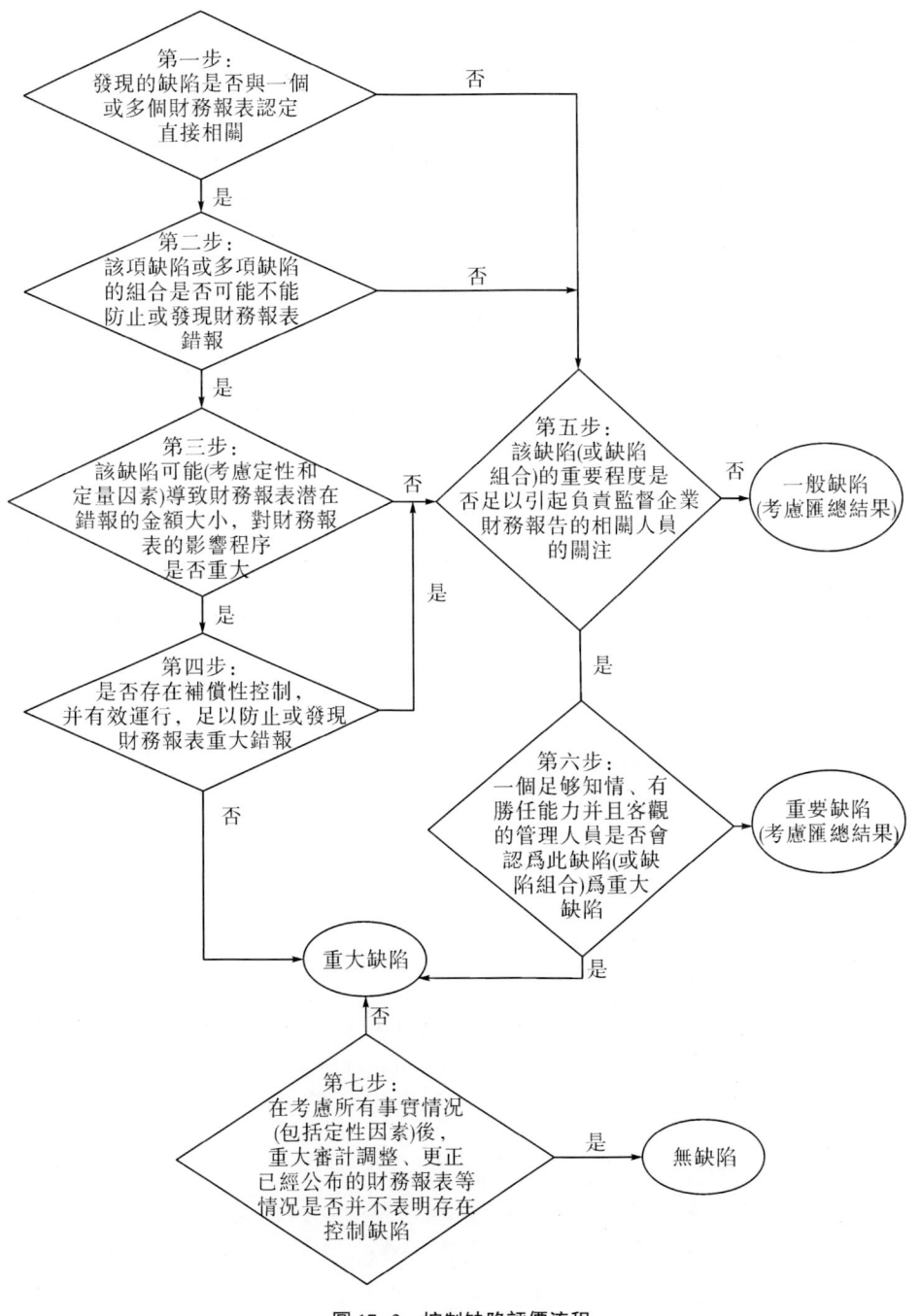

```
第一步：
發現的缺陷是否與一個
或多個財務報表認定
直接相關
  │是                       否
  ▼
第二步：
該項缺陷或多項缺陷
的組合是否可能不能
防止或發現財務報表
錯報
  │是                       否
  ▼
第三步：
該缺陷可能(考慮定性和
定量因素)導致財務報表潛在
錯報的金額大小，對財務報
表的影響程序
是否重大
  │是                       否 ──► 第五步：
  ▼                              該缺陷(或缺陷
第四步：                          組合)的重要程度是    否
是否存在補償性控制，              否足以引起負責監督企業 ──► 一般缺陷
并有效運行，足以防止或發現         財務報告的相關人員         (考慮匯總結果)
財務報表重大錯報                  的關注
  │否                            │是
  ▼                              ▼
                               第六步：
                               一個足夠知情、有
                               勝任能力并且客觀           否
                               的管理人員是否會 ──► 重要缺陷
                               認爲此缺陷(或缺          (考慮匯總結果)
                               陷組合)爲重大
                               缺陷
                                 │是
                                 ▼
重大缺陷 ◄─────────────────────
  │否
  ▼
第七步：
在考慮所有事實情況
(包括定性因素)後，          是
重大審計調整、更正  ──► 無缺陷
已經公布的財務報表等
情況是否并不表明存在
控制缺陷
```

圖 17-3 控制缺陷評價流程

（1）步驟一：發現的缺陷是否與一個或多個財務報表認定直接相關。

由於該缺陷涉及支出，直接影響財務報表認定。

（2）步驟二：該項缺陷或多項缺陷的組合是否可能不能防止或發現財務報表錯報。

是，付款沒有得到審批，有可能導致錯報。

（3）步驟三：該缺陷可能導致財務報表潛在錯報的金額大小。

涉及支出問題的總金額是 1,600 萬元，大於 1,000 萬元的實際執行的重要性水準。

（4）步驟四：是否存在補償性控制，並有效運行，足以防止或發現財務報表重大錯報。

經瞭解和測試，維修與維護服務環節存在下列補償性控制：

①維修與維護服務環節的採購訂單審批和發票審批流程中存在權限分離機制，因此採購訂單審批和付款發票審批需要多人合作進行（已測試且該控制有效）。

②對採購訂單的審批與政策保持一致（已測試且該控制有效）。

③每月進行成本中心和盈虧狀況審閱，即將實際開銷與成本及上季度數據進行對比。對於誤差，差異容忍度為 100 萬元，對於差異大於 1,000 萬元的情況會進行調查（已測試且控制有效）。

（5）步驟五：該缺陷（或缺陷組合）的重要程度是否足以引起負責監督企業財務報告的相關人員的關注。

否。因此，該缺陷為一般缺陷。

如果不存在補償性控制，且該缺陷的重要程度足以引起負責監督企業財務報告的相關人員的關注，則應認為該缺陷為重要缺陷。

案例二：A 註冊會計師執行甲公司內部控制審計，財務報表整體重要性確定為 2,000 萬元，實際執行的重要性水準為 1,000 萬元。在對月度銀行對帳進行控制測試時，其中一項程序是檢查公司每月是否對其付款帳戶與銀行進行對帳，這項控制活動與 6,000 萬元現金收據以及付款相關，選擇兩筆對帳並且確定是否每筆對帳都已完成以及是否對所有重大或異常事件進行了調查並及時解決，理想狀態下應沒有例外。但測試結果表明這兩筆銀行對帳都沒有完全完成，存在重大的未對帳差異（共計 200 萬元）且差異存在已超過 1 年。

（1）步驟一：發現的缺陷是否與一個或多個財務報表認定直接相關。

是，涉及銀行存款和付款的問題，直接影響財務報表認定。

（2）步驟二：該項缺陷或多項缺陷的組合是否可能不能防止或發現財務報表錯報。

是，對帳沒有完成，有可能導致錯誤不能及時發現。

（3）步驟三：該項缺陷可能導致財務報表潛在錯報的金額大小。

這項控制與交易相關且所涉及金額大於 6,000 萬元，超過了判定指標。

（4）步驟四：是否存在補償性控制，並有效運行，足以防止或發現財務報表重大錯報。

財務經理會對每次銀行對帳進行審核並簽字確認，由於經理沒有能夠發現這些重大的對帳錯誤，因此補償性控制也被判斷為失效。該缺陷為重大缺陷。

### 四、內部控制缺陷整改

如果被審計單位在基準日前對存在缺陷的控制進行了整改，整改後的控制需要運行足夠長的時間，才能使註冊會計師得出其是否有效的審計結論。註冊會計師應當根據控制的性質和與控制相關的風險合理運用職業判斷，確定整改後控制運行的最短期間（或整改後控制的最少運行次數）以及最少測試數量。整改後控制運行的最短期間（或最少運行次數）和最少測試數量參見表 17-4。

表 17-4　整改後控制運行的最短期間（或最少運行次數）和最少測試數量

| 控制運行頻率 | 整改後控制運行的最短期間（或最少運行次數） | 最少測試數量（次） |
| --- | --- | --- |
| 每季 1 次 | 2 個季度 | 2 |
| 每月 1 次 | 2 個月 | 2 |
| 每週 1 次 | 5 周 | 5 |
| 每天 1 次 | 20 天 | 20 |
| 每天多次 | 25 次（分佈於涵蓋多天的期間，通常不少於 15 次） | 25 |

如果被審計單位在基準日前對存在重大缺陷的內部控制進行了整改，但新控制尚沒有運行足夠長的時間，註冊會計師應當將其視為內部控制在基準日存在重大缺陷。內部控制缺陷（部分）匯總表（參考格式）如表 17-5。

表 17-5　內部控制缺陷（部分）匯總表（參考格式）

| 缺陷編號 | 相關業務流程、應用系統 | 業務單位 | 內部控制缺陷描述及影響 | 缺陷類型（執行/設計） | 所影響的帳戶、交易 | 財務報表認定：發生 | 完整性 | 準確性 | 截止 | 分類 | 存在 | 權利和義務 | 計價和分攤 | 補償性控制 | 發生錯報的可能性及錯報的嚴重程度分析 | 缺陷認定結論 | 對相關的財務報表審計工作的影響 |
| --- | --- | --- | --- | --- | --- | --- | --- | --- | --- | --- | --- | --- | --- | --- | --- | --- | --- |
| 1 | 財務報告1月未結帳 | 總部、所有子公司 | 財務經理比對薪酬會計編製的預提工資計算表和人力資源部編製的員工人數變動表，確保公司預提了所有員工的工資且金額計算準確。註冊會計師在審計中發現，財務經理由於工作忙碌，且公司人員變動較少，因此沒有執行該控制 | 執行 | 銷售成本、預提工資 | √ | √ | √ | | | | | | 財務經理僅比較當月預提工資與前3個月預提工資的變動，確認不存在大差異 | 沒有比對薪酬會計編製的預提工資計算表和人力資源部編製的員工人數變動表，可能導致工資預提錯誤或遺漏不能被及時發現。由於公司人員變動較少，且人工成本僅占公司總生產成本的1%，因此該控制缺陷對公司財務報表錯報影響較小 | 一般缺陷 | 註冊會計師對預提工資計算表和人力資源部編製的員工人數變動表，確認差異金額是否重大 |

## 第五節　內部控制審計報告

註冊會計師在完成內部控制審計工作後，應當出具內部控制審計報告。

在整合審計中，註冊會計師在完成內部控制審計和財務報表審計後，應當分別對內部控制和財務報表出具審計報告，並簽署相同的日期。

### 一、內部控制審計報告的要素

註冊會計師在完成內部控制審計工作後，應當出具內部控制審計報告。標準內部控制審計報告應當包括下列要素：

(1) 標題。
(2) 收件人。
(3) 引言段。
(4) 企業對內部控制的責任段。
(5) 註冊會計師的責任段。
(6) 內部控制固有局限性的說明段。
(7) 財務報告內部控制審計意見段。
(8) 非財務報告內部控制重大缺陷描述段。
(9) 註冊會計師的簽名和蓋章。
(10) 會計師事務所的名稱、地址以及蓋章。
(11) 報告日期。

### 二、無保留意見的內部控制審計報告

(一) 無保留意見出具的條件

如果符合下列所有條件，註冊會計師應當對內部控制出具無保留意見的內部控制審計報告：

(1) 在基準日，被審計單位按照適用的內部控制標準的要求，在所有重大方面保持了有效的內部控制。

(2) 註冊會計師已經按照《企業內部控制審計指引》的要求計劃和實施審計工作，在審計過程中未受到限制。

（二）無保留意見內部控制審計報告參考格式

內部控制審計報告

××股份有限公司全體股東：

按照《企業內部控制審計指引》及中國註冊會計師執業準則的相關要求，我們審計了××股份有限公司（以下簡稱××公司）××年×月×日的財務報告內部控制的有效性。

一、企業對內部控制的責任

按照《企業內部控制基本規範》《企業內部控制應用指引第1號——組織架構》等18項應用指引以及《企業內部控制評價指引》的規定，建立健全和有效實施內部控制，並評價其有效性是××公司董事會的責任。

二、註冊會計師的責任

我們的責任是在實施審計工作的基礎上，對財務報告內部控制的有效性發表審計意見，並對注意到的非財務報告內部控制的重大缺陷進行披露。

三、內部控制的固有局限性

內部控制具有固有局限性，存在不能防止和發現錯報的可能性。此外，由於情況的變化可能導致內部控制變得不恰當，或者對控制政策和程序遵循的程度降低，根據內部控制審計結果推測未來內部控制的有效性具有一定風險。

四、財務報告內部控制審計意見

我們認為，××公司於××年×月×日按照《企業內部控制基本規範》和相關規定在所有重大方面保持了有效的財務報告內部控制。

|  |  |
|---|---|
| ××會計師事務所 | 中國註冊會計師：×× |
| （蓋章） | （簽名並蓋章） |
|  | 中國註冊會計師：××× |
|  | （簽名並蓋章） |
| 中國××市 |  |
|  | ××年×月×日 |

### 三、否定意見的內部控制審計報告

（一）否定意見出具的條件

（1）如果認為內部控制存在一項或多項重大缺陷，除非審計範圍受到限制，註冊會計師應當對內部控制發表否定意見。

（2）否定意見的內部控制審計報告還應當包括重大缺陷的定義、重大缺陷的性質及其對內部控制的影響程度。

注意事項如下：

（1）如果重大缺陷尚未包含在企業內部控制評價報告中，註冊會計師應當在內

部控制審計報告中說明重大缺陷已經識別但沒有包含在企業內部控制評價報告中。

如果企業內部控制評價報告中包含了重大缺陷，但註冊會計師認為這些重大缺陷未在所有重大方面得到公允反應，註冊會計師應當在內部控制審計報告中說明這一結論，並公允表達有關重大缺陷的必要信息。

（2）註冊會計師還應當就這些情況以書面形式與治理層溝通。

（3）如果擬對內部控制的有效性發表否定意見，在財務報表審計中，註冊會計師不應依賴存在重大缺陷的控制。

如果實施實質性程序的結果表明該帳戶不存在重大錯報，註冊會計師可以對財務報表發表無保留意見。在這種情況下，註冊會計師應當確定該意見對財務報表審計意見的影響，並在內部控制審計報告中予以說明。

（二）否定意見內部控制審計報告參考格式

內部控制審計報告

××股份有限公司全體股東：

按照《企業內部控制審計指引》及中國註冊會計師執業準則的相關要求，我們審計了××股份有限公司（以下簡稱××公司）××年×月×日的財務報告內部控制的有效性。

（「一、企業對內部控制的責任」至「三、內部控制的固有局限性」參見無保留意見內部控制審計報告相關段落的表述。）

四、導致否定意見的事項

重大缺陷是指一個或多個控制缺陷的組合，可能導致企業嚴重偏離控制目標。（指出註冊會計師已識別出的重大缺陷，並說明重大缺陷的性質及其對財務報告內部控制的影響程度。）有效的內部控制能夠為財務報告及相關信息的真實完整提供合理保證，而上述重大缺陷使××公司內部控制失去這一功能。

五、財務報告內部控制審計意見

我們認為，由於存在上述重大缺陷及其對實現控制目標的影響，××公司未能按照《企業內部控制基本規範》和相關規定在所有重大方面保持有效的財務報告內部控制。

六、非財務報告內部控制的重大缺陷

（參見標準內部控制審計報告相關段落的表述。）

| ××會計師事務所 | 中國註冊會計師：××× |
|---|---|
| （蓋章） | （簽名並蓋章） |
|  | 中國註冊會計師：××× |
|  | （簽名並蓋章） |
| 中國××市 | ××年×月×日 |

## 四、無法表示意見的內部控制審計報告

（一）無法表示意見出具的條件

如果審計範圍受到限制，註冊會計師應當解除業務約定或出具無法表示意見的內部控制審計報告。

注意事項如下：

（1）如果法律法規的相關豁免規定允許被審計單位不將某些實體納入內部控制的評價範圍，註冊會計師可以不將這些實體納入內部控制審計的範圍。這種情況不構成審計範圍受到限制，但註冊會計師應當在內部控制審計報告中增加強調事項段或在註冊會計師的責任段中做出與被審計單位類似的恰當陳述。

（2）如果在已執行的有限程序中發現內部控制存在重大缺陷，註冊會計師應當在內部控制審計報告中對重大缺陷做出詳細說明。

（3）只要認為審計範圍受到限制將導致無法獲取發表審計意見所需的充分、適當的審計證據，註冊會計師不必執行任何其他工作即可對內部控制出具無法表示意見的內部控制審計報告。在這種情況下，內部控制審計報告的日期應為註冊會計師已就該報告中陳述的內容獲取充分、適當的審計證據的日期。

（二）無法表示意見內部控制審計報告參考格式

內部控制審計報告

××股份有限公司全體股東：

我們接受委託，對××股份有限公司（以下簡稱××公司）××年×月×日的財務報告內部控制進行審計。

（刪除註冊會計師的責任段，「一、企業對內部控制的責任」和「二、內部控制的固有局限性」參見無保留意見內部控制審計報告相關段落的表述。）

三、導致無法表示意見的事項

（描述審計範圍受到限制的具體情況。）

四、財務報告內部控制審計意見

由於審計範圍受到上述限制，我們未能實施必要的審計程序以獲取發表意見所需的充分、適當證據，因此我們無法對××公司財務報告內部控制的有效性發表意見。

五、識別的財務報告內部控制重大缺陷

（如在審計範圍受到限制前，執行有限程序未能識別出重大缺陷，則應刪除本段。）重大缺陷是指一個或多個控制缺陷的組合，可能導致企業嚴重偏離控制目標。儘管我們無法對××公司財務報告內部控制的有效性發表意見，但在我們實施的有限程序的過程中，發現了以下重大缺陷：（指出註冊會計師已識別出的重大缺陷，並說明重大缺陷的性質及其對財務報告內部控制的影響程度。）有效的內部控制能夠為財務報告及相關信息的真實完整提供合理保證，而上述重大缺陷使××公司內部控制失去這一功能。

六、非財務報告內部控制的重大缺陷（參見標準內部控制審計報告相關段落表述。）

　　　　××會計師事務所　　　　　　　中國註冊會計師：×××
　　　　　（蓋章）　　　　　　　　　　　（簽名並蓋章）
　　　　　　　　　　　　　　　　　　　中國註冊會計師：×××
　　　　　　　　　　　　　　　　　　　　（簽名並蓋章）

　　　　中國××市　　　　　　　　　　　二〇二〇年四月一日

**五、強調事項、非財務報告內部控制重大缺陷**

（一）強調事項

如果認為內部控制雖然不存在重大缺陷，但仍有一項或多項重大事項需要提請內部控制審計報告使用者注意，註冊會計師應當在內部控制審計報告中增加強調事項段予以說明。註冊會計師應當在強調事項段中指明，該段內容僅用於提醒內部控制審計報告使用者關注，並不影響對內部控制發表的審計意見。

增加強調事項段的情況如下：

（1）如果確定企業內部控制評價報告對要素的列報不完整或不恰當，註冊會計師應當在內部控制審計報告中增加強調事項段，說明這一情況並解釋得出該結論的理由。

（2）如果註冊會計師知悉在基準日並不存在但在期後期間發生的事項，且這類期後事項對內部控制有重大影響，註冊會計師應當在內部控制審計報告中增加強調事項段。

（二）帶強調事項段的無保留意見內部控制審計報告參考格式

內部控制審計報告

××股份有限公司全體股東：

按照《企業內部控制審計指引》及中國註冊會計師執業準則的相關要求，我們審計了××股份有限公司（以下簡稱××公司）××年×月×日的財務報告內部控制的有效性。

（「一、企業對內部控制的責任」至「四、財務報告內部控制審計意見」參見無保留意見內部控制審計報告相關段落的表述。）

五、強調事項

我們提醒內部控制審計報告使用者關注：（描述強調事項的性質及其對內部控制的重大影響。）本段內容不影響已對財務報告內部控制發表的審計意見。

　　　　××會計師事務所　　　　　　中國註冊會計師：×××
　　　　　（蓋章）　　　　　　　　　　（簽名並蓋章）
　　　　　　　　　　　　　　　　　　中國註冊會計師：×××
　　　　　　　　　　　　　　　　　　　　（簽名並蓋章）
　　　　中國××市　　　　　　　　　二○二○年四月一日

（三）非財務報告內部控制重大缺陷

對於審計過程中注意到的非財務報告內部控制缺陷，如果發現某項或某些控制對企業發展戰略、法規遵循、經營的效率效果等控制目標的實現有重大不利影響，確定該項非財務報告內部控制缺陷為重大缺陷的，註冊會計師應當以書面形式與企業董事會和經理層溝通，提醒企業加以改進；同時在內部控制審計報告中增加非財務報告內部控制重大缺陷描述段，對重大缺陷的性質及其實現相關控制目標的影響程度進行披露，提示內部控制審計報告使用者注意相關風險，但無需對其發表審計意見。

非財務報告重大缺陷的內部控制審計報告參考格式：

內部控制審計報告

××股份有限公司全體股東：

按照《企業內部控制審計指引》及中國註冊會計師執業準則的相關要求，我們審計了××股份有限公司（以下簡稱××公司）××年×月×日的財務報告內部控制的有效性。

（「一、企業對內部控制的責任」至「四、財務報告內部控制審計意見」參見無保留意見內部控制審計報告相關段落的表述。）

五、非財務報告內部控制重大缺陷

在內部控制審計過程中，我們注意到××公司的非財務報告內部控制存在重大缺陷：（描述該缺陷的性質及其對實現相關控制目標的影響程度。）由於存在上述重大缺陷，我們提醒本報告使用者注意相關風險。需要指出的是，我們並不對××公司的非財務報告內部控制發表意見或提供保證。本段內容不影響對財務報告內部控制有效性發表的審計意見。

　　　　××會計師事務所　　　　　　中國註冊會計師：×××
　　　　　（蓋章）　　　　　　　　　　（簽名並蓋章）
　　　　　　　　　　　　　　　　　　中國註冊會計師：×××
　　　　　　　　　　　　　　　　　　　　（簽名並蓋章）
　　　　中國××市　　　　　　　　　二○二○年四月一日

## 本章小結

本章主要根據《企業內部控制審計指引》編寫，系統介紹了註冊會計師在進行財務報表審計的同時，進行內部控制審計的方法和流程。這是除財務報表審計以外的內部控制審計，獨立性比較強，與前面章節關聯不大。

本章可以結合教材中的風險評估、風險應對內容進行學習，同時可以參考《企業內部控制審計問題解答》《企業內部控制審計指引》《企業內部控制審計指引實施意見》一併進行學習，並按照內部控制審計業務執行的順序梳理各個知識點。

## 本章思維導圖

本章思維導圖如圖 17-4 所示。

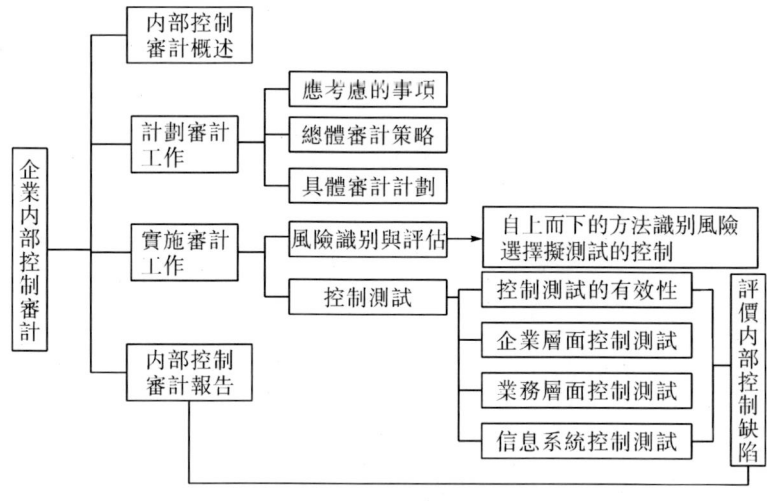

圖 17-4　本章思維導圖

# 審計學

| 作　　者：張麗 著 | 國家圖書館出版品預行編目資料 |
|---|---|
| 發 行 人：黃振庭 | 審計學 / 張麗著 . -- 第一版 . -- 臺北市：財經錢線文化事業有限公司, 2020.11 |
| 出 版 者：財經錢線文化事業有限公司 | 面； 公分 |
| 發 行 者：財經錢線文化事業有限公司 | POD 版 |
| E - m a i l：sonbookservice@gmail.com | ISBN 978-957-680-489-2( 平裝 ) |
| 粉 絲 頁：https://www.facebook.com/sonbookss/ | 1. 審計學 |
| 網　　址：https://sonbook.net/ | 495.9　　109016918 |

地　　址：台北市中正區重慶南路一段六十一號八樓 815 室

Rm. 815, 8F., No.61, Sec. 1, Chongqing S. Rd., Zhongzheng Dist., Taipei City 100, Taiwan (R.O.C)

電　　話：(02)2370-3310
傳　　真：(02) 2388-1990

總 經 銷：紅螞蟻圖書有限公司
地　　址：台北市內湖區舊宗路二段 121 巷 19 號
電　　話：02-2795-3656
傳　　真：02-2795-4100
印　　刷：京峯彩色印刷有限公司（京峰數位）

官網

臉書

- 版權聲明 -

本書版權為西南財經大學出版社所有授權崧博出版事業有限公司獨家發行電子書及繁體書繁體字版。若有其他相關權利及授權需求請與本公司聯繫。

定　　價：680 元
發行日期：2020 年 11 月第一版
◎本書以 POD 印製

# 提升實力 ONE STEP GO-AHED

## 會計人員提升成本會計實戰能力

### 透過 Excel 進行成本結算定序的實用工具

您有看過成本會計理論，卻不知道如何實務應用嗎？
您知道如何依產品製程順序，由低階製程至高階製程採堆疊累加方式計算產品成本？

【成本結算工具軟體】是一套輕巧易學的成本會計實務工具，搭配既有的 Excel 資料表，透過軟體設定的定序工具，使成本結轉由低製程向高製程堆疊累加。《結構順序》由本工具軟體賦予，讓您容易依既定《結轉順序》計算產品成本，輕鬆完成當期檔案編製、產生報表、完成結帳分錄。

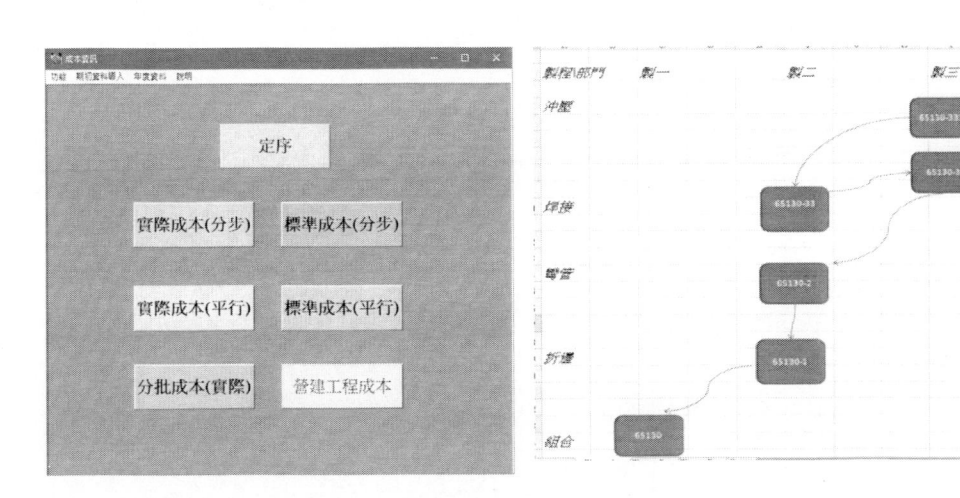

【成本結算工具軟體】試用版免費下載：http://cosd.com.tw/

訂購資訊：

成本資訊企業社 統編 01586521

EL 03-4774236 手機 0975166923　游先生

EMAIL y4081992@gmail.com